# Dependência de Internet

A Artmed é a editora oficial da FBTC

D419 Dependência de Internet : manual e guia de avaliação e tratamento / Kimberly S. Young ... [et al.] ; tradução: Maria Adriana Veríssimo Veronese ; revisão técnica: Cristiano Nabuco de Abreu. – Porto Alegre : Artmed, 2011.
344 p. ; 23 cm.

ISBN 978-85-363-2570-5

1. Terapia cognitivo-comportamental – Dependência – Internet. I. Young, Kimberly S.

CDU 616.89

Catalogação na publicação: Ana Paula M. Magnus – CRB 10/2052

# Dependência de Internet

## Manual e Guia de Avaliação e Tratamento

Kimberly S. Young | Cristiano Nabuco de Abreu | e colaboradores

**Tradução**
Maria Adriana Veríssimo Veronese

**Revisão técnica**
Cristiano Nabuco de Abreu

2011

Obra originalmente publicada sob o título *Internet addiction:
a handbook and guide to evaluation and treatment*

ISBN 978-0-470-55116-5 / 047055116X

© 2011 John Wiley & Sons, Inc.

Capa
*Tatiana Sperhacke*

Preparação do original
*Lara Frichenbruder Kengeriski*

Editora Sênior - Ciências Humanas
*Mônica Ballejo Canto*

Projeto e editoração
*Armazém Digital® Editoração Eletrônica – Roberto Carlos Moreira Vieira*

Reservados todos os direitos de publicação, em língua portuguesa, à
ARTMED® EDITORA S.A.
Av. Jerônimo de Ornelas, 670 – Santana
90040-340 Porto Alegre RS
Fone (51) 3027-7000 Fax (51) 3027-7070

É proibida a duplicação ou reprodução deste volume, no todo ou em parte,
sob quaisquer formas ou por quaisquer meios (eletrônico, mecânico, gravação,
fotocópia, distribuição na Web e outros), sem permissão expressa da Editora.

SÃO PAULO
Av. Embaixador Macedo Soares, 10.735 – Pavilhão 5
Cond. Espace Center Vila Anastácio
05095-035 São Paulo SP
Fone (11) 3665-1100 Fax (11) 3667-1333

SAC 0800 703-3444

IMPRESSO NO BRASIL
*PRINTED IN BRAZIL*
Impresso sob demanda na Meta Brasil a pedido de Grupo A Educação.

# Autores

**Kimberly S. Young (org.).** Especialista internacionalmente conhecida em dependência de internet e em comportamento virtual. É diretora clínica do Center for Internet Addiction Recovery, fundado em 1995, e viaja pelos Estados Unidos coordenando seminários sobre o impacto de internet. É autora de *Caught in the net*, o primeiro livro a tratar da dependência de internet, traduzido para seis idiomas, *Tangled in the web* e o mais recente, *Breaking free of the web: catholics and internet addiction*. É professora na St. Bonaventure University e já publicou mais de 40 artigos sobre o impacto do abuso virtual.

Seu trabalho foi apresentado no *The New York Times*, *The London Times*, *USA Today*, *Newsweek*, *Time*, *CBS News*, *Fox News*, *Good Morning America* e o *World News Tonight*, da ABC. Foi conferencista-convidada em inúmeras universidades e em congressos, incluindo o European Union of Health and Medicine, na Noruega, e o First International Congress on Internet Addiction, em Zurique. A Dra. Kimberly faz parte do conselho editorial do *Ciberpsychology and Behavior* e do *International Journal of Ciber Crime and Criminal Justice*. Em 2001 e 2004 ela recebeu o Psychology in the Media Award, da Associação Psicológica Americana, e em 2000 o Alumni Ambassador of the Year Award for Outstanding Achievement, da Universidade de Indiana, Pensilvânia.

**Cristiano Nabuco de Abreu (org.).** Psicólogo, com Ph.D. em Psicologia Clínica pela Universidade de Minho (UM), de Portugal, e pós-doutorado pelo Departamento de Psiquiatria do Hospital de Clínicas da Faculdade de Medicina da Universidade de São Paulo (USP). É *expert* em Terapia Cognitiva e dependência de internet e coordena o Programa de Dependência de Internet do Ambulatório Integrado dos Transtornos do Impulso (AMITI) do Instituto de Psiquiatria, Faculdade de Medicina da Universidade de São Paulo. Com um método de trabalho pioneiro no Brasil e na América Latina, a unidade oferece sessões de terapia e aconselhamento a adultos, adolescentes e familiares desde 2005. O Dr. Nabuco de Abreu também publicou numerosos artigos, em português, em vários jornais.

É ex-presidente da Sociedade Brasileira de Terapias Cognitivas (SBTC) e membro do Advisory Board of the Society for Constructivism in Human Science (EUA). Autor de vários artigos científicos e sete livros sobre saúde mental, psicoterapia e psicologia incluindo, entre outros, *Manual clínico dos transtornos do controle dos impulsos* (Artmed), *Terapia comportamental e cognitivo-comportamental: aplicações práticas* (Roca); *Síndro-

*mes psiquiátricas: diagnóstico e entrevista para profissionais de saúde mental* (Artmed); *Psicoterapias cognitiva e construtivista: novas fronteiras da prática clínica* (Artmed); *Teoria do apego: fundamentos, pesquisas e implicações clínicas* (Casa do Psicólogo).

**Andrew C. High.** Department of Communication, Arts and Sciences, The Pennsylvania State University, University Park, Pennsylvania.

**David Greenfield.** The Center for Internet and Technology Addiction, West Hartford, Connecticut.

**David L. Delmonico.** Department of Counseling, Psychology and Special Education, Professor Associado, Duquesne University, Pittsburgh, Pennsylvania.

**David Smahel.** Institute for Research on Children, Youth and Family, Faculty of Social Studies, Masaryk University, República Checa.

**Dora Sampaio Góes.** Ambulatório Integrado dos Transtornos do Impulso (AMITI), Instituto de Psiquiatria, Universidade de São Paulo, Brasil.

**Ed Betzelberger.** Illinois Institute for Addiction Recovery, Proctor Hospital, Illinois.

**Elizabeth J. Griffin.** Internet Behavior Consulting, Minneapolis, Minnesota.

**Franz Eidenbenz.** Professional Psychologist for Psychotherapy, Director of the Escape Center, Zurique, Suíça.

**Jung-Hye Kwon.** Department of Psychology, Korea University, Seul, Coreia.

**Keith W. Beard.** Department of Psychology, Associate Professor, Marshall University, Huntington, West Virginia.

**Li Ying.** Institute of Chinese Youth Association for Internet Development, Universidade da Cidade de Hong Kong, Hong Kong.

**Libby Bier.** Illinois Institute for Addiction Recovery, Proctor Hospital, Illinois.

**Lukas Blinka.** Institute for Research on Children, Youth and Family, Faculty of Social Studies, Masaryk University, República Checa.

**Mark Griffiths.** Professor of Gambling Studies, International Gaming Research Unit,

**Monica T. Whitty.** Reader in Psychology, Nottingham Trent University, Reino Unido. Nottingham Trent University, Reino Unido.

**Robert LaRose.** Department of Telecommunications, Information Studies and Media, Michigan State University, East Lansing, Michigan.

**Scott E. Caplan.** Department of Communication, University of Delaware, Newark, Delaware.

**Shannon Chrismore.** Illinois Institute for Addiction Recovery, Proctor Hospital, Illinois.

**Tonya Camacho.** Illinois Institute for Addiction Recovery, Proctor Hospital, Illinois.

**Xiao Dong Yue.** Department of Applied Social Studies, City University of Hong Kong, Hong Kong.

# Agradecimentos

Algumas pessoas dizem que o conhecimento que acumularemos nos próximos cinco anos será maior que o conquistado em toda a história da humanidade até agora. Há pouco mais de uma década certamente duvidaríamos dessa afirmação – imaginando-a resultado de exagero e de uma perspectiva enganosa. Nós ainda usávamos máquinas de fax e assistíamos a filmes em fitas de videocassete, e o computador ainda era um objeto que despertava, simultaneamente, admiração e desconfiança. Mas, se pensarmos que os telefones celulares que usamos atualmente refletem uma tecnologia mais sofisticada que a da espaçonave Apollo 12, essa previsão chocante bem pode estar certa.

Estamos no epicentro de uma mudança importante na história da ciência. Somos testemunhas oculares de uma grande revolução nos campos de conhecimento e comportamento humanos. Dessas mudanças decorrem muitas implicações, entre as quais as consequências dos efeitos dessa tecnologia sobre o nosso cotidiano. A dependência de internet surge como uma das questões que desafiam sociedades, famílias, terapeutas e pesquisadores. Este livro pode lançar alguma luz sobre o assunto, mesmo que ainda se saiba muito pouco sobre as implicações no longo prazo desse novo sistema de comunicação. Esperamos que o livro ajude os profissionais que procuram aliviar o sofrimento que o uso inadequado de internet trouxe para milhões de pessoas. Este livro é dedicado a todas as pessoas que sofrem com isso.

Também gostaríamos de agradecer à Patricia Rossi e Fiona Brown, da John Wiley & Sons e à nossa agente, Carol Mann, da Carol Mann Literary Agency. Elas nos apoiaram e acreditaram em nosso projeto.

**Kimberly S. Young, Ph.D.**
**Cristiano Nabuco de Abreu, Ph.D.**

# Prefácio

ELIAS ABOUJAOUDE, M.D.*

A internet se disseminou rapidamente e passou a fazer parte da nossa vida cotidiana. Para a maioria das pessoas, a internet representa uma incrível ferramenta de informação e uma inquestionável oportunidade de conexão social, autoeducação, melhora econômica e superação da timidez e de inibições paralisantes. Para essas pessoas, a internet aumenta o bem-estar e melhora a qualidade de vida. Para outras, no entanto, ela pode levar a um estado que parece satisfazer os critérios da definição do *DSM* de um transtorno mental descrito como "uma síndrome comportamental ou psicológica clinicamente significativa, associada à presença de angústia ou a um risco significativamente maior de morte, sofrimento, incapacidade ou perda importante de liberdade" (American Psychiatric Association, 2000).

A Dra. Kimberly Young, coautora deste livro, foi a primeira a atrair a atenção clínica para essa questão ao publicar, em 1996, um relato de caso sobre o uso problemático de internet (Young, 1996). Sua paciente era uma dona de casa de 43 anos, sem ligação com tecnologia, com uma vida doméstica satisfatória e nenhuma dependência anterior ou qualquer registro de história psiquiátrica pregressa. Três meses depois de descobrir as salas de bate-papo, ela passava 60 horas por semana conectada. A paciente relatava se sentir estimulada diante do computador e disfórica e irritável quando não podia ficar conectada. Ela descreveu uma dependência desse meio de comunicação semelhante à que alguém poderia ter do álcool.

Desde esse relato, acumulou-se na última década um corpo de dados considerável e informativo, tanto no Oriente quanto no Ocidente. Tomados como um todo, esses dados contam uma história que alerta sobre o potencial real de internet de causar danos psicológicos. Estudos de pesquisa documentaram uma variedade de subtipos de problemas relacionados à internet, tais como compulsividade sexual virtual, jogos de azar pela internet, dependência

---
* Diretor da Impulse Control Disorders Clinic, Stanford University School of Medicine.

do MySpace e de *videogames* (jogos eletrônicos). A Associação Médica Americana calcula que cinco milhões de crianças sofrem dessa dependência e, por esse motivo, pensa em incluir o uso excessivo de jogos eletrônicos em seu manual diagnóstico revisado, como uma dependência.

O problema da dependência de internet ainda é relativamente novo, e embora as pesquisas documentem que se trata de um problema de saúde crescente, ainda não há um livro que reúna esse corpo de literatura. *Dependência de internet: manual e guia de avaliação e tratamento* é o primeiro livro empiricamente fundamentado a tratar desse campo emergente. Este livro resume as pesquisas realizadas até o momento e propõe intervenções clínicas, sociais e de saúde pública dirigidas tanto à população geral quanto aos adolescentes – o grupo que corre maior risco de desenvolver os problemas discutidos. Este livro apresenta aos profissionais de saúde as implicações clínicas contemporâneas e atuais, métodos de avaliação e abordagens de tratamento para avaliar e trabalhar com clientes que sofrem desse novo transtorno ligado à dependência.

Apesar de ser um meio de comunicação que mudou a nossa maneira de viver de modo tão radical e irreversível, os efeitos da internet sobre a nossa saúde psicológica ainda não foram suficientemente estudados, e são mais comentados por jornalistas sensacionalistas do que por terapeutas ou pesquisadores especializados. Enquanto o nosso entendimento da psicologia básica de internet continua atrasado, os sintomas já estão mudando conforme a tecnologia evolui – de *browsers* tradicionais para *smart phones* que combinam a capacidade de internet com a possibilidade de falar, mandar textos e jogar *videogames*. Dizer simplesmente que medos semelhantes acompanharam toda tecnologia nova ignora o ponto principal: as qualidades de imersão e interação desse meio virtual, combinadas com a sua absoluta penetração em todos os aspectos da vida, o tornam diferente de todas as formas de mídia que o precederam e, assim, mais propenso a ser usado de forma exagerada ou abusiva. Na medida em que cresce a nossa dependência da tecnologia, este livro contribui para a legitimidade clínica e aumenta a consciência pública e profissional do problema, o que permitirá a realização de futuras pesquisas nesse campo em evolução. O campo se desenvolve rapidamente com novas áreas de exploração científica, e é por isso que os livros instigados por pesquisas que nos esclarecem sobre os problemas inerentes ao mundo virtual são uma necessidade tão grande.

# REFERÊNCIAS

American Psychiatric Association (2000). *Diagnostic and statistical manual of mental disorders* (4th ed., text rev.). Washington, DC: Author. Publicado pela Artmed.

Young, K. S. (1996). Addictive use of the Internet: A case that breaks the stereotype. Psychology of computer use: XL. *Psychological reports, 79,* 899-902.

# Sumário

Prefácio .................................................................................................................ix
ELIAS ABOUJAOUDE

Introdução ............................................................................................................13
KIMBERLY S. YOUNG e CRISTIANO NABUCO DE ABREU

## Parte I
### COMPREENDENDO O COMPORTAMENTO DO USO DE INTERNET E A DEPENDÊNCIA

**1** Estimativas de prevalência e modelos etiológicos
da dependência de internet .........................................................................19
KIMBERLY S. YOUNG, XIAO DONG YUE e LI YING

**2** Avaliação clínica de clientes dependentes de internet ................................36
KIMBERLY S. YOUNG

**3** Interação social na internet, bem-estar psicossocial
e uso problemático de internet ....................................................................55
SCOTT E. CAPLAN e ANDREW C. HIGH

**4** Usos e gratificações da dependência de internet ........................................77
ROBERT LAROSE

**5** Dependência virtual de *role-playing games* ................................................98
LUKAS BLINKA e DAVID SMAHEL

**6** Dependência de jogos de azar na internet ................................................119
MARK GRIFFITHS

**7** Compulsividade e dependência de sexo virtual (cibersexo) .......................144
DAVID L. DELMONICO e ELIZABETH J. GRIFFIN

## Parte II
### PSICOTERAPIA, TRATAMENTO E PREVENÇÃO

**8** As propriedades de dependência do uso de internet .................................169
DAVID GREENFIELD

**9** Psicoterapia para a dependência de internet ............................................191
CRISTIANO NABUCO DE ABREU e DORA SAMPAIO GÓES

**10** Trabalhando com adolescentes dependentes de internet .........................212
KEITH W. BEARD

**11** Infidelidade virtual: um problema real ......................................................231
MONICA T. WHITTY

**12** Recuperação de 12 passos no tratamento
de internação para a dependência de internet ..........................................247
SHANNON CHRISMORE, ED BETZELBERGER, LIBBY BIER e TONYA CAMACHO

**13** Rumo à prevenção da dependência adolescente de internet ....................267
JUNG-HYE KWON

**14** Dinâmica sistêmica com adolescentes dependentes de internet ...............292
FRANZ EIDENBENZ

**15** Pensamentos finais e futuras implicações .................................................317
KIMBERLY S. YOUNG e CRISTIANO NABUCO DE ABREU

Índice onomástico ....................................................................................................325
Índice remissivo .......................................................................................................332

# Introdução

**KIMBERLY S. YOUNG e CRISTIANO NABUCO DE ABREU**

Ao longo da última década, o conceito de dependência de internet passou a ser aceito como um transtorno clínico legítimo, que frequentemente requer tratamento (Young, 2007). Hospitais e clínicas oferecem serviços ambulatoriais de tratamento para a dependência de internet, centros de reabilitação aceitam novos casos de dependentes de internet, e *campi* universitários iniciaram grupos de apoio para ajudar os alunos dependentes. Mais recentemente, a American Psychiatric Association pensa em incluir o diagnóstico de dependência de internet no Apêndice do *DSM-V,* enquanto mais estudos são realizados.

*Dependência de internet: manual e guia de avaliação e tratamento* se concentra nas pesquisas atuais nesse campo e se destina aos públicos acadêmico e clínico. O primeiro estudo sobre dependência de internet foi realizado em 1996 pela Dra. Kimberly Young, quando apresentou seus achados sobre 600 sujeitos que satisfaziam uma versão modificada dos critérios do *DSM* para o jogo de azar patológico. O artigo, "Internet Addiction: The Emergence of a New Disorder", foi apresentado na conferência anual da Associação Psicológica Americana realizada em Toronto. Embora no início provocasse controvérsias, com os acadêmicos debatendo a existência do problema, desde então as pesquisas empíricas sobre dependência de internet aumentaram substancialmente.

Novos estudos em diferentes culturas e disciplinas acadêmicas procuram compreender esse novo fenômeno clínico e social. As pesquisas já realizadas aumentaram o nosso entendimento do comportamento na internet e de como adolescentes e adultos estão usando essa nova tecnologia. Novos estudos clínicos tentam compreender o diagnóstico, fatores de risco psicossociais, manejo dos sintomas e tratamento desse novo transtorno. A dependência de internet foi identificada como um problema nacional não apenas nos Estados Unidos, mas também em países como a China, Coreia do Sul e Taiwan, fazendo aumentar a intervenção governamental no combate à dependência de internet e ao que se tornou uma séria preocupação de saúde pública.

É difícil determinar quão disseminado está o problema. Um estudo nacional realizado por uma equipe da Impulse Control Disorders Clinic, da Stanford University School of Medicine, calcula que um em oito norte-americanos sofre de pelo menos um indicador de uso problemático de internet. Em outros países, como China, Coreia do Sul e Taiwan, relatos da mídia sugerem que a dependência de internet atingiu proporções epidêmicas.

Durante a década de 1990, a pesquisa sobre dependência de internet aumentou muito. Profissionais de saúde mental começaram a atender casos de pessoas que sofriam de problemas clínicos relacionados à internet. Centros de tratamento pioneiros se especializaram na recuperação de dependentes de internet, no McLean Hospital da área de Boston (ligado à Harvard Medical School) e no Illinois Institute for Addiction Recovery do Proctor Hospital, em Peoria, Illinois. Centros de reabilitação com internação, tais como a Clínica Betty Ford, Sierra Tucson e The Meadows, começaram a incluir a compulsividade relacionada à internet como uma das subespecialidades de tratamento. Em Pequim, China, foi aberto em 2006 o primeiro centro de tratamento com internação, e hoje se calcula que na Coreia do Sul existam mais de 140 centros de tratamento para dependência de internet.

As pesquisas também têm estudado subtipos de problemas relacionados à internet, tais como compulsividade sexual virtual, jogos de azar pela internet, dependência do MySpace e de *videogames*. A dependência de *videogames* se tornou uma preocupação tão grande, que em 2008 a Associação Médica Americana estimou que cinco milhões de crianças sofriam de dependência de jogos, e pensa em chamar de dependência, em seu manual diagnóstico revisado, o uso abusivo de jogos.

Embora tenha sido dada muita atenção à dependência de internet nos campos acadêmico e clínico, tem sido difícil criar padrões universais de atendimento e avaliação, porque o campo é culturalmente diverso e a terminologia na literatura acadêmica varia de dependência de internet a uso problemático de internet, uso patológico de internet, uso patológico do computador, além de serem empregados diferentes inventários para a sua avaliação. Tendo em vista a importância da tecnologia para nós, tentar definir a dependência de internet é ainda mais difícil, na medida em que se obscurecem as fronteiras entre precisar usar e querer usar a internet. Precisamos usar a tecnologia, então a pergunta é: quando isso se torna uma dependência?

O problema da dependência de internet é relativamente novo e, apesar de as pesquisas documentarem que se trata de um problema crescente de atendimento de saúde, o entendimento científico do problema ainda está em evolução. *Dependência de internet: manual e guia de avaliação e tratamento* é a primeira compilação abrangente das atuais pesquisas que tratam desse campo emergente. O livro inclui compulsões virtuais e relacionadas ao computador, o que o torna relevante para um público muito amplo. Estudiosos em busca de informações específicas sobre as últimas pesquisas a respeito da dependência de internet e as tendências no campo acharão o livro muito útil. Profissionais de variados campos, incluindo serviço social, aconselhamento, psicologia, psiquiatria e enfermagem, em busca de métodos de avaliação e tratamento empiricamente fundamentados também o considerarão extremamente útil pelas abordagens baseadas em comprovações.

A primeira parte do livro apresenta uma estrutura teórica para se compreender como definir e conceitualizar o uso compulsivo de internet a partir de uma perspectiva clínica. O livro inclui vários modelos teóricos dos campos da psiquiatria, psicologia, comunicação e sociologia. Pesquisadores importantes de vários países exploram o impacto global e cultural dessa dependência e combinam esses campos para conceitualizar o diagnóstico de dependência de internet e sua prevalência. Para ajudar os terapeutas a diagnosticar a dependência de internet, o livro examina a epidemiologia e os subtipos de dependência, tais como pornografia virtual, jogos de azar pela internet e jogos *online*. O livro também examina o impacto do uso de internet sobre crianças, indivíduos e famílias, assim como os fatores de risco associados ao desenvolvimento do transtorno.

A segunda parte do livro examina a avaliação e o tratamento da dependência de internet. Na medida em que dependemos cada vez mais dos computadores, os profissionais da saúde podem se preparar para se defrontar com novos casos de usuários com problemas. No entanto, dada a popularidade do uso de computadores, pode ser difícil detectar o transtorno. Sinais de problemas podem ser facilmente mascarados pelo uso legítimo de internet, e os terapeutas talvez ignorem os sinais porque essa ainda é uma condição relativamente nova. Portanto, o livro apresenta estratégias de avaliação para determinar e avaliar a presença do uso excessivo de internet, incluindo perguntas a serem feitas na entrevista de avaliação, e descreve o Internet Addiction Test, a primeira medida psicometricamente validada do uso problemático de internet (Widyanto e McMurren, 2004). E, utilizando dados de resultado de tratamentos, o livro explora abordagens terapêuticas comprovadas, de diversas perspectivas clínicas, incluindo intervenções para crianças e adultos, terapia de grupo, recuperação de 12 passos e reabilitação com internação.

Finalmente, são muitas as implicações de se incluir o diagnóstico de dependência de internet no *DSM-V*. Sua inclusão no Apêndice do *DSM-V* aumentaria a legitimidade clínica do transtorno e favoreceria o desenvolvimento do entendimento científico da natureza dessa dependência. O capítulo de conclusão explora essas implicações e explica como a consciência e o reconhecimento dessa dependência pelo público mais amplo traria novas oportunidades de financiamento para futuras pesquisas sobre tratamento e treinamento. O último capítulo também explora outras áreas de pesquisa, tais como resultados de tratamento a longo prazo e a comparação sistemática de várias modalidades de tratamento, para se determinar sua eficácia terapêutica. Esperamos que, conforme o campo continua a crescer e evoluir, este livro dê início a um diálogo importante entre terapeutas e acadêmicos. Esperamos que o livro informe os terapeutas sobre as atuais abordagens de avaliação e trabalho com clientes que sofrem dessa condição. Também esperamos que o livro sirva como um guia esclarecedor para clínicas, hospitais, centros de reabilitação ambulatoriais e de internação. Finalmente, esperamos que ofereça aos pesquisadores na área de dependência de internet e comportamento virtual um compêndio de recursos relevante para a literatura contemporânea no campo.

# REFERÊNCIAS

Widyanto, L. & McMurren, M. (2004). The psychometric properties of the Internet Addiction Test. *CyberPsychology & Behavior,* 7(4),445-453.

Young, K. S. (2007). Cognitive-behavioral therapy with Internet addicts: Treatment outcomes and implications. *CyberPsychology & Behavior*, 10(5),671-679.

Parte **I**

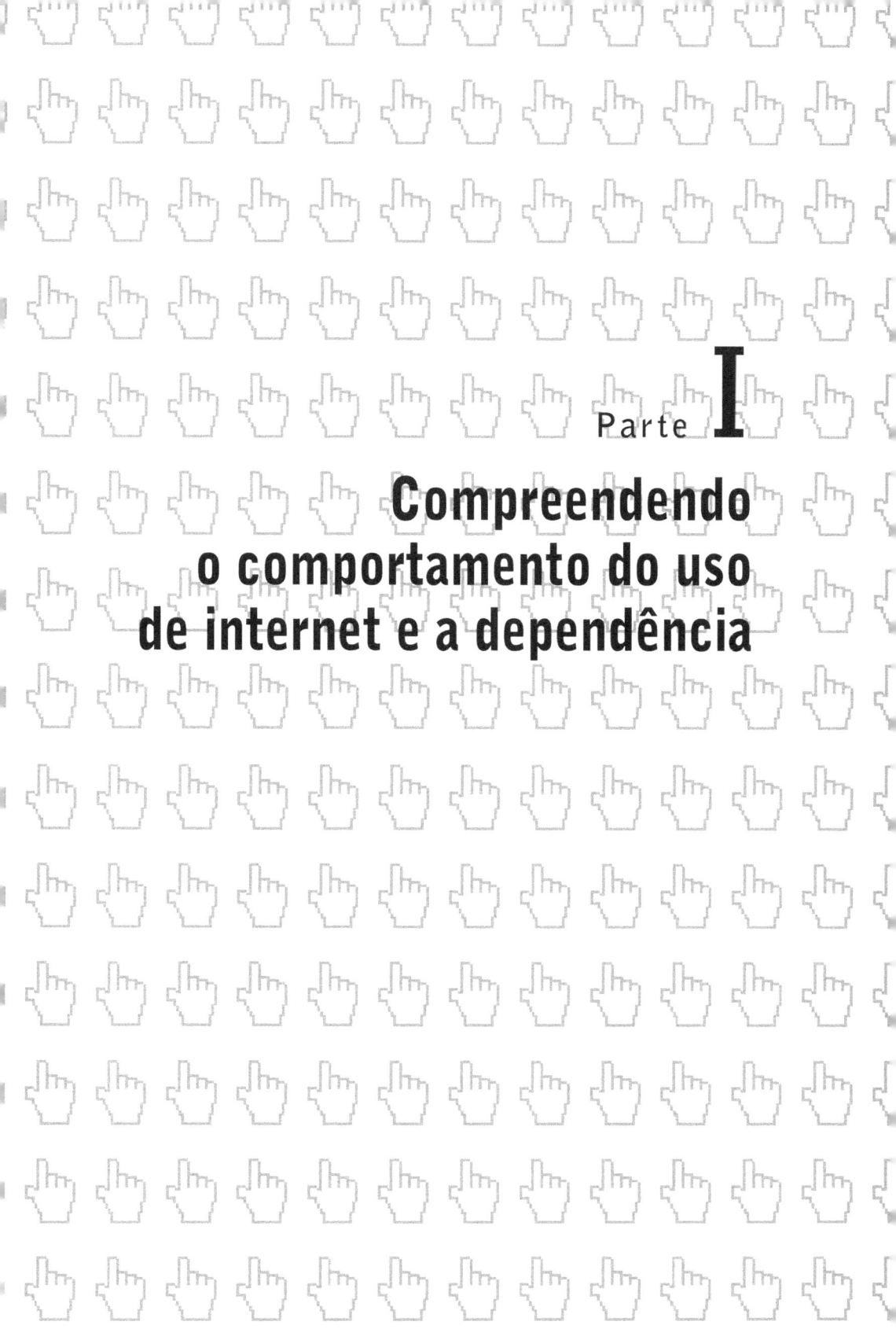

# Compreendendo o comportamento do uso de internet e a dependência

# 1
# Estimativas de prevalência e modelos etiológicos da dependência de internet

**KIMBERLY S. YOUNG, XIAO DONG YUE e LI YING**

A dependência de internet foi pesquisada pela primeira vez em 1996, e os achados foram apresentados à Associação Psicológica Americana. O estudo examinou mais de 600 casos de usuários pesados de internet que apresentavam sinais clínicos de dependência conforme medida por uma versão adaptada dos critérios do *DSM-IV* para o jogo de azar patológico (Young, 1996). Desde então, estudos subsequentes na última década examinaram vários aspectos do transtorno. Os primeiros estudos procuraram definir a dependência de internet e examinaram padrões de comportamento que diferenciavam o uso compulsivo de internet do uso normal. Estudos mais recentes exploraram a prevalência dessa dependência e investigaram os fatores etiológicos ou as causas associadas ao transtorno. Muitos deles examinaram o impacto da comunicação via computador na maneira pela qual as pessoas se adaptam às características interativas de internet, e estudos iniciais dos Estados Unidos se disseminaram para o Reino Unido e países como Rússia, China e Taiwan. O problema se alastra a olhos vistos, mas pouco ainda se compreende sobre as razões pelas quais as pessoas se tornam dependentes de internet. Este capítulo apresenta os dados associados à prevalência do transtorno, conforme disponíveis em vários países, para dar uma ideia do escopo do problema. O capítulo também apresenta as estruturas teóricas que nos permitem entender os modelos etiológicos ou fatores causais associados ao crescimento da dependência de internet. Da perspectiva acadêmica, o capítulo ajuda a identificar futuras áreas de pesquisa conforme aumentam os estudos no campo. Da perspectiva de saúde mental, o capítulo ajudará os terapeutas a criar métodos mais bem fundamentados empiricamente para avaliar e, possivelmente, tratar clientes dependentes de internet.

## PREVALÊNCIA EM DIFERENTES CULTURAS

As pesquisas iniciais investigaram a prevalência do uso adictivo de internet. Em um dos primeiros estudos, Greenfield (1999), em parceria com a ABCNews.com, fez um levantamento com uma grande amostra. A partir de 17.000 respostas, o estudo calculou que 6% dos usuários de internet se encaixavam no perfil de dependência de internet. Apesar de o estudo se basear em dados de autorrelato, ele incluiu uma população seccional cruzada e foi considerado um dos maiores levantamentos psicológicos realizados exclusivamente na internet. Outro estudo americano bem conhecido, realizado por uma equipe de pesquisadores do Stanford University Medical Center, descobriu que um em oito americanos apresentava um ou mais sinais de dependência de internet (Aboujaoude, Koran, Gamel, Large e Serpe, 2006).

Estudos em populações de universitários revelaram índices de prevalência levemente mais elevados que os encontrados na população geral de usuários de internet. Na Universidade do Texas, utilizando várias versões de critérios do *DSM*, Scherer (1997) descobriu que 13% dos alunos do campus examinados exibiam sinais de dependência de internet. Morahan-Martin e Schumacher (1999) descobriram que 14% dos alunos do Bryant College, Rhode Island, satisfaziam os critérios, e Yang (2001) estimou que 10% dos alunos satisfaziam os critérios na Universidade de Taiwan. As conclusões sugerem que os universitários tinham um acesso mais fácil à internet e esse acesso era mais estimulado, contribuindo para a prevalência mais elevada de uso adictivo nos *campi*.

Na Finlândia, um estudo investigou a prevalência da dependência em adolescentes de 12 a 18 anos. Os achados sugerem que 4,7% das meninas satisfaziam a definição de dependência de internet conforme avaliada pelo internet Addiction Diagnostic Questionnaire de Young (1998); entre os meninos, 4,6% satisfaziam a definição. No final da década de 1990 também surgiram estudos relacionados à prevalência de tipos específicos de abuso de internet. As pesquisas mais prevalentes foram sobre atividades sexuais virtuais, e estimativas baseadas nos dados de levantamento mostraram que 9% dos usuários apresentavam sinais de dependência relacionada a material virtual sexualmente explícito (Cooper, 2002).

Em 2001, Bai, Lin e Chen relataram os resultados de um levantamento para determinar a prevalência do transtorno entre os usuários que acessaram uma clínica de saúde mental virtual em que 100 profissionais de saúde mental voluntários ofereciam, gratuitamente, respostas através da internet para perguntas sobre problemas mentais. Durante o período do estudo, todos os visitantes da clínica virtual completaram o internet Addiction Diagnostic Questionnaire de Young, com oito perguntas. Dos 251 clientes, 38 ou 15% satisfizeram os critérios para o transtorno de dependência de internet. Esses clientes não difeririam significativamente dos outros em idade, gênero, instrução, estado civil, profissão ou diagnóstico iminente. Entretanto, o índice de comorbidade por uso de substâncias era significativamente mais elevado entre os clientes que satisfaziam os critérios do transtorno de dependência de internet do que entre os que não satisfaziam.

Em 2003, Whang, Lee e Chang investigaram a prevalência do uso excessivo de internet na Coreia, utilizando uma versão modificada de Internet Addiction Scale de Young. Participaram do estudo 13.588 pessoas (7.878 homens, 5.710 mulheres), dentre 20 milhões de usuários de um *site* coreano importante. Na amostra, 3,5% foram diagnosticados como dependentes de internet (DIs), enquanto 18,4% foram classificados como possíveis dependentes (PDs).

O I-Cube, um estudo realizado pela Internet & Mobile Association of India, incluindo 65.000 indivíduos em um levantamento doméstico em 26 cidades da Índia, revela que cerca de 38% dos usuários de internet no país mostraram sinais de uso pesado (aproximadamente 8,2 horas por semana). Homens jovens, especialmente universitários, constituem a maior porção de usuários. Os indianos se conectam à internet para atividades variadas, incluindo *e-mails* e mensagens instantâneas (98%), busca de emprego (51%), uso do banco (32%), pagamento de contas (18%), comércio de ações (15%) e busca matrimonial (15%).

Na Índia há um número limitado de estudos estimando a prevalência do problema. Kanwal Nalwa, Ph.D., e Archana Preet Anand, Ph.D., do departamento de Psicologia da Punjabi University, Índia, realizaram um estudo de investigação preliminar da extensão da dependência de internet em escolares de 16 a 18 anos (Nalwa e Anand, 2003). Eles identificaram dois grupos, dependentes e não dependentes. Os dependentes atrasavam outras tarefas para passar o tempo conectados, perdiam horas de sono devido à permanência noturna em conexão e achavam que a vida seria um tédio sem a internet. Não surpreendentemente, os dependentes passavam mais tempo conectados e tiveram índices mais altos em medidas de solidão que os não dependentes.

Na Índia, há o entendimento de que o uso de internet pode ser um transtorno que ainda está em seus estágios iniciais. Desde 2007, certas instituições educacionais, como os Indian Institutes of Technology (IITs), um grupo importante de universidades de engenharia, tem restringido o uso de internet nos *campi* durante a noite, devido a relatos de suicídios ligados ao suposto comportamento antissocial promovido pelo uso excessivo de internet (Swaminath, 2008).

Na China, segundo o mais recente Statistical Report on Internet Addictions (Cui, Zhao, Wu e Xu, 2006) da China Youth Association for Internet Development, os adolescentes chineses dependentes de internet constituem cerca de 9,72% a 11,06% do número mundial total de internautas adolescentes. Especificamente, dos 162 milhões de internautas chineses, esses usuários com menos de 24 anos constituem aproximadamente 63% do número total de usuários de internet, o que corresponde mais ou menos a 100 milhões. Desses 100 milhões de jovens internautas, de 9,72% a 11,06% são dependentes graves, um total aproximado de 10 milhões de jovens.

As estatísticas de prevalência variam amplamente entre as culturas e sociedades. Em parte, isso acontece porque os pesquisadores estão utilizando vários instrumentos para definir a dependência de internet, o que dificulta a concordância entre os estudos. Além disso, a confusão aumenta com a adoção de metodologias variadas, algumas empregando dados de levantamento virtual na *World Wide Web* em seccionais cruzadas de populações, e algumas tendo como alvo um *campus* ou universidade específicos. De modo geral, podemos dizer que parece que a prevalência da dependência de internet é mais baixa entre adolescentes, variando de 4,6% a 4,7%. Esse número aumenta na população geral de internautas, com intervalos de 6 a 15% da população geral apresentando os sinais de dependências, e chega a 13 a 18,4% entre os universitários, que parecem correr o maior risco. Esses números estimam o alcance do problema e sugerem que uma proporção significativa de usuários conectados à internet pode sofrer de um ou mais sinais de dependência de internet.

## FATORES ETIOLÓGICOS

As dependências são definidas como a compulsão habitual a realizar certas atividades ou utilizar alguma substância, apesar das consequências devastadoras sobre o bem-estar físico, social, espiritual, mental e financeiro do indivíduo. Em vez de lidar com os obstáculos da vida, administrar o estresse do cotidiano e/ou enfrentar traumas passados ou presentes, o dependente responde de forma desadaptativa, recorrendo a um mecanismo de pseudomanejo. Tipicamente, a dependência apresenta características psicológicas e físicas. A dependência física ocorre quando o corpo da pessoa se torna dependente de certa substância e experiencia sintomas de abstinência quando o consumo é descontinuado, como acontece com drogas ou álcool. Embora a substância adictiva inicialmente induza prazer, seu consumo continuado é mais instigado pela necessidade de eliminar a ansiedade provocada por sua ausência, o que leva a pessoa ao comportamento compulsivo. A dependência psicológica se torna evidente quando a pessoa experiencia sintomas de abstinência como depressão, fissura, insônia e irritabilidade. Tanto a dependência comportamental quanto a dependência de substâncias geralmente originam dependência psicológica. A seguir, apresentamos vários modelos propostos para explicar a dependência de internet relacionada à dependência psicológica. Como uma dependência comportamental, o foco nos problemas psicológicos que aumentam o consumo de internet facilita o entendimento clínico de por que as pessoas usam exageradamente.

## Modelo cognitivo-comportamental

Caplan (2002) considerou as dependências tecnológicas como um subgrupo das dependências comportamentais; a dependência de internet apresentava os componentes centrais de dependência (isto é, saliência, modificação do humor, tolerância, abstinência, conflito e recaída). Dessa perspectiva, os dependentes de internet apresentavam saliência da atividade, experienciando frequentemente fissura (desejo incontrolável de usar) e preocupação com a internet quando desconectados. Ele também sugeriu que usar a internet é como uma maneira de se escapar de sentimentos perturbadores, desenvolvendo uma tolerância à internet para chegar à satisfação, experienciando abstinência quando se reduz o uso, passando assim a ter mais conflitos com as pessoas por causa dessa atividade e voltando a recair, ou seja, todos sinais de dependência. Esse modelo tem sido aplicado a comportamentos como sexo, corrida, consumo de alimentos e jogos de azar (Peele, 1985; Vaillant, 1995) e é útil para examinar o uso patológico ou dependente de internet.

Davis (2001) introduziu uma teoria cognitivo-comportamental do uso patológico de internet (UPI) que explica a etiologia, desenvolvimento e consequências associadas ao UPI. Davis caracteriza o UPI como algo que vai além de uma dependência comportamental: ele conceitualiza o uso patológico de internet como um padrão distinto de cognições e comportamentos relacionados à internet que resultam em consequências negativas para a vida. Ele propõe duas formas distintas de UPI: específica e generalizada. O UPI específico envolve uso exagerado ou abuso de funções de conteúdo específico de internet (por exemplo, jogos de azar, comércio de ações, pornografia). Além disso, Davis argumenta que esses transtornos comportamentais ligados a estímulos específicos provavelmente se manifestariam de alguma maneira alternativa se o indivíduo não tivesse possibilidade de acessar a internet. O UPI generalizado é conceitualizado como um uso exagerado multidimensional da própria internet, que resulta em consequências pessoais e profissionais negativas. Os sintomas de UPI generalizado incluem cognições e comportamentos desadaptativos relacionados ao uso de internet que não estão ligados a nenhum conteúdo específico. O UPI generalizado ocorre quando a pessoa passa a ter problemas devido ao contexto exclusivo de comunicação virtual. Em outras palavras, a pessoa é levada à experiência de estar conectado por si e em si mesma, e demonstra preferência por comunicações interpessoais virtuais, em vez daquelas estabelecidas face a face.

Nesse contexto, os pesquisadores sugerem que o uso moderado e controlado de internet é a forma mais adequada de tratar o transtorno (Greenfield, 2001; Orzack, 1999). Especificamente, a terapia cognitivo-comportamental (TCC) foi sugerida como o modo preferido de tratamento para o uso compulsivo de internet (Young, 2007). A TCC é um tratamento muito conhecido, baseado na premissa de que os pensamentos determinam os sentimentos. Em um estudo com 114 pacientes, a TCC foi usada para ensiná-los a monitorar seus pensamentos e identificar aqueles que desencadeavam sentimentos e ações dependentes, ao mesmo tempo em que eles aprendiam novas habilidades de manejo e maneiras de evitar uma recaída. A TCC requereu três meses de tratamento, ou aproximadamente 12 sessões semanais de uma hora. O primeiro estágio da terapia é comportamental, visando àqueles comportamentos e situações específicos em que o transtorno do controle dos impulsos provoca a maior dificuldade. Conforme a terapia progride, o foco passa para as suposições e distorções cognitivas desenvolvidas e para os efeitos do comportamento compulsivo.

Especificamente, a pesquisa sugere que na recuperação devemos examinar não só o comportamento relacionado ao computador como também os comportamentos não relacionados ao computador (Hall e Parsons, 2001). O comportamento relacionado ao computador tem a ver com o uso real de internet, e o objetivo principal é a pessoa se abster das aplicações problemáticas, ao mesmo tempo em que mantém um uso controlado do computador por razões legítimas. Por exemplo, um advogado dependente de pornografia virtual precisaria aprender a se abster de *sites* exclusivos para adultos e a usar controladamente o computador para fazer pesquisas legais e trocar *e-mails* com os clientes. Com relação aos comportamentos não relacionados ao computador, o cliente é auxiliado a fazer mudanças positivas e permanentes em seu estilo de vida excluindo a internet. São estimuladas atividades que não envolvem o computador, como passatempos fora da internet, reuniões sociais e atividades com a família. Assim como na dependência alimentar, em que a recuperação pode ser objetivamente mensurada pela ingestão calórica e perda de peso, os dependentes de internet podem medir o sucesso objetivamente pela abstenção de aplicações problemáticas *online* e o aumento de atividades *offline* significativas. Depois de estabelecida uma linha de base inicial de comparação, a terapia comportamental é empregada para a pessoa reaprender a usar a internet para atingir resultados específicos, tais como o uso moderado e, mais especificamente, a abstenção de aplicações virtuais problemáticas e uso controlado, por razões legítimas. O manejo do comportamento, tanto do uso do computador quanto do comportamento adaptativo sem uso do computador, concentra-se no comportamento virtual atual.

Da perspectiva cognitiva, a pessoa que pensa de modo adictivo se sente apreensiva, sem nenhum motivo lógico, ao antecipar desastres (Hall e Parsons, 2001). Embora os dependentes não sejam as únicas pessoas que se preocupam e antecipam acontecimentos negativos, eles tendem a fazer isso mais frequentemente que as outras pessoas. Young (1998) sugeriu que esse tipo de pensamento catastrófico poderia contribuir para o uso compulsivo de internet, ao fornecer um mecanismo de escape psicológico para evitar problemas reais ou percebidos. Estudos subsequentes hipotetizaram que outras cognições mal adaptativas, como a supergeneralização ou catastrofização e as crenças centrais negativas também contribuem para o uso compulsivo de internet (Caplan, 2002; Caplan e High, 2007; Davis, 2001; LaRose, Mastro e Eastin, 2001). As pessoas que sofrem de pensamento negativo geralmente têm baixa autoestima e apresentam atitudes pessimistas. Elas podem ser aquelas mais atraídas para o potencial interativo anônimo de internet, na tentativa de superar essa inadequação percebida. Os primeiros estudos sobre os resultados de tratamentos mostram que a TCC pode ser usada para tratar esses pensamentos negativos e ajudar a pessoa a superar seus sentimentos de baixa autoestima e valor (Young, 2007). O modelo cognitivo ajuda a explicar por que os usuários de internet criam um hábito ou uso compulsivo e como os pensamentos negativos sobre si mesmo mantêm padrões de comportamento compulsivo.

## Modelo neuropsicológico

Especialistas chineses têm prestado uma atenção cada vez maior ao problema da dependência de internet na sociedade chinesa. Em seu relatório de 2005, a China Youth Association for Network Development (CYAND) apresentou, pela primeira vez, um padrão para avaliar a dependência de internet incluindo um pré-requisito e três condições (CYAND, 2005). O pré-requisito é que a dependência de internet deve prejudicar gravemente o funcionamento social e a comunicação interpessoal do jovem. Um indivíduo seria classificado como dependente de internet ao satisfazer qualquer uma das três seguintes condições:

1. sentir que é mais fácil se autorrealizar virtualmente que na vida real;
2. experienciar disforia ou depressão sempre que o acesso à internet for interrompido ou deixar de funcionar;
3. finalmente, tentar esconder dos membros da família o tempo real de uso.

Ying, diretor do Instituto de Desenvolvimento Psicológico do CYAND, propõe um modelo neuropsicológico de encadeamento para explicar o comportamento virtual dependente (Tao, Ying, Yue e Hao, 2007) (ver Figura 1.1 e Tabela 1.1).

Ao examinar o impulso primitivo associado à dependência, grande parte das pesquisas parte do comportamento cerebral associado à dependência química. A ativação farmacológica dos sistemas de recompensa do cérebro é grandemente responsável pela produção das potentes propriedades adictivas das drogas. Os fatores de personalidade, sociais e genéticos também podem ser importantes, mas os efeitos da droga sobre o sistema nervoso central (SNC) são os principais determinantes da dependência a ela. Fatores não farmacológicos provavelmente são importantes para influenciar o uso inicial da droga e determinar quão rapidamente a dependência se desenvolverá. No caso de algumas substâncias, fatores não farmacológicos podem interagir com a ação farmacológica da droga e provocar o uso compulsivo da substância. Nesses casos, o comportamento de dependência pode envolver o uso de substâncias que geralmente não são consideradas adictivas.

A dopamina é um dos neurotransmissores encontrados no sistema nervoso central. A dopamina recebeu uma atenção especial dos psicofarmacologistas devido ao seu aparente papel na regulação do humor e do afeto e por

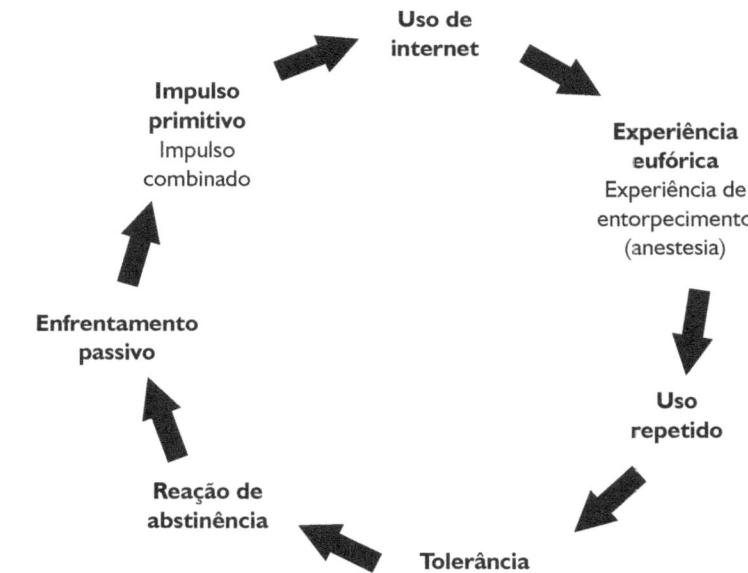

**FIGURA 1.1**
Modelo neuropsicológico de encadeamento da dependência de internet.

**TABELA 1.1**
**Explicação da cadeia neuropsicológica da dependência de internet**

| Conceito principal | Explicação específica |
|---|---|
| Impulso primitivo | O instinto do indivíduo de buscar prazer e evitar a dor, que é representativo de vários motivos e impulsos de usar a internet. |
| Experiência eufórica | As atividades virtuais estimulam o sistema nervoso central do indivíduo, que se sente feliz e satisfeito. O sentimento impulsionará a pessoa a usar continuamente a internet e prolongar a euforia. Depois de estabelecida a dependência, a experiência eufórica logo se transforma em hábito e em estado de entorpecimento. |
| Tolerância | Devido ao uso repetido de internet, o limiar sensorial do indivíduo diminui; a fim de atingir a mesma experiência de felicidade, o usuário precisa aumentar o tempo e o apego à internet. A tolerância de nível elevado é o trampolim para a dependência de internet e o resultado do reforço da experiência eufórica referente à internet. |
| Reação de abstinência | As síndromes física e psicológica acontecem quando o indivíduo interrompe ou diminui o uso de internet, e incluem principalmente disforia, insônia, instabilidade emocional, irritabilidade, e assim por diante. |
| Enfrentamento passivo | Quando o indivíduo se confronta com frustrações ou sofre efeitos prejudiciais do mundo exterior, surgem comportamentos passivos de acomodação ao ambiente, comportamentos que incluem imputação adversa de eventos, falsificação de cognições, supressão, escape e agressão. |
| Efeito avalanche | O efeito avalanche inclui experiências passivas que consistem em reação de tolerância e abstinência, e impulso combinado consistindo em estilos de enfrentamento passivos com base no impulso primitivo do indivíduo. |

causa do seu papel nos processos de motivação e recompensa. Embora existam vários sistemas de dopamina no cérebro, o sistema mesolímbico de dopamina parece ser o mais importante nos processos motivacionais. Algumas drogas adictivas produzem seus potentes efeitos sobre o comportamento ao aumentar a atividade de dopamina mesolímbica (Di Chiara, 2000). A ligação neuroquímica com dependências comportamentais – como o jogo patológico ou a comida – ainda precisa ser confirmada, mas estudos iniciais sugerem que os processos neuroquímicos desempenham um papel em todas as dependências, quer de substâncias quer de comportamentos (Di Chiara, 2000).

O modelo proposto de circuito cerebral de recompensa na dependência envolve o aumento de dopamina quando certas áreas do cérebro são estimuladas. O cérebro possui trajetórias especializadas que mediam a recompensa e a motivação. A estimulação elétrica direta do feixe medial do prosencéfalo (MFB, *medial forebrain bundle*) produz efeitos intensamente gratificantes. Estimulantes psicomotores e opiáceos também podem ativar esse sistema de recompensa por sua ação farmacológica sobre o núcleo *accumbens* e área ventral tegmental, respectivamente. A ação ventral tegmental dos opiáceos provavelmente envolve um sistema endógeno de peptídeos opioides (ENK), mas a localização anatômica desse sistema ainda não foi identificada. Recompensas naturais (como comida e sexo) e outras substâncias (como cafeína, álcool, nicotina) também podem ativar esse sistema cerebral de recompensa (Di Chiara, 2000).

Conforme descobrimos novas áreas de processos neuroquímicos no comportamento de dependência, é essencial que se compreendam seus efeitos físicos e psicológicos. Os pesquisadores há muito tempo associam a dependência a mudanças em neurotransmissores no cérebro, e alguns teóricos argumentam que toda dependência, seja qual for seu tipo (sexo, comida, álcool, internet), pode ser desencadeada por mudanças semelhantes no cérebro. Para entender isso, foram realizados novos estudos sobre tratamentos farmacológicos para a dependência de internet. Na Mount Sinai School of Medicine, Nova York, pesquisadores testaram o uso do antidepressivo escitalopram (Lexapro, da Forest Pharmaceuticals) em 19 sujeitos adultos com transtorno impulsivo-compulsivo de uso de internet, definido como incontrolável e consumidor de tempo, ou uso problemático de internet resultando em dificuldades sociais, ocupacionais ou financeiras (Dell'Osso et al., 2008). Os participantes do estudo tomaram escitalopram em uma fase de rótulo aberto por 10 semanas, e depois aqueles que responderam foram randomizados em duplo-cego de nove semanas, de placebo controlado, mantendo a medicação ou mudando para um placebo. Durante a fase de rótulo aberto, os sujeitos tiveram uma resposta muito saudável à medicação; na média, o número de horas passadas *online* caiu de 36 para 16. Embora esse estudo tenha sido um dos primeiros e sejam necessárias outras pesquisas com grupos maiores para investigar a eficácia da substância no tratamento da dependência de internet, é importante identificar o impacto do tratamento medicamentoso nesse transtorno e de outros tratamentos farmacológicos associados nos transtornos compulsivos.

## Teoria da compensação

O Instituto de Psicologia da Academia Chinesa de Ciências propôs uma "teoria da compensação" para explicar as causas da dependência de internet em jovens chineses. Especificamente, Tao (2005) argumenta que o "sistema de avaliação único" de excelência acadêmica levou muitos jovens a buscarem na internet uma "compensação espiritual". Além disso, os jovens também procuram nas atividades virtuais uma compensação para autoidentidade, autoestima e rede social. Nos últimos 20 anos, os jovens chineses usaram a poesia, a guitarra e os esportes para expressar suas necessidades e sentimentos, ao passo que agora eles tendem a usar os jogos eletrônicos e outras ferramentas da *web*.

Pesquisas anteriores também examinaram o comportamento de adultos, assim como de crianças, usando a internet como um meio de compensar ou lidar com déficits de autoestima, identidade e relacionamentos. Utilizando a Loneliness Scale da UCLA (Russell, Peplau e Cutrona, 1980), um estudo mais antigo encontrou níveis mais elevados de solidão entre alunos que foram considerados usuários patológicos ou dependentes de internet (Morahan-Martin e Schumacher, 2003). Em geral, os dependentes de internet têm dificuldade em formar relacionamentos íntimos com os outros e se escondem na anonimidade do ciberespaço para se conectar com pessoas de maneira não ameaçadora. Virtualmente, o indivíduo pode criar uma rede social de novos relacionamentos. Com visitas rotineiras a um determinado grupo (por exemplo, uma área específica de bate-papo, jogos *online* ou Facebook), ele estabelece um alto grau de familiaridade com outros membros do grupo, criando assim um sentimento de comunidade. Como qualquer comunidade, a cultura virtual tem seu próprio conjunto de valores, padrões, linguagem, sinais e artefatos. O usuário se adapta às normas correntes do grupo. Existindo apenas virtualmente, o grupo em geral desconsidera as convenções normais relativas à privacidade (por exemplo, postando mensagens pessoais em quadros de avisos ou salas de bate-papo públicas); o grupo existe em um tempo e espaço paralelos e se mantém vivo somente porque os usuários se conectam uns com os outros pelo computador.

Uma vez estabelecido o senso de pertencimento a um determinado grupo, os dependentes de internet dependem do intercâmbio pela conversação para obter companhia, conselhos, entendimentos e, inclusive, romance. A capacidade de criar uma comunidade virtual deixa para trás o mundo físico, e pessoas conhecidas, fixas e visuais como que deixam de existir, e os usuários anônimos criam um encontro de mentes que vivem em uma sociedade baseada puramente em textos. Pelo intercâmbio de mensagens pela internet, os usuários compensam o que lhes falta na vida real (Caplan e High, 2007).

Eles podem usar o bate-papo, mensagens instantâneas ou redes sociais para encontrar significado psicológico e conexão, formar vínculos íntimos e se sentir emocionalmente próximos dos outros. A formação dessas arenas virtuais cria uma dinâmica de grupo de apoio social que atende a uma necessidade profunda e compelidora em pessoas cuja vida real é empobrecida e carente de intimidade em termos interpessoais. Algumas circunstâncias de vida, como ter de cuidar de alguém e ficar sempre em casa, ter alguma deficiência, ser aposentado ou dona de casa, podem limitar o acesso da pessoa aos outros. Nesses casos, é mais provável que o indivíduo use a internet como um meio alternativo de estabelecer os alicerces sociais que faltam em seu ambiente imediato. Em outros casos, quem se sente socialmente pouco hábil ou tem dificuldade em criar relacionamentos sadios na vida real descobre que consegue se expressar mais livremente e encontra o companheirismo e a aceitação ausentes em sua vida.

No agora famoso Home Net Study, Krant e colaboradores (1997) também descobriram que o isolamento social e a depressão estavam correlacionados ao uso de internet. Os pesquisadores da Carnegie Mellon University realizaram um dos poucos estudos longitudinais sobre o impacto psicológico do uso de internet. Eles selecionaram aleatoriamente famílias sem nenhuma experiência de computador e lhes deram computadores e instruções sobre o uso de internet. Após um a dois anos, o uso aumentado de internet foi associado à diminuição da comunicação familiar e à redução do círculo social local. Os achados dos pesquisadores mostraram que mesmo num uso modesto de internet, os participantes experienciavam aumento na solidão e depressão. O aumento da solidão e a redução do apoio social eram particularmente pronunciados para os jovens. Os pesquisadores descobriram que, quanto mais dependentes eram os usuários, mais provável que usassem a internet como fuga (Young e Rogers, 1997). Quando estressados pelo trabalho ou deprimidos, os dependentes tendiam mais a acessar a internet e relatavam graus mais elevados de solidão, humor deprimido e compulsividade quando comparados aos outros grupos. A depressão foi ligada ao uso excessivo de internet de modo geral. Não foi demonstrado se a depressão causa a dependência ou se ser dependente causa depressão, mas os estudos demonstraram que as duas síndromes estavam fortemente correlacionadas, reforçando-se mutuamente.

Enquanto os pesquisadores continuam tentando compreender a dinâmica associada à dependência de internet, é importante que os terapeutas compreendam como os usuários podem compensar o que falta em sua vida usando a internet. Isso pode se tornar extremamente reforçador para superar a baixa autoestima, falta de habilidade social, solidão e depressão. Quem sofre desses problemas pode estar mais vulnerável e correr um risco maior de desenvolver o transtorno. Com isso em mente, os modelos de tratamento precisam examinar outros fatores comórbidos com os quais o cliente talvez esteja lidando. Isto é, o cliente está usando o Facebook para satisfazer necessidades sociais? Estabelece relacionamentos virtuais para fazer amigos devido à fobia social? Ele usa jogos *online* para se sentir poderoso quando sofre de baixa autoestima? Usa a internet para lidar com uma depressão clínica? Ajudar o cliente a compreender como usa a internet para compensar necessidades sociais ou psicológicas pode ser uma forma muito útil ou ainda um primeiro passo para a recuperação.

## Fatores situacionais

Os fatores situacionais desempenham um papel no desenvolvimento da dependência de internet. Os indivíduos que se sentem oprimidos, enfrentam problemas pessoais ou passam por mudanças de vida como um divórcio recente, recolocação profissional ou morte de alguém querido podem se absorver num mundo virtual cheio de fantasia e fascínio (Young, 2007). A internet pode se tornar uma fuga psicológica que distrai o usuário de um problema ou situação difícil da vida real. Por exemplo, alguém que está passando por um divórcio doloroso pode recorrer a amigos virtuais para lidar com a situação. Para alguém que mudou de cargo ou de empresa, recomeçar pode ser solitário. Como um meio de lidar com a solidão sentida no novo ambiente, o usuário pode recorrer à internet para preencher o vazio dessas noites solitárias. O usuário também pode ter uma história de dependência de álcool ou drogas, e considerar a internet uma alternativa fisicamente segura para a sua tendência adictiva. Ele acredita que ser dependente de internet é medicamente mais seguro que ser dependente de drogas ou álcool – sem perceber que continua se comportando compulsivamente para evitar as dificuldades subjacentes à dependência.

Os usuários que sofrem de múltiplas dependências são os que correm maior risco de dependência de internet. Pessoas com personalidades adictivas tendem mais a usar álcool, cigarros, drogas, comida ou sexo como uma maneira de lidar com problemas. Elas aprenderam a lidar com dificuldades situacionais por meio do comportamento dependente, e a internet lhes parece uma distração conveniente, legal e fisicamente segura, desses mesmos problemas da vida real. Nos casos em que o sujeito também é dependente do sexo ou de jogos de azar, a internet passa a ser uma nova maneira de se dedicar a esses comportamentos. Os compulsivos sexuais descobrem uma nova fonte de gratificação sexual na pornografia e no sexo virtual anônimo. A internet lhes permite manter o comportamento sexual sem a necessidade física de visitar clubes noturnos ou mesmo prostitutas, fornecendo um modo novo e socialmente aceitável de lidar com a questão. Pessoas com uma história de dependência de jogos de azar podem visitar cassinos virtuais e *sites* de pôquer para jogar.

Na China há um fator cultural que não está presente nos estudos dos Estados Unidos. Algumas pessoas argumentam que o sistema educacional chinês constitui o fator situacional mais importante para os comportamentos de dependência dos adolescentes (Tao, 2005; Tao et al., 2007). O Dr. Ran Tao, diretor do Center for Youth and Adolescent Development do General Military Hospital de Pequim, explica que todos os pais chineses esperam que seus filhos tenham um futuro brilhante; já que passar no vestibular constitui um "índice valioso" de sucesso pessoal, isso contribui significativamente para a pressão de aprender e o aumento do estresse escolar, à custa da busca de divertimento fora da escola (Lin e Yan, 2001; Lin, 2002).

Observamos que o estresse situacional, seja ele divórcio, luto, perda recente do emprego ou luta pelo sucesso acadêmico, pode levar a pessoa a usar a internet com maior intensidade. Nem todos os indivíduos que usam a internet como uma fuga momentânea ou um meio de controlar o estresse situacional se tornam dependentes. Seu comportamento pode ser temporário e desaparecer com o tempo. Mas há casos em que o comportamento passa a ser persistente e constante, e as atividades virtuais se tornam exageradas. O comportamento, progressivamente, passa a girar em torno do uso de internet. A pessoa adapta seu comportamento e se concentra em aplicações que inicialmente eram necessárias para o trabalho, como um BlackBerry, ou recreativas, como uma sala de bate-papo ou jogo. Na medida em que o comportamento se intensifica e o uso de internet se torna crônico e arraigado, transforma-se numa obsessão compulsiva. Nesse estágio, a pessoa se torna incapaz de manejar sua vida, e o comportamento compulsivo passa a prejudicar os relacionamentos e/ou a atividade profissional.

A pessoa está vulnerável à dependência quando se sente insatisfeita com sua vida, não tem relacionamentos íntimos ou sólidos com os outros, não tem autoconfiança nem interesses envolventes, ou não tem mais esperança (Peele, 1985, p. 42). De maneira semelhante, os indivíduos que estão insatisfeitos ou sofrendo em alguma área específica ou em várias áreas da vida apresentam maior probabilidade de se tornarem dependentes de internet por não conhecerem outra maneira de lidar com isso (Young, 1998). Por exemplo, em vez de fazer escolhas positivas que trarão benefícios, os alcoolistas costumam beber, o que amortece a dor, evita o problema e mantém o *status quo*. Todavia, quando ficam sóbrios, percebem que suas dificuldades não mudaram. Nada foi alterado pela bebida, mas parece mais fácil beber do que lidar com os problemas de frente. De forma semelhante, o usuário dependente acessa a internet para amortecer a dor, evitar o problema real e manter as coisas como estão. Mas quando se desconectam eles percebem que nada mudou. Essa substituição de necessidades não atendidas em geral permite ao dependente escapar temporariamente do problema – mas não é assim que se resolvem os problemas. Portanto, é importante que o terapeuta avalie a situação atual do cliente para determinar se ele não está usando a internet como um cobertor de segurança, para evitar uma situação de infelicidade, tal como uma insatisfação conjugal ou profissional, doença médica, desemprego ou instabilidade acadêmica.

## IMPLICAÇÕES

Na década passada houve muitas publicações referentes à dependência e uso compulsivo de internet. Embora de natureza preliminar, essas pesquisas sugerem que o uso dependente de internet criou um problema psicológico e social significativo. De todas as maneiras de avaliar a dependência de internet, os critérios baseados no *DSM* parecem ser a maneira mais aceita de definir o transtorno. Recentemente, a American Psychiatric Association decidiu incluir a dependência de internet no apêndice do *DSM-V* (Block, 2008).

Da perspectiva da saúde mental, os usuários de internet que se tornaram dependentes acham que o campo tem reagido muito lentamente, pois o número de centros de recuperação que oferecem atendimento para esse vício ainda é reduzido. Para que haja programas de recuperação efetivos, precisamos que as pesquisas esclareçam as motivações subjacentes à dependência de internet. Temos de entender como doenças psiquiátricas, como a depressão ou o transtorno obsessivo-compulsivo, influenciam o desenvolvimento do uso compulsivo de internet. Estudos longitudinais podem revelar como traços de personalidade, dinâmica familiar ou habilidades interpessoais influenciam a maneira de usar a internet. Por último, são necessários mais estudos de resultados, para determinar a eficácia de abordagens terapêuticas especializadas no tratamento dessa dependência e comparar esses resultados com modalidades tradicionais de recuperação. Da perspectiva técnica, estão surgindo novos *softwares* destinados a evitar o uso inadequado e excessivo de internet; por exemplo, *softwares* como o WebSense, para monitoramento em empresas, ou o Spy Monkey, de uso pessoal, para controlar o tempo *online*.

Ainda não foram documentados estudos examinando especificamente o tratamento com programas de 12 passos. O campo é ainda muito recente para haver dados relevantes sobre a possível efetividade de grupos de apoio como parte do protocolo de tratamento da dependência de internet. Foi discutido, na literatura, que as pesquisas sobre a dependência de internet tem sido problemáticas. Muitos estudos carecem da solidez empírica do planejamento experimental, baseando-se em dados de levantamento e informações de populações autosselecionadas. Algumas pesquisas também não usam adequadamente grupos de controle, e em alguns casos tiram conclusões baseadas em um número muito pequeno de estudos de caso e questionários. Apesar desses problemas metodológicos, estudos replicaram resultados em várias partes do mundo e, a partir dos diversos pontos de vista apresentados no campo, já é possível perceber certas direções.

# REFERÊNCIAS

Aboujaoude, E., Koran, L. M., Gamel, N., Large, M. D., & Serpe, R. T. (2006). Potential markers for problematic Internet use: A telephone survey of 2,513 adults. *CNS Spectrum, The Journal of Neuropsychiatric Medicine,* 11(10),750-755.

Bai, Y.-M., Lin, C.-C., & Chen, J.-Y. (2001). The characteristic differences between clients of virtual and real psychiatric clinics. *American Journal of Psychiatry, 158,* 1160-1161.

Block, J. J. (2008). Issues for DSM-V: Internet addiction. *American Journal of Psychiatry, 165,* 306-307.

Caplan, S. E. (2002). Problematic Internet use and psychosocial well-being: Development of a theory-based cognitive-behavioral measurement instrument. *Computers in Human Behavior, 18,* 553-575.

Caplan, S. E., & High, A. C. (2007). Beyond excessive use: The interaction between cognitive and behavioral symptoms of problematic Internet use. *Communication Research Reports, 23,* 265-271.

China Youth Association for Network Development (CYAND). (2005). Report of China teenagers' Internet addiction information 2005 (Beijing, China).

Cooper, A. (2002). *Sex & the Internet: A guidebook for clinicians.* New York: Brunner-Routledge.

Cui, L. J., Zhao, X., Wu, Z. M., & Xu, A. H. (2006). A research on the effects of Internet addiction on adolescents' social development. *Psychological Science, 1,* 34-36.

Davis, R. A. (2001). A cognitive behavioral model of pathological Internet use. *Computers in Human Behavior, 17,*187-195.

Dell'Osso, B., Hadley, S., Allen, A., Baker, B., Chaplin, W. F., & Hollander, E. (2008). Ecitalopram in the treatment of impulsive-compulsive Internet usage disorder: An open-label trial followed by a double-blind discontinuation phase. *Journal of Clinical Psychiatry, 69*(3),452-456.

Di Chiara, G. (2000). Role of dopamine in the behavioural actions of nicotine related to addiction. *European Journal of Pharmacology, 393*(1-2), 295-314.

Greenfield, D. N. (1999). Psychological characteristics of compulsive Internet use: A preliminary analysis. *Cyber Psychology & Behavior, 2,* 403-412.

Greenfield, D. N. (2001). Sexuality and the Internet, *Counselor, 2,* 62-63.

Hall, A. S., & Parsons, J. (2001). Internet addiction: College students case study using best practices in behavior therapy. *Journal of Mental Health Counseling, 23,* 312-322.

Krant, R., Patterson, M., Lundmark, V., Kiesler, S., Mukopadhyay, T., & Scherlis, W. (1997). Internet paradox: A social technology that reduces social involvement and psychological well-being? *American Psychologist, 53,* 1017-1031.

LaRose, R., Mastro, D., & Eastin, M. S. (2001). Understanding Internet usage: A social-cognitive approach to uses and gratifications. *Social Science Computer Review, 19*(4), 395-413.

Lin, X. H. (2002). A brief introduction to Internet addiction disorder. *Chinese Journal of Clinical Psychology, 1,* 74-76.

Lin, X. H., & Yan, G. G. (2001). Internet addiction disorder, online behavior and personality. *Chinese Mental Health Journal, 4,* 281-283.

Morahan-Martin, J., & Schumacher, P. (1999). Incidence and correlates of pathological Internet use among college students. *Computers in Human Behavior 16,* 1-17.

Morahan-Martin, J., & Schumacher, P. (2003). Loneliness and social uses of the Internet. *Computers in Human Behavior, 19,* 659-671.

Nalwa, K., & Anand, A. (2003). Internet addiction in students: A cause of concern. *Cyber Psychology & Behavior, 6*(6), 653-656.

Orzack, M. H. (1999). Computer addiction: Is it real or is it virtual? *Harvard Mental Health Letter, 15*(7), 8.

Peele, S. (1985). The concept of addiction. In S. Peele, *The meaning of addiction: Compulsive experience and its interpretation.* Lanham, MD: Lexington Books.

Russell, D., Peplau, L. A., & Cutrona, C. E. (1980). The revised UCLA Loneliness Scale: Concurrent and discriminant validity evidence. *Journal of Personality and Social Psychology, 39,* 472-480.

Scherer, K. (1997). College life online: Healthy and unhealthy Internet use. *Journal of College Development, 38,* 655-665.

Swaminath, G. (2008). Internet addiction disorder: Fact or fad? Nosing into nosology. *Indian Journal of Psychiatry [serial online], 50,* 158-160. Available from http://www.indianjpsychiatry.org/text.asp?2008/50/3/158/43622.

Tao, H. K. (2005). Teenagers' Internet addiction and the quality-oriented education. *Journal of Higher Correspondence Education (Philosophy and Social Sciences), 3,* 70-73.

Tao, R., Ying, L., Yue, X. D., & Hao, X. (2007). *Internet addiction: Exploration and intervention.* [em mandarim]. Shanghai, China: Shanghai People's Press, 12.

Vaillant, G. E. (1995). *The natural history of alcoholism revisited.* Cambridge, MA: Harvard University Press.

Whang, L., Lee, K., & Chang, G. (2003). Internet over-users' psychological profiles: A behavior sampling analysis on Internet addiction. *CyberPsychology & Behavior, 6*(2), 143-150.

Yang, S. (2001). Sociopsychiatric characteristics of adolescents who use computers to excess. *Acta Psychiatrica Scandinavica, 104*(3), 217-222.

Young, K. S. (1996). Internet addiction: The emergence of a new clinical disorder. Poster presented at the 104th Annual Convention of the American Psychological Association in Toronto, Canada, August 16, 1996.

Young, K. S. (1998). *Caught in the Net: How to recognize the signs of Internet addiction and a winning strategy for recovery.* New York: John Wiley & Sons.

Young, K. S. (2007). Cognitive-behavioral therapy with Internet addicts: Treatment outcomes and implications, *Cyber Psychology & Behavior, 10*(5), 671-679.

Young, K. S., & Rogers, R. (1997). The relationship between depression and Internet addiction. *CyberPsychology & Behavior, 1*(1), 25-28.

# 2

# Avaliação clínica de clientes dependentes de internet

**KIMBERLY S. YOUNG**

O diagnóstico de dependência de internet geralmente é complexo. Diferentemente da dependência química, a internet oferece diversos benefícios, pois consiste em um avanço tecnológico da nossa sociedade e não num dispositivo a ser criticado como adictivo. Com ela podemos realizar pesquisas, transações comerciais, acessar bibliotecas, nos comunicar e planejar viagens. Existem livros descrevendo os benefícios psicológicos, assim como funcionais, de internet na nossa vida. Em comparação, o álcool ou as drogas não são uma parte integral ou necessária da nossa vida pessoal e profissional, nem nos oferecem qualquer benefício direto. Com tantos usos práticos de internet, os sinais de dependência podem ser facilmente mascarados ou justificados. Além disso, as avaliações clínicas frequentemente são muito abrangentes e cobrem transtornos relevantes para condições psiquiátricas ou transtornos de dependência. E, dado seu caráter recente, os sintomas de dependência de internet nem sempre se revelam em uma entrevista clínica inicial. Embora os autoencaminhamentos por dependência de internet estejam se tornando mais comuns, o cliente em geral não se apresenta com queixas de dependência do computador. As pessoas inicialmente se apresentam com sinais de depressão clínica, transtorno bipolar, ansiedade ou tendências obsessivo-compulsivas, e só mais tarde, num exame posterior, o profissional que as está tratando descobre sinais de abuso de internet (Shapiro, Goldsmith, Keck, Khosla e McElroy, 2000).

Consequentemente, pode ser bem difícil diagnosticar a dependência de internet na entrevista clínica. Por isso, é importante que o terapeuta procure a presença de uso compulsivo. Este capítulo examina maneiras de avaliar uma possível dependência de internet. Ele revisa a evolução da dependência de internet e conceitualizações atuais de uso patológico do computador conforme delineadas para o *DSM-V*. Como parte do processo de avaliação, o capítulo também apresenta a primeira medida validada de dependência de internet, uma ferramenta especialmente útil para medir a gravidade dos sintomas depois de diagnosticados. Finalmente, o capítulo sugere perguntas específicas para a entrevista clínica e trata de problemas que os clientes costumam enfrentar nos primeiros estágios de recuperação, incluindo a motivação para o tratamento, problemas sociais subjacentes e dependências múltiplas.

## CONCEITUALIZAÇÃO

Segundo a Dra. Maressa Hecht Orzack, diretora do Computer Addiction Services do Hospital McLean, filiado à Harvard Medical School, e uma pioneira no estudo da dependência de internet, os dependentes virtuais perdem a tal ponto o controle dos impulsos que sua vida fica um caos. No entanto, apesar disso, eles não conseguem largar a internet. O computador se torna o principal relacionamento na vida da pessoa (Orzack, 1999).

Embora o tempo não seja uma função direta no diagnóstico da dependência de internet, os primeiros estudos revelam que as pessoas classificadas como usuários dependentes geralmente ficavam *online* de forma excessiva, de 40 a 80 horas por semana, com períodos que poderiam durar até 20 horas (Greenfield, 1999; Young, 1998a). Os padrões de sono eram rompidos devido aos *log-ins* (conexões) realizados na madrugada, e os indivíduos geralmente continuavam conectados apesar da realidade de ter de acordar cedo no dia seguinte para o trabalho ou a escola. Em casos extremos, são usadas pílulas de cafeína para facilitar sessões mais longas na internet. Essa privação de sono provocava fadiga excessiva, prejudicando o desempenho acadêmico ou ocupacional e aumentando o risco de dieta inadequada e falta de exercício.

Dada a popularidade da internet, muitas vezes é difícil detectar e diagnosticar o vício, uma vez que o uso legítimo, pessoal ou para o trabalho, frequentemente mascara o comportamento dependente. O melhor método para detectar clinicamente o uso compulsivo de internet é compará-lo com critérios para outras dependências estabelecidas. Pesquisadores compararam a dependência de internet a síndromes adictivas semelhantes aos transtornos do controle dos impulsos no Eixo I do *DSM* (American Psychiatric Association, 1994) e utilizaram várias formas dos critérios do *DSM-IV* para definir a dependência de internet. De todas as referências no *DSM*, o Jogo de Azar Patológico foi considerado o mais parecido com esse fenômeno. O internet Addiction Diagnostic Questionnaire (IADQ) foi a primeira medida de avaliação desenvolvida para diagnóstico (Young, 1998b). O seguinte questionário conceitualiza os oito critérios para o transtorno:

1. Você se preocupa com a internet (pensa sobre atividades virtuais anteriores ou fica antecipando quando ocorrerá a próxima conexão)?
2. Você sente necessidade de usar a internet por períodos de tempo cada vez maiores para se sentir satisfeito?
3. Você já se esforçou repetidas vezes para controlar, diminuir ou parar de usar a internet, mas fracassou?
4. Você fica inquieto, mal-humorado, deprimido ou irritável quando tenta diminuir ou parar de usar a internet?
5. Você fica *online* mais tempo do que pretendia originalmente?
6. Você já prejudicou ou correu o risco de perder um relacionamento significativo, emprego ou oportunidade educacional ou profissional por causa de internet?
7. Você já mentiu para familiares, terapeutas ou outras pessoas para esconder a extensão do seu envolvimento com a internet?
8. Você usa a internet como uma maneira de fugir de problemas ou de aliviar um humor disfórico (por exemplo, sentimentos de impotência, culpa, ansiedade, depressão)?

As respostas avaliavam o uso não essencial do computador/internet, tal como o uso não relacionado ao trabalho ou estudo. Os sujeitos eram considerados dependentes quando respondiam sim a cinco ou mais das perguntas ao longo de um período de seis meses. Características associadas também incluíam o uso habitual excessivo da internet, negligência de obrigações rotineiras ou responsabilidades de vida, isolamento social, manter em segredo atividades virtuais ou uma súbita exigência de privacidade quando *online*. Embora o IADQ forneça um meio de conceitualizar o uso patológico ou adictivo de internet, esses sinais de alerta muitas vezes podem ser mascarados por normas culturais que incentivam e reforçam o uso virtual. Mesmo que o cliente satisfaça todos os critérios, os sinais de abuso podem ser racionalizados (por exemplo, "Eu preciso disso para o meu trabalho" ou "É só uma máquina") quando na realidade a internet está causando problemas significativos na vida do usuário.

Beard e Wolf (2001) modificaram um pouco o IADQ, recomendando que todos os primeiros cinco critérios sejam atendidos para o diagnóstico de dependência de internet, uma vez que esses critérios podem ser satisfeitos sem qualquer prejuízo no funcionamento cotidiano da pessoa. Para se diagnosticar a dependência de internet também foi recomendado que pelo menos um dos últimos três critérios (por exemplo, critérios 6, 7 e 8) seja atendido. A razão para separar os três últimos dos outros é o fato de que esses critérios influenciam a capacidade do usuário patológico de lidar com as situações de vida e funcionar bem (por exemplo, deprimido, ansioso, fugindo de problemas) e também influenciam a interação com os outros (por exemplo, relacionamentos significativos, trabalho, mentiras). Novos estudos que testaram empiricamente o IADQ descobriram que usar três ou quatro critérios era tão eficiente para o diagnóstico quanto usar cinco ou mais, e sugerem que o escore de corte de cinco critérios poderia ser excessivamente rigoroso (Dowling e Quirk, 2009). Finalmente, Shapiro e colaboradores (2003) sugerem uma abordagem de diagnóstico que segue o estilo geral dos transtornos do controle dos impulsos do *DSM-IV-R* (American Psychiatric Association, 2000) que estende os critérios diagnósticos ao uso problemático de internet. Essa ampliação inclui uma preocupação desadaptativa com o uso de internet, conforme indicado ou pela preocupação irresistível com a internet ou o uso excessivo por períodos de tempo mais longos que o planejado. E o uso de internet ou a preocupação com seu uso também deve causar sofrimento clinicamente significativo ou prejuízo social, ocupacional ou em outras áreas importantes de funcionamento. Por fim, a ocorrência do uso excessivo de internet não estaria ligada a períodos de hipomania ou mania e não seria mais bem explicada por outros transtornos do Eixo I.

Mais recentemente, a American Psychiatric Association decidiu incluir o diagnóstico de uso patológico do computador na próxima revisão do *DSM-V* (Block, 2008). Conceitualmente, o diagnóstico é de um transtorno do espectro compulsivo-impulsivo que envolve o uso conectado e/ou desconectado do computador (Dell'Osso, Altamura, Allen, Marazziti e Hollander, 2006) e consiste em pelo menos três subtipos: jogar excessivamente, preocupações sexuais e envio de mensagens de *e-mail*/texto (Block, 2007). Todas as variantes compartilham os quatro componentes a seguir:

1. *uso excessivo*, frequentemente associado à perda da percepção da passagem do tempo ou negligência de impulsos básicos;
2. *abstinência*, incluindo sentimentos de raiva, tensão e/ou depressão quando o computador está inacessível;
3. *tolerância*, incluindo a necessidade de um computador melhor, com mais recursos, mais *softwares* ou mais horas de uso;
4. *repercussões negativas*, incluindo brigas, mentiras, desempenho insatisfatório, isolamento social e fadiga (Beard e Wolf, 2001; Block, 2008).

Este último conjunto de critérios reúne as formas anteriores de classificação que definem a dependência de internet de forma abrangente, de modo a incluir os principais componentes associados ao comportamento compulsivo.

## Teste de Dependência de Internet (Internet Addiction Test (IAT))*

O Internet Addiction Test (IAT) é o primeiro instrumento validado para a avaliação da dependência de internet (Widyanto e McMurren, 2004). Estudos descobriram que o IAT é uma medida fidedigna que abrange as características--chave do uso patológico de internet. O teste mede a extensão do envolvimento da pessoa com o computador e classifica o comportamento de dependência em termos de prejuízo leve, moderado e grave. O IAT pode ser utilizado em ambientes de internação e ambulatoriais, e adaptado para atender às necessidades do ambiente clínico. Ademais, além da validação em inglês, o IAT também foi validado na Itália (Ferraro, Caci, D'Amico e Di Biasi, 2007) e na França (Khazaal et al., 2008), passando a ser a primeira medida psicométrica global.

### Aplicação

Basta dizer à pessoa que responda ao questionário de 20 itens, baseado na seguinte escala Likert de cinco pontos. Ao respondê-lo, o cliente deve considerar apenas o tempo passado *online* por outros motivos que não estudo ou trabalho. Isto é, ele deve considerar apenas o uso recreativo.

Para avaliar o nível de dependência, o cliente deve responder às seguintes perguntas usando esta escala:

0 = Não Aplicável
1 = Raramente
2 = Ocasionalmente
3 = Frequentemente
4 = Geralmente
5 = Sempre

1. Com que frequência você descobre que ficou conectado mais tempo do que pretendia?

---

* N. de R.T.: Para ter acesso à versão validada em língua portuguesa, ver: Conti, M. et al. (no prelo). Brazilian Portuguese Translation, Cross-cultural Adaptation, and Internal Consistency Analisis of the Internet Addiction Test. Caderno de Saúde Pública/USP.

2. Com que frequência você negligencia tarefas domésticas para passar mais tempo conectado?
3. Com que frequência você prefere a emoção da internet à intimidade com seu parceiro ou parceira?
4. Com que frequência você estabelece novos relacionamentos com outros usuários da rede?
5. Com que frequência as pessoas que fazem parte da sua vida se queixam da quantidade de tempo que você passa *online*?
6. Com que frequência suas notas ou tarefas escolares sofrem devido ao tempo que passa conectado?
7. Com que frequência você verifica seus *e-mails* antes de alguma outra coisa que precisa fazer?
8. Com que frequência seu desempenho ou produtividade no trabalho sofre por causa da internet?
9. Com que frequência você se defende ou mantém segredo quando alguém lhe pergunta o que faz na internet?
10. Com que frequência você bloqueia pensamentos perturbadores sobre sua vida substituindo-os por pensamento tranquilizadores sobre a internet?
11. Com que frequência você se percebe antecipando o momento em que estará conectado novamente?
12. Com que frequência você acha que a vida sem internet seria chata, vazia e sem alegria?
13. Com que frequência você explode, grita ou fica irritado quando alguém o importuna enquanto está conectado?
14. Com que frequência você perde horas de sono por ficar conectado até muito tarde à noite?
15. Com que frequência você se preocupa com a internet quando está desconectado ou fantasia que está conectado?
16. Com que frequência você se descobre dizendo "Só mais uns minutos" quando está conectado?
17. Com que frequência você tenta diminuir a quantidade de tempo que passa conectado e não consegue?
18. Com que frequência você tenta esconder quanto tempo ficou conectado?
19. Com que frequência você escolhe passar mais tempo conectado em vez de sair com as pessoas?
20. Com que frequência você se sente deprimido, mal-humorado ou nervoso quando está desconectado e isso desaparece quando volta a se conectar?

Depois que todas as perguntas foram respondidas, some os números das respostas para obter um escore final. Quanto mais alto o intervalo de pontuação, mais alto o nível de dependência, conforme segue:

Intervalo Normal: 0-30 pontos
Leve: 31-49 pontos
Moderada: 50-79 pontos
Grave: 80-100 pontos

Uma vez calculado o escore total do cliente e selecionada a categoria, para aumentar a utilidade do instrumento avalie aquelas perguntas às quais o cliente respondeu com uma nota 4 ou 5. É muito importante fazer com o cliente essa análise dos itens, para identificar áreas específicas de problema relacionadas ao abuso de internet. Por exemplo, se o cliente respondeu 4 (frequentemente) à pergunta 12, se sua vida seria vazia e chata sem a internet, será que ele se dá conta dessa dependência e do medo associado a qualquer cogitação de deixar de usar a internet? Talvez o cliente tenha respondido 5 (sempre) à pergunta 14 sobre o sono perdido devido ao tempo passado conectado. Um exame mais detalhado poderia revelar que ele perde horas de sono todas as noites, o que tem impedido que funcione bem no trabalho ou frequente as aulas ou realize as tarefas rotineiras na casa, além de prejudicar a sua saúde de modo geral. Essas são áreas importantes a investigar com os clientes, pois são ao mesmo tempo sintomas e consequências criadas pela dependência de internet. Considerando tudo, o IAT fornece uma estrutura para a avaliação de situações ou problemas específicos causados pelo uso exagerado do computador, o que ajudará no planejamento do tratamento subsequente.

## Moderação e uso controlado

O uso de internet é legítimo em atividades necessárias no trabalho e em casa, tais como a correspondência eletrônica (*e-mail*) envolvendo negócios ou bancos. Portanto, os modelos tradicionais de abstenção, ao banir o uso de internet na maioria dos casos, não são intervenções práticas. O foco do tratamento deveria consistir no uso global moderado de internet. Embora o uso moderado seja o principal objetivo, frequentemente é necessário que a pessoa se abstenha de aplicações problemáticas. Por exemplo, na avaliação inicial muitas vezes se descobre que uma aplicação específica, como uma sala de bate-papo, um jogo interativo ou um certo conjunto de *sites* para adultos desencadeia o uso descontrolado de internet. Nesse caso, a moderação na aplicação-gatilho pode fracassar devido à fascinação inerente, e o cliente precisa descontinuar toda e qualquer atividade que envolva aquela aplicação. É essencial ajudar o cliente a identificar e se abster da(s) aplicação(ções) problemática(s) ao mesmo tempo em que mantém o uso controlado em atividades legítimas.

O tratamento inclui diversas formulações e uma combinação de teorias de psicoterapia para tratar o comportamento e os problemas psicossociais subjacentes que com frequência coexistem com essa dependência (por exemplo, fobia social, transtornos do humor, transtornos do sono, insatisfação conjugal ou esgotamento profissional). Para ajudar o cliente a se abster de aplicações virtuais problemáticas, as intervenções de recuperação utilizam técnicas estruturadas, mensuráveis e sistemáticas. A partir de dados de resultados, a terapia cognitivo-comportamental (TCC) foi considerada uma abordagem eficiente para essa população (Young, 2007).

## Motivação para o tratamento

Nos primeiros estágios da recuperação, o cliente costuma negar ou minimizar seu uso habitual de internet e as consequências que o esse comportamento está trazendo para a sua vida. É comum que alguém amado – uma amiga, o cônjuge ou um dos pais – tenha insistido para a pessoa procurar ajuda. Ela pode estar ressentida e negar que seu uso de internet seja um problema. Para romper esse padrão, depois do diagnóstico, o terapeuta deve usar as técnicas da entrevista motivacional que incentivam o cliente a se comprometer com o tratamento como um aspecto integral da recuperação (Greenfield, 1999; Orzack, 1999).

O conceito de entrevista motivacional evoluiu da experiência com o tratamento de bebedores-problema, e foi descrita inicialmente por Miller (1983). Esses conceitos e abordagens fundamentais foram posteriormente desenvolvidos por Miller e Rollnick (1991), com uma descrição mais detalhada dos procedimentos clínicos. A entrevista motivacional é um estilo de aconselhamento que procura eliciar mudanças comportamentais ajudando o cliente a explorar e resolver ambivalências, e inclui perguntas de final aberto, afirmações e escuta reflexiva.

A entrevista motivacional procura confrontar o cliente de maneira construtiva para provocar mudanças, ou usar contingências externas, tais como a possível perda de emprego ou relacionamentos, para mobilizar os valores e objetivos do cliente, estimulando a mudança comportamental. O cliente que está lutando com problemas de dependência ou abuso de substâncias com frequência está ambivalente com relação a parar de usar, mesmo depois de admitir que tem um problema. Ele teme a perda da internet, tem medo de como ficaria a sua vida se não pudesse mais conversar *online* com amigos, dedicar-se a outras atividades virtuais e usar a internet como uma fuga psicológica. A entrevista motivacional ajuda os clientes a enfrentarem sua ambivalência.

Podem ser feitas perguntas como as que seguem:

- Quando você começou a usar a internet?
- Quantas horas por semana você passa conectado atualmente (para uso não essencial)?
- Quais aplicativos da internet você utiliza (*sites*/grupos/jogos específicos acessados)?
- Quantas horas por semana você passa usando cada aplicativo?
- Como você classificaria cada aplicativo em ordem de importância, começando da mais importante (1 = primeira, 2 = segunda, 3 = terceira, etc.)?
- Do que você mais gosta em cada aplicativo? Do que menos gosta?
- De que maneira a internet mudou sua vida?
- Como você se sente quando se desconecta?
- Que problemas ou consequências resultaram do seu uso de internet? (Se o cliente tiver dificuldade para descrevê-los, peça que mantenha um diário perto do computador para documentar esses comportamentos para a sessão da próxima semana.)
- As pessoas se queixam do tempo que você passa conectado?
- Você já buscou tratamento para esse problema no passado? Se buscou, quando? Você teve algum sucesso?

As respostas a essas perguntas criam um perfil clínico mais claro do cliente e o terapeuta consegue determinar os tipos de aplicativos são mais problemáticos ao cliente (salas de bate-papo, jogos virtuais, pornografia virtual, etc.). Também se avalia a duração do uso em horas, as consequências do comportamento, a história de tentativas anteriores de tratamento e os resultados dessas tentativas. Isso ajuda a pessoa a começar o processo de examinar o impacto que a internet está tendo em sua vida. É importante que o cliente assuma a responsabilidade por seu comportamento. Deixar que ele resolva sua ambivalência fazendo-o avançar, instigando-o com delicadeza, o ajuda a ficar mais inclinado a reconhecer as consequências de ficar conectado excessivamente e se empenhar no tratamento. De modo geral, o estilo empregado é tranquilo e eliciador, em vez de agressivo, confrontador ou argumentativo. Para o terapeuta acostumado a confrontar e aconselhar, a entrevista motivacional pode parecer um processo desanimadoramente lento e passivo. A comprovação, entretanto, está nos resultados. Estratégias mais agressivas, orientadas pelo desejo de "confrontar a negação do cliente", podem facilmente se transformar numa pressão para que o cliente faça mudanças para as quais ainda não está pronto.

Auxiliar o cliente a explorar como se sente logo antes de se conectar ajudará a identificar as emoções ligadas ao comportamento (e como o cliente está usando a internet para lidar com seus problemas ou ainda fugir deles). As respostas podem incluir questões como uma briga com o cônjuge, humor deprimido, estresse no trabalho ou más notas na escola. A entrevista motivacional deve examinar se esses sentimentos diminuem quando a pessoa se conecta, como ela racionaliza ou justifica o uso de internet (por exemplo, "Bater papo me faz esquecer as brigas com meu marido"; "Ver pornografia faz com que me sinta menos deprimido"; "Apostando eu me sinto menos estressado no trabalho"; "Matar outros jogadores num jogo *online* faz eu me sentir melhor por ter ido mal no colégio"). A entrevista motivacional também tem o objetivo de ajudar o cliente a reconhecer as consequências decorrentes do uso excessivo ou compulsivo: "Minha mulher fica mais irritada"; "Meus sentimentos voltam quando eu desligo o computador"; "Meu emprego continua sendo uma droga"; "Eu vou perder a bolsa de estudos se não melhorar minhas notas". Para examinar e solucionar a ambivalência, o relacionamento terapêutico funciona mais como uma parceria ou companheirismo, não estando claramente definidos os papéis de quem é especialista e quem é recebedor. Na entrevista motivacional, a suposição operacional é que a ambivalência é o principal obstáculo a ser superado para que a mudança aconteça. De modo geral, as estratégias específicas se destinam a eliciar, esclarecer e resolver a ambivalência em uma terapia centrada no cliente e respeitosa.

## Múltiplas dependências

Depois de resolvida a ambivalência em relação ao tratamento, a próxima questão a examinar é como o cliente sente a dependência. É a primeira vez que ele se tornou dependente de alguma coisa? Ou tem uma longa história de dependência? Frequentemente, os dependentes de internet sofrem de múltiplas dependências. Os clientes com uma história anterior de dependência de álcool ou drogas geralmente consideram seu uso compulsivo de internet uma alternativa fisicamente segura para sua tendência adictiva. Eles acreditam que ser dependente de internet é medicamente mais seguro que ser dependente de drogas ou álcool, mesmo que o comportamento compulsivo ainda sirva para evitar as dificuldades subjacentes à dependência.

Os clientes que sofrem de múltiplas dependências (de internet, assim como de álcool, cigarro, drogas, comida, sexo, etc.) são os que correm o maior risco de recaída. Isso vale especialmente para a internet. Muitas vezes, a pessoa precisa usar o computador para trabalhar ou estudar, de modo que a tentação de voltar ao comportamento problemático é constante, pois o computador está sempre disponível. Múltiplas dependências em um cliente também sugerem uma personalidade adictiva e tendências compulsivas, o que torna mais provável a recaída.

"Eu sempre penso sobre sexo pela internet quando fico estressado e sobrecarregado no trabalho", admitiu um cliente depois de ser dependente de salas de sexo virtual por três anos. "Eu sempre prometo que só ficarei por meia hora ou uma hora no máximo, mas o tempo simplesmente voa. Sempre que me desconecto prometo que nunca farei isso novamente. Eu me odeio por todo o tempo desperdiçado que passo conectado. Fico fora algumas semanas e então a pressão interna começa a aumentar. Tento me enganar, dizendo a mim mesmo que só um pouquinho não fará mal. Ninguém vai saber o que estou fazendo. Às vezes, eu realmente acredito que estou no controle. Então acabo vencido, e todo o processo começa novamente. Eu me sinto derrotado, temo jamais conseguir me livrar desses sentimentos."

Isso descreve o que foi definido como o Ciclo Parar-Começar de Recaída (Young, 2001, p. 65-66). Muitos dependentes de internet mantêm um diálogo interno autodestrutivo de racionalização que acaba provocando a recaída. O padrão começa com a racionalização de que o comportamento é aceitável e inofensivo, seguido por um período de arrependimento. O arrependimento é seguido por promessas de parar o comportamento e por uma abstenção temporária. A abstenção pode durar dias, semanas ou meses. A pressão emocional vai aumentando até que as racionalizações invadem a mente da pessoa, desencadeando então a recaída. O Ciclo Parar-Começar de Recaída apresenta quatro estágios distintos, mas interdependentes:

- *Estágio 1: racionalização.* O dependente racionaliza que a internet é uma compensação, um prazer, depois de um dia de trabalho longo e difícil, e geralmente diz coisas como "Eu trabalho duro; mereço isso"; "Só um pouquinho não faz mal"; "Eu sou capaz de controlar o meu uso de internet"; "O computador me relaxa" ou "Com todo estresse que tenho sofrido, eu mereço isso". Ele justifica a necessidade de acessar alguns *sites* para adultos ou bater papo por alguns minutos com uma amante da internet, ou jogar com amigos, e finalmente acaba descobrindo que não é capaz de controlar o comportamento tão facilmente.
- *Estágio 2: arrependimento.* Depois da experiência na internet, o dependente vivencia um período de profundo arrependimento. Desligando o computador, percebe que o trabalho está se acumulando e sente culpa pelo comportamento, e faz declarações como "Eu sei que isso prejudica meu trabalho"; "Não acredito que desperdicei todo esse tempo" ou "Sou mesmo uma pessoa horrível, olha só o que eu fiz".
- *Estágio 3: abstinência.* O dependente vê o comportamento como uma falta total de força de vontade, um fracasso pessoal e promete jamais fazer isso de novo. Segue-se então um período de abstinência. Durante

esse tempo, ele adota padrões saudáveis de comportamento, trabalha diligentemente, retoma o interesse por antigos passatempos, passa mais tempo com a família, se exercita, descansa o suficiente.
- *Estágio 4: recaída.* O dependente anseia voltar a se conectar ou se sente tentado a voltar à internet em momentos estressantes ou emocionalmente difíceis. Ele lembra os efeitos apaziguadores de estar conectado e o relaxamento e o prazer a esses comportamentos associados. Lembra como era bom estar conectado e esquece como era ruim depois. O período de racionalização recomeça, e a disponibilidade do computador facilmente dá início mais uma vez ao ciclo.

Os dependentes empregam várias racionalizações para minimizar o impacto da internet em sua vida, tais como "Só mais uma vez não fará mal"; "Não é possível eu ficar dependente de um computador"; "É melhor ser dependente de internet que de drogas ou bebida" ou "Não estou tão mal quanto outras pessoas". Essas racionalizações alimentam o comportamento de dependência. A pessoa dependente racionalizará que passar 8, 10 ou 15 horas por dia conectado é normal. Ela faz julgamentos distorcidos e se compara com pessoas conhecidas que estão pior que ela – "Não estou tão mal quanto fulano ou beltrano". Ela racionaliza que seu comportamento de se conectar não é um problema e ignora as consequências criadas por essa atitude.

As racionalizações são a origem do ciclo e, para interrompê-lo, é importante que o cliente examine suas preocupações e desejos incontroláveis relacionados ao uso.

Perguntas de avaliação que ajudam a identificar desejos incontroláveis ou sinais de abstinência que incluem:

- Você se preocupa com a internet?
- Que tentativas você já fez de controlar, diminuir ou parar de usar o computador?
- Com que frequência você pensa em se conectar?
- Com que frequência você fala sobre se conectar?
- Com que frequência você planeja formas de usar a internet?
- Com que frequência você ignora outras responsabilidades ou deveres para ficar conectado?
- Você já usou a internet para fugir de sentimentos de depressão, ansiedade, culpa, solidão ou tristeza?
- Qual foi seu período mais longo de abstinência de internet?

As respostas mostram quanto a pessoa pensa sobre ficar *online* ou se preocupa com a internet. E também revelam padrões de abstinência e recaída nos casos em que o cliente já tentou parar, por semanas, meses ou anos. Além disso, as respostas mostram os sentimentos dos quais ele está fugindo ao usar a internet e como se sente quando é obrigado a ficar sem ela.

É importante que o terapeuta compreenda as racionalizações utilizadas pelos clientes quando eles começam o processo de recuperação. De uma perspectiva cognitiva, elas são anseios ou sinais de abstinência que desencadeiam o uso problemático de internet (Beck, Wright, Newman e Liese, 2001).

Tais cognições desadaptativas resultam no uso problemático do computador (Caplan, 2002; Davis, 2001). O terapeuta precisa identificar e depois atacar os pressupostos cognitivos e as distorções que se desenvolveram e seus efeitos sobre o comportamento. Para isso, podem-se adotar abordagens cognitivas como a técnica de resolução de problemas, reestruturação cognitiva e manutenção de um diário de pensamentos.

Não se deve permitir que o cliente minimize sua dependência de internet como menos nociva que uma dependência de drogas, álcool, jogos de azar ou sexo. Os clientes que se tornam dependentes de internet podem sofrer de vários problemas emocionais e pessoais. E a internet é vista como um local seguro para se absorver mentalmente e assim reduzir a tensão, tristeza ou estresse (Young, 2007). Pessoas que se sentem oprimidas ou estão passando por esgotamento profissional, problemas financeiros ou situações de grandes mudanças, como um divórcio recente, recolocação profissional ou morte na família podem se absorver num mundo virtual. Assim sendo, podem se perder em coisas como pornografia virtual, jogos de azar ou outros tipos de jogos. Uma vez conectadas, as dificuldades das suas vidas vão sumindo conforme sua atenção passa a se concentrar completamente no computador.

Examinar todos os comportamentos prejudiciais ou compulsivos desde o início do processo de avaliação será muito útil para o cliente. Trabalhando no contexto da entrevista motivacional, ele pode ver como o computador se tornou uma nova maneira de escapar e não enfrentar os problemas de sua vida. Ele também aprenderá que a dependência de internet pode ser tão nociva quanto outras dependências que porventura tenha, pois continua evitando os problemas sem jamais resolvê-los.

### Problemas sociais subjacentes

O uso excessivo ou problemático de internet frequentemente tem origem em dificuldades interpessoais, tais como introversão ou problemas sociais (Ferris, 2001). Muitos dependentes de internet não conseguem se comunicar bem em situações face a face (Leung, 2007). É uma das razões pelas quais eles começam a usar a internet. A comunicação virtual lhes parece mais segura e mais fácil. Habilidades inadequadas de comunicação também provocam baixa autoestima e sentimentos de isolamento e podem criar problemas adicionais na vida, como dificuldade de trabalhar em grupo, fazer apresentações ou participar de eventos sociais. A terapia precisa examinar como eles se comunicam na vida real ou fora do computador. Incentivar o afeto, a análise da comunicação, modelagem e *role-playing* são intervenções úteis para estabelecer novas maneiras de interagir e funcionar socialmente (Hall e Parsons, 2001). Alguns deles podem ter sistemas de apoio social limitados, e é por isso que recorrem a relacionamentos virtuais como um substituto da conexão social ausente em sua vida. Quando se sentem solitários ou precisando conversar com alguém, procuram outros na internet. E o que é mais preocupante, é que o namoro virtual está crescendo num ritmo alarmante (Whitty, 2005). Um namoro pela internet é um relacionamento romântico ou sexual iniciado por contato virtual e mantido, predominantemente, por conversas eletrônicas via *e-mail*, salas de bate-papo ou por comunidades da internet (Atwood e Schwartz, 2002). O problema está aumentando, e segundo um estudo da American Academy of Matrimonial Lawyers, 63% dos advogados disseram que o namoro via internet era a principal causa de divórcio (Dedmon, 2003).

Devido à dependência, os clientes frequentemente prejudicam ou perdem relacionamentos significativos da vida real, com o cônjuge, os pais ou amigos íntimos (Young, 2007). Muitas vezes, essas pessoas eram a fonte de apoio, amor e aceitação antes da internet e sua ausência só faz o dependente se sentir sem valor e reforça noções passadas de não ser digno de amor. Ele precisa se esforçar para restabelecer esses relacionamentos rompidos, de modo a se recuperar e encontrar o apoio necessário para lutar contra a dependência. Reconstruir relacionamentos e encontrar novas maneiras de se relacionar com os outros permite que isso seja corrigido. Envolver as pessoas amadas na recuperação pode significar uma rica fonte de cuidados e parceria que ajuda o cliente a manter a sobriedade e a abstinência. Talvez seja necessária uma terapia de casal ou familiar para que todos aprendam sobre o processo de dependência e se empenhem mais em ajudar o cliente a manter os limites estabelecidos com o computador.

Ao avaliar problemas sociais, é importante investigar como o cliente vem usando a internet. Se usa em ambientes interativos como salas de bate-papo, mensagens instantâneas ou *sites* de rede social, o terapeuta deve avaliar aspectos como: Ele inventa um personagem? Que tipo de apelido usa? A internet e seu uso prejudicam relacionamentos sociais atuais? De que maneira? É importante avaliar esses fatores para se compreender a dinâmica social que está por trás do uso *online* e como os relacionamentos formados na internet podem estar substituindo relacionamentos reais. Possíveis questões a considerar são:

- Você tem sido honesto quanto ao uso de internet com seus amigos e família?

- Você alguma vez já criou um personagem na internet?
- Você já inventou uma identidade paralela ou um falso papel?
- Há atividades na internet que você mantém em segredo ou acha que os outros não aprovariam?
- Os amigos da internet prejudicaram seus relacionamentos na vida real?
- Se isso aconteceu, com quem (marido, mulher, pai, mãe, amigos) e como eles foram atingidos?
- O uso de internet prejudica seus relacionamentos sociais ou no trabalho? Se for o caso, como?
- De que outras maneiras o uso de internet influencia a sua vida?

Perguntas como essas ajudam a estruturar a entrevista clínica e permitem informações mais detalhadas sobre como a internet tem influenciado a vida do cliente. Muitas vezes, os clientes criam papéis paralelos e as respostas nos dão informações específicas sobre as características e a natureza desses personagens. O terapeuta consegue compreender os motivos psicológicos, a maneira pela qual essas *personas* são criadas e como podem estar sendo usadas para atender a necessidades sociais insatisfeitas. Quando se faz esse tipo de exame crítico, o terapeuta pode trabalhar com o cliente para desenvolver novos relacionamentos sociais ou restabelecer os que foram rompidos, pois eles ajudarão a pessoa a manter sua motivação para continuar o tratamento.

## Tendências futuras

As pesquisas sobre a dependência de internet tiveram início nos Estados Unidos. Mais recentemente, surgiram estudos documentando essa dependência em muitos países, como Itália (Ferraro et al., 2007), Paquistão (Suhail e Bargees, 2006) e República Tcheca (Simkova e Cincera, 2004). Os relatos também indicam que a dependência de internet se tornou uma preocupação de saúde pública séria na China (BBC News, 2005), Coreia (Hur, 2006) e Taiwan (Lee, 2007). Aproximadamente 10% dos mais de 30 milhões de chineses que jogam através do computador foram considerados dependentes. Para combater o que foi chamado de epidemia por alguns, as autoridades chinesas regularmente fecham cafés em que se pode usar a internet, muitos operados ilegalmente, em batidas policiais que também incluem multas elevadas para seus operadores. O governo chinês também instituiu leis reduzindo o número de horas que os adolescentes podem passar jogando *online* e abriu o primeiro centro de tratamento com internação para dependência de internet, em Pequim.

É difícil calcular a extensão do problema. Um estudo nacional realizado por uma equipe da Escola de Medicina da Stanford University estimou que quase um em oito norte-americanos apresenta pelo menos um possível sinal de uso problemático de internet (Aboujaoude, Koran, Gamel, Large e Serpe, 2006).

A dependência de internet parece ser um problema crescente, que independe de cultura, etnia ou gênero. Conselheiros universitários argumentaram que os alunos são a população que corre maior risco de desenvolver uma dependência de internet, uma vez que o uso do computador é incentivado, os dormitórios tem conexão e os aparelhos móveis (celulares de última geração) que permitem conexão são muito comuns atualmente (Young, 2004). Longe de casa e dos olhos vigilantes dos pais, os alunos aproveitam sua nova liberdade se divertindo, conversando com os amigos até muito tarde da noite, dormindo com a namorada, comendo e bebendo coisas que os pais não aprovariam. Eles usam essa liberdade ficando em salas de bate-papo ou mandando mensagens para os amigos no Facebook ou MySpace, sem pai ou mãe reclamando deles e sem eles se recusando a sair do computador.

Para as empresas, a dependência de internet está se revelando ao mesmo tempo um risco legal e um problema de produtividade. Na medida em que as corporações dependem de sistemas de gerenciamento da informação para praticamente todos os aspectos de seus negócios, o abuso de internet por parte dos empregados e seu potencial de dependência está se tornando uma possível epidemia nas empresas. Estudos mostram que os funcionários abusam de internet nas horas de trabalho, o que resulta em bilhões de dólares de produtividade perdida. Relatos da mídia mostram que companhias como a Xerox, Dow Chemical e Merck já despediram funcionários por incidentes de abuso. A IBM foi processada em 5 milhões de dólares por demissão injusta (Holohan, 2006); um ex-funcionário que usava salas de bate-papo durante as horas de trabalho está processando a firma por tê-lo demitido em vez de lhe proporcionar reabilitação, invocando a Americans with Disabilities Act. Podem se seguir mais processos por demissão injusta em companhias menores. O problema passa a ser o de que a empresa forneceu a assim chamada droga digital e pode ser responsabilizada por oferecer tratamento e programas de prevenção para a dependência de internet como um meio de diminuir suas ramificações legais.

Uma boa avaliação diagnóstica deve incluir uma história completa dos sintomas, se os sintomas foram tratados alguma vez e, nesse caso, qual foi o tratamento. O terapeuta deve perguntar sobre uso de álcool e drogas e se há história de dependência na família. A avaliação adequada da dependência de internet é importante pelas implicações clínicas e legais. Clinicamente, o terapeuta precisa diagnosticar devidamente o problema e compreender a dinâmica associada à condição. Um terapeuta pode perguntar apenas sobre o número de horas passadas *online*, mas esse é apenas um aspecto do perfil clínico completo. O terapeuta precisa compreender a ambivalência que o cliente frequentemente sente em relação ao tratamento, em especial nos casos de dependência, e incentivá-lo a moderar e controlar o uso de internet. Ele também precisa compreender a dinâmica do que o cliente faz na internet; há várias formas de criar personagens, relacionamentos românticos e jogar. Finalmente, o diagnóstico adequado é importante de uma perspectiva legal. As corporações enfrentam cada vez mais a responsabilidade legal conforme a dependência do computador e de internet se torna uma dependência reconhecida que precisa de tratamento. Outras leis sociais poderão ser criadas, tais como para casos de divórcio envolvendo a internet ou casos criminais, como a pedofilia através do computador, que exigem uma avaliação adequada com vistas à reabilitação.

De modo geral, na medida em que a dependência de internet está se tornando uma condição mais comum e reconhecida, a necessidade de uma avaliação precisa e completa passa a ser mais importante em diversos campos e por diversas razões.

# REFERÊNCIAS

Aboujaoude, E., Koran, L. M., Camel, N., Large, M. D., & Serpe, R. T. (2006). Potential markers for problematic Internet use: A telephone survey of 2,513 adults. CNS Spectrum, *The Journal of Neuropsychiatric Medicine, 11*(10),750-755.

American Psychiatric Association. (1994). *Diagnostic and statistical manual of mental disorders (DSM)* (4th ed.). Washington, DC: Author.

American Psychiatric Association. (2000). *Diagnostic and statistical manual of mental disorders (DSM)* (4th ed., text rev.). Washington, DC: Author.

Atwood, J. D., & Schwartz, L. (2002). Cyber-sex: The new affair treatment considerations. *Journal of Couple & Relationship Therapy, 1*(3),37-56.

BBC News. (2005). China imposes online gaming curbs. Retrieved August 7, 2007, from http: //news.bbc.co.uk/1/hi/technology/4183340.stm

Beard, K. W., & Wolf, E. M. (2001). Modification in the proposed diagnostic criteria for Internet addiction. *CyberPsychology & Behavior, 4*, 377-383.

Beck, A. T., Wright, F. D., Newman, C. F., & Liese, B. S. (2001). *Cognitive therapy of substance abuse.* New York: Cuilford Press.

Block, J. J. (2007). *Pathological computer use in the USA. In 2007 international symposium on the counseling and treatment of youth Internet addiction* (p. 433). Seoul, Korea: National Youth Commission.

Block, J. J. (2008). Issues for DSM-V: Internet addiction. *American Journal of Psychiatry, 165,* 306-307.

Caplan, S. E. (2002). Problematic Internet use and psychosocial well-being: Development of a theory-based cognitive-behavioral measurement instrument. *Computers in Human Behavior, 18*, 553-575.

Davis, R. A. (2001). A cognitive behavioral model of pathological Internet use. *Computers in Human Behavior, 17*, 187-195.

Dedmon, J. (2003). *Is the Internet bad for your marriage? Study by the American Academy of Matrimonial Lawyers*, Chicago, IL. [News release]. Retrieved January 28, 2008, from http://www.expertclick.com/NewsReleaseWire/default.cfm? Action= Release Detail & ID=3051

Dell'Osso, B., Altamura, A. C., Allen, A., Marazziti, D., & Hollander, E. (2006). Epidemiologic and clinical updates on impulse control disorders: A critical review. *Clinical Neuroscience, 256*, 464-475.

Dowling, N. A., & Quirk, K. L. (2009). Screening for Internet dependence: Do the proposed diagnostic criteria differentiate normal from dependent Internet use? *CyberPsychology & Behavior, 12*(1), 21-27.

Ferraro, G., Caci, B., D' Amico, A., & Di Blasi, M. (2007). Internet addiction disorder: An Italian study. *CyberPsychology & Behavior, 10*(2), 170-175.

Ferris, J. (2001 ). Social ramifications of excessive Internet use among college-age males. *Journal of Technology and Culture, 20*(1), 44-53.

Greenfield, D. (1999). *Virtual addiction: Help for Netheads, cyberfreaks, and those who love them*. Oakland, CA: New Harbinger Publication.

Hall, A. S., & Parsons, J. (2001). Internet addiction: College students case study using best practices in behavior therapy. *Journal of Mental Health Counseling, 23*, 312-322.

Holahan, C. (2006). *Employee sues IBM over Internet addiction*. Retrieved November 15, 2007, from http://www.businessweek.com/print/technology/content/dec2006/tc20061214_422859.htm

Hur, M. H. (2006). Internet addiction in Korean teenagers. *Cyber Psychology & Behavior, 9*(5), 514-525.

Khazaal, Y., Billieux, J., Thorens, G., Khan, R., Louati, Y., Scarlatti, E., et al. (2008). French validation of the Internet Addiction Test. *CyberPsychology & Behavior, 11*(6), 703-706.

Lee, M. (2007). *China to limit teens' online gaming for exercise*. Retrieved August 7, 2007, from http://www.msnbc.msn.com/id/19812989/

Leung, L. (2007). Stressful life events, motives for Internet use, and social support among digital kids. *CyberPsychology & Behavior, 10*(2), 204-214.

Miller, W. R. (1983). Motivational interviewing with problem drinkers. *Behavioural Psychotherapy, 11*, 147-172.

Miller, W. R., & Rollnick, S. (1991). *Motivational interviewing: Preparing people to change addictive behavior*. New York: Guilford Press.

Orzack, M. H. (1999). Computer addiction: Is it real or is it virtual? *Harvard Mental Health Letter, 15*(7), 8.

Shapiro, N. A., Goldsmith, T. D., Keck, P. E., Jr., Khosla, U. M., & McElroy, S. L. (2000). Psychiatric evaluation of individuals with problematic Internet use. *Journal of Affect Disorders, 57*, 267-272.

Shapiro, N. A., Lessig, M. C., Goldsmith, T. D., Szabo, S. T., Lazoritz, M., Gold, M. S., & Stein, D. J. (2003). Problematic Internet use: Proposed classification and diagnostic criteria. *Depression and Anxiety, 17,* 207-216.

Simkova, B., & Cincera, J. (2004). Internet addiction disorder and chatting in the Czech Republic. *CyberPsychology & Behavior, 7*(5), 536-539.

Suhail, K., & Bargees, Z. (2006). Effects of excessive Internet use on undergraduate students in Pakistan. *CyberPsychology & Behavior, 9*(3), 297-307.

Whitty , M. (2005). The realness of cybercheating. *Social Science Computer Review, 23*(1), 57-67.

Widyanto, L., & McMurren, M. (2004). The psychometric properties of the Internet Addiction Test. *CyberPsychology & Behavior, 7*(4), 445-453.

Young, K. S. (1998a). *Caught in the Net: How to recognize the signs of Internet addiction and a winning strategy for recovery.* New York: John Wiley & Sons.

Young, K. S. (1998b). Internet addiction: The emergence of a new clinical disorder. *CyberPsychology & Behavior, 1,* 237-244.

Young K. s. (2001). *Tangled in the Web: Understanding cybersex from fantasy to addiction.* Bloomington, IN: Authorhouse.

Young, K. S. (2004). Internet addiction: The consequences of a new clinical phenomenon. In K. Doyle (Ed.), *American behavioral scientist: Psychology and the new media* (Vol.1, pp.1-14). Thousand Oaks, CA: Sage.

Young, K. S. (2007). Cognitive-behavioral therapy with Internet addicts: Treatment outcomes and implications, *CyberPsychology & Behavior, 10*(5), 671-679.

# 3

# Interação social na internet, bem-estar psicossocial e uso problemático de internet

SCOTT E. CAPLAN e ANDREW C. HIGH

Pesquisadores de diferentes disciplinas estão procurando entender melhor a interação social na internet e sua relação com o uso problemático de internet (UPI) e o bem-estar psicossocial. Neste capítulo, o UPI se refere a uma constelação de pensamentos, comportamentos e consequências, e não a uma doença ou dependência. Especificamente, este capítulo emprega o UPI para descrever uma síndrome de sintomas cognitivos e comportamentais que resultam em consequências sociais, acadêmicas e profissionais negativas (Caplan, 2002; ver também Davis, 2001; Davis, Flett e Besser, 2002; Morahan-Martin e Schumacher, 2003). Em vez de limitar seu escopo a problemas decorrentes do nível de dependência ou transtorno clínico, este capítulo conceitualiza o UPI como uma forma mais ampla de autorregulação deficiente que resulta em consequências negativas (LaRose, 2001; LaRose, Eastin e Gregg, 2001; LaRose, Lin e Eastin, 2003; LaRose, Mastro e Eastin, 2001). Em todo o capítulo, os termos *abuso de internet* (Morahan-Martin, 2008); *dependência de internet* (*internet addiction*, Young, 1998; Young e Rogers, 1998); *uso patológico de internet* (Morahan-Martin e Schumacher, 2000); *uso excessivo de internet* (Wallace, 1999); *uso compulsivo de internet* (van den Eijnden, Meerkerk, Vermulst, Spijkerman e Engels, 2008) e *dependência de internet* (*internet dependence,* Scherer, 1997; Young, 1996) são considerados exemplos mais extremos do conceito mais amplo de UPI.

Este capítulo examina a relação entre o UPI e as funções interpessoais de internet. A interação social na internet é diferente das conversas face a face e essa diferença pode ser extremamente tentadora para as pessoas com UPI (Caplan, 2003; McKenna e Bargh, 2000; Morahan-Martin e Schumacher, 2000). Conforme o capítulo explica, comparada a contextos das conversas face a face, a comunicação interpessoal mediada pelo computador envolve maior anonimato, mais tempo criando e editando mensagens verbais e maior controle sobre a autoapresentação, bem como o manejo da impressão causada (Walther, 1996). Não surpreende, então, que as pesquisas indiquem uma associação positiva entre o UPI e o comportamento social na *web*, e também entre o UPI e problemas interpessoais como deficiência de habilidades sociais, solidão e ansiedade social (Caplan, 2005, 2007; Morahan-Martin e Schumacher, 2000, 2003). Valkenburg e Peter (2007) afirmaram que "se a internet influencia o bem-estar, é por seu potencial de alterar a natureza da comunicação e da interação social" (p. 44). Em uma revisão da literatura, Morahan-Martin (2007) observou que "há um crescente consenso de que as interações sociais sem paralelo possibilitadas pela internet desempenham um papel importante no desenvolvimento do abuso de internet" (p. 335). Este capítulo procura apresentar um relato teórico da relação entre o uso interpessoal de internet e o UPI e propor direções a serem exploradas por futuros estudos. As seguintes seções examinam pesquisas que apoiam a afirmação de que o uso interpessoal de internet está associado ao bem-estar psicossocial e ao UPI. Seções posteriores articulam um modelo cognitivo-comportamental detalhado de *como* e *por que* a interação social na internet, o bem-estar psicossocial e o uso problemático de internet estão relacionados.

## INTERAÇÃO SOCIAL NA INTERNET, USO PROBLEMÁTICO DE INTERNET E BEM-ESTAR

Esta seção examina pesquisas que indicam uma relação entre bem-estar mental e social, comportamento interpessoal na internet e UPI. Nessa literatura específica, há três pontos importantes relevantes para o atual capítulo. Primeiro, os estudos mostram uma ligação entre os usos interpessoais de internet e consequências problemáticas desse uso. A seguir, a literatura também sugere que as pessoas com problemas psicológicos são particularmente atraídas pelas características interpessoais do comportamento exibido quando estão conectados. E, finalmente, alguns relatos ilustram uma associação entre dificuldades interpessoais e níveis de UPI. Tomados juntos, os estudos aqui examinados fornecem uma comprovação substancial da associação entre bem-estar, comportamento social na internet e UPI.

## Interação social na internet e uso problemático de internet

As pessoas que relatam consequências negativas associadas ao seu uso de internet são especialmente atraídas por suas funções interpessoais (Caplan, 2002, 2003, 2005, 2007; Chak e Leung, 2004; Davis, Flett e Besser, 2002; McKenna e Bargh, 2000; Morahan-Martin, 1999, 2008; Ngai, 2007; Young, 1996, 1998; Young e Rogers, 1998). Em uma recente revisão dessa literatura, Morahan-Martin (2008) observou que "a pesquisa tem comprovado, de forma consistente, que as interações sociais sem paralelo possibilitadas pela internet são importantes no desenvolvimento do AI [abuso de internet], tanto generalizado quanto específico" (p. 51). Morahan-Martin (2007) explicou que pessoas que relatam consequências negativas do seu uso de internet tendem a usá-la para atividades interpessoais e a se conectar para conhecer pessoas, formar relacionamentos e buscar apoio emocional. Da mesma forma, Wallace (1999) observou "espaços sincrônicos que não são os únicos ambientes atraentes de internet, mas que realmente parecem ser os principais culpados do uso excessivo de internet" (p. 182).

De acordo com um dos primeiros estudos, enquanto os usuários não dependentes passam a maior parte do seu tempo conectados usando *e-mail* e navegando em *sites* da *web*, os usuários dependentes passam a maior parte do tempo usando aplicativos de comunicação interpessoal simultâneos (Young, 1996). Em outro estudo, Scherer (1997) relatou que universitários dependentes de internet apresentavam uma probabilidade 26% maior que outros alunos de se conectarem a fim de conhecer pessoas. Scherer observou que os estudantes dependentes tinham motivos diferentes para usar a internet, se comparados aos outros. Especificamente, os alunos dependentes eram atraídos pelas oportunidades de experiências sociais só disponíveis *online*. Igualmente, Morahan-Martin e Schumacher (2000, 2003) descobriram que os indivíduos que apresentam UPI tendiam a se conectar mais para conhecer pessoas, conversar com pessoas com interesses semelhantes, buscar apoio emocional e usar funções interpessoais, como salas de bate-papo, fóruns e jogos interativos. Um estudo de Kubey, Lavin e Barrows (2001) revelou um padrão de resultados semelhante. Os pesquisadores avaliaram 572 universitários, medindo o uso de internet (tipo e frequência), hábitos de estudo, desempenho acadêmico e variáveis de personalidade. Os resultados de Kubey e colaboradores mostraram que os alunos dependentes de internet usavam aplicativos simultâneos de bate-papo com uma frequência significativamente maior que os alunos não dependentes.

Um estudo mais recente (van den Eijnden et al., 2008) empregou um planejamento longitudinal para testar a hipótese de que "a comunicação virtual, mais que outros aplicativos da internet, está relacionada a um aumento no uso compulsivo" (p. 658). Durante a primeira parte do estudo, os pesquisadores mediram a frequência do uso adolescente de uma variedade de funções da internet, incluindo *download*, jogos, *e-mail*, mensagens instantâneas, salas de bate-papo, busca de informações, pornografia e navegação. Num seguimento de seis meses, os mesmos adolescentes se submeteram a uma medida de uso compulsivo de internet. Os resultados revelaram que, comparadas às funções não interpessoais de internet, as mensagens instantâneas e a participação em salas de bate-papo eram os mais fortes preditores dos níveis futuros de uso compulsivo nos adolescentes (o *e-mail* não tinha nenhum efeito). Os autores concluíram que "somente as funções de comunicação em tempo real, isto é, mensagens instantâneas e bate-papo, apresentavam incidência mais elevada de uso compulsivo de internet seis meses mais tarde" (p. 662).

Em outro estudo recente de 4 mil jogadores, *Massive Multiplayer Online* (MMO), Caplan, Williams e Yee (2009) relataram correlações positivas significativas ente o UPI e o uso de mensagens instantâneas, uso de internet para conhecer pessoas e visitar fóruns. Apesar de o estudo revelar uma associação positiva entre o UPI e a obtenção de um senso de comunidade com as pessoas conhecidas virtualmente, também surgiu uma associação negativa entre o UPI e a obtenção de um senso de comunidade com os relacionamentos face a face. Em outras palavras, quanto mais os jogadores conseguiam um senso de comunidade em relacionamentos virtuais em vez de em interações reais (face a face) mais elevado seu nível de UPI. Esses resultados são semelhantes aos obtidos por Kim e Davis (2009), que relatam: "para aqueles que usavam a internet para se comunicar com a família e os amigos, o uso pesado tinha poucas implicações negativas para o UPI. Em contraste, os que usavam a rede para fazer novos amigos tinham escores de UPI significativamente mais elevados" (p. 469). Tomados juntos, os estudos aqui examinados sugerem que as pessoas que relatam UPI parecem ser especialmente atraídas para as funções interpessoais da internet.

Embora a literatura aqui revisada indique claramente uma relação entre comportamento social virtual e UPI, um exame mais detalhado revela que essa relação talvez se aplique apenas a alguns grupos de pessoas – as que apresentam dificuldades psicossociais. O argumento deste capítulo é que as dificuldades psicossociais predispõem algumas pessoas a desenvolver uma preferência pela interação social na internet em comparação com o contato face a face, o que, por sua vez, leva à autorregulação deficiente do uso de internet e a consequências negativas (Caplan, 2003, 2005, 2010).

## Interação social na internet e bem-estar

Os estudos sugerem que as pessoas com problemas psicológicos e dificuldades sociais parecem ser atraídas para a interação social na internet. Com referência à depressão, por exemplo, um levantamento nacional de adolescentes descobriu que aqueles que relatavam sintomas depressivos tendiam mais que seus pares não deprimidos a conversar com desconhecidos na internet, usar a internet mais frequentemente para comunicação interpessoal e se autorrevelar de maneira mais intensa na internet (Ybarra, Alexander e Mitchell, 2005). O estudo de van den Eijnden e colaboradores (2008), anteriormente mencionado, também descobriu que o uso de mensagens instantâneas entre adolescentes predizia maior depressão, mas menor solidão, seis meses mais tarde.

Pesquisas anteriores também indicam uma relação entre problemas psicológicos graves e interação social na internet. Por exemplo, Mitchell e Ybarra (2007) examinaram dados do Second Youth Internet Safety Survey, em que 1.500 adolescentes foram questionados sobre comportamentos autoprejudiciais e atividades virtuais. Os resultados indicaram que, comparados aos jovens que não apresentavam comportamentos autoprejudiciais, aqueles que o faziam apresentavam uma probabilidade duas vezes mais elevada de usar salas de bate-papo. Além disso, os jovens que se autoprejudicavam tendiam significativamente mais a ter relacionamentos íntimos com alguém que haviam conhecido na internet. Entretanto, a probabilidade de conversar virtualmente com alguém que conheciam pessoalmente era a mesma para ambos os grupos. Os pesquisadores também identificaram uma associação entre a atividade social na internet e transtornos de personalidade graves. Um estudo de Mittal, Tessner e Walker (2007) examinou o comportamento social virtual de adolescentes com transtorno da personalidade esquizotípica (TPE). Os resultados revelaram que as pessoas com TPE "relatavam significativamente menos interações sociais com amigos da 'vida real', mas usavam a internet para interações sociais com uma frequência significativamente mais elevada que os controles" (p. 50). Mais especificamente, tanto a gravidade do TPE quanto os sintomas depressivos estavam positivamente correlacionados com a quantidade de tempo que a pessoa passava em salas de bate-papo e jogando na internet. O estudo também descobriu uma correlação negativa entre o número de amigos na vida real e o tempo passado na internet. Tomados juntos, esses estudos sugerem que, para algumas pessoas, o comportamento interpessoal na internet está relacionado a dificuldades psicológicas graves.

Há pesquisas ligando a atividade interpessoal virtual à autoestima, outro indicador de bem-estar. Por exemplo, um estudo encontrou uma relação negativa entre o uso de *sites* sociais e autoestima. Valkenburg, Peter e Schouten (2006) descobriram que o uso de redes sociais estava indiretamente associado à autoestima e bem-estar geral em adolescentes. Além disso, a relação era influenciada (moderada) pelo *feedback* positivo ou negativo que os usuários recebiam em seus perfis. Um *feedback* negativo predizia autoestima e bem-estar mais baixos, ao passo que um *feedback* positivo predizia consequências mais sadias. Assim a valência do *feedback* estava relacionada ao bem-estar psicológico.

## DIFICULDADES INTERPESSOAIS E UPI

Os pesquisadores também documentaram uma correlação entre dificuldades interpessoais (isto é, solidão, ansiedade social, habilidades sociais inadequadas e introversão) e UPI. Em uma recente revisão, Morahan-Martin (2008) observou que "pessoas cronicamente solitárias e pessoas socialmente ansiosas compartilham muitas características que podem predispô-las a desenvolver abuso de internet" (p. 52). Na verdade, vários estudos relatam associação positiva entre solidão e UPI (Amichai-Hamburger e Ben-Artzi, 2003; Caplan, 2002; Morahan-Martin e Schumacher, 2003). Igualmente, as pesquisas indicam que a ansiedade social está positivamente correlacionada com o UPI (Caplan, 2007). Erwin e colaboradores (2004) explicam que "no caso de indivíduos introvertidos ou socialmente ansiosos, o uso de internet pode ser uma maneira de evitar estar sozinho e pode intensificar o desligamento de contatos face a face" e que "indivíduos introvertidos que usam a comunicação pela internet como um substituto de relacionamentos face a face parecem não conseguir satisfazer suas necessidades interpessoais" (Erwin, Turk, Heimberg, Fresco e Hantula, 2004, p. 631). Da mesma forma, outros pesquisadores relatam que adolescentes extremamente perturbados tendem mais a formar relacionamentos íntimos virtuais que aqueles com relacionamentos familiares saudáveis (Wolak, Mitchell e Finkelhor, 2003). Com relação às habilidades sociais, Caplan (2005) descobriu que os níveis de habilidades sociais de autoapresentação de universitários eram preditores negativos significativos de sua preferência pela interação social na internet.

Em seu estudo, Erwin e colaboradores descobriram que as pessoas com ansiedade social mais grave diziam que a internet facilitava a evitação de interações face a face normais. Esses autores concluíram que "os indivíduos com o transtorno de ansiedade social mais grave se consolavam através das interações via ciberespaço, especialmente se passavam maior quantidade de tempo fazendo isso. Entretanto, esses ganhos podem se revelar ilusórios e esconder um maior isolamento, ansiedade e prejuízo nas interações fora do ciberespaço, além de mais informações errôneas e fixação de crenças desadaptativas" (p. 643). Em resumo, os estudos recém-revisados apoiam a afirmação de que as pessoas com dificuldades psicológicas e interpessoais são atraídas para as interações virtuais. Até o momento, este capítulo examinou pesquisas que indicam uma associação positiva significativa entre UPI, interações sociais na internet e dificuldades psicossociais. Todavia, o que a literatura não esclarece tanto é *como* e *por que* essas associações acontecem. O restante do capítulo apresenta um modelo teórico que explica essas relações e sugere direções para as futuras pesquisas.

## COMPORTAMENTO SOCIAL NA INTERNET E O MODELO COGNITIVO-COMPORTAMENTAL

Davis (2001; Davis et al., 2002) apresentou uma teoria cognitivo-comportamental do UPI que procura explicar a etiologia, desenvolvimento e consequências associadas ao UPI. Desde sua introdução, este modelo tem sido útil para se entender melhor o UPI e o uso interpessoal de internet. Segundo o modelo cognitivo-comportamental, as cognições e os comportamentos relacionados à internet que levam a resultados negativos são *consequências*, e não *causas*, de problemas psicossociais mais amplos (por exemplo, depressão, ansiedade social, solidão, déficit de habilidades sociais). Em outras palavras, essa perspectiva afirma que os problemas psicossociais predispõem os indivíduos a desenvolver cognições desadaptativas que levam à autorregulação deficiente, resultando basicamente em consequências negativas associadas ao uso de internet (Davis, 2001; Caplan, 2005, 2010).

Os pesquisadores sugerem que um dos sintomas cognitivos do UPI é a preferência por interações sociais virtuais em comparação com a interação social face a face (Caplan, 2003; Davis, 2001; Morahan-Martin e Schumacher, 2000; para uma revisão, ver Morahan-Martin, 2008). A preferência por interações sociais na internet é "um construto cognitivo individual de diferença, caracterizado pela crença de que a pessoa está mais segura, é mais eficiente, mais confiante e se sente mais à vontade em interações e relacionamentos interpessoais virtuais que em atividades sociais face a face tradicionais" (Caplan, 2003, p. 629). Os indivíduos que preferem a interação social virtual também acreditam que isso lhes traz vantagens interpessoais. As pesquisas indicam que a preferência por interações sociais virtuais está associada tanto ao bem-estar psicológico quanto a elementos comportamentais de UPI (isto é, de uso compulsivo). Por exemplo, Morahan-Martin e Schumacher (2000) descobriram que universitários que abusavam de internet tendiam mais que os outros alunos a dizer que preferiam a interação social na internet aos intercâmbios da modalidade face a face:

> Os aspectos sociais do uso de internet diferenciavam, consistentemente, as pessoas com mais problemas de uso de internet. Os usuários patológicos tendiam mais a usar a internet para conhecer pessoas novas, obter apoio emocional, conversar com outras que partilhavam os mesmos interesses e jogar jogos socialmente interativos... Quando estão conectados, [os usuários patológicos] são mais amigáveis, mais abertos e mais "eles mesmos", e dizem ser mais fácil fazer amigos. Eles se divertem mais com outras pessoas conectadas que os usuários não patológicos e também tendem mais a compartilhar segredos íntimos... para eles, a internet pode ser socialmente libertadora, o Prozac da comunicação social. (Morahan-Martin e Schumacher, 2000, p. 26).

Um estudo de Caplan (2003) descobriu que, consistentemente com o modelo cognitivo-comportamental, que a preferência por interações sociais virtuais mediava a relação entre problemas psicossociais e resultados negativos do uso de internet. Mais especificamente, Caplan (2003) descobriu que os níveis autorrelatados de solidão prediziam os níveis de preferência por interações sociais virtuais dos sujeitos, que por sua vez prediziam a extensão em que eles relatavam vivenciar resultados negativos devido ao seu uso de internet. Em outro estudo sobre habilidades de manejo da impressão causada, Caplan (2005) descobriu que a preferência por interações sociais virtuais mediava a associação negativa entre habilidades sociais e uso compulsivo de internet. Esse estudo específico examinou as habilidades de autoapresentação de universitários, que Riggio (1989) definiu como a capacidade da pessoa de ser "competente, diplomática e autoconfiante em situações sociais" e "adaptar-se confortavelmente a praticamente qualquer tipo de situação social" (p. 3). Caplan (2005) hipotetizou que "a fim de melhorar sua capacidade percebida de autoapresentação e diminuir o risco social, as pessoas com déficits de habilidades [de autoapresentação] tendem a procurar canais de comunicação como a comunicação mediada por computador que minimizem possíveis custos e intensifiquem suas capacidades limitadas" (p. 724). Os resultados revelaram que o nível de habilidade de autoapresentação dos universitários estava inversamente relacionado aos seus níveis de preferência por interações sociais virtuais, uso compulsivo de internet e níveis de resultados negativos devidos ao uso de internet. Isto é, quanto menor a capacidade de autoapresentação da pessoa, mais alto seu nível de preferência por interações sociais virtuais e uso compulsivo de internet e mais ela vivencia resultados negativos por causa da atividade virtual. Nesse estudo, a preferência por interações sociais virtuais mediava a associação entre déficit de habilidades sociais e resultados negativos do uso de internet.

Adicionalmente, também há comprovação empírica de que a ansiedade social está associada à preferência por interações sociais virtuais (Caplan, 2007; Erwin et al., 2004; Morahan-Martin, 2008). Em uma revisão dessa literatura, Morahan-Martin (2008, p. 52-53) observou que a

> preferência pela interação virtual em detrimento daquela obtida face a face pode ser um fator-chave na relação entre abuso de internet e solidão e ansiedade social. A pessoa cronicamente solitária e a socialmente ansiosa compartilham muitas características que as predispõem a desenvolver o abuso de internet. Ambas tem medo de se aproximar dos outros, temendo avaliações negativas e rejeição. Elas tendem a se preocupar com suas deficiências sociais percebidas, o que as leva a serem inibidas, reticentes e retraídas em situações interpessoais e a evitarem situações sociais.

Um estudo de Erwin e colaboradores (2004), mencionado anteriormente, examinou o uso de internet em pessoas com transtorno de ansiedade social. Os participantes com transtorno de ansiedade social relataram que usam a internet porque se sentem mais à vontade virtualmente que face a face. Seus níveis de ansiedade estavam positivamente correlacionados com "o endosso da maioria dos aspectos de uso de internet que permitem a evitação de interações face a face" (p. 640). Na verdade, os indivíduos extremamente ansiosos acham mais fácil interagir na comunicação mediada por computador que em situações face a face. Ainda mais, os indivíduos socialmente ansiosos passam a maior parte do tempo observando passivamente interações sociais virtuais, em vez de participarem ativamente dessas interações. Portanto, parece haver uma relação específica entre ansiedade social, preferência por interações sociais virtuais e uso problemático de internet.

Em resumo, a literatura apresentada nesta seção demonstra que, conforme hipotetizado pelo modelo cognitivo-comportamental, o bem-estar está correlacionado com uma preferência pela interação social via internet. Há um padrão claro e consistente na literatura indicando que a preferência por interações sociais virtuais está associada à solidão, depressão, ansiedade social e poucas habilidades sociais. Para compreendermos por que as pessoas com dificuldades psicossociais se sentem atraídas pela interação social via internet, a próxima seção examina as principais teorias que aumentaram o nosso entendimento das semelhanças e diferenças entre a comunicação mediada por computador e a interação face a face.

## Quais são as diferenças entre a comunicação mediada pelo computador e a comunicação face a face?

Assim como a internet mudou nas últimas décadas, também mudaram as teorias que procuram explicar as importantes diferenças entre a conversa face a face e a mediada pelo computador (para uma revisão, ver Walther, 2006). Descrever diferenças consistentes de canal entre contextos de comunicação mediada pelo computador e face a face é uma tarefa difícil, na medida em que as tecnologias evoluem e as pessoas se tornam usuárias mais experientes. Considerando isso, a literatura revela numerosos achados contraditórios sobre diferenças de canal entre os contextos de comunicação mediada pelo computador e face a face.

Algumas teorias descrevem maneiras pelas quais os processos interpessoais nas aplicações de comunicação mediada pelo computador são distintos da interação face a face (para uma revisão mais completa, ver Hancock e Dunham, 2001; Ramirez, Walther, Burgoon e Sunnafrank, 2002; Walther, 2006; Walther e Parks, 2002). De modo geral, a maioria das teorias que reconhecem diferenças entre contextos face a face e de comunicação mediada pelo computador adota um dos dois paradigmas teóricos seguintes. As primeiras teorias sobre a comunicação mediada pelo computador refletem o *paradigma dos estímulos filtrados,* que enfatiza as limitações do canal e afirma que a comunicação mediada pelo computador limita as informações que as pessoas obtêm a partir de estímulos não verbais. Como os estímulos não verbais são muito reduzidos *online,* os estudiosos argumentam que a interação virtual não possui recursos adequados para uma interação relacional efetiva (Culnan e Markus, 1987; Daft, Lengel e Trevino, 1987; Kiesler, Siegel e McGuire, 1984; Rice e Case, 1983; Short, Williams e Christie, 1976). Os teóricos dos estímulos excluídos argumentam que a falta de estímulos não verbais na comunicação mediada pelo computador limita o meio universalmente, de modo que ele jamais consegue atingir a eficácia dos canais face a face.

Em contraste, as teorias mais modernas de *estímulos incluídos* afirmam que a comunicação mediada pelo computador é um canal especialmente eficaz de comunicação interpessoal (Postmes, Spears e Lea, 1998; Postmes, Spears, Lea e Reicher, 2000; Walther, 1992, 1996, 2006, 2007). As teorias de estímulos incluídos reconhecem que a comunicação mediada pelo computador reduz muito os estímulos não verbais, mas argumentam que as informações limitadas transmitidas virtualmente são na verdade uma vantagem interpessoal para algumas pessoas. De fato, alguns teóricos afirmam que as propriedades singulares da comunicação mediada pelo computador permitem aos participantes ter mais sucesso social virtual que em interações face a face (Walther, 1996, 2006). Para os propósitos deste capítulo, as teorias de estímulos incluídos oferecem ao modelo cognitivo-comportamental de UPI uma explicação teórica de por que pessoas com problemas psicossociais são atraídas para a interação social via internet.

As teorias de estímulos incluídos argumentam que as características da comunicação mediada pelo computador facilitam o desenvolvimento dos relacionamentos e ajudam as pessoas a terem relacionamentos significativos, com resultados interpessoais positivos. Por exemplo, a teoria do *processamento da informação social* (PIS) rejeita explicitamente a suposição de que a falta de estímulos não verbais na comunicação mediada pelo computador limita a capacidade dos comunicadores (Walther, 1992). Em vez disso, a teoria postula que as pessoas se adaptam à falta de informações não verbais virtuais colocando mais peso no conteúdo, estilo e *timing* das mensagens verbais (Walther, 1992, 1996). Dessa perspectiva, as deixas que estão disponíveis virtualmente transmitem informações normalmente transmitidas por uma série de estímulos não verbais nos intercâmbios face a face.

De acordo com a teoria do processamento de informação social, a diferença crucial entre a informação relacional trocada pela internet e a trocada na interação face a face "tem a ver não com a *quantidade* de informação social trocada, e sim com o *ritmo* do intercâmbio de informação social" (Walther, 1996, p. 10). Assim, a relativa ausência de informações não verbais na comunicação mediada pelo computador necessariamente não limita a quantidade de informações que os usuários podem transmitir, mas realmente torna mais lento o ritmo da transmissão de informações. A teoria do processamento de informação social postula que a comunicação relacional demora mais para surgir na comunicação mediada pelo computador que nas conversas face a face (Walther, 1992; Walther e Parks, 2002). No entanto, a teoria argumenta que, depois de tempo suficiente e de um numeroso intercâmbio de mensagens, o nível de desenvolvimento relacional na comunicação mediada pelo computador começará a igualar o experienciado nas interações face a face (Walther, 1993). Uma pergunta importante para os pesquisadores do uso problemático de internet é se a hipótese do processamento de informação social de que o desenvolvimento da intimidade na comunicação mediada pelo computador requer mais tempo que nas conversas face a face poderia ajudar a explicar por que a preferência por interações sociais virtuais poderia levar a resultados negativos. Isto é, as pessoas talvez precisem investir mais tempo para dar conta de seus relacionamentos sociais virtuais, o que as levaria a passar mais tempo conectadas.

O modelo de identidade social de efeitos de desindividuação (ISED) é outra teoria de estímulos incluídos, que propõe que as pessoas se adaptam à falta de deixas não verbais virtuais (Postmes et al., 1998; Postmes et al., 2000). Em vez de supor que ficam limitadas pela redução de estímulos não verbais, o ISED sugere que nessas interações as pessoas focam a atenção em estímulos contextuais e informações relacionadas ao *status* social dos interatuantes (Lea e Spears, 1992; Spears e Lea, 1992). A teoria hipotetiza que as condições anônimas ou desindividuadas da comunicação mediada pelo computador promove uma identidade social e fortes vínculos baseados no grupo. Na ausência de informações que identificam em termos pessoais, a teoria do ISED afirma que as pessoas minimizam a importância de sua identidade pessoal e enfatizam a identidade social que compartilham com seus pares da comunicação mediada pelo computador. Correspondentemente, elas podem enfatizar identidades relacionadas à participação em um grupo ou a um estilo tipográfico. Segundo o ISED, em vez de ser um ambiente impessoal preenchido por impressões superficiais, a comunicação mediada pelo computador seria um ambiente socialmente rico em que estímulos firmados no grupo passam a ser super-referidos na ausência de informações individuadoras (Spears e Lea, 1992).

Finalmente, e talvez o mais importante para o atual capítulo, a *perspectiva hiperpessoal* é uma teoria de estímulos incluídos que se opõe ao paradigma de estímulos excluídos ao argumentar que a interação virtual pode ser superior aos intercâmbios face a face. A teoria hiperpessoal afirma que a relativa ausência de aspectos não verbais virtuais intensifica a comunicação pessoal permitindo que objetivos sociais sejam buscados mais eficientemente de forma virtual do que em conversas face a face. Conforme Walther (1996, p. 17) descreveu, a comunicação hiperpessoal é uma "comunicação mediada pelo computador mais desejável, socialmente, do que a que tendemos a experienciar na interação face a face paralela". Segundo a perspectiva hiperpessoal, a interação mediada permite aos atores a oportunidade de se adaptar e explorar os estímulos não verbais reduzidos na comunicação mediada pelo computador de uma maneira que intensifica sua capacidade de atingir objetivos interpessoais (Dunthler, 2006; Walther, 1996, 2006). Por exemplo, o conteúdo verbal que domina os intercâmbios da comunicação mediada pelo computador é mais fácil de controlar e manipular, em termos estratégicos, que os comportamentos não verbais (Ekman e Friesen, 1996). Especificamente, a comunicação mediada pelo computador requer que as pessoas digitem suas respostas antes de enviá-las, e o comunicador pode revisar ou abandonar mensagens desfavoráveis mais facilmente que nas conversas face a face (Walther, 1996, 2006).

A perspectiva hiperpessoal também hipotetiza que na comunicação mediada pelo computador existe um circuito de *feedback* positivo, pelo qual os interatuantes refletem positivamente sobre alguma informação de modo seletivo apresentado pelos parceiros e depois os tratam de acordo com essas reflexões (Walther, 1996). Em outras palavras, a autoapresentação seletiva mediada pode levar os parceiros a formarem impressões mais favoráveis que em ambientes face a face, o que, por sua vez, faz o remetente da informação manter um comportamento positivo constante. Segundo Walther (1996), "isso pode explicar como acontecem na comunicação mediada pelo computador essas interações surpreendentemente íntimas, às vezes intensas, e hiperpessoais. A comunicação mediada pelo computador fornece um circuito de intensificação" (p. 27).

A perspectiva hiperpessoal oferece uma explicação útil de por que as pessoas podem preferir intercâmbios sociais virtuais, sugerindo que a comunicação mediada pelo computador permite que expressem características de identidade importantes que não conseguem expressar em situações paralelas face a face (Bargh, McKenna e Fitzsimmons, 2002). Virtualmente, os interatuantes podem mascarar ou editar estímulos indesejáveis e incontroláveis e, ao mesmo tempo, exagerar estímulos preferidos (Walther, 1996, 1997). De acordo com a perspectiva hiperpessoal, a comunicação mediada pelo computador permite que os atores "façam uma autoapresentação seletiva e idealizem o parceiro, encenando intercâmbios mais íntimos que a comunicação face a face" (Tidwell e Walther, 2002, p. 319). Ao reduzir os estímulos não verbais que às vezes contradizem mensagens verbais, os parceiros em comunicação mediada pelo computador tendem especialmente a basear suas impressões um do outro nas informações seletivamente apresentadas no intercâmbio virtual (Walther, 1996). De fato, a teoria hiperpessoal especula que os receptores da informação frequentemente exageram as informações sociais seletivamente apresentadas e transmitidas via comunicação mediada pelo computador (Walther, 1996; Walther, Slovacek e Tidwell, 2001). Essas superatribuições, então, resultam na percepção idealizada do parceiro relacional (Walther, 1996, 1997). Dessa perspectiva, as pessoas que interagem socialmente de forma virtual tendem a formar impressões idealizadas, baseadas em informações pessoais limitadas, mas estrategicamente filtradas. Walther (2006) sugere que a comunicação hiperpessoal pode estimular níveis mais elevados de imediação relacional e afeição do que as interações normais face a face. Nessa linha, os estudiosos documentaram que a intimidade relacional se desenvolve mais rapidamente e atinge níveis mais elevados virtualmente que a face a face (Hian, Chuan, Trevor e Detenber, 2004). Portanto, a perspectiva hiperpessoal postula vários benefícios interpessoais na comunicação virtual.

A perspectiva hiperpessoal é especialmente útil para explicar por que as pessoas com problemas psicossociais preexistentes, tais como ansiedade social, preferem a interação social virtual (High e Caplan, 2009). Esses indivíduos podem ser atraídos para a comunicação hiperpessoal virtual por que a percebem como mais segura, mais fácil e mais eficiente que a conversa comum face a face (Caplan, 2007; Erwin et al.; Morahan-Martin e Schumacher, 2003). Morahan-Martin e Schumacher (2003) afirmaram que "conectado", os níveis de presença social e intimidade podem ser controlados; os usuários podem permanecer invisíveis enquanto observam as interações alheias e podem controlar a quantidade e o momento das suas interações. O anonimato e a ausência de comunicação face a face virtual diminuem a inibição e a ansiedade social" (p. 659). Em um estudo, O'Sullivan (2000) examinou a preferência por diferentes canais de comunicação interpessoal (comunicação mediada pelo computador, face a face, telefone) e descobriu que a preferência das pessoas variava dependendo de como avaliavam o risco de autoapresentação na situação. Os sujeitos de O'Sullivan preferiam canais interpessoais mediados quando sua autoapresentação estava ameaçada. Conforme propõem Davis e colaboradores (2002), "para alguns indivíduos, a internet se torna uma proteção, uma espécie de parachoque, contra interações sociais ameaçadoras" (p. 332).

Adicionalmente, a perspectiva hiperpessoal argumenta que a falta de estímulos não verbais na comunicação mediada pelo computador permitiria que os comunicadores liberassem mais recursos cognitivos ao produzir e receber mensagens, e nos processos de intercâmbio (Walther, 1996, 1997). Em outras palavras, dessa perspectiva, as demandas cognitivas associadas à ansiedade social ou dificuldades interpessoais poderiam ser amenizadas em um contexto virtual, em que as pessoas se sentem mais confiantes e eficazes em termos sociais. Portanto, outra razão para pessoas com problemas psicossociais preferirem a interação virtual é que na comunicação mediada pelo computador há mais recursos cognitivos facilitando uma autoapresentação positiva e a promoção de metas interpessoais. Em resumo, a facilidade, efetividade e segurança percebidas na comunicação mediada pelo computador e teorizadas na perspectiva hiperpessoal podem atrair indivíduos com problemas psicossociais para a interação mediada.

As pesquisas apoiam a perspectiva hiperpessoal e sugerem que a comunicação hiperpessoal é comum na interação social virtual (Chester e Gwynne, 1998; Gibbs, Ellison e Heino, 2006; Henderson e Gilding, 2004). Por exemplo, Dunthler (2006) descobriu que em contextos de comunicação mediada pelo computador os comunicadores tinham mais tempo para produzir mensagens, eram mais capazes de organizar seus pensamentos e autoapresentação. Henderson e Gilding (2004) observaram que na comunicação mediada pelo computador os respondentes tinham um cuidado especial na construção estratégica das suas mensagens. Os pesquisadores também observaram que os canais não simultâneos de comunicação mediada pelo computador parecem conduzir, particularmente, à comunicação hiperpessoal. Nesses canais, os usuários se beneficiam da ausência de pressa e podem compor suas mensagens quando tem vontade de fazê-lo. Mais precisamente, os estudiosos perceberam que a comunicação não simultânea permite às pessoas organizarem, planejarem, editarem e desenvolverem seus pensamentos de modo mais intencional e deliberado do que fazem em meios temporalmente imediatos (Dunthler, 2006; Hiemstra, 1982). Walther (1996) afirma: "A interação não simultânea, portanto, seria mais desejável e eficiente em termos sociais, na medida em que os compositores dos textos poderiam se concentrar na construção da mensagem de modo a atender interesses múltiplos ou únicos em seu próprio ritmo" (p. 26). Correspondentemente, a pessoa consegue produzir mensagens mais polidas nessa comunicação mediada pelo computador não simultânea e por textos do que em canais simultâneos (Dunthler, 2006). A não simultaneidade permite às pessoas estender a carga cognitiva da construção da mensagem por um período mais longo que em contextos simultâneos. Dessa forma, o fato de não haver a simultaneidade provavelmente é atraente para quem tem dificuldade em interações face a face ou vivencia uma grande demanda cognitiva ou emocional ao lidar com situações face a face.

Até o momento, este capítulo (1) apresentou pesquisas indicando que pessoas com problemas psicossociais diversos preferem interações sociais virtuais e (2) argumentou que a perspectiva hiperpessoal nos oferece uma explicação teórica de por que isso acontece. O restante do capítulo explora como e por que a preferência por interações sociais virtuais poderia facilitar o desenvolvimento de outros sintomas de uso problemático de internet. De modo geral, Caplan (2010) propõe que os indivíduos que preferem a interação social virtual desenvolvem uma dependência dessa interação que pode resultar em outros sintomas de uso problemático de internet, como: conectar--se para alterar o humor, manifestar preocupações cognitivas ou apresentar o uso compulsivo e outras consequências negativas.

Dois sintomas cognitivos importantes de uso problemático de internet são a motivação para usá-la para a regulação do humor e uma preocupação cognitiva com o mundo virtual (Caplan, 2003, 2005, 2010; Davis et al., 2002). Regulação do humor se refere a usar a internet para aliviar um estado afetivo disfórico como ansiedade, solidão ou depressão. Preocupação cognitiva se refere a padrões de pensamento obsessivo envolvendo o uso de internet (isto é, "Não consigo parar de pensar em me conectar" ou "Quando não estou conectado, não consigo parar de me perguntar o que está acontecendo na internet"). Caplan (2005, 2010) argumenta que quando os indivíduos apresentam uma preferência por interações sociais virtuais substancial, é provável que usem a comunicação mediada pelo computador para regular seu humor. Por exemplo, pessoas com grande preferência por interações sociais virtuais podem tentar amenizar a ansiedade social que experienciam em situações face a face usando a comunicação mediada pelo computador para atender às suas necessidades interpessoais.

Além disso, indivíduos com grande preferência por interações sociais virtuais tendem especialmente a procurar fontes de apoio social mediadas pelo computador para aliviar o sofrimento afetivo. Em outras palavras, a preferência por interações sociais virtuais pode levar a pessoa a usar a internet em vez dos tradicionais contextos face a face e buscar consolo e companhia nos membros da sua rede de apoio. Um estudo de Caplan (2010) revelou que a preferência por interações sociais virtuais predisse positivamente o uso de internet para a regulação do humor e que tanto a preferência por interações sociais virtuais quanto o uso da internet para a regulação do humor predisseram a preocupação cognitiva com a internet e seu uso compulsivo. Em outras palavras, esses resultados sugerem que a preferência por interações sociais virtuais e o uso da internet para a regulação do humor estão associados a níveis mais elevados de autorregulação deficiente do uso de internet.

De acordo com a teoria cognitivo-comportamental, se os sintomas cognitivos do uso problemático da internet são suficientemente salientes levam a sintomas comportamentais que acabam resultando em consequências negativas. Entretanto, pela maior parte, os estudiosos reconhecem que o uso excessivo em si e por si mesmo não é necessariamente problemático (Caplan, 2003; Caplan e High, 2007; Kim e Davis, 2009). Em termos de especificar comportamentos virtuais que originam o uso problemático de internet, Davis (2001) argumenta que "não há um limite de tempo ou padrão comportamental específico" para identificar o uso de internet como problemático; em vez disso, o modelo cognitivo-comportamental do uso problemático de internet "postula um contínuo de funcionamento" (p. 193).

Dessa perspectiva, então, o principal sintoma comportamental de uso problemático de internet é o *uso compulsivo de internet* – a incapacidade de controlar, ou regular, o próprio comportamento virtual. Na verdade, em uma revisão das pesquisas sobre uso problemático de internet, Shapira e colaboradores (2003) concluíram que, "com base nas limitadas comprovações empíricas atuais, o uso problemático de internet seria mais bem classificado como um transtorno do controle dos impulsos" (p. 207). Caplan (2003) comparou a extensão em que o uso excessivo e o uso compulsivo de internet prediziam consequências negativas associadas ao uso problemático de internet. O uso excessivo e o uso compulsivo foram ambos preditores significativos de consequências negativas associadas ao uso de internet; todavia, "o uso excessivo foi um dos mais fracos preditores de consequências negativas, ao passo que a preferência pela interação social virtual, o uso compulsivo e a preocupação cognitiva estavam entre os mais fortes" (p. 637-638). Em outro estudo, Caplan e High (2007) descobriram que a relação entre o uso excessivo de internet e suas consequências negativas era moderada pela preocupação cognitiva com a internet.

O modelo cognitivo-comportamental proposto aqui prediz que a autorregulação deficiente do uso de internet resultará em consequências negativas. As pesquisas também apoiam essa hipótese. Caplan (2010) descobriu que a preferência por interações sociais virtuais e o uso da internet para alteração do humor eram preditores significativos de autorregulação deficiente (isto é, uso compulsivo e preocupação cognitiva). Os resultados também revelaram que a autorregulação deficiente era um preditor significativo de consequências negativas. Os achados indicaram que a preferência por interações sociais virtuais e a regulação do humor prediziam consequências negativas *indiretamente*, via sua associação com a regulação deficiente. Em outras palavras, a autorregulação deficiente mediava a associação tanto entre a preferência por interações sociais virtuais e as consequências negativas quanto entre a regulação do humor e as consequências negativas. Juntos, os sintomas cognitivos e comportamentais (preferência por interações sociais virtuais, regulação do humor e autorregulação deficiente) eram responsáveis por 61% da variância explicada nos escores de consequências negativas. Esses resultados confirmam a hipótese de que a preferência por interações sociais virtuais e a regulação do humor facilitam a autorregulação deficiente e, em última análise, as consequências negativas do uso de internet.

## CONCLUSÃO

Resumindo, este capítulo procurou explicar a associação entre interação social virtual, bem-estar psicossocial e uso problemático de internet. Pesquisas examinadas no início do capítulo demonstram uma associação entre o uso interpessoal de internet e dificuldades psicossociais e também uso problemático de internet. Na tentativa de explicar como e por que acontecem essas associações, o restante do capítulo apresentou um modelo cognitivo-comportamental sugerindo que os problemas psicossociais da pessoa podem predispô-la a preferir a interação social virtual e, por sua vez, levam à regulação do humor, autorregulação deficiente e consequências negativas. De modo geral, a literatura revisada neste capítulo confirma a afirmação de que o uso interpessoal de internet está associado ao uso problemático de internet, porque a preferência por interações sociais virtuais desempenha um papel importante na etiologia do uso problemático.

As pesquisas sobre o uso interpessoal de internet e o uso problemático de internet continuam evoluindo, mas ainda há muitas perguntas a serem respondidas. O modelo cognitivo-comportamental lucraria com uma explicação mais detalhada de como e por que a preferência por interações sociais virtuais está relacionada ao uso de internet para a regulação do humor (quais são os mecanismos agindo nessa relação?). Numa linha semelhante, embora saibamos que a preferência por interações sociais virtuais prediz o uso compulsivo indiretamente, por meio da regulação do humor, os estudos indicam que também existe uma associação direta entre a preferência por interações sociais virtuais e a autorregulação deficiente (Caplan, 2010). Aqui, os pesquisadores precisam tentar compreender melhor de que outras maneiras a preferência por interações sociais virtuais prediz a autorregulação deficiente.

As futuras pesquisas poderiam melhorar o modelo examinando quanto cada tipo de uso interpessoal de internet (isto é, mensagens instantâneas, salas de bate-papo, *e-mail*) está associado à preferência por interações sociais virtuais, regulação do humor, autorregulação deficiente e consequências negativas. E, finalmente, os pesquisadores precisam examinar por que usar a internet para a regulação do humor prediz autorregulação deficiente e consequências negativas. Na verdade, nós também identificamos situações em que usar a comunicação mediada pelo computador para a alteração do humor poderia predizer consequências mais positivas (por exemplo, grupos de apoio virtuais e terapia virtual) (para uma revisão, ver Wright, 2009). Por que usar a interação virtual para a alteração do humor ajuda algumas pessoas e cria dificuldades para outras?

Em resumo, embora a internet tenha feito muito para nos auxiliar a manter comunicações interpessoais atravessando o tempo e a distância, as pesquisas apresentadas neste capítulo indicam que essas interações podem criar problemas para algumas pessoas. É importante enfatizar que a literatura aqui revisada não sugere que o comportamento social virtual, em si, é perigoso ou arriscado; o que a literatura indica é que as pessoas com problemas psicossociais tendem a preferir a interação social mediada pela internet e apresentam maior probabilidade de usar a rede mundial para alterar seu humor e ter dificuldade para controlar seu uso.

# REFERÊNCIAS

Amichai-Hamburger, Y., & Ben-Artzi, E. (2003). Loneliness and Internet use. *Computers in Human Behavior, 19,* 71-80.

Bargh, J. A., McKenna, K. Y. A., & Fitzsimmons, G. M. (2002). Can you see the real me? Activation and expression of the "true self" on the Internet. *Journal of Social Issues, 58,* 33-48.

Caplan, S. E. (2002). Problematic Internet use and psychosocial well-being: Development of a theory-based cognitive-behavioral measurement instrument. *Computers in Human Behavior, 18,* 553-575.

Caplan, S. E. (2003). Preference for online social interaction: A theory of problematic Internet use and psychosocial well-being. *Communication Research, 30,* 625-648.

Caplan, S. E. (2005). A social skill account of problematic Internet use. *Journal of Communication, 55,* 721-736.

Caplan, S. E. (2007). Relations among loneliness, social anxiety, and problematic Internet use. *Cyber Psychology & Behavior, 10,* 234-241.

Caplan, S. E. (2010). Theory and measurement of generalized problematic Internet use: A two-step approach. *Computers in Human Behavior, 26,* 1089-1097.

Caplan, S. E., & High, A. C. (2007). Beyond excessive use: The interaction between cognitive and behavioral symptoms of problematic Internet use. *Communication Research Reports, 23,* 265-271.

Caplan, S. E., Williams, D., & Yee, N. (2009). Problematic Internet use and psychosocial well-being among MMO players. *Computers in Human Behavior, 25,* 1312-1319.

Chak, K., & Leung, L. (2004). Shyness and locus of control as predictors of Internet addiction and Internet use. *CyberPsychology & Behavior, 7,* 559-570.

Chester, A., & Gwynne, G. (1998). Online teaching: Encouraging collaboration through anonymity. *Journal of Computer-Mediated Communication, 4.* Retrieved from http://jcmc.indiana.edu/vo14/issue2/chester.html

Culnan, M. J., & Markus, M. L. (1987). Information technologies. In F. M. Jablin, L. L. Putnam, K. H. Roberts, & L. W. Porter (Eds.), *Handbook of organizational communication: An interdisciplinary perspective* (pp. 420-443). Newbury Park, CA: Sage.

Daft, R. L., Lengel, R. H., & Trevino, L. K. (1987). Message equivocality, media selection, and manager performance: Implications for information systems. *MIS Quarterly, 11,* 355-366.

Davis, R. A. (2001). A cognitive-behavioral model of pathological Internet use. *Computers in Human Behavior, 17,* 187-195.

Davis, R. A., Flett, G. L., & Besser, A. (2002). Validation of a new scale for measuring problematic Internet use: Implications for pre-employment screening [Special issue: Internet and the workplace]. *CyberPsychology & Behavior, 5,* 331-345.

Dunthler, K. W. (2006). The politeness of requests made via email and voicemail: Support for the hyperpersonal model. *Journal of Computer-Mediated Communication,* 500-521.

Ekman, P., & Friesen, W. V. (1969). Nonverbal leakage and cues to deception. *Psychiatry, 32,* 88-105.

Erwin, B. A., Turk, C. L., Heimberg, R. G., Fresco, D. M., & Hantula, D. A. (2004). The Internet: Home to a severe population of individuals with social anxiety disorder? *Anxiety Disorders, 18,* 629-646.

Gibbs, J. L., Ellison, N. B., & Heino, R. D. (2006). Self-presentation in online personals: The role of anticipated future interaction, self-disclosure, and perceived success in Internet dating. *Communication Research. 33,* 1-26.

Hancock, J. T., & Dunham, P. J. (2001). Impression formation in computer-mediated communication revisited: An analysis of the breadth and intensity of impressions. *Communication Research, 28,* 325-347.

Henderson, S., & Gilding, M. (2004). "I've never clicked this much with anyone in my life": Trust and hyperpersonal communication in online friendships. *New Media & Society, 6,* 487-506.

Hian, L. B., Chuan, S. L., Trevor, T. M. K., & Detenber, B. H. (2004). Getting to know you: Exploring the development of relational intimacy in computer-mediated communication. *Journal of Computer-Mediated Communication, 9.* Retrieved from http://jcmc.indiana.edu/vol9/issue3/detenber.html

Hiemstra, G. (1982). Teleconferencing, concern for face, and organizational culture. In M. Burgoon (Ed.), *Communication yearbook 6* (pp. 874-904). Beverly Hills, CA: Sage.

High, A., & Caplan, S. E. (2009). Social anxiety and computer-mediated communication during initial interactions: Implications for the hyperpersonal perspective. *Computers in Human Behavior, 25,* 475-482.

Kiesler, S. (1986). The hidden messages in computer networks. *Harvard Business Review, 64,* 46-54.

Kiesler, S., Siegel, J., & McGuire, T. w. (1984). Social psychological aspects of computer-mediated communication. *American Psychologist, 39,* 1123-1134.

Kim, H., & Davis, K. E. (2009). Toward a comprehensive theory of problematic Internet use: Evaluating the role of self-esteem, anxiety, flow, and the self-rated importance of Internet activities. *Computers in Human Behavior, 25,* 490-500.

Kubey, R. W., Lavin, M. J., & Barrows, J. R. (2001). Internet use and collegiate academic performance decrements: Early findings. *Journal of Communication, 51,* 366-382.

LaRose, R. (2001). On the negative effects of e-commerce: A sociocognitive exploration of unregulated on-line buying. *Journal of Computer-Mediated Communication, 6.* from http://jcmc.indiana.edu/vol6/issue3/larose.html

LaRose, R., Eastin, M. S., & Gregg, J. (2001). Reformulating the Internet paradox: Social cognitive explanations of Internet use and depression. *Journal of Online Behavior, 1*(2). Retrieved from http://www.behavior.net/JOB/v1n2/paradox.html

LaRose, R., Lin, C. A., & Eastin, M. S. (2003). Unregulated Internet usage: Addiction, habit, or deficient self-regulation? *Media Psychology, 5,* 225-253.

LaRose, R., Mastro, D., & Eastin, M. S. (2001). Understanding Internet usage: A social-cognitive approach to uses and gratifications. *Social Science Computer Review, 19,* 395-413.

Lea, M., & Spears, R. (1992). Paralanguage and social perceptions in computer-mediated communication. *Journal of Organizational Computing, 2,* 321-341.

McKenna, K. Y. A., & Bargh, J. A. (2000). Plan 9 from cyberspace: The implications of the Internet for personality and social psychology *Journal of Personality and Social Psychology, 75,* 681-694.

Mitchell, K. J., & Ybarra, M. L. (2007). Online behavior of youth who engage in self-harm provides clues for preventive intervention. *Preventive Medicine, 45,* 392-396.

Mittal, V. A., Tessner, K. D., & Walker, E. F. (2007). Elevated social Internet use and schizotypal personality disorder in adolescents. *Schizophrenia Research, 94,* 50-57.

Morahan-Martin, J. (1999). The relationship between loneliness and Internet use and abuse. *CyberPsychology & Behavior, 2,* 431-440.

Morahan-Martin, J. (2007). Internet use and abuse and psychological problems. In J. Joinson, K. McKenna, T. Postmes, & U. Reips, *Oxford handbook of Internet psychology* (pp. 331-345). Oxford, UK: Oxford University Press.

Morahan-Martin, J. (2008). Internet abuse: Emerging trends and lingering questions. In A. Barak (Ed.), *Psychological aspects of cyberspace: Theory, research and applications* (pp. 32-69). Cambridge, UK: Cambridge University Press.

Morahan-Martin, J., & Schumacher, P. (2000). Incidence and correlates of pathological Internet use among college students. *Computers in Human Behavior, 16*(1), 13-29.

Morahan-Martin, J., & Schumacher, P. (2003). Loneliness and social uses of the Internet. *Computers in Human Behavior 19,* 659-671.

Ngai, S. S. (2007). Exploring the validity of the Internet Addiction Test for students in grades 5-9 in Hong Kong. *Journal of Adolescence and Youth, 13,* 221-237.

O'Sullivan, P. B. (2000). What you don't know won't hurt me: Impression management functions of communication channels in relationships. *Human Communication Research, 26,* 403-431.

Postmes, T., Spears, R., & Lea, M. (1998). Breaching or building social boundaries? SIDE-effects of computer-mediated communication. *Communication Research, 25,* 689-715.

Postmes, T., Spears, R., Lea, M., & Reicher, S. D. (2000). *SIDE issues centre stage: Recent developments in studies of deindividuation in groups.* Amsterdam: Royal Netherlands Academy of Arts and Sciences.

Ramirez, A., Jr., Walther, J. B., Burgoon, J. K., & Sunnafrank, M. (2002). Information-seeking strategies, uncertainty, and computer-mediated communication: Toward a conceptual model. *Human Communication Research, 28,* 213-228.

Rice, R. E., & Case, D. (1983). Electronic messages systems in the university: A description of use and utility. *Journal of Communication, 33,* 131-152.

Riggio, R. (1989). *The social skills inventory manual: Research edition.* Palo Alto, CA: Consulting Psychologists Press.

Scherer, K. (1997). College life on-line: Healthy and unhealthy Internet use. *Journal of College Student Development, 38,* 655-665.

Shapira, N. A., Lessig, M. C., Goldsmith, T. D., Szabo, S. T., Lazoritz, M., & Gold, M. S., et al. (2003). Problematic Internet use: Proposed classification and diagnostic criteria. *Depression & Anxiety, 17*(4), 207-216.

Short, J., Williams, E., & Christie, B. (1976). *The social psychology of telecommunications.* London: John Wiley & Sons.

Spears, R., & Lea, M. (1992). Social influence and the influence of the "social" in computer-mediated communication. In M. Lea (Ed.), *Contexts of computer-mediated communication* (pp. 30-65). Hertfordshire, England: Harvester Wheatsheaf.

Tidwell, L. C., & Walther, J. B. (2002). Computer-mediated communication effects on disclosure, impressions, and interpersonal evaluations: Getting to know one another a bit at a time. *Human Communication Research, 28,* 317-348.

Valkenburg, P. M., & Peter, J. (2007). Internet communication and its relationship to well-being: Identifying some underlying mechanisms. *Media Psychology, 9,* 43-58.

Valkenburg, P. M., Peter, J. & Schouten, A. (2006). Friend networking sites and their relationship to adolescents' well-being and social self-esteem. *Cyber Psychology & Behavior, 9,* 584-590.

van den Eijnden, R. J. J. M., Meerkerk, G., Vermulst, A. A., Spijkerman, R., & Engels, R. C. M. E. (2008). Online communication, compulsive Internet use, and psychosocial well-being among adolescents: A longitudinal study. *Developmental Psychology, 44,* 655-665.

Wallace, P. M. (1999). *The psychology of the Internet.* New York: Cambridge University Press.

Walther, J. B. (1992). Interpersonal effects in computer-mediated interaction: A relational perspective. *Communication Research,* 19, 52-89.

Walther, J. B. (1993). Impression development in computer-mediated interaction. *Western Journal of Communication, 57,* 381-398.

Walther, J. B. (1996). Computer-mediated communication: Impersonal, interpersonal, and hyperpersonal interaction. *Communication Research 23,* 3-43.

Walther, J. B. (1997). Group and interpersonal effects in international computer-mediated collaboration. *Human Communication Research, 23,* 342-369.

Walther, J. B. (2006). Nonverbal dynamics in computer-mediated communication, or:(and the Net:('s with you,:) and you:)alone. In V. Manusov & M. L. Patterson (Eds.), *Handbook of nonverbal communication* (pp. 461-480). Thousand Oaks, CA: Sage.

Walther, J. B. (2007). Selective self-presentation in computer-mediated communication: Hyperpersonal dimensions of technology, language, and cognition. *Computers in Human Behavior, 23,* 2538-2557.

Walther, J. B., & Parks, M. R. (2002). Cues filtered out, cues filtered in: Computer-mediated communication and relationships. In M. L. Knapp, J. A. Daly, & G. R. Miller (Eds.), *The handbook of interpersonal communication* (3rd ed., pp. 529-559). Thousand Oaks, CA: Sage.

Walther, J. B., Slovacek, C. L., & Tidwell, L. C. (2001). Is a picture worth a thousand words? Photographic images in long-term and short-term computer-mediated communication. *Communication Research, 28,* 105-134.

Wolak, J., Mitchell, K. J., & Finkelhor, D. (2003). Escaping or connecting? Characteristics of youth who form close online relationships. *Journal of Adolescence, 26,* 105-119.

Wright, K. B. (2009). Increasing computer-mediated social support. In J. C. Parker & E. Thorson (Eds.), *Health communication in the new media landscape* (pp. 243-265). New York: Springer Publishing.

Ybarra, M. L., Alexander, C., & Mitchell, K. J. (2005). Depressive symptomatology, youth Internet use, and online interactions: A national survey. *Journal of Adolescent Health, 36,* 9-18.

Young, K. S. (1996). Psychology of computer use XI: Addictive use of the Internet; A case study that breaks the stereotype. *Psychological Reports, 79,* 899-902.

Young, K. S. (1998). Internet addiction: The emergence of a new clinical disorder. *CyberPsychology & Behavior, 1,* 237-244.

Young, K. S., & Rogers, R. C. (1998). The relationship between depression and Internet addiction. *CyberPsychology & Behavior, 1,* 25-28.

# 4

# Usos e gratificações da dependência de internet

ROBERT LAROSE

Por que atividades virtuais que começam como uma simples diversão e se transformam em atividades favoritas e hábitos prazerosos podem progredir para formas problemáticas de uso excessivo de internet? E, dada a pronta disponibilidade de tantos passatempos *online* interessantes, por que as formas problemáticas de uso não são ainda mais prevalentes? Este capítulo examina o desenvolvimento de hábitos virtuais da perspectiva da pesquisa comunicacional sobre os usos e as gratificações (UGs) que os indivíduos buscam na internet. Ele desenvolve um modelo de uso de internet em populações normais que combina processos conscientes e não conscientes para explicar os estágios iniciais da progressão do uso normal de internet para formas mais problemáticas. São discutidos os mecanismos autorreguladores que moderam o uso excessivo e estratégias de prevenção para controlar o desenvolvimento de hábitos de uso potencialmente prejudiciais.

## USOS E GRATIFICAÇÕES DA DEPENDÊNCIA DE INTERNET

Para que os terapeutas possam avaliar clientes que sofrem de dependência de internet, é importante entender o que a torna tão atraente. Apresentamos aqui várias teorias sobre os usos e gratificações da dependência de internet. Entre os dependentes, o uso de internet vai além do emprego da tecnologia como uma ferramenta funcional de informação. Na dependência, o que acontece é muito mais profundo e mais rico. É importante que o terapeuta compreenda as razões subjacentes que contribuem para o comportamento do dependente. Cada cliente usa a internet com intenções específicas, o que frequentemente é chamado de hábitos de mídia. Essas intenções podem assumir múltiplas formas, variando de um comportamento geral de busca de prazer a uma forma de entretenimento e a um meio de satisfazer necessidades sociais. As razões variam, mas todas elas são explicadas para que o terapeuta possa entender quais necessidades a internet está preenchendo para o seu cliente. Isso lhe permitirá criar um plano de tratamento individualizado, capaz de manter a recuperação.

## Bons e maus hábitos de internet

Por que as atividades comuns de internet atraem inicialmente seus usuários, passam a ser atividades favoritas que divertem, algumas vezes se tornam passatempos gratificantes e então, em outros casos, se transformam em hábitos potencialmente prejudiciais, ou inclusive patológicos, que influenciam destrutivamente a vida da pessoa? Igualmente, dada a ampla variedade de atividades virtuais tentadoras, aparentemente talhadas para todas as necessidades imagináveis, e disponíveis 24 horas, por que tantos usuários de internet não são fisgados por seus passatempos prediletos e não seguem essa espiral de uso crescente, abandono de atividades vitais do cotidiano e aumento do isolamento e do desespero? No contexto deste livro, o objetivo é ajudar terapeutas, educadores e pais a compreender e incentivar o uso saudável e normal e desvendar os processos que podem levar ao uso excessivo que ameaça o bem-estar psicológico.

A presente investigação explora essas questões da perspectiva do paradigma da pesquisa comunicacional dos usos e gratificações (UGs), que procura explicar o uso da mídia em populações normais, não clínicas. Já há muito tempo um paradigma dominante, que explica o uso de modalidades de mídia mais antigas como a televisão e os jornais, o paradigma dos UGs sofreu uma espécie de renascimento ao ser aplicado à internet (por exemplo, por Papacharissi e Rubin, 2000; Song, LaRose, Lin e Eastin, 2004), quando seu poder explanatório foi enriquecido pela conceitualização de novos mecanismos que ajudam a explicar a iniciação de passatempos prazerosos e o desenvolvimento de hábitos de mídia (LaRose, 2009; LaRose e Eastin, 2004; LaRose, Lin e Eastin, 2003).

O capítulo começa relatando os elementos básicos dos UGs. A seguir, examina aplicações do paradigma ao uso de internet e acréscimos recentes que explicam novos usos da mídia. São então explicados os processos pelos quais o uso normal de internet pode progredir para hábitos problemáticos. Finalmente, o capítulo considera as implicações dos UGs para a prevenção de formas problemáticas de uso de internet.

## O paradigma dos usos e gratificações

O paradigma dos usos e gratificações (UGs) surgiu na década de 1940, da tentativa de pesquisadores da comunicação de identificar as funções da mídia de massa (Ruggerio, 2000). Elihu Katz, conhecido sociólogo de mídia e estudioso de Karl Lazarsfeld, e seus colegas geralmente recebem o crédito como criadores do paradigma dos UGs como o conhecemos hoje. As premissas básicas dos UGs são que os usuários de mídias são ativos em sua seleção do conteúdo da mídia e escolhem deliberadamente, entre as existentes, a alternativa de mídia que melhor atenderá às suas necessidades. Colocando de forma simples, os UGs são as razões que as pessoas dão para usar mídias diversas. Há um estudo de Katz, Gurevitch e Haas (1973), frequentemente citado, que diferencia as mídias com base nas necessidades que preenchem para seu público. Por exemplo, a televisão foi associada a necessidades de entretenimento, ao passo que os jornais foram associados a necessidades de informação, o que confirma a premissa básica de que as seleções de mídia atendem a necessidades distintas do seu público.

As gratificações são medidas pelas respostas a afirmações verbais sobre as razões do consumo da mídia (por exemplo, divertimento, interação social), tipicamente avaliadas em uma escala de múltiplos pontos. Por exemplo, Rubin (1984) utilizou uma escala de concordo-discordo de cinco pontos, variando de "discordo firmemente" a "concordo firmemente", enquanto Papacharissi e Rubin (2000) perguntaram em que extensão as razões dos respondentes eram iguais às razões apresentadas, em uma escala variando de "exatamente" a "absolutamente não". Um refinamento inicial foi distinguir as gratificações buscadas na mídia das gratificações obtidas, e examinar a correspondência entre as duas a fim de obter predições superiores do comportamento de consumo da mídia. A diferença entre gratificações buscadas e gratificações obtidas está na estrutura temporal da avaliação – isto é, se os sujeitos são questionados sobre as gratificações que buscarão no futuro uso da mídia ou sobre as gratificações que tiveram no uso passado. Se a mesma pessoa é questionada tanto sobre o uso passado quanto sobre o futuro, podemos calcular a diferença aritmética entre as duas, uma medida de quanto as expectativas se realizaram. Entretanto, as gratificações buscadas produziram as melhores predições empíricas do consumo da mídia comparadas às gratificações obtidas ou à diferença aritmética entre elas, de modo que as gratificações buscadas se tornaram prevalentes nas pesquisas seguintes. É usado o tempo presente (por exemplo, "Eu uso a internet... para ajudar os outros", Papacharissi e Rubin, 2000) para transmitir o sentido de que as afirmações são motivações constantes para o uso da mídia.

Portanto, para avaliar se o indivíduo está usando a internet como uma forma de entretenimento, seriam apresentadas as afirmações da Tabela 4.1

sob o título "gratificações de entretenimento" e ele teria de indicar quanto cada afirmação é semelhante à sua razão para usar a internet, em uma escala de 1 a 5, em que 1 é absolutamente diferente da sua razão e 5 é exatamente igual. O escore total das três perguntas indica o grau em que o entretenimento é uma motivação para usar a internet. Os escores podem então ser comparados entre as dimensões de gratificação para determinar a principal motivação de cada indivíduo. Como será explicado a seguir, escores altos na dimensão de "tempo passado" são de especial interesse, pois essa é a dimensão mais associada ao desenvolvimento de uso problemático de internet. Na época, também foi proposto um modelo complexo da interação entre as gratificações, um modelo de construtos psicológicos (por exemplo, necessidades, hábitos) e sociológicos (por exemplo, sistemas de mídia, normas sociais) (Palmgreen, Wenner e Rosegren, 1985). Todavia, na prática, os pesquisadores dos UGs tinham como foco delinear as gratificações de vários canais de mídia (por exemplo, televisão, vídeo cassete, comunicação face a face) e tipos de conteúdo (por exemplo, novelas, esportes, programas de entretenimento do horário nobre), partindo geralmente de listas de gratificação adaptadas de um estudo anterior sobre a televisão (Rubin, 1983). As gratificações são avaliadas por consumidores da mídia em escalas de múltiplos pontos e submetidas à análise fatorial exploratória, produzindo as dimensões de UGs associadas ao meio ou tipo de conteúdo em questão. Os fatores que surgem, tipicamente, enumeram pelo menos quatro gratificações: entretenimento; busca de informação; passar o tempo (por exemplo, quebrar a monotonia); e razões sociais (por exemplo, ter assunto para conversar com os amigos). As mídias podem então ser descritas em termos dos usos e gratificações mais salientes a elas associados e por meio de correlações com medidas de consumo, demografia dos consumidores e outras variáveis psicossociais de interesse. Mas a capacidade dos UGs de explicar esse comportamento de consumo é bastante limitada, e normalmente responsável por não mais de 10% da variância no uso das mídias (Palmgreen et al., 1985). O mesmo intervalo de resultados foi encontrado para o uso de internet (Papacharissi e Rubin, 2000).

Embora os hábitos de mídia estivessem presentes em conceitualizações anteriores de UGs (Palmgreen et al., 1985, p. 17), não foram considerados tendo um efeito direto sobre o comportamento. O seu efeito se fazia sentir por crenças sobre as mídias e gratificações buscadas – isto é, por processos ativos de seleção de mídia. No nível operacional, as afirmações de gratificação de Rubin (1983) implicando a presença de hábitos (por exemplo, "Porque é um hábito, só uma coisa para fazer"; "Só porque está lá") foram incluídas frequentemente em estudos posteriores de UGs. Com base em uma análise fatorial de motivações, Rubin (1984) fez uma distinção conceitual entre uma orientação instrumental de mídia, marcada pela busca de informação com um objetivo específico e seleção do conteúdo da mídia, e uma orientação ritual, "o uso mais ou menos habitual de uma mídia para gratificar necessidades ou motivos diversivos" (Rubin, 1984, p. 69). Mas os próprios dados de Rubin não confirmaram solidamente essa distinção. Sua medida de hábito teve apenas uma carga moderada (0,59) em um fator que também incluía "passar o tempo" e motivações de companhia, identificado com usos ritualistas. O item de hábito usado nesse estudo também estava significativamente correlacionado com gratificações de conveniência, econômica, de comunicação e ajuda comportamental, motivações associadas à orientação instrumental. Assim, a busca ativa de gratificação e os hábitos continuaram mais ou menos confundidos, tanto em termos conceituais quanto empíricos.

Pesquisas posteriores recorreram frequentemente às motivações de Rubin, incluindo os itens relacionados a hábitos. Entretanto, carecendo do número mínimo de três itens necessário para identificar uma variável separada estatisticamente fidedigna, os hábitos ou foram deixados fora das análises ou foram confundidos com outras dimensões de gratificação, em geral com fatores de entretenimento ou "passar o tempo" (LaRose, 2010). Em resultado, a influência do hábito não foi inteiramente avaliada pelos pesquisadores dos UGs por muitos anos ou, nas palavras de uma equipe de pesquisadores que tentou ressuscitar o conceito, o hábito ficou "à espreita na literatura" (Stone e Stone, 1990) como uma questão marginal, mesmo quando começaram a surgir relatos de dependências de mídia (McIlwraith, Jacobvitz, Kubey e Alexander, 1991).

## USOS E GRATIFICAÇÕES DE INTERNET

O advento da internet trouxe tanto oportunidades quanto desafios de UGs. Por um lado, a capacidade interativa do novo meio era claramente uma experiência de "público cativo" que poderia ampliar o poder dos UGs de explicar o consumo de mídia (Ruggerio, 2000). Por outro lado, os pesquisadores perceberam que as gratificações articuladas pelos espectadores da televisão (de Rubin, 1983), que eram a base de muitos estudos sobre os UGs de antigas mídias, não seriam necessariamente as mesmas do novo meio interativo.

Estudos sobre a internet revelaram novos tipos de gratificação. O mais ambicioso desses estudos começou com uma pesquisa qualitativa que pedia aos participantes para identificarem os usos de internet (Charney e Greenberg, 2001; Korgaonkar e Wolin, 1999) sem referência aos UGs encontrados nos estudos de mídia prévios. Algumas das dimensões de gratificação resultantes correspondiam àquelas identificadas em mídias convencionais, incluindo gratificações de entretenimento, busca de informação, interação social e "passatempo". Outras talvez fossem relevantes para mídias novas e antigas, mas haviam sido ignoradas pelos pesquisadores de mídia de massa, tais como novas imagens e sons (Charney e Greenberg, 2001). No entanto, algumas refletiam aspectos exclusivos do novo mundo virtual. Por exemplo, Papacharissi e Rubin (2000) propuseram o acréscimo de gratificações de comunicação interpessoal à lista padrão usada na pesquisa de comunicação de massa, reconhecendo o uso disseminado de aplicações como *e-mail* e bate-papo. Outras dimensões novas de gratificação incluíam resolver problemas, persuadir os outros, manter relacionamentos, buscar *status*, serenidade, êxito na profissão e pesquisa, assim como interatividade e controle econômico (Korgaonkar e Wolin, 1999); *insight* pessoal (Flanagin e Metzger, 2001); comunidade virtual (Song et al., 2004); identidade com seus pares (Charney e Greenberg, 2001); e gratificações cognitivas (Stafford e Stafford, 2001). A Tabela 4.1 reproduz as gratificações de internet a partir de um estudo que tem sido muito citado na literatura sobre comunicação.

**TABELA 4.1**
**Usos e gratificações de internet**

**Gratificações de utilidade interpessoal**
Eu uso a internet... Para ajudar outras pessoas, para participar de discussões, para incentivar outras pessoas, para pertencer a um grupo, porque eu gosto de responder a perguntas, para me expressar livremente, para dar a minha opinião, para conhecer outros pontos de vista, para dizer aos outros o que eu faço, porque tenho vontade de saber o que outras pessoas dizem, para conhecer pessoas novas, porque eu quero que alguém faça algo para mim.

**Gratificações de passar o tempo**
Porque faz passar o tempo quando estou aborrecido, quando não tenho nada melhor para fazer, para ocupar o tempo.

**Gratificações de busca de informação**
Porque é uma nova maneira de fazer pesquisas, porque é mais fácil, para conseguir informações gratuitamente, para procurar alguma informação, para ver o que está lá.

**Gratificações de conveniência**
Para me comunicar com amigos e família, porque é mais barato, porque é mais fácil mandar um *e-mail* que falar com as pessoas, porque as pessoas não precisam estar lá para receber um *e-mail*.

**Gratificações de entretenimento**
Porque me entretém, simplesmente porque eu gosto, porque é divertido.

Nota: As opções de resposta às afirmações variavam de "exatamente" (5) a "absolutamente não" (1) quanto à semelhança com a razão pessoal para usar a internet.
Fonte: Papacharissi e Rubin (2000).

## Um modelo social cognitivo de UGs

O advento da internet também reabriu a questão de se outras variáveis, além da busca de gratificação, poderiam explicar o comparecimento nas mídias. Meus colegas e eu (Eastin e LaRose, 2000; LaRose e Eastin, 2004; LaRose, Mastro e Eastin, 2001) propusemos acréscimos ao paradigma dos UGs a partir da Teoria Sociocognitiva (TSC, ou Teoria Social Cognitiva) de Bandura (1986). Reconhecendo que a internet era uma mídia nova e, pelo menos no início, desafiadora, acrescentamos a autoeficácia na internet, ou a crença na própria capacidade de conseguir usá-la na busca de objetivos valorizados (Eastin e LaRose, 2000).

Também reconsideramos o significado das gratificações buscadas, observando que havia distinções importantes entre elas e as expectativas de resultados, ou a probabilidade subjetiva de que um determinado resultado seja obtido com um futuro comportamento. Isto é, o comportamento é mais determinado pelo que o indivíduo espera como consequência para ele mesmo (isto é, resultados esperados) do que pelos resultados que está buscando no momento, mas pode não esperar atingir realmente (isto é, gratificações buscadas). Por exemplo, alguém pode dizer que usa a internet porque é um entretenimento, para usar uma formulação comum de UGs, mas poderia estar pensando em ocorrências passadas e não no que espera do uso futuro. Ademais, estruturas de referência comumente utilizadas para afirmações de busca de gratificação, tais como a da sentença anterior, não incluem a possibilidade de que gratificações diferentes sejam esperadas no futuro. A teoria social cognitiva também oferece dimensões *a priori* de resultados e gratificações esperados: monetários, novos estímulos, atividades prazerosas, sociais, status e resultados autorreativos (Bandura, 1986, p. 232). Uma análise de estudos de UGs de internet (LaRose, Mastro e Eastin, 2001) sugeriu que os resultados de *status* e monetários tinham sido ignorados na pesquisa prévia, talvez devido à limitada capacidade da mídia convencional de massa de fornecê-los. Seguindo esse argumento, uma afirmação de gratificação de "entretenimento" poderia ser refraseada da seguinte maneira: "Usando a internet, qual é a probabilidade de você se entreter", avaliada em uma escala de sete pontos variando de "muito provável" (pontuada como 7) a "muito improvável" (pontuada como 1; ver LaRose e Eastin, 2004).

No atual contexto, o acréscimo mais importante ao modelo dos UGs foi o mecanismo autorregulador da teoria sociocognitiva. Esse mecanismo é capaz de explicar como deficiências na autorregulação podem levar a um comportamento habitual que não é controlado pela autoinstrução ativa. A autorregulação inclui três subprocessos: auto-observação, processo de julgamento e autorreação (Bandura, 1991). A auto-observação envolve prestar atenção à relação entre o comportamento e seus resultados e à regularidade da recompensa pelo comportamento. No processo de julgamento, as auto-observações do comportamento são comparadas a normas pessoais, sociais e coletivas. A influência autorreativa se aplica quando os comportamentos são observados e considerados como não correspondendo aos padrões de conduta ou não obedecendo às normas. Por exemplo, a pessoa pode observar que está passando tempo demais na internet de acordo com os próprios padrões de utilização eficiente do tempo. Ou pode perceber que está desrespeitando normas de participação em atividades com a família devido às suas atividades virtuais. Em resposta, ela pode recorrer a diversos métodos de autocontrole, na tentativa de controlar seu comportamento. Por exemplo, pode se recompensar por diminuir o número de horas que passa jogando na internet, ou pode se castigar cultivando sentimentos de culpa ou criticando a si mesma: "Puxa, não consigo desgrudar do *mouse*, nem eu me aguento!".

Empiricamente, a autorregulação deficiente se divide em duas dimensões: auto-observação deficiente e autorreação deficiente (LaRose, Kim e Peng, 2010). A primeira indica falta de atenção e de consciência do comportamento (por exemplo, "Isso é parte da minha rotina habitual") enquanto a segunda reflete o fracasso do autocontrole (por exemplo, "Eu sinto que o uso de internet está fora do meu controle"). Enquanto os hábitos envolvem a autorregulação deficiente, nem todas as formas de autorregulação deficiente são hábitos. Por exemplo, comportamentos impulsivos que acontecem na primeira oportunidade de realização também refletem autorregulação deficiente, mas não são hábitos, uma vez que não envolvem nenhum comportamento repetido. Entretanto, o foco da pesquisa relatada aqui são as formas habituais de autorregulação deficiente.

O acréscimo dos mecanismos de autoeficácia e autorregulação melhorou substancialmente o poder preditivo dos UGs, explicando de 30% a 40% da variância no comportamento de consumo de internet. Nesse modelo (ver Figura 4.1), resultados esperados, autoeficácia, auto-observação deficiente[1] e autorreação deficiente[2] são preditores diretos do uso de internet. A autoeficácia também é um preditor de expectativas de resultados, auto-observação deficiente e autorreação deficiente. Isso porque a capacidade percebida do indivíduo de usar a internet é um precursor lógico de experienciar seus resultados e de experimentar comportamentos que mais tarde se tornam hábitos e, mais tarde ainda, poderão se tornar hábitos incontroláveis. Mas essas relações provavelmente são recíprocas. A obtenção de resultados esperados reforça a autoeficácia conforme os usuários passam a dominar tarefas virtuais mais complexas. A repetição do comportamento inicia hábitos, mas também é uma prática que melhora a autoeficácia. Finalmente, experiências anteriores com a internet são um precursor tanto da autoeficácia quanto de resultados esperados na internet. Esses últimos vínculos refletem o mecanismo de apren-

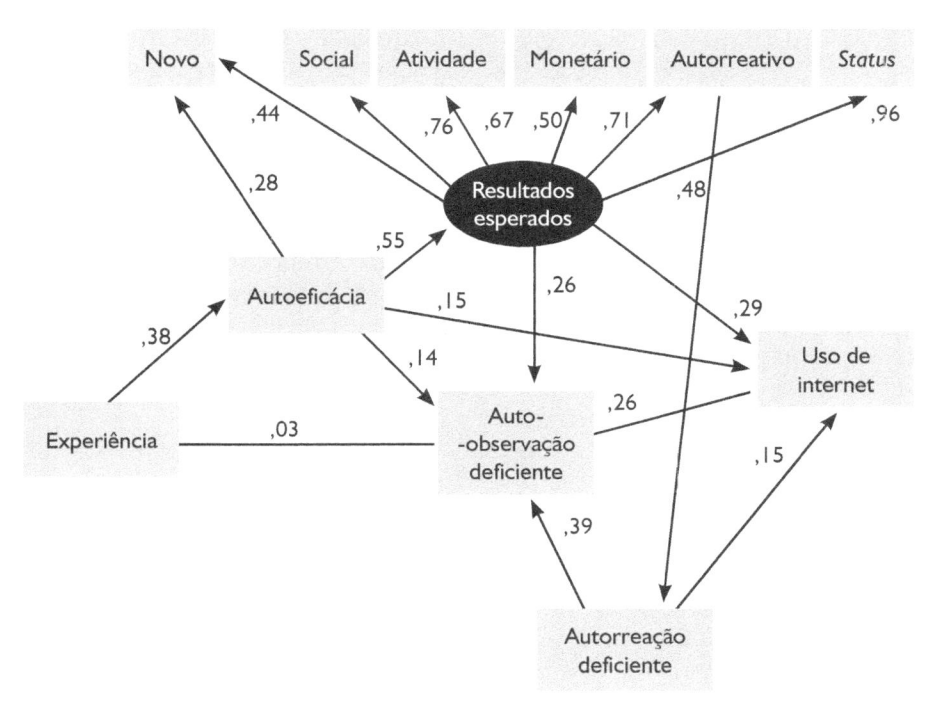

**FIGURA 4.1**
Modelo sociocognitivo de usos e gratificações.
*Fonte:* Adaptado de LaRose e Eastin (2004).

dizagem da teoria sociocognitiva, em que resultados esperados são moldados pela experiência direta.

A aprendizagem observacional das experiências alheias também pode afetar resultados esperados, mas não está ilustrada no diagrama.

## De usos e gratificações para hábitos não conscientes

A relação entre resultados esperados, auto-observação deficiente, autorreação deficiente e comportamento é a chave para se entender como o uso normal da mídia se torna habitual. Com a repetição, o consumo da mídia pode se tornar automático e não mais controlado pelo pensamento consciente sobre expectativas de resultados imediatos. Isso significa que as seleções da mídia não estão mais ativas, no sentido proposto pelos UGs (LaRose, 2010). Comportamentos automáticos são caracterizados por uma falta de consciência, atenção, intencionalidade e/ou controlabilidade. A auto-observação deficiente abrange as três primeiras dessas dimensões, e a autorreação deficiente a quarta, a falta de controlabilidade. Portanto, quando examinamos o comportamento repetido como oposto ao comportamento novo ou impulsivo, a auto-observação deficiente e a autorreação deficiente são duas dimensões do hábito.

Comportamentos habituais podem ser instigados por estímulos internos ou externos que estavam presentes no contexto em que o hábito foi inicialmente estabelecido. Enquanto as seleções ativas baseadas na busca de gratificação guiam a seleção inicial da mídia, com a repetida seleção da mesma mídia o controle é transferido para processos não conscientes. Assim, os UGs inicialmente formam hábitos pela repetição de comportamentos que inicialmente estão sob controle consciente.

A formação de hábitos é incitada pela repetição do comportamento em circunstâncias estáveis (Verplanken e Wood, 2006). Então, depois que os hábitos estão formados, os comportamentos são acionados nas mesmas circunstâncias e podem ser realizados automaticamente. "*Podem* ser realizados automaticamente" é uma frase qualificadora importante, pois todos os hábitos, mesmo os mais arraigados, estão sujeitos ao controle cortical. Por exemplo, um impulso normalmente irresistível de responder a um *tweet* que chega pode ser suprimido se o usuário estiver imerso num jogo *online*.

Como componentes das circunstâncias estáveis necessárias para o estabelecimento de hábitos foi sugerida uma ampla variedade de estímulos (em Verplanken e Wood, 2006). Eles incluem tempo, localização, a presença de outras pessoas ou objetos selecionados, comportamentos precedentes, objetivos e estados de humor. Mas se reconhecemos que os hábitos são estruturas cognitivas, é possível que qualquer processo de pensamento relacionado forneça a circunstância estável necessária. Assim, um hábito de jogo virtual poderia ser desencadeado pela chegada da hora em que a pessoa joga todos os dias, a visão do próprio computador ou de um parceiro de jogo, o desejo de relaxar depois de um dia de trabalho ou ainda o surgimento de um sentimento de tédio. Entretanto, qualquer imagem ou cognição relacionada ao jogo poderia servir como gatilho. Por exemplo, um hábito de jogo de azar poderia ser evocado com a visão de uma propaganda de um cassino de Las Vegas. Igualmente, os hábitos de mídia parecem depender menos do contexto que os hábitos em outras esferas (LaRose, 2010). Isso talvez pela ubiquidade da mídia e de suas imagens em diferentes localizações e momentos, e pela crescente independência de uso dos dispositivos mais modernos. Além disso, os hábitos sofrem uma constante reorganização na busca de maior eficiência cognitiva e podem ser instigados por uma nova variedade de estímulos que não estavam presentes inicialmente. Isso é especialmente provável no caso de hábitos de internet, devido à grande variedade de contextos e momentos ilimitados em que ela pode ser acessada. Por exemplo, um hábito de jogar na internet originalmente ligado ao computador do quarto da pessoa poderia subsequentemente ser instigado pela visão do computador em seu local de trabalho.

Conforme os hábitos se tornam mais fortes, diminui o controle pelo processo de seleção ativa. Na presença de hábitos muito fortes, as intenções conscientes já não tem um impacto significativo sobre o comportamento exibido na internet quando o indivíduo está conectado (Limayem, Hirt e Cheung, 2007). Encontramos provas da progressão do controle habitual sobre o comportamento virtual comparando estudos de UGs que revelam pontos divergentes no processo de formação de hábitos. Lin (1999) explicou quase 50% da variância no uso pretendido de internet, um grau de sucesso sem precedentes nos anais da pesquisa sobre UGs, em uma amostra de adultos que ainda não adotara a internet, em que a formação de hábito era impossível. LaRose e Eastin (2004) descobriram que a dimensão habitual de auto-observação deficiente era um preditor igualmente importante do uso geral de internet como resultados ou gratificações esperados. Outro estudo (LaRose, Kim e Peng, 2010) descobriu que tanto a auto-observação deficiente quanto a autorreação deficiente tinham força igual à das gratificações quando a variável de critério era uma atividade virtual favorita para a qual os padrões habituais de uso presumivelmente tinham sido estabelecidos (por exemplo, redes sociais, *download*, jogos), em oposição ao uso geral realizado através da internet.

Depois que os hábitos se estabelecem, os UGs ainda podem determinar o comportamento até certo ponto, como quando uma atividade favorita de entretenimento deixa de divertir, o que ativa novamente o processo de seleção consciente. Mas também é possível que, quando questionadas sobre seus comportamentos de mídia que se tornaram hábitos, as pessoas endossem gratificações que já não buscam ativamente. Não querendo parecer irracionalmente "fissuradas" em computador, elas podem agir assim para racionalizar para si mesmas seu consumo da mídia ou para manipular as impressões do pesquisador. Nesse sentido, os hábitos podem gratificar até certo ponto (Newell, 2003). Outra possibilidade é que quando os pesquisadores perguntam sobre gratificações buscadas em comportamentos habituais, a pessoa apele para lembranças do processo de seleção ativa que originalmente guiou seu comportamento. Por exemplo, ela pode recordar vagamente que no começo entrava na internet para ver *e-mails* (uma gratificação social como "Eu uso a internet para manter contato com amigos") mesmo que seu uso atual gire em torno de jogos com vários jogadores.

Achados recentes de fisiologia cerebral e psicologia social (revisados em LaRose, 2010) apoiam a afirmação de que o controle comportamental passa da consideração ativa dos resultados associados ao consumo da mídia, centrada no córtex cerebral, para a associação automática com estímulos contextuais que desencadeiam o comportamento, governada por estruturas cerebrais chamadas gânglios basais. Esse mecanismo é necessário para manter o funcionamento cotidiano em um ambiente complexo. Se não fosse possível designar certos comportamentos para o controle automático, as pessoas não conseguiriam processar todas as informações necessárias para tomar a miríade de decisões que precisam tomar todos os dias. Em outras palavras, o pensamento automático conserva escassos recursos de atenção. Depois de um certo número de repetições (o número exato é desconhecido), o comportamento de mídia passa a ser controlado por processos não conscientes, automatizados, embora o córtex ainda possa sobrepor a eles. A pessoa já não precisa prestar muita atenção aos comportamentos que realiza nem às consequências que espera como resultado e entra num estado de auto-observação deficiente, nos nossos presentes termos.

### Perdendo o controle

A autorreação deficiente foi proposta para explicar porque atividades mediadas pela internet e que são gratificantes se transformam em hábitos e, às vezes, em hábitos potencialmente prejudiciais que causam graves problemas na vida da pessoa (LaRose, Lin e Eastin, 2003). Deficiências na influência autorreativa indicam um comportamento que está fora de controle. As medidas operacionais da variável (por exemplo, "Eu tentei, sem sucesso, reduzir o tempo que passo conectado") indicam que os indivíduos tentaram moderar seu comportamento, mas fracassaram. Entretanto, isso necessariamente não é uma indicação de patologia, pois eles podem ter reagido a lembretes rotineiros de organizar seu tempo mais eficientemente, tais como repetidos lembretes de chegar em casa na hora do jantar e não a ameaças que põem em perigo relacionamentos ou seu emprego.

Primeiramente, os hábitos foram definidos como uma forma de comportamento automático desprovido de consciência, atenção, intencionalidade e/ou controlabilidade. Mas essas quatro dimensões são independentes (Saling e Phillips, 2007). Assim, a pessoa pode estar dolorosamente consciente de um comportamento excessivo e inclusive pretender descontinuá-lo, mas ainda se diz que ela tem um hábito, pela falta de controlabilidade do comportamento ou, nos presentes termos, autorreação deficiente. Da mesma forma, pode faltar à pessoa consciência, atenção ou intencionalidade (auto-observação deficiente), mas ela ainda se sente no controle do seu comportamento de mídia ou ainda não fracassou em controlá-lo.

A autorreação deficiente se revelou um preditor consistente de uso de internet em estudos realizados por meus colegas e por mim (LaRose e Eastin,

2004; LaRose, Kim e Peng, 2010; LaRose, Lin e Eastin, 2003; LaRose, Mastro e Eastin, 2001). A mesma relação é encontrada em pesquisas que usam variáveis com nomes diferentes mas transmitem o mesmo sentido de autocontrole fracassado. Por exemplo, a Compulsive Internet Use Scale ("Com que frequência você tentou, sem sucesso, passar menos tempo na internet?", "Com que frequência você tem dificuldade em parar de usar a internet quando está *online*?") encontrou uma correlação de 0,42 com o uso de internet (Meerkerk, van den Eijnden, Vermulst e Garretsen, 2009). Leung (2004) descobriu que sujeitos com cinco ou mais sintomas de dependência de internet (por exemplo, "Você já tentou diminuir o tempo que passa *online*, mas não teve sucesso?") apresentavam uma média de 35 horas semanais conectados, comparada a 27 horas em pessoas com menos sintomas. Entretanto, as últimas variáveis também incluem indicadores das consequências do uso, tais como perder compromissos sociais ou ter problemas no trabalho ou na escola, que seria melhor considerar como consequências (negativas) esperadas do uso de internet no presente modelo.

A apresentação de correlações entre medidas de uso compulsivo/problemático/patológico de internet e a quantidade de tempo passado na rede como evidência da validade das primeiras levanta a pergunta de quanto tempo é "excessivo" ou "problemático". Mas talvez essa seja a pergunta errada. Por exemplo, milhões de adultos nos Estados Unidos vivem normalmente mesmo consumindo mais de 30 horas de televisão por semana. Por que 30 horas de uso como lazer necessariamente seria problemático? O consumo total de mídia é uma média de 50 horas por semana, e cada vez mais essas mídias são acessadas através da internet, então por que 50 horas por semana necessariamente causaria problemas? Até 60 horas por semana deixa muito tempo para trabalhar e dormir. O uso de mídia em múltiplas tarefas enquanto a pessoa come, limpa a casa e vai e volta de casa para o trabalho expande ainda mais as fronteiras do "excessivo". Entretanto, apenas algumas horas por semana constituem um problema se outras atividades cotidianas em um horário cheio de compromissos são abandonadas ou se essas poucas horas conectadas são passadas em atividades devastadoras: jogos de azar que trazem dívidas, compras *online* que a pessoa não pode pagar, casos amorosos extraconjugais.

É a função do uso, e não a quantidade, que torna o uso de internet excessivo ou problemático. O vínculo entre expectativas de resultado autorreativas e autorreação deficiente mostrado na Figura 4.1 talvez seja a chave. Essa relação sugere a possibilidade de que, quando a internet é usada como uma forma de ajuste primário do humor para o humor disfórico, isso se sobrepõe ao autocontrole racional. E o resultado pode ser a dependência comportamental (Marlatt, Baer, Donovan e Kivlahan, 1988), isto é, a pessoa que espera que a internet a alegre ou alivie o tédio provavelmente também é deficiente em autorreação.

Um padrão de uso crescente que resulta na negligência de relacionamentos e atividades importantes de vida também pode desencadear uma espiral descendente, pois as consequências da negligência produzem disforia. A Figura 4.2 ilustra os passos seguintes na espiral (LaRose, Lin e Eastin, 2003). A depressão aumenta a busca de consequências autorreativas para aliviar o humor disfórico, aumentando a deficiência de autorreação e aumentando o uso, e assim por diante. Além disso, a depressão também tem um impacto direto sobre a autorreação deficiente, pois as pessoas deprimidas tendem a menosprezar o sucesso de seus esforços para recuperar a autorregulação efetiva (Bandura, 1999). Isso pode acelerar a espiral descendente em cada volta do ciclo.

Assim, para avaliar se alguém corre um risco iminente de formar um hábito problemático de internet, o terapeuta poderia examinar se o comportamento virtual em questão se tornou o principal meio de aliviar o humor disfórico e procurar sinais de depressão associados ao uso crescente. Em termos convencionais de UGs, é o que acontece quanto gratificações de "passar o tempo" são especialmente salientes. Em vez de administrar um inventário de UGs como o mostrado na Tabela 4.1, o terapeuta pode perguntar o que a pessoa fez para aliviar episódios recentes de tédio, estresse ou depressão. Se as atividades virtuais são mencionadas frequentemente, isso seria uma indicação de um possível problema. Indicações de que o comportamento se tornou automático também constituem sinais de alerta. O Self-Report Habit Index (SRHI) (Verplanken e Orbell, 2003) se revelou uma medida confiável

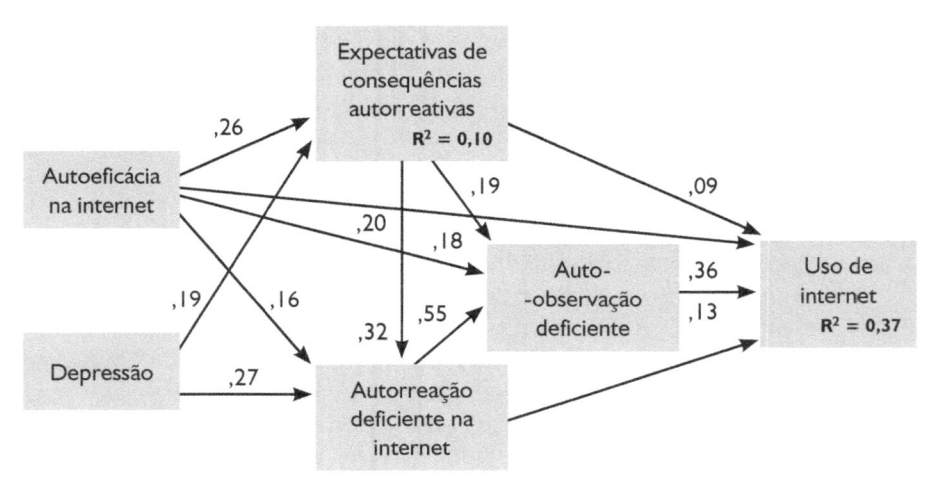

**FIGURA 4.2**
Modelo de dependência de internet.
*Fonte:* Adaptado de LaRose, Lin e Eastin (2003).

e válida da força psicológica do hábito, avaliada pelo nível de concordância com afirmações tais como se o comportamento é realizado sem pensar ou se a pessoa ficaria angustiada se não pudesse realizá-lo. Se os sintomas de dependência ou os indicadores de uso compulsivo de internet (Caplan, 2005) forem avaliados com escalas multipontos, de concordância-discordância, níveis moderados de aprovação (isto é, no ponto médio da escala ou próximo dele) poderiam ser uma indicação de progressão de um padrão normal de uso da mídia para um padrão potencialmente prejudicial e patológico.

## Por que nem todos ficam dependentes de internet?

A essa altura, seria oportuno perguntar por que a dependência de internet não é mais comum e, de fato, por que nem todos adquirem hábitos virtuais patológicos. Afinal de contas, a internet é uma verdadeira cornucópia de atividades de lazer atraentes, com opções para todos os gostos imagináveis, e disponível 24 horas quase em qualquer lugar. Tirando os casos que precisam de ajuda profissional, como podemos romper esse ciclo?

Uma possibilidade é que algumas atividades virtuais sejam inerentemente mais propensas ao abuso que outras, e somente aqueles que se envolvem com essas atividades mais inerentemente adictivas passam a ter problemas. Por exemplo, a explicação de habilidades sociais do uso problemático de internet (Caplan, 2005, 2006) reconhece que muitos casos de abuso estão associados a usos sociais de internet. O uso problemático seria uma função de deficiências em habilidades sociais, levando à preferência pela interação social virtual, depois ao uso compulsivo (o que foi chamado aqui de autorreação deficiente) e, finalmente, a consequências negativas como más notas na escola ou problemas no trabalho. Seguindo esse argumento, as aplicações de redes sociais e mensagens instantâneas seriam as mais propensas a problemas. Todavia, uma análise comparativa de atividades favoritas, incorporando a explicação de habilidades sociais e o modelo previamente citado de uso habitual de internet, descobriu que baixar arquivos de música e vídeos era potencialmente a atividade mais problemática. Mas as diferenças entre atividades favoritas eram geralmente pequenas, embora as redes sociais e mensagens instantâneas estivessem mais associadas à auto-observação deficiente (mas não a expectativas de consequências autorreativas ou autorreação deficiente) que baixar arquivos de música e vídeos, jogar ou comprar *online* (LaRose, Kim e Peng, 2010). Seguindo a lógica do modelo apresentado anteriormente, qualquer atividade virtual prazerosa poderia se transformar em um hábito problemático se fosse constantemente usada para aliviar a disforia.

Talvez uma resposta melhor à pergunta de por que o uso patológico de internet não é mais comum seja a de que a maioria das pessoas é capaz de manter um autocontrole efetivo e recuperá-lo quando ele é rompido. Muitas respondem aos sinais de alerta emitidos pelo cônjuge, patrão ou extratos bancários tomando a decisão de moderar o comportamento transgressivo. Além disso, os hábitos de internet também são em certa extensão autolimitantes. As atividades prazerosas que inicialmente dissipam o humor disfórico logo se desgastam (LaRose, 2008), desencadeando uma busca por novas atividades, e a moderação ou descontinuação de antigos hábitos. Além disso, as consequências negativas que acompanham o profundo envolvimento em atividades habituais também podem recuperar a auto-observação eficiente (LaRose, Kim e Peng, 2010) e intensificar os esforços para trazer, novamente, para o controle dos processos de pensamento consciente aqueles comportamentos virtuais que estão operando "no automático".

## IMPLICAÇÕES PARA A PREVENÇÃO DO ABUSO DE INTERNET

A presente análise se baseia em estudos sobre o uso de internet em populações normais, de modo que está além do nosso escopo considerar a etiologia das formas patológicas de uso de internet ou especular sobre os tratamentos mais eficazes para elas. Entretanto, sabemos que os hábitos, até os não patológicos, são difíceis de desfazer depois de formados (Verplanken e Wood, 2006). Então, é nosso dever refletir sobre como se poderia impedir, em primeiro lugar, que surgissem e, depois, como rompê-los se já estão estabelecidos, antes que tenham início os ciclos prejudiciais de automedicação com a internet.

Foi dito, previamente, que a autorregulação deficiente é a chave para se compreender o desenvolvimento de hábitos de internet descontrolados. A autorregulação eficiente também pode ser a chave para se moderar o comportamento descontrolado exibido na internet. Intervenções para melhorar a autorregulação do uso da televisão, outro meio considerado com qualidades adictivas, tem diminuído a audiência e os efeitos negativos do uso excessivo da TV entre as crianças, incluindo obesidade e tendências violentas (Jason e Fries, 2004; Robinson e Borzekowski, 2006).

Uma vez que os hábitos se formam pela repetição em circunstâncias estáveis, uma estratégia óbvia para desfazer hábitos é alterar os contextos em que os estímulos-gatilho costumam ocorrer. Por exemplo, variar a hora, o local, as atividades precedentes e a companhia quando acessamos atividades na internet favoritas deveria enfraquecer hábitos. Entretanto, às vezes podem ser necessários uma alteração extrema no contexto de um comportamento, comparável a desligar a TV por uma semana, segundo Robinson e Borzekowski (2006), e atos extremos de força de vontade para executar tais mudanças. Para provocar a alteração contextual necessária poderíamos aproveitar mudanças que acontecem naturalmente no contexto de uso de internet, tais como o início de um ano escolar, um novo horário de trabalho ou a compra de um novo computador. Esse contexto também poderia ser alterado automaticamente pelo uso de filtros de *sites* da *web* que bloqueiam o acesso a conteúdos que causam problemas. Políticas em nível social, destinadas a facilitar hábitos de internet também podem ser modificadas: por exemplo, a partir de certo volume de uso a pessoa teria de pagar, ou o consumo de certos conteúdos passaria a ser taxado, o que é conhecido como *sin tax* (imposto ou taxa de "pecado", de transgressão).

Existem diversas técnicas de persuasão, semelhantes às desenvolvidas em intervenções de saúde mental, que também poderiam ter um impacto sobre a formação de hábitos. Já que a falta de atenção a um comportamento é um sinal inequívoco de hábito, manter um diário das próprias atividades virtuais ou verificar os registros dessas atividades em *sites* que os fornecem chamaria a atenção para comportamentos e os enfraqueceria. Uma reflexão sobre os estados de humor que precedem a busca de uma atividade favorita na internet e sobre o uso mais frequente ou mais prolongado que o pretendido (ou lembrado) poderia alertar em relação a hábitos que correm o risco de fugir ao controle. Outra possibilidade é usar abordagens de autoajuda ou educação pública para reforçar as defesas naturais descobertas por LaRose e colaboradores (2010), em que a consciência das consequências negativas ligadas ao uso de internet parece despertar novamente a atenção, fazendo a pessoa se dar conta de seu comportamento virtual. Alternativamente, crenças de autoeficácia relacionadas à redução do uso de internet poderiam ser fortalecidas por persuasão, acesso a testemunhos de pessoas que conseguiram abandonar os hábitos ou por uma redução gradual do uso. Também poderiam ser enfatizadas normas societais ou grupais (por exemplo, na família ou na escola) sobre uso de internet. Mas essas estratégias provavelmente só funcionariam enquanto os hábitos ainda estivessem se formando. Quando os hábitos estão arraigados, a pessoa exclui as informações que poderiam persuadi-la a mudar seu comportamento (Verplanken e Wood, 2006). No entanto, táticas de persuasão semelhantes a essas poderiam aumentar a eficácia das mudanças contextuais.

Finalmente, a autorregulação foi comparada ao fortalecimento muscular. O esforço excessivo esgota temporariamente os recursos autorreguladores, ao passo que o exercício constante e incremental dos recursos parece fortalecê-los. E, exatamente como fortalecer os músculos dos nossos braços levantando pesos na academia nos dá mais força para erguer os objetos em casa, o fortalecimento da autorregulação em uma esfera comportamental se generaliza para outras (Baumeister, Schmeichel e Vohs, 2007). Isso sugere que recuperar a autorregulação em alguma forma de consumo de mídia (por exemplo, televisão), ou mesmo em esferas comportamentais completamente diferentes (como comer ou exercitar-se), poderia aumentar a capacidade de regular também o comportamento na internet.

## RESUMO E CONCLUSÃO

Inicialmente, os usuários de internet selecionam de modo ativo e intencional atividades na internet que gratificam necessidades como entretenimento, informação, interação social e diversão. Com a repetição, atividades virtuais favoritas gradualmente se tornam comportamentos automáticos, habituais, que podem ser ativados em resposta a estímulos contextuais com limitada consciência, atenção, intencionalidade ou controlabilidade. Comportamentos habituais podem ser explicados em termos de deficiências na auto-observação e influência autorreativa, que suplantam a busca consciente de gratificações esperadas das atividades como determinantes do uso de internet. Hábitos que passam a ser um meio fundamental de aliviar o humor disfórico são os que apresentam o maior potencial de fugirem ao controle, diminuindo a capacidade do indivíduo de regular o próprio comportamento por meio da influência autorreativa. Programas de autoajuda e campanhas de educação pública podem ser eficazes para controlar os hábitos nos primeiros estágios de sua formação. Entretanto, hábitos arraigados são resistentes à mudança e, para que ela possa acontecer, pode ser preciso alterar substancialmente o contexto de uso de internet. A relação entre usos e gratificações (UGs) do uso de internet e a autorregulação do comportamento virtual é, portanto, crucial no desenvolvimento de hábitos de internet que criam problemas na vida da pessoa e também na prevenção de formas problemáticas de uso.

O terapeuta pode usar esses modelos para avaliar por que cada cliente se tornou dependente de internet. Compreender as motivações pessoais ajudará a criar estratégias de recuperação personalizadas e eficazes. Finalmente, os dependentes em recuperação frequentemente lutam para superar situações difíceis ou problemas emocionais enquanto se abstêm de álcool, drogas, sexo ou comida. Eles perdem a escotilha de fuga fornecida por suas dependências, e ao tentarem aprender a viver sem elas podem recorrer à internet como uma maneira nova e socialmente aceitável de lidar com as situações. O que eles geralmente não percebem é que, ao fazer isso, estão perpetuando o ciclo de dependência. Os dependentes muitas vezes procuram a internet como uma maneira de escapar da realidade, sem realmente enfrentar os problemas subjacentes que causam o comportamento de dependência. Eles buscam a internet em vez de enfrentar seus problemas relacionais, financeiros, profissionais ou escolares. As mesmas questões que os levaram a beber, comer demais ou jogar continuam não resolvidas.

Usar a internet passa a ser uma solução rápida e uma cura instantânea que faz desaparecer sentimentos perturbadores, sentimentos com os quais eles não aprenderam a lidar. Baseados nesses modelos, vemos que os dependentes de internet podem se absorver em qualquer coisa que atraia seu interesse, o que faz com que suas dificuldades desapareçam do panorama conforme sua atenção se concentra na internet. Entretanto, embora possam obter uma gratificação significativa usando a internet, eles estão simplesmente substituindo uma dependência por outra e adotando um comportamento de evitação. Isso impede que enfrentem os problemas que contribuem para a dependência, criando um ciclo vicioso. Ao aplicar esses modelos, tanto o cliente quanto o terapeuta podem compreender mais claramente as razões que tornam a internet tão sedutora e planejar um curso adequado de recuperação.

## NOTAS

1. Força do hábito, no original.
2. Autorregulação deficiente, no original.

## REFERÊNCIAS

Bandura, A. (1986). *Social foundations of thought and action: A social cognitive theory.* Englewood Cliffs, NJ: Prentice Hall.

Bandura, A. (1991). Social cognitive theory of self-regulation. *Organizational Behavior and Human Decision Processes, 50,* 248-287.

Bandura, A. (1999). A sociocognitive analysis of substance abuse: An agentic perspective. *Psychological Science, 10,* 214-217.

Baumeister, R. F., Schmeichel, B. J., & Vohs, K. D. (2007). Self-regulation and the executive function: The self as controlling agent. In A. W. Kruglanski & E. T. Higgins (Eds.), *Social psychology: Handbook of basic principles* (2nd ed.) (pp. 516-540). New York: Guilford Press.

Caplan, S. E. (2005). A social skill account of problematic Internet use. *Journal of Communication, 55,* 721-736.

Caplan, S. E. (2006). Relations among loneliness, social anxiety, and problematic Internet use. *CyberPsychology & Behavior, 10,* 234-242.

Chamey, T. R., & Greenberg, B. S. (2001). Uses and gratifications of the Internet. In C. Lin & D. Atkin (Eds.), *Communication, technology and society: New media adoption and uses* (pp. 379-407). Cresskill, NJ: Hampton Press.

Eastin, M. A., & LaRose, R. L. (2000). Internet self-efficacy and the psychology of the digital divide. *Journal of Computer Mediated Communication, 6.* Available from http://www.ascusc.org/jcmc/vo16/issue1/eastin.html

Flanagin, A. J., & Metzger, M. J. (2001). Internet use in the contemporary media environment. *Human Communication Research, 27,* 153-181.

Jason, L. A., & Fries, M. (2004). Helping parents reduce children's television viewing. *Research on Social Work Practice, 14,* 121-131.

Katz, E., Gurevitch, M., & Haas, H. (1973). On the use of the mass media for important things. *American Sociological Review, 38,* 164-181.

Korgaonkar, P., & Wolin, L. (1999). A multivariate analysis of Web usage. *Journal of Advertising Research, 39,* 53-68.

LaRose, R. (2008). Habituation. In W. Donsbach (Ed.), *The international encyclopedia of communication* (Vol. 5, pp. 2045-2047). Malden, MA: Wiley-Blackwell.

LaRose, R. (2010, forthcoming). Media habits. *Communication Theory.*

LaRose, R., & Eastin, M. S. (2004). A social cognitive theory of Internet uses and gratifications: Toward a new model of media attendance. *Journal of Broadcasting and Electronic Media, 48,* 358-377.

LaRose, R., Kim, J. H., & Peng, W. (2010, forthcoming). Social networking: Addictive, compulsive, problematic, or just another media habit? In Z. Pappacharissi (Ed.), *The network self.* New York: Routledge.

LaRose, R., Lin, C. A., & Eastin, M. S. (2003). Unregulated Internet usage: Addiction, habit, or deficient self-regulation? *Media Psychology, 5,* 225-253.

LaRose, R., Mastro, D., & Eastin, M. S. (2001). Understanding Internet usage – A social-cognitive approach to uses and gratifications. *Social Science Computer Review, 19,* 395-413.

Leung, L. (2004). Net-generation attributes and seductive properties of the Internet as predictors of online activities and Internet addiction. *CyberPsychology & Behavior, 7,* 333-344.

Limayem, M., Hirt, S. G., & Cheung, C. M. K. (2007). How habit limits the predictive power of intention: The case of information systems continuance. *MIS Quarterly, 31,* 705-738.

Lin, C. A. (1999). Online-service adoption likelihood. *Journal of Advertising Research, 39,* 79-89.

Marlatt, G. A., Baer, J. S., Donovan, D. M., & Kivlahan, D. R. (1988). Addictive behaviors: Etiology and treatment. *Annual Review of Psychology , 39,* 223-252.

McIlwraith, R., Jacobvitz, R., Kubey, R., & Alexander, A. (1991). Television addiction – Theories and data behind the ubiquitous metaphor. *American Behavioral Scientist, 35,* 104-121.

Meerkerk, G. J., van den Eijnden, R. J. J. M., Vermulst, A. A., & Garretsen, H. F. L. (2009). The Compulsive Internet Use Scale (CIUS): Some psychometric properties. *CyberPsychology & Behavior, 12,* 2009.

Newell, J. (2003). The role of habit in the selection of electronic media (tese de doutorado, Michigan State University).

Palmgreen, P., Wenner, L., & Rosengren, K. (1985). Uses and gratifications research: The past ten years. In K. Rosengren, L. Wenner, & P. Palmgreen (Eds.), *Media gratifications research* (pp. 11-37). Beverly Hills, CA: Sage.

Papacharissi, Z., & Rubin, A. M. (2000). Predictors of Internet usage. *Journal of Broadcasting and Electronic Media, 44,* 175-196.

Robinson, T. N., & Borzekowski, D. L. G. (2006). Effects of the SMART classroom curriculum to reduce child and family screen time. *Journal of Communication, 56,* 1-26.

Rubin, A. M. (1983). Television uses and gratifications: The interactions of viewing patterns and motivations. *Journal of Broadcasting, 27,* 37-51.

Rubin, A. M. (1984). Ritualized and instrumental television viewing. *Journal of Communication, 34,* 67-77.

Ruggerio, T. E. (2000). Uses and gratifications theory in the 21st century. *Mass Communication and Society, 3,* 3-37.

Saling, L. L., & Phillips, J. G. (2007). Automatic behaviour: Efficient not mindless. *Brain Research Bulletin, 73,* 1-20.

Song, I., LaRose, R., Lin, C., & Eastin, M. S. (2004). Internet gratifications and Internet addiction: On the uses and abuses of new media. *CyberPsychology & Behavior, 7,* 384-394.

Stafford, T. F., & Stafford, M. R. (2001). Identifying motivations for the use of commercial web sites. *Information Resources Management Journal, 14,* 22-30.

Stone, G., & Stone, D. (1990). Lurking in the literature: Another look at media use habits. *Mass Communications Review, 17,* 25-33.

Verplanken, B., & Orbell, S. (2003). Reflections on past behavior: A self-report index of habit strength. *Journal of Applied Social Psychology, 33,* 1313-1330.

Verplanken, B., & Wood, W. (2006). Interventions to break and create consumer habits. *Journal of Public Policy & Marketing, 25,* 90-103.

# 5

# Dependência virtual de *role-playing games*

**LUKAS BLINKA** e **DAVID SMAHEL**

Os aplicativos do tipo *role-playing games* com múltiplos jogadores *online* simultâneos (a sigla em inglês é MMORPGs, *massive multiplayer online role-playing games*) são um exemplo de um aplicativo de internet cada vez mais popular. Esses jogos acontecem em realidades virtuais, onde a pessoa atua através de uma personalidade virtual criada, chamada avatar. A popularidade desses jogos pode ser constatada a partir de dados sobre o mais popular dos MMORPGs, o World of Warcraft, com mais de 11,5 milhões de usuários oficialmente inscritos. Com base em dados da Entertainment Software Association (2007), o número de jogadores *online* dobrou entre 2006 e 2007. Os MMORPGs são um tipo de jogo *online* para múltiplos jogadores (MMO); os MMOs incluem, por exemplo, o conhecido jogo Second Life. Os MMOs nem sempre são jogos no sentido estrito da palavra; por exemplo, muitos usuários do Second Life afirmam que "o Second Life não é um jogo, mas uma segunda vida". De acordo com algumas estatísticas, em abril de 2008 (Voig, Inc., 2008) os MMOs foram jogados por 48 milhões de pessoas.

Os precursores dos MMORPGs foram os *multiuser dungeons* (MUDs), que inspiraram vários livros sobre mundos virtuais e também inspiraram pesquisadores (Kendall, 2002; Suler, 2008; Turkle, 1997, 2005). A principal diferença é que os MUDs são em forma de texto, enquanto os atuais MMORPGs acontecem em mundos de alta resolução gráfica. Não está claro quais são as diferenças entre os MUDs de textos e os atuais MMORPGs gráficos em termos do impacto sobre os jogadores, mas o que sabemos com certeza é que os MMORPGs são jogados por um número muito maior de pessoas atualmente do que os MUDs jamais foram.

---

Os autores agradecem o apoio da Faculty of Social Studies, Masaryk University.

Neste capítulo tratamos principalmente dos MMORPGs que hoje constituem uma atividade muito significativa no tempo livre dos adolescentes, adultos mais jovens e adultos (Ng e Wiemer-Hastings, 2005; Smahel, Blinka e Ledabyl, 2008). Ao mesmo tempo, os MMORPGs são apresentados como potencialmente perigosos devido à possível dependência (Rau, Peng e Yang, 2006; Wan e Chiou, 2006a, 2006b) e, por isso, atraem muita atenção da comunidade científica, público em geral e mídia.

Em outras partes do capítulo, também daremos exemplos de 16 entrevistas com jogadores de MMORPGs, realizadas em maio de 2009. As entrevistas semiestruturadas com 12 homens (de 15 a 28 anos) e quatro mulheres (de 15 a 19) aconteceram pessoalmente em sete casos e através da internet (*online*), pelo Skype ou ICQ, em nove casos. As entrevistas foram analisadas com base na teoria fundamentada. Incluímos amostras das entrevistas para complementar os resultados obtidos.

Neste capítulo, primeiro apresentamos uma descrição dos mundos virtuais dos MMORPGs, para que o leitor tenha uma ideia melhor de como eles são. A seguir mostramos quem são os jogadores desses jogos e qual é a sua motivação para jogar. Então apresentamos o conceito de dependência no contexto dos MMORPGs e os fatores que facilitam a dependência, tanto do lado dos jogadores quanto do lado do jogo. Também apresentamos um breve questionário, que pode ser usado para um diagnóstico básico de sintomas de dependência de jogos, e sua avaliação baseada em entrevistas com jogadores. Na última seção, discutimos o fenômeno da dependência autopercebida (isto é, a percepção do jogador de MMORPGs da possível dependência).

## O QUE É UM MMORPG?

Os MMORPGs normalmente são jogos em que a pessoa desempenha um papel na internet, na fantasia, nos quais vários milhares de jogadores de todo o mundo estão presentes ao mesmo tempo. Cada jogador controla seu personagem, que pode realizar diversas tarefas, desenvolver capacidades e interagir com os personagens dos outros jogadores. O jogador pode realizar uma variedade muito ampla de atividades e construir seu personagem, seu avatar, para interagir com outros jogadores de maneira positiva (conversar) ou negativa (agredir). A motivação para jogar os MMORPGs também varia (conforme descreveremos mais adiante), assim como varia a maneira de jogar (Yee, 2006b). A pessoa pode explorar um vasto mundo, que tem um caráter constante – ele continua existindo mesmo quando o jogador se desconecta. Esse mundo está sempre se desenvolvendo, desconsiderando a presença do jogador; isso, em certo sentido, o pressiona a continuar em contato com o mundo virtual. Se ele se ausenta por um tempo mais longo, ao perder o contato com o mundo virtual perde sua influência e o poder de afetar esse mundo. E também perde poder comparado aos outros jogadores que estão jogando com maior frequência e avançando mais rápido. Nas palavras de um jogador de 18 anos: *"Quanto mais eu quiser melhorar, mais tempo preciso investir no jogo. É assim que o jogo funciona, infelizmente, e sempre fico pensando que poderia, que eu deveria, passar ainda mais tempo online e fazer coisas agora em vez de deixá-las para amanhã".* O sucesso no jogo está frequentemente ligado à presença prolongada e diária no jogo.

É o escopo ilimitado do mundo, a impossibilidade prática de terminar o jogo, e a ênfase na comunicação e cooperação com outros jogadores o que torna os MMORPGs diferentes dos jogos de computador tradicionais. É por isso, também, que devemos considerá-lo um ambiente e um tema inteiramente novos. A maior diferença entre os MMORPGs e outros jogos de computador é notável na intensidade do jogo: ele é jogado 25 horas por semana, em média, enquanto outros jogos de computador e *videogames* são jogados mais de 20 por semana apenas por 6% dos jogadores, 84% deles passam menos de 6 horas por semana jogando (Ng e Wiemer-Hastings, 2005). A extrema intensidade do jogo, aparentemente, é o principal fator para considerá-lo problemático e potencialmente adictivo. No entanto, uma pergunta permanece em aberto: O que, de fato, mantém os jogadores no jogo por períodos tão longos de tempo? Eles necessariamente são dependentes devido à longa permanência no jogo, ou haveria outra explicação? Agora vamos examinar mais atentamente quem joga os MMORPGs e quanto tempo eles passam no mundo virtual.

## QUEM JOGA E QUANTO?

Existe uma imagem geralmente estabelecida do jogador típico como um homem jovem ou adolescente. Entretanto, alguns achados (por exemplo, Griffiths, Davies e Chappell, 2003; Smahel, Blinka e Ledabyl, 2008; Yee, 2006b) discordam desse arquétipo: a idade média dos jogadores de MMORPGs é de 25 anos, e há mais jogadores adultos que adolescentes. A maioria dos jogadores é homem – sua representação excede 90%, especialmente de jogadores mais jovens. A representação de mulheres aumenta com a idade, e atinge aproximadamente 20% dos jogadores adultos (Griffiths, Davies e Chappell, 2003). Um fato notável é que a idade média das jogadoras (aproximadamente 32 anos) é significativamente mais elevada que a idade média dos jogadores do sexo masculino. Parece que as jogadoras normalmente passam a se interessar pelo jogo por influência do parceiro (Yee, 2006a). O aumento do número de jogadoras no início da idade adulta e idade adulta jovem sugere que elas são apresentadas ao jogo por seu ambiente social (normalmente parceiros do sexo masculino).

À primeira vista, os números relativos à intensidade do jogo são muito interessantes. Conforme observamos, a intensidade média de jogo por semana é de aproximadamente 25 horas (Griffiths, Davies e Chappell, 2004; Smahel, Blinka e Ledabyl, 2008); 11% dos jogadores, todavia, passam mais de 40 horas por semana no mundo do jogo, o que corresponde a um emprego em tempo integral ou à frequência nas aulas de ensino médio (Ng e Wiemer-Hastings, 2005); 80% das pessoas jogam mais de 8 horas seguidas, pelo menos de vez em quando (Ng e Wiemer-Hastings, 2005); e 60% jogam mais de 10 horas seguidas (Yee, 2006a). Um dos jogadores entrevistados disse haver jogado 30 horas seguidas uma vez. Portanto, podemos dizer que os MMORPGs representam, pelo menos de uma perspectiva temporal, uma parte muito significativa das vidas desses jogadores – uma vez que a intensidade do jogo limita o tempo disponível para outras atividades. Ademais, isso aparentemente não é apenas um episódio breve na vida dos jogadores. Griffiths, Davies e Chappell (2004) descobriram que o tempo médio de jogo era de aproximadamente dois anos para jogadores adolescentes (até 20 anos) e 27 meses para os mais velhos. Quanto à intensidade do jogo, os adolescentes tendem a jogar mais que seus pares adultos (26 horas por semana para aqueles com menos de 20 anos, comparadas a 22 horas para aqueles com mais de 26). No entanto, o grupo de jogadores de 20 a 22 anos passa a maior porção de tempo em jogos *online*, com uma média de quase 30 horas por semana. Segundo Cole e Griffiths (2007), as mulheres jogam significativamente menos, até 10 horas por semana menos que os homens.

A representação muito baixa de mulheres entre os jogadores de MMORPGs é incomum comparada a outros jogos virtuais. Com base em dados da Entertainment Software Association (2008), as mulheres constituem 44% de todos os jogadores *online* (isto é, quase metade). Mas as mulheres preferem jogos de cartas e paciência na internet, o que representa metade de todos os jogos utilizados de maneira virtual. Os dados sugerem que jogos do tipo *role-playing games*, tais como o World of Warcraft, são jogados por aproximadamente 11% dos jogadores do mundo virtual. Só que esse grupo joga muito intensamente, e é por isso que, apesar de pequeno, ele é tão significativo. Jogos de baixa intensidade normalmente são considerados apenas uma forma de relaxamento, ao passo que os MMORPGs em geral envolvem motivações mais complexas. Vamos agora examiná-los melhor.

## MOTIVAÇÃO PARA JOGAR MMORPGs

Os MMORPGs são mundos virtuais relativamente complexos, que oferecem possibilidades amplas e variadas de entretenimento. Yee (2006b) resumiu os componentes significativos do jogo em três categorias principais:

realização, dimensão social e imersão, com várias dimensões possíveis. O primeiro componente, realização, inclui a habilidade nos mecanismos do jogo. Os MMORPGs são relativamente complicados, e normalmente leva um tempo até os jogadores se familiarizarem com o funcionamento do jogo. Por isso, a otimização desses mecanismos frequentemente é tópico de fóruns de discussão na internet, nos quais os jogadores também tendem a passar muito tempo. Realização inclui a noção de avanço – a progressão do avatar do jogador, tanto nos níveis de experiência (levando a novas capacidades) como pela obtenção de melhores equipamentos. De modo geral, isso dá à pessoa maior poder e um *status* mais alto no mundo do jogo. A última parte do componente de realização é a competição – o processo de competir com os outros jogadores.

O segundo componente dos MMORPGs compreende a dimensão social dos mundos virtuais. Em princípio, o jogo virtual é social; jogar sozinho é permitido, mas não incentivado: *"Os MMORPGs tem a ver principalmente com pessoas – quando comecei a jogar, foi algo absolutamente fantástico."* Os jogadores se reúnem em grupos maiores, habitualmente chamados *guilds* (guildas, sociedades de auxílio mútuo), embora a terminologia seja diferente em alguns jogos *online*. Jogar com outros leva a um certo compromisso social. Seay e colaboradores (2003) observaram que os jogadores nas guildas jogam, em média, quatro horas a mais por semana do que os que não fazem parte de uma guilda. O próprio jogo também serve para bater papo; as pessoas se comunicam não apenas sobre o jogo, mas também sobre qualquer tipo de assunto, tanto por mensagens de texto quanto por conversas de voz. A internet também facilita a autorrevelação dos jogadores. Segundo Yee (2006b), 23% dos homens e 32% das mulheres em algum momento revelam no jogo informações pessoais e íntimas. Essa abertura, todavia, varia de acordo com a idade. Enquanto os mais velhos são mais cuidadosos, mais de metade dos adolescentes fala no jogo sobre suas experiências pessoais de vida. Conhecer na vida real um companheiro de jogo é mais comum para as mulheres (quase 16%) que para os homens (5%). A tendência a conhecer os outros jogadores pessoalmente é maior em indivíduos mais velhos. Outra coisa a ser observada é que, especialmente no caso dos adolescentes, jogar intensivamente pode ter um efeito negativo sobre a vida social real (*offline*) – jogadores mais jovens tendem mais a se enclausurar no jogo.

O terceiro componente de motivação é a imersão. Um elemento compartilhado por todos os MMORPGs é esse mundo virtual complexo e vasto (baseado principalmente na fantasia); sendo assim, uma variedade muito grande de jogadores passa a explorá-lo. A imersão também acontece quando a pessoa se identifica com seu avatar – modificando sua aparência, expandindo seu equipamento, desempenhando um papel, e assim por diante.

Todos esses componentes estão de alguma maneira presentes em cada MMORPG, e os jogadores diferem bastante na preferência por cada componente. Griffiths e colaboradores (2004), por exemplo, afirmaram que a violência no jogo é preferida pelos jogadores adolescentes. A preferência por violência, agressão e competição diminui com a idade, e nas mulheres também é menor. O componente social do jogo é preferido por jogadores adultos. Alguns jogadores com alto potencial de comportamento dependente consideram o jogo efetivamente como sua "segunda vida", como disse um adolescente de 18 anos que passava 70 horas por semana jogando: "*O jogo em si inclui todos os tipos de interesse, quase como se fosse uma segunda vida. Lá, a gente pode fazer qualquer coisa que imaginar, talvez tudo, com exceção de sexo. Eu posso até pescar lá.*" Para esse tipo de jogador, todas as motivações acima mencionadas se combinam. Uma motivação menos frequente, mas talvez ainda mais interessante, é prejudicar intencionalmente os avatares dos outros jogadores, conforme descreve um jovem de 19 anos que jogava 75 horas por semana: "*Eu normalmente jogo para causar danos = no jogo gosto de matar, roubar e fazer coisas imorais (me ajuda a relaxar no fim do dia)*". Esse jogador não se comunica com outros, mas para ele o jogo realmente funciona como uma forma de relaxamento e, conforme ele próprio afirma: "*Eu não consigo me imaginar sendo cruel e maldoso na vida real. Eu diria que, com relação a isso, o jogo me permite experimentar possibilidades inexploradas*". Nesse contexto podemos então considerar as motivações psicológicas internas para jogar MMORPGs, incluindo a identificação psicológica com o próprio avatar, e a imagem virtual do jogador. As motivações psicológicas profundas de quem usa MMORPGs para alívio do estresse provavelmente é uma questão para a entrevista clínica.

O avatar em si é um elemento importante do jogo, e cada jogador tem uma atitude própria em relação ao seu avatar. Os adolescentes apresentam a tendência Largent de não se distinguir do seu avatar (Blinka, 2008). Assim, eles prestam menor atenção a diferenças entre eles e seus avatares no jogo, e consideram o sucesso no jogo (por exemplo, na confrontação com outros avatares) um sucesso pessoal. Isso, aparentemente, pode estar relacionado à origem do senso de autoeficácia e de autoestima, ambas extremamente significativas durante a adolescência. A função compensatória dos avatares também é mais proeminente na categoria etária mais baixa – o que, segundo Blinka, significa que os jogadores consideram seus avatares uma forma idealizada e superior de si mesmos. Isso é influenciado pelo fato de que a pessoa com autoestima mais baixa acha muito atraentes os MMORPGs – eles aliviam rapidamente os sentimentos desconfortáveis de baixa autoestima. Vários estudos já confirmaram que existe uma ligação entre uma possível dependência e a identificação do jogador com seu avatar (Smahel et al., 2008), e também há um vínculo entre baixa autoestima e autoeficácia e tempo extensivo de jogo (Bessière, Seay e Kiesler, 2007; Wan e Chiou, 2006b).

## DEPENDÊNCIA DE INTERNET E DOS MMORPGS

Devido à duração prolongada e à intensidade com que são jogados os MMORPGs, seria muito tentador considerar esses jogadores como dependentes. Alguns fatores facilitam a instalação da dependência. Ko, Yen, Lin e Yang (2007) identificaram os fatores que aumentam os riscos de uma possível dependência de internet: famílias disfuncionais, baixa autoestima, passar mais de 20 horas por semana *online*, e jogar jogos *online*. Assim, esses autores afirmam que os MMORPGs facilitam a instalação de dependência e de uso excessivo (os autores consideraram o limite de 20 horas por semana) e, se o jogador também apresentar outros fatores de risco (isto é, estar em uma família disfuncional ou ter baixa autoestima), a instalação da dependência é significativamente mais provável. Segundo Mitchell, Becker-Blease e Finkelhor (2005), de todas as pessoas que buscam ajuda psicológica especializada devido ao uso compulsivo de internet, cerca de um quinto (21%, para sermos precisos) são jogadores *online*. Problemas relacionados a jogar *online* constituem 15% de todos os casos de ajuda psicológica especializada para dificuldades associadas à internet (outros problemas incluem, por exemplo, uso excessivo de internet, busca de pornografia e infidelidade virtual). A prevalência de adolescentes (55%) é ligeiramente maior que a de adultos, assim como a de homens (74%) em relação às mulheres.

Agora, apresentaremos os componentes da dependência de internet definidos por Mark Griffiths com base nos critérios gerais de dependência do *DSM-IV* (Griffiths, 2000a, 2000c; Widyanto e Griffiths, 2007). Os usuários de internet podem ser considerados dependentes se satisfazem todos os seguintes critérios ou apresentam escores elevados em todas as seguintes dimensões. Essas dimensões são usadas com frequência para a criação de questionários capazes de identificar dependência de internet, mas são ao mesmo tempo inteiramente válidas no caso de dependência dos MMORPGs (Smahel et al., 2008). As dimensões listadas são ao mesmo tempo sintomas de dependência virtual e podem ser utilizadas para determinar os efeitos concretos sobre os jogadores de MMORPG.

Segue-se uma lista dos componentes da dependência de jogos ou de internet:

- *Saliência*: quando a atividade passa a ser a coisa mais importante na vida da pessoa, podendo ser dividida em cognitiva (quando a pessoa pensa frequentemente sobre a atividade) e comportamental (por

exemplo, quando ela negligencia necessidades básicas como sono, alimentação ou higiene para realizar a atividade).
- *Mudança de humor*: experiências subjetivas influenciadas pela atividade executada.
- *Tolerância*: o processo de precisar de doses continuamente maiores da atividade para obter as sensações iniciais. O jogador, portanto, precisa jogar sempre mais e mais.
- *Sintomas de abstinência*: sentimentos e sensações negativas acompanhando o término da atividade ou a impossibilidade de realizar a atividade requerida.
- *Conflito*: conflito interpessoal (normalmente com as pessoas do entorno mais próximo, família, parceiros) ou intrapessoal provocado pela atividade executada. É frequentemente acompanhado por uma deterioração dos resultados acadêmicos ou profissionais, abandono de antigos passatempos, e assim por diante.
- *Recaída e reinstalação*: a tendência a retornar ao comportamento de dependência mesmo após períodos de relativo controle.

Embora exista acordo sobre o uso dessas indicações, ainda não está claro quantas delas (se todas ou apenas algumas e em que proporção) são necessárias para identificar um indivíduo como dependente. Por exemplo, Grüsser, Thalemann e Griffiths (2007) notaram um índice de dependência de 12% em jogadores de MMORPG que apresentavam três ou mais sinais de dependência. Charlton e Danforth (2004, 2007) descobriram dois fatores nesses componentes via análise fatorial. O primeiro é a dependência real (ou os principais fatores de dependência); esse fator incluía especialmente a natureza recorrente do jogar, sintomas de abstinência, conflito com o entorno social e saliência comportamental. O segundo fator, que poderíamos talvez chamar de "excessiva fascinação pelo jogo" (ou fatores periféricos de dependência) não está relacionado ao jogo patológico. Está associado aos componentes de tolerância, mudança de humor e saliência cognitiva. A dependência é compreendida principalmente como uma compulsão na área de tensão mental reduzida, ao passo que a "excessiva fascinação pelo jogo" representa entretenimento. O componente-chave parece ser o conflito; por exemplo, Beard e Wolf (2001) definiram a dependência de internet como o "uso incontrolável e prejudicial dessa tecnologia", e veem o conflito como a dimensão básica e necessária para identificar um jogador como dependente. No caso dos adolescentes, todavia, isso pode ser complicado. Vários estudos (por exemplo, Mesch, 2006a, 2006b) mostraram que a presença de um computador e do acesso à internet leva à tensão intergeracional na família. Os pais perdem parte do controle sobre os filhos, que frequentemente compreendem melhor as novas tecnologias. Ao mesmo tempo, os pais se preocupam com o fato de a criança ou o adolescente passar tanto tempo na internet, em vez de fazer outras coisas que eles gostariam ou esperariam que os filhos fizessem. Isso geralmente provoca conflitos, que são em certa extensão causados pelos pais, e não por um uso real exagerado de internet. É crucial, então, entender quando o conflito indica uso problemático ou compulsivo. No caso do adolescente, esse tipo de conflito deve ser distinguido dos conflitos intergeracionais comuns.

## FATORES DE DEPENDÊNCIA NO JOGO

Ainda está em aberto a pergunta sobre se qualquer aplicação de internet pode ser considerada uma fonte de comportamento problemático, neste caso dependência de internet. No entanto, o número de jogadores e a intensidade desses jogos realmente criam essa suspeita. Vários estudos identificaram o principal fator disso como o *fenômeno de fluxo*, que explica a intensidade do jogo e a subsequente dependência (Chou e Ting, 2003; Rau, Peng e Yang, 2006; Wan e Chiou, 2006a). O fluxo geralmente é descrito como uma atividade difícil que requer um certo nível de habilidade e esforço, habitualmente relacionada a alguma forma de competição com outros. Apesar de ser um fenômeno subjetivo, sua criação está relacionada a traços característicos dos MMORPGs – comunicação social mediada pelo computador e um sistema permanente de tarefas, recompensas e *feedback* (o fator de *role-play*). A atividade executada também se funde com a consciência da pessoa – o jogador se concentra por inteiro no jogo e não presta atenção a nada mais, e o jogo então passa a ser sentido como "fluente". Durante o fluxo, outras sensações normalmente são reprimidas ou completamente ignoradas: dor, cansaço, fome, sede e excreção (as pessoas chegam a jogar mais de oito horas sem parar). Um indicador típico é a percepção alterada do tempo; a atividade parece durar apenas alguns minutos, embora dure na verdade várias horas. Nesse estado, a interrupção do jogo é sentida de forma adversa e geralmente é fonte de conflito entre o jogador e seu ambiente social. A concentração no jogo, juntamente com a percepção alterada do tempo e a curiosidade, leva ao jogar excessivo (Chou e Ting, 2003). O tempo não é um dos fatores de dependência; entretanto, há uma associação moderada entre o tempo gasto no jogo e o comportamento de dependência (Smahel et al., 2008). Assim, a quantidade de tempo passada jogando está relacionada à possível dependência; no entanto, apenas o tempo excessivo dedicado ao jogo não significa que o jogador é dependente.

Rau, Peng e Yang (2006), por exemplo, afirmam que tanto jogadores experientes quanto inexperientes tem dificuldade em largar o jogo devido ao efeito de fluxo e à alteração concomitante da percepção do tempo – eles nem sempre percebem a duração do seu jogar, tal a absorção no jogo. Os resultados também indicam que jogadores inexperientes podem entrar em fluxo mais rapidamente (já na primeira hora do jogo), ao passo que os mais experientes precisam de mais tempo. Surge uma semelhança com um dos fatores da dependência – maior tolerância, significando que o jogador precisa de uma quantidade maior de tempo para atingir as sensações buscadas. Conforme observam Wan e Chiou (2006a), a relação do fenômeno de fluxo com a dependência de jogos virtuais talvez não seja direta e definida. Parece, inclusive, que ela poderia ser invertida: os autores afirmam que os jogadores com sintomas de dependência experienciam fluxo mais raramente. O estado de fluxo é mais forte e mais frequente quando o jogador começa a jogar. Quanto mais intensiva e longamente ele joga, mais baixa é a frequência do fluxo. E podemos até supor que o jogo não traz sensações positivas para os jogadores verdadeiramente dependentes, conforme disse um homem de 25 anos em nossa pesquisa: *"O tédio é tão grande que não se tem vontade de fazer nada, mas a gente segue jogando. Quando se joga muito o World of Warcraft, ele passa a ser a nossa segunda vida. Então você pode decidir se entediar fora ou dentro do WoW, isso basicamente não muda nada"*. Nesse sentido, o jogo é o lugar onde o jogador pode, afinal de contas, se aborrecer menos que na vida real. O jogo é vazio, mas a vida real é ainda mais vazia. Podemos nos perguntar se essas sensações não estariam relacionadas à depressão. O fluxo, provavelmente, é um fator significativo para o envolvimento inicial do jogador, e não tanto para a dependência. A instalação do jogar patológico requer condições adequadas por parte do jogador.

Também se pode dizer que a extensão do jogar é parcialmente causada pela dimensão social desses jogos, que rompem o estereótipo do jogador dependente como um indivíduo solitário, insociável, ou um *nerd* (Kendall, 2002). Pelo contrário, os estudos mostram que a possibilidade de dependência se correlaciona positivamente com o aspecto social dos jogos virtuais. De acordo com Cole e Griffiths (2007), aproximadamente 80% dos jogadores joga com seus amigos da vida real. Cerca de 75% encontraram bons amigos no jogo virtual, e 43% os conheceram pessoalmente. Um jogador de 18 anos confirma: *"A comunidade de jogadores é importante; ela nos permite criar nossa reputação como jogadores ao longo do tempo e nos lembra do que conquistamos nos últimos anos"*.

Em nossa pesquisa, encontramos uma correlação moderada ($r = 0,44$) entre a dependência e a preferência pelo grupo social de MMORPG – quanto mais os jogadores afirmavam que se sentiam "mais importantes e mais respeitados no grupo virtual", mais fatores de dependência apresentavam (Smahel, 2008). No total, 31% de todos os jogadores concordam que se sentem mais importantes no grupo social do MMORPG que em grupos sociais da vida real. Esse número é mais alto entre os adolescentes de 12 a 19 anos, em que um total de 50% concorda com isso, comparados a 35% de jovens adultos (20 a 26) e 16% de adultos (acima de 27 anos). Assim, os adolescentes são os que mais tendem a preferir o grupo virtual, o que também está relacionado à maior tendência ao comportamento dependente.

Os MMORPGs parecem ser uma atividade consideravelmente social. Por um lado, é positivo que o jogo não leve os jogadores ao isolamento social (ele faz o oposto, na verdade), mas por outro lado a rede social os mantém jogando por um tempo muito mais longo. A dissociação dos laços sociais também é importante (Smahel et al., 2008) – a propensão à dependência aumenta com a tendência a fazer uma distinção entre as amizades oriundas do mundo virtual e as originadas na vida real. Podemos dizer que quanto mais a pessoa separa sua vida virtual da real, maior é a sua tendência à dependência. O grupo etário que corre maior risco é o dos adolescentes, que também são os que mais tendem a separar a vida real do mundo virtual. Ainda há perguntas que precisamos responder: será que não estamos testemunhando atitudes diferentes em relação à realidade, para as quais por enquanto temos apenas uma interpretação patológica? Seria correto considerar patológica a preferência por uma vida virtual se a pessoa, ao mesmo tempo, vive uma vida normal no mundo real? Isto é, a menos que esses dois fatos sejam mutuamente exclusivos.

E a infinidade, nos jogos de MMORPG, também desempenha seu papel – é basicamente impossível terminar esses jogos, pois eles estão constantemente em desenvolvimento. Já que o jogo incorpora tanto os personagens dos jogadores à sua mecânica, ele segue mudando e se desenvolvendo. Um exemplo é a economia de livre mercado virtual nos mundos do jogo – os preços de vários itens e serviços seguem regras complexas e são influenciados por muitos fatores de vida real (se é feriado, a hora do dia, etc.). A companhia de *software* que cria o jogo também faz *upgrades* constantemente, trazendo novas características, itens, localizações, desafios, e assim por diante. O jogador, portanto, realmente é forçado a continuar reunindo novos itens (que são melhores que os antigos) e a buscar novas localizações para manter sua posição social no jogo. Isso faz com que o equipamento dos jogadores gradualmente fique obsoleto, a menos que façam um *upgrade*; por exemplo, equipamentos com um ano de uso passam a ser quase inúteis devido à facilidade com que itens melhores são obtidos nas novas localizações. Esse desenvolvimento interminável e constante obriga os jogadores a permanecerem sempre ativos; eles já investiram muito tempo e energia (e às vezes dinheiro), e parar de jogar significaria jogar fora tudo isso, incluindo os contatos sociais (outros jogadores, pelo menos virtualmente, são muitas vezes os melhores amigos dos jogadores dependentes), prestígio e *status*, o que muitas vezes lhes falta no mundo real. Nas palavras de um jogador que passava 80 horas por semana jogando: "*Meus colegas de aula e amigos vão a bares e eu, em vez disso, vou jogar, e lá eu faço o que me agrada – no fundo, talvez seja a mesma coisa*".

## FATORES DE DEPENDÊNCIA POR PARTE DO JOGADOR

Outra direção no estudo da dependência dos MMORPGs é a ênfase não nas propriedades dos jogos e da realidade virtual em si, mas nos jogadores. As pesquisas apontam principalmente para dois fatores psicológicos – autoestima e autoeficácia mais baixas. Ao mesmo tempo, podemos dizer que a conquista de autoestima e autoeficácia positivas é uma das metas desenvolvimentais da adolescência, o que provavelmente está relacionado ao fato de os jogadores jovens considerarem a comunidade do jogo mais importante do que os mais velhos consideram (Smahel, 2008).

O fator da autoestima mais baixa parece ser crucial na instalação da dependência; isso foi confirmado em vários estudos, ainda que principalmente de modo indireto. Por exemplo, Bessière, Seay e Kiesler (2007) compararam diferenças na percepção dos jogadores do seu *self* atual (*current self*), *self* ideal e personagem do jogo. Os resultados mostraram que o *self* atual era percebido como pior que o personagem do jogo, e esse personagem era percebido como pior que o *self* ideal. As diferenças aumentavam de acordo com os níveis de depressão e autoestima, em particular. Os sujeitos com autoestima elevada apresentavam discrepâncias notavelmente menores entre sua visão de si mesmos e dos personagens do jogo; as discrepâncias eram maiores nos indivíduos com autoestima mais baixa. O *self* ideal estava mais ou menos à mesma distância para ambos os grupos. Isso poderia significar que jogadores mais depressivos e jogadores com autoestima mais baixa idealizam seus personagens do jogo e talvez tendam a compensar seus pontos fracos por meio do jogo – daí a tendência a ficar preso ao jogo. Wan e Chiou (2006) também consideram a autoeficácia um fator muito significativo, especialmente no caso dos jogadores adolescentes.

O ambiente virtual dos jogos mediados pelo computador enfatiza menos o autocontrole, permitindo que a subconsciência do jogador se expresse mais – com o apoio não só da anonimidade, mas também dos estados de fluxo acima mencionados. As pessoas que participam de *role-playing games* frequentemente devaneiam sobre o jogo, seus personagens e várias situações. Essas fantasias são consideradas pelos jogadores um dos momentos mais benéficos e intensos que o jogo lhes proporciona, razão pela qual ficam ansiosos em continuar jogando. Os próprios jogadores afirmam que o divertimento, a experimentação, e assim por diante, são aspectos motivadores, mas quanto às motivações subconscientes, aqueles que apresentam sintomas de dependência são motivados pela autoexpressão de um *self* pleno e eficiente, algo que lhes falta na vida real (Wan e Chiou, 2006b). Esses autores explicam a dependência do jogo por um mecanismo que se aproxima muito do sentimento de satisfação obtido com a psicanálise. Allison e colaboradores (2006) descrevem esse mecanismo no caso de um jogador de 18 anos hospitalizado, mostrando que seus períodos de jogar excessivo, que chegavam a 18 horas por dia, eram principalmente uma solução para seus problemas de autoestima e dificuldades sociais. Seu personagem, um "feiticeiro capaz de fazer reviver os mortos e invocar relâmpagos", representava uma compensação de seus déficits e possibilitava que criasse no jogo um *self* plenamente desenvolvido. Embora tivesse fobia social, era bem-sucedido em suas interações sociais no jogo. Infelizmente, ele não conseguiu transferir para a vida real esse *self* desenvolvido e a autoeficácia obtida.

Segundo Sherry Turkle (1997), os autores comparam a relação do jogador com seu personagem a uma *transferência,* conforme definida pela psicologia profunda. Uma transferência é uma espécie de espaço entre o indivíduo (seu mundo interno) e a realidade externa, significando que a transferência não pertence totalmente a nenhum desses lugares. O personagem do jogo, por um lado, é controlado pelo jogador, mas por outro não faz parte dele e isso poderia explicar por que alguns jogadores não são capazes de controlar inteiramente o seu jogar. O relacionamento entre os jogadores e seus personagens, todavia, pode assumir diversas formas, e o aspecto desenvolvimental também desempenha um certo papel aqui (Blinka, 2008). Os jogadores mais jovens, especialmente, usam seus personagens como ferramentas para ganhar prestígio no mundo do jogo e, assim, são mais suscetíveis a ficarem presos ao jogo. De certo ponto de vista, o relacionamento entre o jogador e seu personagem teria um potencial terapêutico. O jogador, involuntariamente, compensa certos aspectos que lhe faltam; se a terapia pudesse identificar esses aspectos, refleti-los e então transferi-los para a vida real, o jogo poderia ser usado para tratar seus problemas. Isso, paradoxalmente, levaria a menos tempo jogando. Turkle mostrou um uso semelhante do potencial terapêutico dos jogos MUDs, os predecessores dos MMORPGs, anteriormente mencionados (Turkle, 1997).

Wolvendale (2006) falou diretamente sobre o vínculo dos jogadores aos seus personagens. Esse é um relacionamento muito semelhante ao que temos com pessoas ausentes – elas não estão presentes na realidade, mas em sua importância e consequências são reais, por estarem presentes na nossa mente. O personagem do jogo também está ausente ou pode não ser real, mas os sentimentos em relação a ele são reais. O personagem pode ser um objeto criado pela própria pessoa e, como tal, pode ser considerado irreal; mas os MMORPGs se baseiam nas interações dos personagens do jogo que representam as identidades dos jogadores. Sua representação gráfica também cria um sentimento mais forte de existência real; por exemplo, os jogadores tendem a manter um espaço pessoal entre os avatares, mesmo que esse comportamento não traga nenhum benefício real no jogo.

## QUESTIONÁRIO DE DEPENDÊNCIA PARA O JOGO *ONLINE*

Para determinar facilmente o nível de dependência do jogador, criamos o seguinte questionário com base nos componentes de dependência do *DSM-IV* (Griffiths, 2000a, 2000b) acima mencionados e na experiência a partir de nossos estudos (Smahel, 2008; Smahel, Blinka e Ledabyl, 2008; Smahel, Sevcikova, Blinka e Vesela, 2009). Todos os seis critérios estão incluídos, com duas pequenas mudanças: o sintoma de abstinência faz parte das modificações do humor (terceira pergunta) e a recaída faz parte das restrições de tempo (nona pergunta). Comprovamos suficiente fidedignidade dos itens utilizados (alfa > 0,90) (Smahel et al., 2009). A Tabela 5.1 mostra 10 perguntas abrangendo cinco dimensões da dependência de jogos *online*. As respostas possíveis são:

1. nunca,
2. raramente,
3. frequentemente e
4. muito frequentemente.

A dimensão está presente se o jogador responder "frequentemente" ou "muito frequentemente" no mínimo a uma pergunta da dimensão. Considera-se que ele tem todos os sintomas de comportamento dependente se todas as cinco dimensões estiverem presentes. Considera-se que "corre riscos pelo comportamento de dependência" se três dimensões, além de conflito, estiverem presentes. Esse questionário pode ser facilmente utilizado como um teste simples para sintomas de comportamento dependente do jogar virtual, mas jamais substitui a entrevista clínica. Também há jogadores que recebem um escore baixo no questionário porque, inconscientemente (e às vezes também conscientemente devido à pressão social), subestimam seus resultados.

## AUTOPERCEPÇÃO DA DEPENDÊNCIA

A dependência de MMORPGs não é apenas uma noção teórica, abstrata. A noção de dependência relacionada aos MMORPGs já penetrou na consciência geral. Por exemplo, o Google encontrou 4,5 milhões de resultados na busca de "dependência do WoW"(*addiction WoW*) no final de maio de 2009. Há centenas de vídeos no YouTube sobre essa expressão. Yee (2006b) afirmou que aproximadamente metade dos jogadores se considera dependente. Os jogadores mais velhos tendem menos a fazer isso: 67% das adolescentes, 47%

**TABELA 5.1**
Questionário sobre o Comportamento de Dependência do Jogo

| Fatores | Perguntas |
| --- | --- |
| Saliência | Você já negligenciou suas necessidades (como comer ou dormir) para ficar conectado à internet jogando?<br>Você às vezes imagina que está no jogo quando não está? |
| Modificação do humor | Você já se sentiu irrequieto ou irritado quando não pode estar no jogo?<br>Você se sente mais feliz e mais contente quando finalmente consegue jogar? |
| Tolerância | Você sente que está passando cada vez mais tempo no jogo online?<br>Você se pega jogando sem estar realmente interessado? |
| Conflitos | Você às vezes briga com as pessoas mais próximas (família, amigos, parceira/o) por causa do tempo que passa jogando?<br>Sua família, amigos, trabalho e/ou passatempos sofrem por causa do tempo que você passa jogando na internet? |
| Restrições de tempo | Você já fracassou ao tentar limitar o tempo que passa jogando?<br>Acontece de você ficar no jogo mais tempo do que planejara originalmente? |

dos adolescentes do sexo masculino e 40% dos adultos se rotularam como dependentes do jogo. A partir de entrevistas qualitativas com pessoas que jogam excessivamente (Blinka, 2007), a tendência a fazer o mesmo também parecia clara, mas isso não foi confirmado em termos quantitativos. Basicamente, os jogadores mais jovens se definem como dependentes com maior frequência, mas não consideram isso significativo e rejeitam possíveis impactos negativos dessa dependência. Os jogadores mais velhos estão em geral cientes de possíveis aspectos negativos da dependência, mas é mais comum que neguem serem dependentes do jogo. O termo *dependência* normalmente inclui três fatores por parte dos jogadores: o primeiro é o jogar excessivo em comparação com o grupo referencial de jogadores, o que é algo complicado, pois o grupo referencial às vezes joga mais de 10 horas por dia. Conforme afirmou um dos jogadores entrevistados por nós: "*Eu fui para a cama à noite e os outros jogadores foram para a cama na manhã do outro dia*". Outro fator é o conflito com o entorno, e o terceiro é a saliência cognitiva, o que significa que o jogador, constantemente, pensa no jogo, sonha ou devaneia a respeito. Nas palavras de um dos jogadores: *"Quando eu era dependente, não pensava em nada além do jogo e jogava sempre que podia".*

Também podemos perguntar em que extensão alguém que se classifica como dependente realmente apresenta um comportamento de dependência. Em nosso estudo quantitativo (Smahel, Blinka e Ledabyl, 2007), encontramos uma concordância entre a autodefinição como dependente e o comportamento de dependência em aproximadamente 21% dos jogadores; portanto, essa é a proporção de jogadores que apresentam sintomas de dependência e se consideram dependentes. Quase um quarto dos jogadores diz ser dependente, mas não apresenta sintomas de dependência – provavelmente devido ao uso popular exagerado da palavra *dependência*. Muitos jogadores baseiam seu julgamento sobre ser ou não dependente unicamente na quantidade de tempo passada jogando. De um ponto de vista terapêutico, 6% dos jogadores não se consideram dependentes, mas apresentam sintomas de dependência. Esse grupo não reconhece seu comportamento dependente, e isso deve ser trabalhado terapeuticamente. Os 49% retantes dos jogadores não se consideram dependentes e não apresentam sintomas de dependência. Em nosso estudo, um total de 27% dos jogadores de MMORPG apresenta todos os cinco fatores de dependência – uma parcela relativamente elevada, considerando-se o fato de que, por exemplo, o World of Warcraft é jogado por mais de 11 milhões de pessoas.

## CONCLUSÃO: O QUE OS TERAPEUTAS PODEM FAZER?

Neste capítulo, tratamos dos MMORPGs no contexto da dependência do jogo. Agora vamos examinar possíveis implicações para os terapeutas, assim como para assistentes sociais ou médicos que entram em contato com pessoas que jogam excessivamente MMORPGs. Ainda são raros dados empíricos sobre o trabalho terapêutico com essas pessoas, de modo que recorreremos principalmente à nossa experiência e conhecimento sobre os MMORPGs e seu contexto.

Demonstramos que os MMORPGs são jogados principalmente por homens adultos jovens e que o tempo passado no jogo com frequência é de 30 horas ou mais por semana. As motivações para jogar são diversas, variando de competição no contexto da criação de personagens poderosos e exploração do mundo virtual ao reconhecimento do grupo social virtual de jogadores, muitas vezes com as chamadas guildas. O personagem virtual do jogador, ou avatar, torna-se uma parte do jogador e é através dele que a pessoa se comunica no jogo. O personagem virtual, em certo sentido, se incorpora à personalidade real do jogador, com base no atual estado do desenvolvimento e identidade do jogador. A pessoa sente uma ampla variedade de emoções em relação ao seu avatar. Uma vez que os jogadores passam muito tempo no jogo, é comum se classificarem como dependentes. Cerca da metade dos jogadores acredita ser dependente do jogo (Yee, 2006a). Mas isso parece ser apenas uma tendência atual e o emprego excessivo da palavra *dependência,* pois uma grande parcela desses jogadores não apresenta sintomas de dependência do jogo. Aproximadamente um quarto dos jogadores de MMORPG apresenta sintomas de dependência (Smahel, 2008; Smahel et al., 2008).

Também apresentamos um questionário simples para determinar esses sintomas, que pode ser utilizado como uma orientação básica. Entretanto, para determinar se alguém realmente sofre de dependência, a melhor opção é a entrevista clínica. Muitos jogadores subvalorizam ou supervalorizam suas respostas nos questionários; também é preciso levar em conta o jogar no contexto da vida da pessoa como um todo. O terapeuta deve fazer perguntas referentes à função do jogar na vida da pessoa e aos motivos ocultos para jogar. No caso de muitos dependentes dos MMORPGs parece que essa dependência apenas esconde outros problemas de vida. Essa hipótese, oriunda de entrevistas informativas com terapeutas, ainda não foi verificada empiricamente. Um desses terapeutas, por exemplo, contou sobre um cliente adulto que o procurara por depressão. Somente após meio ano de tratamento ficou claro que esse cliente jogava MMORPGs todos os dias, da manhã à noite. Ele sentia muita vergonha disso e não queria falar sobre o assunto. Jogar MMORPG poderia ser não só o principal problema do cliente, como também um sintoma escondido por trás de outro problema (como depressão ou ansiedade). Jogar na internet (*online*), na verdade, é um sintoma relativamente seguro, pois embora as necessidades físicas às vezes sejam negligenciadas até certo ponto, não há nenhum dano físico direto – como no caso do uso excessivo de drogas ou álcool.

O terapeuta agora tem a nova opção de trabalhar o relacionamento do jogador com seu avatar, e também o contexto dos vínculos sociais no jogo. Compreender a função do espaço social virtual do jogador aparentemente é crucial: é uma compensação para os relacionamentos do mundo real? Ou é uma maneira de fortalecer a autoestima e autoeficácia do jogador? O terapeuta deve se perguntar o que o mundo virtual traz para o jogador e como ele pode usar isso em sua vida. A possível dependência em geral cumpre uma certa função para o jogador, de uma maneira que convém à sua vida real – como outras dependências ou problemas psicológicos. A dependência dos MMORPGs é específica devido à presença virtual do jogador em uma comunidade, e também devido ao relacionamento com o personagem virtual, mas aparentemente não é especial no que se refere aos princípios e procedimentos terapêuticos. A nossa recomendação aos terapeutas de possíveis dependentes dos MMORPGs é que usem os procedimentos comprovados que costumam usar para outros tipos de dependência ou problema e, possivelmente, combiná-los com as opções fornecidas pelo mundo virtual. Encontrar o cliente no mundo virtual poderia levar a um melhor entendimento de seus problemas e ter um certo potencial terapêutico, conforme demonstra Turkle no exemplo dos mundos de texto enviados quando o sujeito está conectado (Turkle, 1997).

O futuro é uma grande incógnita no que se refere à evolução da dependência de jogos virtuais. Se olharmos para trás, há 10 anos os MMORPGs eram praticamente inexistentes e jogar em mundos virtuais e complexos era relativamente raro, principalmente no contexto dos MUDs anteriormente mencionados. Então, podemos perguntar: o que acontecerá nos próximos cinco, vinte ou mais anos? O desenvolvimento de tecnologias e mundos virtuais é tão rápido que é difícil adivinhar o que o futuro trará. É praticamente certo, contudo, que a dependência de jogos *online* tem aumentado nos últimos anos. Acreditamos que a realidade virtual como uma forma de escape do mundo real será cada vez mais comum – e os MMORPGs não serão exceção. Se a fronteira entre a realidade concreta e a realidade virtual continuar se tornando cada vez mais indistinta, seja pela melhora gráfica dos jogos, qualidade dos monitores, seja pelo desenvolvimento de novas ferramentas tecnológicas como monitores em óculos, luvas com sensores, e assim por diante, podemos esperar que esse fenômeno se torne ainda mais significativo e profundo. Será cada vez mais difícil para o jogador distinguir o mundo real do virtual, e sua imersão no jogo será ainda maior. A importância de se examinar os MMORPGs no contexto da dependência aumentará muito. Este capítulo, portanto, pode ser visto como um alerta para todos aqueles que entram em contato com o fenômeno dos MMORPGs, quer na prática clínica quer na pesquisa: não subestimem os mundos virtuais e não os demonizem. Os mundos virtuais, em primeiro lugar e antes de mais nada, são simplesmente um outro lugar para as pessoas se realizarem, para o melhor ou para o pior.

Os autores agradecem o apoio do Ministério da Educação, Juventude e Esportes da Tchecoslováquia (MSM0021622406).

# REFERÊNCIAS

Allison, S. E., Walde, L. V., Shockley, T., & O'Gabard, G. (2006). The development of self in the era of the Internet and role-playing games. *American Journal of Psychiatry*, *163*, 381-385.

Beard, K. W., & Wolf, E. M. (2001). Modification in the proposed diagnostic criteria for Internet addiction. *CyberPsychology & Behavior*, *4*(3), 377-383.

Bessière, K., Seay, F. A., & Kiesler, S. (2007). The ideal self: Identity exploration in World of Warcraft. *CyberPsychology & Behavior*, *10*(4), 530-535.

Blinka, L. (2007). I'm not an addicted nerd! Or am I? A narrative study on self-perceiving addiction of MMORPGs players. Artigo apresentado no Cyberspace 2007. Retrieved from http://ivdmr.fss.muni.cz/info/storage/blinka-mmorpg.ppt

Blinka, L. (2008). The relationship of players to their avatars in MMORPGs: Differences between adolescents, emerging adults and adults [Electronic Version]. *CyberPsychology: Journal of Psychosocial Research on Cyberspace, 2.* Retrieved from http://cyberpsychology.eu/view.php?cisloclanku=2008060901&article=5

Charlton, J. P., & Danforth, I. D. W. (2004). Differentiating computer-related addictions and high engagement. In J. Morgan, C. A. Brebbia, J. Sanchez, & A. Voiskounsky (Eds.), *Human perspectives in the Internet society: Culture, psychology, gender* (pp. 59-68). Southampton, UK: WIT Press.

Charlton, J. P., & Danforth, I. D. W. (2007). Distinguishing addiction and high engagement in the context of online game playing. *Computers in Human Behavior, 23*(3), 1531-1548.

Chou, T., & Ting, C. (2003). The role of flow experience in cyber-game addiction. *CyberPsychology & Behavior, 6*(6), 663-675.

Cole, H., & Griffiths, M. D. (2007). Social interactions in massively multiplayer online role-playing gamers. *CyberPsychology & Behavior, 10*(4), 575-583.

Entertainment Software Association. (2007). Essential facts about the computer and videogame industry [Electronic version]. Retrieved from http://www.theesa.com/facts/pdfs/ESA_EF_2007 pdf

Entertainment Software Association. (2008). Essential facts about the computer and videogame industry [Electronic version]. Retrieved from http://www.theesa.com/facts/pdfs/ESA_EF_2008.pdf

Griffiths, M. (2000a). Does Internet and computer "addiction" exist? Some case study evidence. *CyberPsychology & Behavior, 3*(2), 211-218.

Griffiths, M. (2000b). Excessive Internet use: Implications for sexual behavior. *Cyber Psychology & Behavior, 3*(4), 537-552.

Griffiths, M. (2000c). Internet addiction – Time to be taken seriously? *Addiction Research, 8*(5), 413-418.

Griffiths, M., Davies, M. N. O., & Chappell, D. (2003). Breaking the stereotype: The case of online gaming. *CyberPsychology and Behavior, 6*(1), 81-91.

Griffiths, M., Davies, M. N. O., & Chappell, D. (2004). Online computer gaming: A comparison of adolescent and adult gamers. *Journal of Adolescence, 27*(1), 87-96.

Grüsser, S. M., Thalemann, R., & Griffiths, M. D. (2007). Excessive computer game playing: Evidence for addiction and aggression? *CyberPsychology & Behavior, 10*(2), 290-292.

Kendall, L. (2002). *Hanging out in the virtual pub: Masculinities and relationships online.* Berkeley: University of California Press.

Ko, C.-H., Yen, J.-Y., Yen, C.-F., Lin, H.-C., & Yang, M.-J. (2007). Factors predictive for incidence and remission of Internet addiction in young adolescents: A prospective study. *CyberPsychology & Behavior, 10*(4), 545-551.

Mesch, G. S. (2006a). Family characteristics and intergenerational conflicts over the Internet. *Information, Communication & Society, 9*(4), 473-495.

Mesch, G. S. (2006b). Family relations and the Internet: Exploring a family boundaries approach. *Journal of Family Communication, 6*(2),119-138.

Mitchell, K. J., Becker-Blease, K. A., & Finkelhor, D. (2005). Inventory of problematic Internet experiences encountered in clinical practice. *Professional Psychology: Research and Practice, 35*(5), 498-509.

Ng, B. D., & Wiemer-Hastings, P. (2005). Addiction to the Internet and online gaming. *CyberPsychology & Behavior, 8*(2), 110-113.

Rau, P.-L. P., Peng, S.-Y., & Yang, C.-C. (2006). Time distortion for expert and novice online game players. *CyberPsychology & Behavior, 9*(4), 396-403.

Seay, F. A., Jerome, W. J., Lee, K. S., & Kraut, R. (2003). Project Massive 1.0: Organizational commitment, sociability and extraversion in massively multiplayer online games [Electronic version]. Retrieved from http://www.cs.cmu.edu/afseay/files/44.pdf.

Smahel, D. (2008). Adolescents and young players of MMORPG games: Virtual communities as a form of social group. Artigo apresentado na XIth EARA conference. Retrieved May 5, 2009, from http://www.terapie.cz/smahelen

Smahel, D., Blinka, L., & Ledabyl, O. (2007). MMORPG playing of youths and adolescents: Addiction and its factors. Artigo apresentado na Association of Internet Researchers, Vancouver 2007: Internet research 8.0: let's play. Retrieved from http://ivdmr.fss.muni.cz/info/storage/smahel2007-vancouver.pdf

Smahel, D., Blinka, L., & Ledabyl, O. (2008). Playing MMORPGs: Connections between addiction and identifying with a character. *CyberPsychology & Behavior , 2008*(11), 480-490.

Smahel, D., Sevcikova, A., Blinka, L., & Vesela, M. (2009). Abhängigkeit und Internet-Applikationen: Spiele, Kommunikation und Sex-Webseiten [Addiction and Internet applications: Games, communication and sex web sites]. In B. U. Stetina & I. Kryspin-Exner (Eds.), *Gesundheitspsychologie und neue Medien*. Berlin: Springer.

Suler, J. (2008). *The psychology of cyberspace*. Retrieved August 20, 2008, from http://www-usr.rider.edu/suler/psycyber/psycyber.html

Turkle, S. (1997). *Life on the screen: Identity in the age of the Internet*. New York: Touchstone.

Turkle, S. (2005). *The second self: Computers and the human spirit* (20th anniversary ed.). Cambridge, MA: MIT Press.

Voig, Inc. (2008). MMOGData: Charts [Electronic version]. Retrieved October 16, 2008, from http://mmogdata. voig.com/

Wan, C.-S., & Chiou, W.-B. (2006a). Psychological motives and online games addiction: A test of flow theory and humanistic needs theory for Taiwanese adolescents. *CyberPsychology & Behavior, 9*(3), 317-324.

Wan, C.-S., & Chiou, W.-B. (2006b). Why are adolescents addicted to online gaming? An interview study in Taiwan. *CyberPsychology & Behavior, 9*(6), 762-766.

Widyanto, L., & Griffiths, M. (2007). Internet addiction: Does it really exist? (Revisited). In J. Gackenbach (Ed.), *Psychology and the Internet: Intrapersonal, interpersonal, and transpersonal implications* (2nd ed.). (pp. 141-163). San Diego, CA: Academic Press.

Wolvendale, J. (2006). My avatar, my self: Virtual harm and attachment. Artigo apresentado na Cyberspace 2005, Brno, Moravia.

Yee, N. (2006a). The demographics, motivations and derived experiences of users of massively-multiuser online graphical environments. *Presence: Teleoperators and Virtual Environments, 15,* 309-329.

Yee, N. (2006b). The psychology of massively multi-user online role-playing games: Motivations, emotional investment, relationships and problematic usage. In R. Schroeder & A. Axelsson (Eds.), *Avatars at work and play: Collaboration and interaction in shared virtual environments.* Dordrecht. Netherlands: Springer.

# 6
# Dependência de jogos de azar na internet

MARK GRIFFITHS

Os jogos de azar são uma atividade popular em muitas culturas. Pesquisas em nível nacional tendem à conclusão de que há mais jogadores que não jogadores, mas que a maioria deles joga raramente (por exemplo, Wardle et al., 2007). Estimativas baseadas em dados de levantamento de países do mundo todo indicam que a maioria das pessoas já jogou em algum momento da vida (Meyer, Hayer e Griffiths, 2009; Orford, Sproston, Erens e Mitchell, 2003). A introdução dos jogos à distância (por exemplo, jogos de azar pela internet, por telefone celular, por televisão interativa) aumentou muito o potencial de acessibilidade a esses jogos no mundo inteiro. Estudos de comissões governamentais em vários países, incluindo Estados Unidos, Reino Unido, Austrália e Nova Zelândia, concluíram que em geral a maior disponibilidade dos jogos levou a um aumento do jogo patológico de azar, embora essa relação seja complexa e não linear (Abbott, 2007).

As estimativas do número de jogadores-problema variam: por exemplo, 0,6% no Reino Unido, 1,1% a 1,9% nos Estados Unidos e 2,3% na Austrália (Wardle et al., 2007). Esses levantamentos também indicam que o jogo patológico de azar é duas vezes mais comum entre os homens que entre as mulheres, que pessoas não brancas apresentam índices mais elevados que as brancas, e que pessoas com menos instrução tendem mais a jogar de forma patológica (Abbott et al., 2004; Griffiths, 2007). Em 1980, o jogo patológico de azar foi reconhecido como um transtorno mental na terceira edição do *Manual diagnóstico e estatístico (DSM-III)* na seção "Transtornos do Controle dos Impulsos", juntamente com outras doenças, como cleptomania e piromania (American Psychiatric Association, 1980). Desde então, os critérios de jogo patológico de azar sofreram duas revisões (*DSM-III-R* [American Psychiatric

Association, 1987] e *DSM-IV* [American Psychiatric Association, 1994]) e atualmente seguem o modelo dos critérios mais gerais de dependência.

## JOGOS DE AZAR PELA INTERNET

Afirma-se que o advento dos jogos à distância na última década deu origem à maior mudança cultural nos jogos de azar (Griffiths, Parke, Wood e Parke, 2006) e que a introdução dos jogos via internet pode aumentar os níveis de jogo patológico de azar (Griffiths, 2003; Griffiths e Parke, 2002). Até o momento, o conhecimento e o entendimento de como o meio de internet afeta o comportamento de jogar são escassos. Globalmente falando, a proliferação do acesso à internet ainda é uma tendência emergente e levará algum tempo para que apareçam seus efeitos sobre o comportamento de jogar. Entretanto, temos sólidos fundamentos para especular sobre os riscos potenciais dos jogos de azar pela internet. O impacto da tecnologia de jogos tem se ampliado, e observamos tendências no mundo todo que parecem resultar da inovação tecnológica (por exemplo, os jogos saíram dos ambientes tradicionais, passaram a ser uma atividade mais associal, a falta de regulação se amplia e há mais oportunidades de jogar) (Griffiths, 2006). Na época em que este livro foi escrito, havia aproximadamente 3.000 *sites* de jogos no mundo, com um grande número deles localizado em alguns países específicos, como Antígua e Costa Rica, onde se concentram cerca de 1.000 *sites* (Griffiths, Wardle, Orford, Sproston e Erens, 2009).

Em muitos países, lentamente, os jogos de azar estão sendo tirados dos ambientes em que costumavam ser jogados e estão sendo levados para o lar e o local de trabalho. Historicamente, temos testemunhado esse deslocamento dos locais de destino (como Las Vegas e Atlantic City) para estabelecimentos de jogos na maioria das grandes cidades (por exemplo, lojas de apostas, cassinos, galerias de entretenimento, bingos). Mais recentemente, tem havido um grande aumento nas oportunidades de jogos de azar em alguns locais (como máquinas caça-níqueis em locais onde habitualmente não se joga, cartões de loteria vendidos em lojas de varejo) e em casa e no trabalho (por exemplo, jogos pela internet). Também está claro que essas formas de jogo mais novas, como na internet, são atividades realizadas quase que exclusivamente em ambientes não destinados a jogos.

### Estudos empíricos sobre os jogos de azar na internet

Até o momento, há um número relativamente pequeno de estudos sobre os jogos de azar na internet e poucos deles examinam a questão do jogo problemático e a dependência de jogos de azar pela internet. Mas vários estudos pesquisaram diferentes aspectos desses jogos. Eles incluem estudos nacionais sobre jogos de azar pela internet na idade adulta (por exemplo, Gambling Commission, 2008; Griffiths, 2001; Griffiths, Wardle et al., 2009); estudos nacionais sobre jogos de azar pela internet na adolescência (Griffiths e Wood, 2007); estudos regionais sobre jogos de azar via internet (Ialomiteanu e Adlaf, 2001; Wood e Williams, 2007); estudos sobre amostras autosselecionadas de jogadores virtuais (Griffiths e Barnes, 2008; International Gaming Research Unit, 2007; Matthews, Farnsworth e Griffiths, 2009; Wood, Griffiths e Parke, 2007a); estudos examinando dados comportamentais de jogadores virtuais em *sites* de jogos de azar (Broda et al., 2008; LaBrie, Kaplan, LaPlante, Nelson e Shaffer, 2008; LaBrie, LaPlante, Nelson, Schumann e Shaffer, 2007); estudos de caso sobre jogadores virtuais (Griffiths e Parke, 2007); estudos examinando formas muito específicas de jogos de azar, como o pôquer virtual (Griffiths, Parke, Wood e Rigbye, 2009; Wood et al., 2007a; Wood e Griffiths, 2008); e estudos examinando jogos de azar virtuais e aspectos de responsabilidade social (Griffiths, Wood e Parke, 2009; Smeaton e Griffiths, 2004).

O primeiro levantamento nacional sobre prevalência foi publicado em 2001 quando o jogo de azar pela internet ainda era quase inexistente. Nesse estudo, Griffiths (2001) relatou que apenas 1% dos usuários britânicos jogava pela internet e todos jogavam apenas ocasionalmente (isto é, menos de uma vez por semana). Mais recentemente, um levantamento da Gambling Commission (2008) relatou que 8,8% dos 8.000 britânicos adultos examinados disseram haver participado de pelo menos uma forma de jogo de azar à distância (por computador, telefone celular ou TV digital/interativa) no mês anterior, sem nenhuma mudança no índice de participação em relação ao levantamento do ano anterior. Esses jogadores à distância eram em sua maioria do sexo masculino, entre 18 e 34 anos.

O maior levantamento de jogadores virtuais foi realizado pela International Gaming Research Unit (2007). Um total de 10.865 jogadores virtuais respondeu a uma pesquisa de maneira *online* (58% homens e 42% mulheres), a maioria deles entre 18 e 65 anos. Participaram pessoas de 96 países, e estavam representadas profissões muito variadas. Foi relatado que o jogador típico de cassino virtual era do sexo feminino (54,8%), entre 46 e 55 anos (29,5%), jogava duas ou três vezes por semana (37%), jogava há dois ou três anos (22,4%), jogava entre uma e duas horas por vez (26,5%) e apostava entre $30 e $60 por vez (18,1%). Também foi relatado que o típico jogador de pôquer de internet era homem (73,8%), entre 26 e 35 anos (26,9), jogava duas ou três vezes por semana (26,8%), jogava há dois ou três anos (23,6%) e jogava entre uma e duas horas por vez (33,3%). Entretanto, a dependência do jogo de azar virtual não foi avaliada. Apesar do tamanho do levantamento, devemos observar que a amostra – autosselecionada – não é representativa.

Em relação ao jogo problemático, um levantamento americano de Ladd e Petry (2002) examinou uma amostra autosselecionada de 389 pacientes da clínica de saúde e dentária de uma universidade. O estudo descobriu que 90% da amostra tinham jogado no ano anterior e que 70% tinham jogado nos dois meses anteriores ao levantamento. Também foi relatado que 31 indivíduos (8%) jogaram pela internet em algum momento de sua vida e que 14 deles (3,6%) jogavam semanalmente pela internet. Escores médios no South Oaks Gambling Screen mostraram que os jogadores virtuais apresentavam escores significativamente mais altos que os jogadores que não jogavam pela internet (7,8 e 1,8, respectivamente). Os autores concluíram que os que jogavam pela internet tendiam significativamente mais a serem jogadores-problema. No entanto, esse estudo apresentava algumas limitações, e a mais importante delas era o uso de uma amostra autosselecionada em salas de espera de dentistas. Pesquisas executadas por Wood e Williams (2007) com uma amostra autosselecionada de jogadores de internet ($n = 1.920$) na América do Norte revelou uma sólida relação entre jogo na internet e jogo problemático, com 43% da amostra satisfazendo os critérios de jogo problemático moderado ou grave.

Griffiths e Barnes (2008) examinaram algumas das diferenças entre jogadores virtuais e não virtuais. Uma amostra autosselecionada de 473 sujeitos (213 homens e 260 mulheres) entre 18 e 52 anos (idade média = 22 anos; DP = 5,7 anos) participou de um levantamento pela internet. Os jogadores-problema ($n = 26$) tendiam significativamente mais a jogarem pela internet (77%) do que os outros (23%). Griffiths e Barnes sugeriram que as características estruturais e situacionais do jogo pela internet podem ter um impacto psicossocial negativo. Isso especialmente devido ao maior número de oportunidades para jogar, conveniência, flexibilidade e acesso 24 horas, maior frequência de eventos, menor intervalo entre os jogos, reforços instantâneos, e a possibilidade de esquecer as perdas no jogo por voltar a jogar imediatamente.

Em um levantamento pela internet ($n = 422$), Wood, Griffiths e Parke (2007a) examinaram uma amostra autosselecionada de estudantes que jogavam pôquer pela internet. Os resultados mostraram que o pôquer virtual era jogado pelo menos duas vezes por semana por um terço dos participantes. Quase um em cinco (18% da amostra) foi classificado como jogador--problema de acordo com os critérios do *DSM-IV*. Os achados demonstraram que o jogo problemático nessa população era mais bem predito por estados de humor negativo depois de jogar, "troca" de gênero ao jogar (isto é, homens fingindo ser mulheres e mulheres fingindo ser homens durante o jogo) e jogar para escapar de problemas. Eles também especularam que seus dados sugeriam um novo tipo de jogador-problema – aquele que ganha mais do que perde. Aqui, o prejuízo para a vida do jogador é provocado pela perda de tempo (por exemplo, há jogadores que ficam 14 horas por dia jogando pôquer pela internet e quase não tem tempo para qualquer outra coisa na vida).

Matthews, Farnsworth e Griffiths (2009) realizaram um estudo piloto com 127 estudantes que jogavam pela internet. Além de perguntas sobre dados demográficos básicos, seu questionário incluía o Positive and Negative Affect Schedule (PANAS) e o South Oaks Gambling Screen (SOGS). Os resultados mostraram que aproximadamente um em cinco jogadores virtuais (19%) era definido como um provável jogador patológico de azar de acordo com o SOGS. Nessa amostra, os resultados também revelaram que o jogo problemático era mais bem predito por estados de humor negativos depois de jogar pela internet, e estados de humor negativo de modo geral.

Griffiths e colaboradores (2009) fizeram a primeira análise de uma amostra nacional representativa de jogadores virtuais. A partir de dados do British Gambling Prevalence Survey de 2007 ($n = 9.003$ adultos acima de 16 anos), todos os participantes que jogavam pela internet, apostavam virtualmente e/ou tinham usado um câmbio de aposta nos últimos 12 meses ($n = 476$) foram comparados com todos os outros jogadores que não tinham jogado via internet. De modo geral, os resultados mostraram algumas diferenças sociodemográficas significativas entre jogadores virtuais e não virtuais. Quando comparados aos jogadores não virtuais, os jogadores de internet tendiam a ser adultos relativamente jovens, do sexo masculino, solteiros, com boa instrução e em funções de gerência ou profissional. A análise dos escores do *DSM-IV* mostrou que o índice de prevalência do jogar problemático era significativamente mais elevado entre os jogadores de internet (5%) que entre os que não jogavam pela internet (0,5%). Também se descobriu que alguns itens do *DSM-IV* eram mais endossados pelos jogadores de internet, incluindo preocupação com o jogo e o jogo como fuga. Os resultados de Griffiths e colaboradores sugerem que o meio virtual contribui mais para o jogar problemático que outros ambientes de jogo não virtual.

Outro levantamento do Reino Unido de prevalência nacional examinou os jogos de azar entre adolescentes. Em um levantamento de 8.017 adolescentes entre 12 e 15 anos, Griffiths e Wood (2007) relataram que 8% de sua amostra ($n = 621$) tinham jogado pela internet um jogo de Loteria Nacional. Os meninos, mais que as meninas, diziam ter jogado a Loteria Nacional pela internet (10% e 6%), e também os jovens asiáticos e os negros. Não surpreendentemente, os jovens classificados como jogadores-problema (conforme o *DSM-IV*) apresentavam maior probabilidade que os jogadores sociais de terem jogado uma Loteria Nacional pela internet (37% comparados a 9%). Quando questionados sobre qual de uma série de afirmações descrevia melhor como eles jogavam jogos de Loteria Nacional pela internet, quase três em

10 adolescentes que jogavam através da internet disseram jogar jogos gratuitos (29%), um em seis disse que o sistema deixava que se registrassem (18%), um número um pouco menor jogava com os pais (16%) e um em 10 usava a conta da internet de Loteria Nacional dos pais com sua permissão (10%) ou sem ela (7%). Entretanto, devemos observar que um terço dos jogadores virtuais disse que "não lembrava" (35%). Em geral, esses achados indicam que, de todos os jovens (e não apenas jogadores), 2% haviam jogado através da internet jogos da Loteria Nacional com os pais ou com sua permissão e 2% haviam jogado independentemente ou sem os pais. Aqueles que tinham jogado independentemente costumavam jogar jogos gratuitos, com apenas 0,3% dos adolescentes tendo jogado jogos da Loteria Nacional por dinheiro, sozinhos.

## Fatores que influenciam a dependência de jogos de azar pela internet

A seção anterior mostrou que o jogar problemático pela internet é algo real. Segundo Griffiths (2003), há alguns fatores que tornam atividades virtuais como os jogos de azar potencialmente sedutores e criadores de dependência. Esses fatores incluem anonimidade, conveniência, fuga, dissociação/imersão, acessibilidade, frequência do evento, interatividade, desinibição, simulação e associabilidade. Apresentamos a seguir algumas das principais variáveis que explicam o início e a manutenção de alguns comportamentos exibidos na internet (adaptado de Griffiths, 2003; Griffiths, Parke, Wood e Parke, 2006). Também parece que os ambientes virtuais tem o potencial de fornecer consolo, estimulação ou distração no curto prazo.

### *Acessibilidade*

O acesso à internet é atualmente algo comum e disseminado, e pode ser feito facilmente em casa ou no local de trabalho. A maior acessibilidade também leva a um aumento nos problemas. A maior acessibilidade a atividades de jogos de azar permite que o indivíduo racionalize o envolvimento com esses jogos removendo barreiras restritivas anteriores, tais como limitações de tempo decorrentes de compromissos ocupacionais e sociais. Com a redução do tempo necessário para fazer seleções, apostar e coletar os ganhos, o jogo como atividade habitual parece mais viável, uma vez que os compromissos sociais e ocupacionais não ficam, necessariamente, comprometidos (Griffiths et al., 2006).

## Custeio

Dada a ampla acessibilidade à internet, está ficando cada vez mais barato usar os serviços oferecidos através da internet. Griffiths e colaboradores (2006) observaram que o custo global de jogar diminuiu significativamente devido ao desenvolvimento tecnológico. Por exemplo, a saturação na indústria de jogos de azar pela internet levou à maior competição, e o consumidor está se beneficiando das sucessivas ofertas promocionais e descontos disponíveis. Com relação às apostas interativas, o surgimento de jogos entre pares com a introdução de câmbios de apostas forneceu ao consumidor vantagens para jogar jogos de esporte livres de comissão, o que na verdade significa que ele precisa arriscar menos dinheiro para conseguir um possível ganho. Finalmente, custos subordinados do jogo face-a-face, tais como estacionamento, gorjetas e bebidas, não existem quando se joga em casa e, portanto, o custo global do jogo é reduzido e ele se torna mais barato.

## Anonimidade

A anonimidade de internet permite aos usuários jogar privadamente sem medo do estigma. Essa anonimidade também faz o usuário se sentir mais no controle do conteúdo, tom e natureza da experiência virtual. A anonimidade também pode aumentar o sentimento de conforto, pois não dá para procurar e detectar sinais de falta de sinceridade, desaprovação ou julgamento na expressão facial dos outros, como acontece em interações face-a-face. Para atividades como os jogos de azar, esse pode ser um benefício, especialmente quando a pessoa perde, já que ninguém verá o rosto do jogador. Griffiths e colaboradores (2006) acreditam que a anonimidade e a maior acessibilidade podem reduzir as barreiras sociais ao jogo, particularmente em jogos que dependem de certas habilidades, como o pôquer, são relativamente complexos e geralmente possuem uma etiqueta social tácita. O possível desconforto de cometer uma gafe estrutural ou social no ambiente do jogo devido à inexperiência é minimizado, pois a identidade do indivíduo permanece oculta.

## Conveniência

As aplicações interativas da internet fornecem meios convenientes para a pessoa adotar comportamentos virtuais. Esses comportamentos normalmente acontecerão no ambiente familiar e confortável da casa ou do trabalho, reduzindo assim o sentimento de risco e dando espaço para comportamentos mais ousados que podem ou não levar à dependência. Para o jogador, não ter de sair de casa ou do local de trabalho pode ser uma grande vantagem.

## Fuga

Para alguns, o principal reforço do jogo pela internet é a gratificação que sentem virtualmente. Entretanto, a experiência de jogar pela internet em si pode ser reforçada por uma de grandeza experienciada subjetiva ou objetivamente. A busca de experiências que modificam o humor tem o potencial de fornecer uma fuga emocional ou mental e serve também para reforçar o comportamento. O envolvimento excessivo nessa atividade de escape pode levar à dependência. Em um estudo qualitativo com 50 jogadores-problema, baseado em entrevistas, Wood e Griffiths (2007b) descobriram que o jogo como fuga era o principal motivador para o jogar excessivo e constante dos jogadores-problema. O comportamento virtual pode fornecer uma fuga potente dos estresses e tensões da vida real.

## Imersão e dissociação

O meio virtual pode trazer sentimentos de dissociação e imersão e facilitar sentimentos de fuga. A dissociação e imersão podem envolver sensações muito variadas, incluindo perder a noção do tempo, a sensação de ser outra pessoa, *blacking out* (perder a consciência temporariamente) e ficar em um estado de transe. Em formas extremas, pode incluir transtornos de personalidade múltipla. Todos esses sentimentos podem levar a um jogar mais prolongado, ou porque o "tempo voa quando a gente está se divertindo" ou porque os sentimentos psicológicos de estar em um estado imersivo ou dissociativo são reforçadores. Um estudo que comparou os jogos de azar problemáticos com os jogos de *videogame* em adolescentes descobriu que aqueles que apresentavam os problemas mais graves de jogo tendiam a experienciar estados dissociativos tanto quando jogavam *videogame* como quando jogavam jogos de azar (Wood, Gupta, Derevensky e Griffiths, 2004). Outro estudo com jogadores adultos de *videogames* (Wood, Griffiths e Parke, 2007b) descobriu que a experiência de perder a noção de tempo durante o jogo de *videogame* dependia inteiramente das características estruturais do jogo, independentemente de gênero, idade ou frequência do jogar. Portanto, como o jogo de azar pela internet utiliza a mesma tecnologia e apresenta muitas das características estruturais dos *videogames*, o potencial dos jogos de azar virtuais de facilitar experiências dissociativas pode ser muito maior do que nas formas tradicionais desses jogos.

## Desinibição

A desinibição é claramente um dos maiores apelos de internet, pois não há dúvida nenhuma de que a internet deixa as pessoas menos inibidas (Joinson, 1998). Elas parecem se abrir mais rapidamente através da internet e se revelar emocionalmente muito mais rápido que no mundo real. Walther (1996) se referiu a esse fenômeno como *comunicação hiperpessoal* e argumentou que isso acontece graças a quatro características da comunicação virtual:

1. Os comunicadores normalmente são da mesma categoria social, de modo que se percebem mutuamente como semelhantes (por exemplo, todos os jogadores de pôquer pela internet).
2. A pessoa que envia uma mensagem pode se apresentar sob um prisma favorável, e assim se sentir mais confiante.
3. O formato da interação virtual (por exemplo, não há outras distrações, o usuário tem tempo para compor mensagens, pode misturar mensagens sociais e de trabalho, e não desperdiça recursos cognitivos ao responder imediatamente).
4. O meio de comunicação cria um circuito de *feedback* que cria e reforça as impressões iniciais.

Para o jogador, estar num estado desinibido pode fazer com que aposte mais dinheiro, especialmente se está motivado a manter sua *persona* inicial (por exemplo, como um jogador de pôquer *online* muito hábil).

## Frequência do evento

A frequência de qualquer atividade de jogo de azar (isto é, o número de oportunidades para jogar em um dado período de tempo) é uma característica estrutural planejada e implementada pelo operador do jogo. O período de tempo entre cada evento de jogo pode na verdade ser crítico para a pessoa desenvolver problemas em um tipo específico de jogo. Obviamente, as atividades que oferecem resultados a cada poucos segundos (como as máquinas caça-níqueis) provavelmente causarão mais problemas que aquelas com resultados menos frequentes (como loterias bissemanais). A frequência do jogar associada a outros dois fatores – o resultado do jogo (ganhar ou perder) e o tempo real decorrido até o lucro ser recebido – explora princípios psicológicos de aprendizagem (Skinner, 1953). Esse processo (condicionamento operante) condiciona hábitos ao recompensar comportamentos; isto é, pela apresentação de uma recompensa (como dinheiro) acontece o reforço. Uma frequência rápida de evento também significa que o período de perda é breve, restando pouco tempo para considerações financeiras; e, mais importante, os ganhos podem ser apostados de novo quase imediatamente. O jogo pela internet tem o potencial de oferecer efeitos visualmente estimulantes semelhantes aos das máquinas caça-níqueis e terminais de videoloteria (duas das formas mais problemáticas de jogo).

Além disso, a frequência do evento pode ser muito rápida, especialmente se o jogador está inscrito em ou visita vários *sites*. Griffiths e colaboradores (2006) concluíram que a frequência elevada do evento em jogos que dependem de habilidades, como o pôquer pela internet, aumenta a motivação do jogador para participar dessas atividades. O pôquer *online*, em termos relativos, oferece uma oportunidade significativa para o indivíduo manipular o resultado do evento de jogar. Mas o lucro da pessoa ainda é determinado, em certa extensão, pela probabilidade aleatória. O jogador de pôquer pela internet pode racionalizar que, com a maior frequência de participação, serão minimizados os desvios da probabilidade esperada (isto é, má sorte), o que aumenta o efeito da habilidade na determinação dos resultados do jogo no longo prazo. Devido ao desenvolvimento tecnológico, os jogadores de pôquer podem participar simultaneamente de vários jogos, e com limites de tempo reduzidos para tomar decisões em comparação com os jogos de pôquer tradicionais, o jogo termina muito mais rápido.

## *Interatividade*

O componente de interatividade de internet também pode ser psicologicamente recompensador e diferente de formas mais passivas de entretenimento (como a televisão). Também foi demonstrado que o maior envolvimento pessoal em uma atividade de jogo pode aumentar a ilusão de controle (Langer, 1975), o que por sua vez pode levar a pessoa a jogar mais. A natureza interativa de internet, portanto, pode ser uma maneira conveniente de aumentar esse envolvimento pessoal.

## *Simulação*

Simulações são uma maneira ideal de se aprender sobre alguma coisa e não costumam trazer nenhuma das possíveis consequências negativas. Todavia, simulações de jogo na internet podem ter efeitos originalmente não considerados. Por exemplo, muitos *sites* de jogos de azar tem um formato de modo de prática, em que o consumidor pode simular uma aposta para ver e praticar o procedimento de jogar naquele *site*. Embora essa atividade não possa ser vista como um jogar verdadeiro, pois não há nenhum dinheiro envolvido, ela pode ser acessada por crianças e possivelmente atrair jogadores menores de idade. Igualmente, jogar no modo de prática disponível no *site* de jogos pode desenvolver a autoeficácia e, talvez, aumentar a percepção de controle dos resultados do jogo, motivando a participação nos jogos do *site* que envolvem dinheiro de verdade (Griffiths et al., 2006).

## *Associabilidade*

Uma das consequências da tecnologia e de internet foi reduzir a natureza fundamentalmente social dos jogos de azar a uma atividade que é essencialmente associal. Pessoas com problemas tendem a ser as que mais jogam sozinhas (por exemplo, jogam como uma forma de escape). Retrospectivamente, a maioria dos jogadores-problema relata que no auge do problema o jogo era uma atividade solitária. Jogar em um ambiente social poderia fornecer uma espécie de rede de segurança para os que gastam excessivamente – uma forma de jogo em que a principal orientação é social, com a possibilidade de algum divertimento e uma chance de ganhar algum dinheiro (por exemplo, o bingo). Entretanto, poderíamos especular que aqueles indivíduos cuja principal motivação é jogar constantemente só para ganhar dinheiro possivelmente teriam mais problemas. Uma das maiores influências da tecnologia parece estar na mudança de formas de jogo sociais para associais. A partir disso, poderíamos especular que conforme o jogo se torna mais tecnológico, os problemas do jogar aumentam devido à sua natureza associal. Mas também poderíamos argumentar que para algumas pessoas a internet (incluindo jogos de azar realizados através da internet) fornece uma saída social que de outra forma não teriam. Isso vale especialmente para as mulheres, que podem não se sentir à vontade saindo sozinhas, e para pessoas desempregadas e aposentadas.

Devido ao componente de aparente vácuo social no jogo à distância, Griffiths e colaboradores (2006) enfatizam que no jogo interativo existem formas alternativas de interação entre os pares, as quais mantêm os aspectos socialmente reforçadores do comportamento. Os indivíduos podem se comunicar pelo computador no próprio jogo e mesmo fora dele, pelo envolvimento em comunidades de jogo pela internet. Uma tendência crescente é os *sites* de jogo virtual criarem fóruns de consumidores para facilitar a interação entre eles e, assim, aumentar o elemento social do jogo. Algumas empresas até introduziram um dispositivo de rádio pela internet que entretém seus consumidores enquanto jogam e, simultaneamente, dá destaque às pessoas que tiveram ganhos significativos no *site*. De fato, o planejamento estrutural do jogo à distância remove a rede de segurança social, que é essencial para manter a prática de jogo responsável, sem reduzir os aspectos socialmente gratificantes inerentes aos ambientes tradicionais de jogo (Griffiths et al., 2006).

Além disso, há muitos outros desenvolvimentos específicos que parecem facilitar o consumo de serviços de jogo à distância, incluindo *softwares* sofisticados de jogos, sistemas integrados de dinheiro eletrônico (para várias moedas), *sites* multilíngues, maior realismo (por exemplo, jogos realistas via *webcams*, avatares de jogador e carteador), apostas ao vivo à distância (tanto para jogar sozinho como com outros) e melhores sistemas de atendimento ao consumidor.

## DEPENDÊNCIA DE INTERNET E DEPENDÊNCIA DE JOGOS DE AZAR NA INTERNET

Há quase 15 anos se afirma que estão começando a surgir patologias sociais no ciberespaço – isto é, dependências tecnológicas (Griffiths, 1995, 1998). As dependências tecnológicas podem ser vistas como um subconjunto de dependências comportamentais e apresentam todos os componentes centrais da dependência (saliência, modificação do humor, tolerância, sintomas de abstinência, conflito e recaída [Griffiths, 2005]). Young (1999) afirmou que dependência de internet é um termo amplo que abrange uma grande variedade de comportamentos e problemas de controle dos impulsos, e é categorizada por cinco subtipos específicos (dependência de cibersexo, dependência de ciber-relacionamento, compulsões virtuais, sobrecarga de informações e dependência de computador). Griffiths (2000b) argumentou que muitos desses usuários excessivos não são dependentes de internet, eles só usam a internet excessivamente como um meio de alimentar outras dependências. Colocando de modo simples, os dependentes de jogos de azar que põem em prática na internet o seu comportamento escolhido não são dependentes dela. A internet é apenas o lugar onde eles põem em prática o comportamento.

No entanto, em contraste com isso, há estudos de casos de indivíduos que parecem ser dependentes de internet em si (Griffiths, 2000a). Normalmente são pessoas que usam salas de bate-papo virtuais ou participam de *role-playing games* – atividades que não realizariam a não ser na própria internet. Esses indivíduos, em certa extensão, se envolvem em realidades virtuais baseadas em textos e adotam outras *personas* sociais e identidades sociais como uma maneira de se sentirem bem consigo mesmos. Nesses casos, a internet fornece uma realidade alternativa e possibilita sentimentos de imersão e anonimidade que podem levar a estados alterados de consciência. Isso, em si mesmo, pode ser extremamente gratificante em termos psicológicos e/ou fisiológicos.

Para um dependente de jogos de azar, a internet pode ser um meio muito perigoso. Por exemplo, foi especulado que as características estruturais do próprio *software* poderiam promover tendência à dependência. As características estruturais promovem interatividade e, em certa extensão, definem realidades alternativas para o usuário e fazem com que ele se sinta anônimo – características que podem ser psicologicamente gratificantes para tais indivíduos. Essa área é especialmente relevante para os casos de jogos de azar no formato virtual. Apesar da comprovação de que tanto os jogos de azar quanto a internet podem criar dependência, não há nenhuma prova (até o momento) de que os jogos de azar pela internet sejam duplamente adictivos, particularmente porque a internet parece ser apenas um meio para se dedicar ao comportamento de escolha. O que a internet pode fazer é facilitar que os jogadores sociais que a usam (e não os usuários de internet em si) joguem mais do que jogariam fora dela.

## JOGOS DE AZAR NA INTERNET: QUESTÕES PSICOSSOCIAIS

Os jogos de azar pela internet são globais e acessíveis e estão disponíveis 24 horas. Em essência, o avanço tecnológico nos jogos de azar virtuais está criando o *jogar de conveniência*. Teoricamente, as pessoas podem jogar o dia todo, todos os dias do ano. Isso terá implicações para o impacto social dos jogos pela internet e consequências para os jogadores-problema. Griffiths e Parke (2002) já delinearam algumas das principais questões de impacto social referentes aos jogos de azar pela internet. Vamos descrevê-las brevemente a seguir.

### Proteção dos vulneráveis

Há muitos grupos de pessoas vulneráveis (adolescentes, jogadores--problema, dependentes de jogos de azar, abusadores de drogas ou álcool, pessoas com dificuldades de aprendizagem, etc.) que seriam impedidos de jogar em ambientes não virtuais por membros responsáveis da indústria dos jogos. Além disso, Wood e Griffiths (2007b) também identificaram alguns jogadores-problema que passaram a apresentar problemas específicos de jogo pela internet, pessoas que ficam em casa por serem desempregadas, aposentadas ou cuidadoras de crianças. Muitos *sites* de jogos não apresentam medidas de segurança para evitar o acesso (Smeaton e Griffiths, 2004). No ciberespaço, como um operador de jogo pode ter certeza de que adolescentes não acessarão os jogos virtuais usando o cartão de crédito de um irmão mais velho? Como pode ter certeza de que a pessoa não está acessando o jogo sob a influência de álcool ou outras substâncias intoxicantes? Como pode evitar que um jogador-problema que foi barrado num *site* de jogos simplesmente clique no próximo *link* de jogos disponíveis *online*?

## Jogo pela internet no local de trabalho

Os jogos pela internet são uma das mais recentes oportunidades para a pessoa jogar no local de trabalho. Um número crescente de organizações dá acesso ilimitado à internet a todos os funcionários, e muitos tem seu próprio terminal de computador no escritório, o que permite que essa atividade ocorra sem despertar suspeitas. O jogo pela internet é uma atividade bastante solitária, que pode acontecer sem o conhecimento do chefe ou dos colegas da pessoa. Isso tem implicações importantes para a eficiência e a produtividade no trabalho. É uma questão que os empregadores terão de levar a sério, e precisarão criar políticas de jogo eficientes para o ambiente de trabalho; ver Griffiths (2002) para uma visão geral das questões referentes ao jogo pela internet no local de trabalho.

## Dinheiro eletrônico

Para a maioria dos jogadores, é muito provável que o valor psicológico do dinheiro eletrônico (*e-cash*) seja menor que o do dinheiro real (e parecido com o uso de fichas em outras situações de jogo). Jogar com dinheiro eletrônico pode levar ao que os psicólogos chamam de *suspensão de julgamento*. A suspensão de julgamento se refere a uma característica estrutural que desfaz temporariamente o sistema de valor financeiro do jogador e o estimula a jogar mais (Parke e Griffiths, 2007). Isso é bem conhecido por comerciantes (as pessoas costumam gastar mais com cartões de crédito e débito porque é mais fácil gastar dinheiro usando plástico) e pela indústria de jogos. É por essa razão que nos cassinos se usam fichas, e em algumas máquinas caça-níqueis moedas especiais. Em essência, fichas e moedas especiais disfarçam o verdadeiro valor do dinheiro (isto é, diminuem o valor psicológico do dinheiro a ser jogado). Moedas especiais e fichas geralmente são apostadas de novo sem hesitação, porque seu valor psicológico é muito menor que seu valor real. As evidências parecem sugerir que as pessoas jogam mais usando dinheiro eletrônico do que usando dinheiro real.

## Maior chance de ganhar no modo de prática

Uma das maneiras mais comuns de facilitar o jogo pela internet é por meio de *demos*, prática, ou modo gratuito. Pesquisas realizadas por Sevigny, Cloutier, Pelletier e Ladouceur (2005) mostraram que é significativamente mais comum a pessoa ganhar nas primeiras vezes nos jogos do tipo *demo* ou grátis. Eles também relatam que no modo *demo* é comum o jogador ter um período prolongado de ganhos. Obviamente, quando ele começa a jogar, com dinheiro de verdade, as chances de ganhar se reduzem consideravelmente.

## Operadores inescrupulosos

Muitas preocupações sobre o surgimento dos jogos de azar pela internet e implicações para os jogadores-problema tem a ver com práticas inescrupulosas de alguns *sites* de jogos. Uma questão importante é a fidedignidade do *site*. Por exemplo, em um nível de confiança muito básico, como os jogadores da internet podem ter certeza de que receberão o que ganharam de um cassino não oficial de internet que opera em Antígua ou na República Dominicana? E há outras preocupações também, que incluem as práticas possivelmente inescrupulosas de inserção, imagens em círculo e *pop-ups* (imagens de aparecimento súbito), rastreamento virtual de consumidores e uso de marcas confiáveis não associadas a jogos de azar. Elas serão brevemente explicadas a seguir.

## Inserção

Uma prática aparentemente comum é a inserção oculta de determinadas palavras na página do *site* por meio de *metatags*. *Metatags* são comandos ocultos na página para ajudar o mecanismo de busca a categorizar o *site* (isto é, eles dizem ao mecanismo de busca como o operador do *site* quer que o *site* seja indexado). Uma maneira comum de conseguir aumentar o acesso à página é inserir palavras comuns que as pessoas buscam na internet (por exemplo, Disney). Parece que alguns *sites* de jogos de azar de internet inseriram o termo *jogo compulsivo* nas suas páginas da *web*. Em essência, o que esses *sites* inescrupulosos estão dizendo é "Coloque o *site* do meu cassino junto com os *sites* de jogo compulsivo", para que as pessoas entrem nesse *site* quando estiverem procurando informações relacionadas ao jogar problemático. Pessoas que estão procurando ajuda para seu problema de jogar verão subitamente esse *site* se abrir diante delas. Essa é uma prática especialmente inescrupulosa, que no momento ainda é perfeitamente legal e atinge muito os jogadores-problema.

### Imagens em círculo e pop-ups

Outra tática potencialmente inescrupulosa usada tanto por *sites* de sexo como de jogos de azar na internet são as janelas frequentemente referidas como "imagens em círculo". Se alguém acessa um determinado tipo de *site* e tenta sair dele, normalmente se abre uma outra janela oferecendo um tipo de serviço semelhante. E a pessoa descobre que não consegue sair do circuito interminável de *sites*, a não ser desligando o computador. Obviamente, esses *sites* esperam que a pessoa se sinta tentada a acessar o serviço que estão oferecendo enquanto seu *site* estiver na tela. Isso também está relacionado aos constantes *pop-ups* que aparecem ao se navegar pela internet, oferecendo aos usuários apostas grátis em cassinos virtuais e tentando aqueles que talvez nunca tenham pensado em jogar pela internet. Essas imagens que aparecem subitamente também podem ser uma grande tentação para um jogador-problema que está em recuperação.

### Rastreamento virtual do consumidor

Talvez a maior preocupação em relação aos jogos pela internet seja como os *sites* coletam outros tipos de dados sobre o jogador. Os jogadores virtuais podem fornecer dados de rastreamento que serão usados para criar perfis dos consumidores. Esses dados podem dizer a empresas comerciais (como as da indústria de jogos) exatamente como o consumidor passa o tempo em transações financeiras (isto é, o que ele joga, por quanto tempo e quanto dinheiro está gastando). Essa informação pode ajudar na conservação de consumidores, e também pode se unir a bases de dados de consumidores já existentes envolvendo esquemas de fidelização. As companhias com um cadastro central para todos os dados sobre os consumidores estariam em vantagem. Esse cadastro também pode ser acessado por diferentes partes do negócio. Muitos consumidores, involuntariamente, passam informações sobre si mesmos, o que levanta sérias perguntas sobre a gradual erosão da privacidade. São criados perfis do consumidor de acordo com suas transações com os fornecedores de serviços. Esquemas de fidelização vinculados podem então rastrear a conta a partir da data de abertura.

A tecnologia para esquadrinhar e avaliar quantidades imensas de informações sobre os consumidores já existe. Com *softwares* sofisticados, as companhias de jogos podem adequar seus serviços aos interesses do consumidor. No que se refere a esses jogos, é muito fina a linha entre fornecer o que consumidor quer e explorá-lo. A indústria dos jogos vende produtos como qualquer outra empresa vende coisas. Essas companhias estão atualmente no negócio de *marketing* de marcas, *marketing* direto (via correio com ofertas personalizadas e adaptadas ao cliente) e fidelização do cliente (o que cria a ilusão de consciência, reconhecimento e lealdade) (Griffiths, 2007; Griffiths e Wood, 2008).

Ao aderir a esquemas de fidelização, os jogadores dão muitas informações, incluindo nome, endereço, número de telefone, data de nascimento e gênero (Griffiths e Wood, 2008). Os que operam *sites* de jogos de azar não são diferentes. Eles conhecem os jogos prediletos do jogador e sabem quanto ele aposta. Basicamente, os operadores podem rastrear os padrões de jogo de qualquer jogador. Eles sabem mais sobre o comportamento de jogar da pessoa do que ela mesma. Eles lhe enviarão ofertas e cartões de reembolso, contas de cortesia, e assim por diante. A indústria afirma que todas essas coisas tem o objetivo de atender melhor o cliente. Benefícios e recompensas para o cliente incluem dinheiro, comida e bebida, entretenimento e descontos em geral. Mas os operadores mais inescrupulosos atrairão jogadores-problema reconhecidos com brindes especialmente adaptados a eles (tais como apostas grátis no caso de jogos pela internet).

Apesar desses aspectos negativos, o rastreamento comportamental realmente apresenta um aspecto positivo: os jogadores-problema podem ser ajudados depois de identificados por meio de seu jogo pela internet. Há dois caminhos que uma companhia de jogos pode tomar para identificar e ajudar jogadores virtuais com problemas. Primeiro, ela pode usar uma ferramenta de responsabilidade social que já foi criada, o exemplo mais óbvio sendo o PlayScan (Svenska Spel; ver Griffiths, Wood e Parke, 2009; Griffiths, Wood, Parke e Parke, 2007). O segundo é criar um esquema de identificação como o sistema Observer, planejado pelo 888.com. Em contraste com o jogo não virtual, o rastreamento comportamental apresenta uma oportunidade para os operadores e pesquisadores de jogos examinarem o comportamento concreto e em tempo real do jogador. Além disso, essas tecnologias de rastreamento poderão influenciar futuros critérios diagnósticos para o jogo problemático, se for comprovado que ele pode ser confiavelmente identificado através da internet sem o uso de instrumentos de avaliação estabelecidos.

## Uso de marcas confiáveis não associadas a jogos de azar

Alguns *sites* confiáveis, que não são de jogos, atualmente fornecem *links* e endosso para seus próprios *sites* de jogo ou o de filiados. Por exemplo, Wood e Griffiths (2007b) identificaram o caso de um jogador-problema de internet que fora levado a um *site* de jogo virtual ao assistir a um programa diurno de televisão muito popular (e visto com confiança), que promovia seu próprio *site* de jogos virtual.

## AJUDA E TRATAMENTO PELA INTERNET PARA JOGADORES NA INTERNET

Embora uma revisão do tratamento para jogadores-problema esteja além do escopo deste capítulo, vale a pena observar que as intervenções de tratamento pela internet podem ser um meio eficaz de ajudar dependentes de jogos virtuais. Griffiths e Cooper (2003) revisaram as principais questões na área e examinaram as vantagens e desvantagens da terapia pela internet, e as implicações para o tratamento de jogadores-problema. Parece haver três tipos principais de *sites* que fornecem ajuda psicológica para jogadores-problema – *sites* de informações e conselhos, *sites* de agências de ajuda tradicionais (como a Gamblers Anonymous [Jogadores Anônimos]), e terapeutas independentes. Apesar de algumas possíveis desvantagens da terapia através da internet (estabelecer o *rapport* com o cliente, possíveis problemas de encaminhamento do cliente, questões de sigilo), há muitas vantagens, incluindo conveniência, custo-benefício para o cliente, a superação de barreiras que poderiam impedir que a pessoa buscasse ajuda e a superação do estigma social.

Wood e Griffiths (2007a) descrevem um dos primeiros estudos a avaliar a efetividade de um serviço de ajuda e orientação pela internet para jogadores-problema, a GamAid. A GamAid é um serviço *online* de aconselhamento, orientação e indicação, em que o cliente pode procurar os *links* e informações disponíveis ou conversar em tempo real com um conselheiro. Se o jogador-problema se conectar com um conselheiro conectado, surge a imagem do conselheiro em tempo real na tela do cliente, em uma pequena janela da *webcam*. Perto da imagem há uma janela de diálogo em que o cliente pode digitar mensagens para o conselheiro e na qual aparecem as respostas deste. Embora o cliente possa enxergar o conselheiro, este não enxerga o cliente. O conselheiro também tem a opção de oferecer *links* para outros serviços relevantes da internet, e estes aparecem do lado esquerdo da tela do cliente e lá permanecem mesmo depois que o cliente se desconecta do conselheiro. Os *links* são fornecidos em resposta a colocações ou pedidos do cliente de serviços específicos e, se possível, na sua cidade (por exemplo, um serviço de aconselhamento sobre dívidas ou uma reunião local de Jogadores Anônimos).

No estudo de Wood e Griffiths, um total de 80 clientes respondeu a um questionário de avaliação *online* muito detalhado, e foram reunidos dados secundários sobre 413 clientes distintos que entraram em contato com um conselheiro da GamAid. Eles relataram que a maioria dos clientes que participaram do levantamento de *feedback* ficou satisfeita com o serviço de orientação e aconselhamento. A maioria dos participantes concordou que a GamAid informou sobre serviços locais onde eles poderiam encontrar ajuda, disse já ter procurado ou pretender procurar os *links* fornecidos, achou que o conselheiro o apoiou muito e entendeu suas necessidades, pretendia usar o serviço novamente e recomendá-lo a outras pessoas. Enxergar o conselheiro tranquilizava o cliente, e não ser visto mantinha a sua anonimidade.

Um aparte interessante é a extensão em que a GamAid estava atendendo a uma necessidade não atendida por outros serviços de ajuda para jogadores. Isso foi examinado comparando-se os perfis dos clientes que usaram a GamAid com um serviço semelhante de ajuda atualmente oferecido, a linha telefônica de ajuda do Reino Unido, a GamCare. Os dados registrados pelos conselheiros da GamAid durante o período de avaliação revelaram que 413 clientes distintos fizeram contato com um conselheiro. Os tipos de jogo mais procurados e a localização preferida para jogar mostraram pouca semelhança com os dados coletados nos dois levantamentos nacionais britânicos até o momento (Sproston, Erens e Orford, 2000; Wardle et al., 2007). Não surpreendentemente (dado o meio do estudo), o jogo pela internet era a localização mais popular para os clientes, com 31% dos homens e 19% das mulheres respondendo que jogavam dessa maneira. Em comparação, a linha de ajuda da GamCare revelou que apenas 12% dos homens e 7% das mulheres que telefonaram jogavam pela internet. Portanto, poderíamos dizer que o serviço da GamAid é a modalidade preferida pelos jogadores virtuais para buscar ajuda. Talvez isso não surpreenda, visto que as pessoas que jogam *online* são mais competentes no uso de internet, a conhecem melhor e tem mais acesso a ela. Assim, os jogadores-problema tendem a buscar ajuda usando o meio com o qual se sentem mais à vontade.

Os conselheiros da GamAid identificaram o gênero de 304 clientes, dos quais 71% eram homens e 29% mulheres. Em comparação, a linha de ajuda da GamCare verificou que 89% das pessoas que ligaram eram homens e 11% mulheres. Portanto, parece que o serviço da GamAid foi mais atraente para as mulheres que outros serviços comparáveis. Há várias razões possíveis para isso. Por exemplo, o jogo pela internet é neutro em relação ao gênero e pode ser mais atraente para as mulheres que outras formas mais tradicionais de jogo, que (de modo geral) são tradicionalmente masculinas (com exceção do bingo) (Wardle et al., 2007).

É provável que os jogadores virtuais tendam mais a buscar ajuda pela internet que as pessoas que jogam na vida real. As mulheres podem ser sentir mais estigmatizadas por terem um problema de jogo que os homens e/ou menos inclinadas a procurar serviços de ajuda em que os homens são a maioria (como os Jogadores Anônimos). Se esse for o caso, então o alto grau de anonimidade oferecido pela GamAid pode ser uma das razões da preferência. A maioria dos que já tinham usado um outro serviço disse que preferiu a GamAid porque queria, especificamente, ajuda pela internet – eles destacaram a vantagem da GamAid, dizendo que se sentiam mais à vontade conversando virtualmente do que ao telefone ou face a face. E também disseram que (na sua opinião) a GamAid era mais fácil de acessar, e os conselheiros eram mais interessados.

A terapia através da internet certamente não é para todos os jogadores-problema, e aqueles que a escolhem no mínimo precisam se sentir à vontade expressando-se por escrito. Em um mundo ideal, não seria necessário que pessoas em uma crise séria – algumas das quais poderiam ser jogadores-problema (situação em que as deixas não verbais são vitais) – usassem formas de ajuda baseadas na comunicação pelo computador. No entanto, devido à imediação de internet, se esse tipo de ajuda terapêutica é o único caminho disponível para o indivíduo ou a única coisa com a qual ele se sente à vontade, então é quase obrigatório que seja usado por todos aqueles que enfrentam crises sérias.

## JOGOS DE AZAR PELA INTERNET EM UM MUNDO MULTIMÍDIA

O surgimento e os desafios dos jogos de azar pela internet e das dependências virtuais não podem ser vistos isoladamente, especialmente porque é cada vez maior a integração entre internet, telefones celulares e televisão interativa (TV-i). É provável que as pessoas prefiram investir em mídias específicas. Por exemplo, a internet pode ser descrita como um meio em que "nos inclinamos para a frente". Isso significa que os usuários (que geralmente estão sozinhos) assumem um papel ativo na determinação do que irão fazer. Os computadores são melhores do que a televisão para mostrar textos e tem uma variedade maior de controles de sintonia através do *mouse* e do teclado. Isso os torna mais adequados para tarefas complexas como obter cotações de seguros ou itinerários de viagem. Em contraste, a televisão é um meio em que nos "inclinamos para trás", em que o espectador (geralmente parte de um grupo) é mais passivo e não tenta controlar tanto o que está acontecendo. A televisão é melhor do que o computador para mostrar imagens em movimento. Isso pode ter implicações para os tipos de jogo realizados em cada mídia.

Além disso, a TV-i também pode ajudar em outra área importante – a confiança. As pessoas parecem confiar na sua televisão mesmo que ela esteja acessando a internet exatamente como o computador acessa. Entretanto, conforme argumentamos antes, a TV-i é um serviço em que "nos inclinamos para trás". Se a pessoa está confortavelmente recostada no sofá, isso tornará a televisão uma forma crucial de criar um verdadeiro mercado de massa para a atividade comercial pela internet (incluindo jogos de azar). Além disso, alguns serviços da TV-i podem ser conectados a programas de televisão (como apostas em corridas de cavalo). "Garimpar" e comprar pela TV-i ainda é algo que está muito no princípio, mas certamente se expandirá significativamente no futuro.

## CONCLUSÕES

A tecnologia sempre desempenhou um papel no desenvolvimento das práticas de jogo e continuará fazendo isso. A análise dos componentes tecnológicos nas atividades de jogos de azar indica que as características situacionais influenciam principalmente a aquisição, e as características estruturais influenciam principalmente o desenvolvimento e a manutenção. Além disso, o mais importante desses fatores parece ser a acessibilidade da atividade e a frequência do evento. É quando essas duas características se combinam que podem ocorrer os maiores problemas no jogo à distância. Poderíamos dizer que os jogos que oferecem um intervalo de jogo rápido e estimulante, ganhos frequentes e a oportunidade de jogar novamente logo a seguir estão associados ao jogo problemático.

Não há dúvida de que a frequência de oportunidades de jogo (isto é, frequência do evento) é um fator contribuidor importante para o desenvolvimento de problemas de jogo (Griffiths, 1999). A dependência, essencialmente, tem a ver com recompensas e com a velocidade das recompensas. Portanto, quanto maior o potencial de recompensa, mais adictiva será a atividade. Entretanto, não existe um nível específico de frequência de jogo em que as pessoas se tornam dependentes, pois a dependência é um misto integrado de fatores em que a frequência é apenas um fator em uma equação global. Além disso, Parke e Griffiths (2004) salientam que a maneira mais eficaz de controlar os efeitos dos aspectos idiossincráticos do jogo pela internet sobre a instalação do comportamento de jogar problemático é fiscalizar e regulamentar a indústria virtual de jogos. No mundo todo, o reconhecimento de que é impossível proibir os jogos de azar pela internet, de que isso jamais funcionaria, está fazendo com que as autoridades governamentais percebam a importância de criar regulamentações que minimizem danos.

## REFERÊNCIAS

Abbott, M. W. (2007). Situational factors that affect gambling behavior. In G. Smith, D. Hodgins, & R. Williams (Eds.), *Research and measurement issues in gambling studies* (pp. 251-278). New York: Elsevier.

Abbott, M. W., Volberg, R. A., Bellringer, M., & Reith, G. (2004). *A review of research aspects of problem gambling*. London: Responsibility in Gambling Trust.

American Psychiatric Association. (1980). *Diagnostic and statistical manual of mental disorders* (3rd ed.). Washington, DC: Author.

American Psychiatric Association. (1987). *Diagnostic and statistical manual of mental disorders* (3rd ed., rev.). Washington, DC: Author.

American Psychiatric Association. (1994). *Diagnostic and statistical manual of mental disorders* (4th ed.). Washington, DC: Author.

Broda, A., LaPlante, D. A., Nelson, S. E., LaBrie, R. A., Bosworth, L. B., & Shaffer, H. J. (2008). Virtual harm reduction efforts for Internet gambling: Effects of deposit limits on actual Internet sports gambling behaviour. *Harm Reduction Journal, 5,* 27.

Gambling Commission. (2008). *Survey data on remote gambling participation*. Birmingham, UK: Gambling Commission.

Griffiths, M. D. (1995). Technological addictions. *Clinical Psychology Forum, 76,* 14-19.

Griffiths, M. D. (1998). Internet addiction: Does it really exist? In J. Gackenbach (Ed.), *Psychology and the Internet: Intrapersonal, interpersonal and transpersonal applications* (pp. 61-75). New York: Academic Press.

Griffiths, M. D. (1999). Gambling technologies: Prospects for problem gambling. *Journal of Gambling Studies, 15,* 265-283.

Griffiths, M. D. (2000a). Does Internet and computer "addiction" exist? Some case study evidence. *CyberPsychology & Behavior, 3,* 211-218.

Griffiths, M. D. (2000b). Internet addiction – Time to be taken seriously? *Addiction Research, 8,* 413-418.

Griffiths, M. D. (2001). Internet gambling: Preliminary results of the first UK prevalence study. *Journal of Gambling Issues,* 5. Retrieved June 17, 2009 from http://www.camh.net/egambling/issue5/research/griffiths_article.html

Griffiths, M. D. (2002). Internet gambling in the workplace. In M. Anandarajan & C. Simmers (Eds.), *Managing Web usage in the workplace: A social, ethical and legal perspective* (pp. 148-167). Hershey, PA: Idea Publishing.

Griffiths, M. D. (2003). Internet gambling: Issues, concerns and recommendations. *CyberPsychology & Behavior, 6,* 557-568.

Griffiths, M. D. (2005). A "components" model of addiction within a biopsychosocial framework. *Journal of Substance Use, 10,* 191-197.

Griffiths, M. D. (2006). Internet trends, projections and effects: What can looking at the past tell us about the future? *Casino and Gaming International, 2*(4), 37-43.

Griffiths, M. D. (2007). Brand psychology: Social acceptability and familiarity that breeds trust and loyalty. *Casino and Gaming International, 3*(3), 69-72.

Griffiths, M. D., & Barnes, A. (2008). Internet gambling: An online empirical study among gamblers. *International Journal of Mental Health Addiction, 6,* 194-204.

Griffiths, M. D., & Cooper, G. (2003). Online therapy: Implications for problem gamblers and clinicians. *British Journal of Guidance and Counselling, 13,* 113-135.

Griffiths, M. D., & Parke, J. (2002). The social impact of Internet gambling. *Social Science Computer Review, 20,* 312-320.

Griffiths, M. D., & Parke, J. (2007). Betting on the couch: A thematic analysis of Internet gambling using case studies. *Social Psychological Review, 9*(2), 29-36.

Griffiths, M. D., Parke, A., Wood, R. T. A., & Parke, J. (2006). Internet gambling: An overview of psychosocial impacts. *Gaming Research and Review Journal, 27*(1), 27-39.

Griffiths, M. D., Parke, J., Wood, R. T. A., & Rigbye, J. (2009). Online poker gambling, in university students: Further findings from an online survey. *International Journal of Mental Health and Addiction,* in press.

Griffiths, M. D., Wardle, J., Orford, J., Sproston, K., & Erens, B. (2009). Socio-demographic correlates of Internet gambling: Findings from the 2007 British Gambling Prevalence Survey. *CyberPsychology & Behavior, 12,* 199-202.

Griffiths, M. D., & Wood, R. T. A. (2007). Adolescent Internet gambling: Preliminary results of a national survey. *Education and Health, 25,* 23-27.

Griffiths, M. D., & Wood, R. T. A. (2008). Gambling loyalty schemes: Treading a fine line? *Casino and Gaming International, 4*(2), 105-108.

Griffiths, M. D., Wood, R. T. A., & Parke, J. (2009). Social responsibility tools in online gambling: A survey of attitudes and behaviour among Internet gamblers. *CyberPsychology & Behavior, 12,* 413-421.

Griffiths, M. D., Wood, R. T.A., Parke, J., & Parke, A. (2007). Gaming research and best practice: Gaming industry, social responsibility and academia. *Casino and Gaming International, 3*(3), 97-103.

Ialomiteanu, A., & Adlaf, E. (2001). Internet gambling among Ontario adults. *Electronic Journal of Gambling Issues,* 5. Retrieved June 17, 2009 from http://www.camh.net/egambling/issue5/research/ialomiteanu_adlaf_articale.html

International Gaming Research Unit (2007). The global online gambling report: An exploratory investigation into the attitudes and behaviours of Internet casino and poker players. Report for e-Commerce and Online Gaming Regulation and Assurance (eCOGRA).

Joinson, A. (1998). Causes and implications of disinhibited behavior on the Internet. In J. Gackenback (Ed.), *Psychology and the Internet: Intrapersonal, interpersonal, and transpersonal implications* (pp. 43-60). New York: Academic Press.

LaBrie, R. A., Kaplan, S., LaPlante, D. A., Nelson, S. E., & Shaffer, H. J. (2008). Inside the virtual casino: A prospective longitudinal study of Internet casino gambling. *European Journal of Public Health.* doi:10.1093/eurpub/ckn021

LaBrie, R. A., LaPlante, D. A., Nelson, S. E., Schumann, A., & Shaffer, H. J. (2007). Assessing the playing field: A prospective longitudinal study of Internet sports gambling behavior. *Journal of Gambling Studies, 23,* 347-363.

Ladd, G. T., & Petry, N. M. (2002). Disordered gambling among university-based medical and dental patients: A focus on Internet gambling. *Psychology of Addictive Behaviours, 16,* 76-79.

Langer, E. J. (1975). The illusion of control. *Journal of Personality and Social Psychology, 32,* 311-328.

Matthews, N., Farnsworth, W. F., & Griffiths, M. D. (2009). A pilot study of problem gambling among student online gamblers: Mood states as predictors of problematic behaviour. *CyberPsychology & Behavior,* in press.

Meyer, G., Hayer, T., & Griffiths, M. D. (2009). *Problem gaming in Europe: Challenges, prevention, and interventions.* New York: Springer.

Orford, J., Sproston, K., Erens, B., & Mitchell, L. (2003). *Gambling and problem gambling in Britain.* Hove, East Sussex, UK: Brunner-Routledge.

Parke, A., & Griffiths, M. D. (2004). Why Internet gambling prohibition will ultimately fail. *Gaming Law Review, 8,* 297-301.

Parke, J., & Griffiths, M. D. (2007). The role of structural characteristics in gambling. In G. Smith, D. Hodgins, & R. Williams (Eds.), *Research and measurement issues in gambling studies* (pp. 211-243). New York: Elsevier.

Sevigny, S., Cloutier, M., Pelletier, M., & Ladouceur, R. (2005). Internet gambling: Misleading payout rates during the "demo" period. *Computers in Human Behavior 21,* 153-158.

Skinner, B. F. (1953). *Science and human behavior.* New York: Free Press.

Smeaton, M., & Griffiths, M. D. (2004). Internet gambling and social responsibility: An exploratory study. *CyberPsychology & Behavior, 7,* 49-57.

Sproston, K., Erens, B., & Orford, J. (2000). *Gambling behaviour in Britain: Results from the British Gambling Prevalence Survey.* London: National Centre for Social Research.

Walther, J. B. (1996). Computer-mediated communication: Impersonal, inter-personal, and hyperpersonal interaction. *Communication Research, 23,* 3-43.

Wardle, H., Sproston, K., Orford, J., Erens, B., Griffiths, M., Constantine, R., & Pigott, S. (2007). *British Gambling Prevalence Survey 2007.* London: National Centre for Social Research.

Wood, R. T. A., & Griffiths, M. D. (2007a). Online guidance, advice, and support for problem gamblers and concerned relatives and friends: An evaluation of the GamAid pilot service. *British Journal of Guidance and Counselling, 35,* 373-389.

Wood, R. T. A., & Griffiths, M. D. (2007b). A qualitative investigation of problem gambling as an escape-based coping strategy. *Psychology and Psychotherapy: Theory, Research and Practise, 80,* 107-125.

Wood, R. T. A., & Griffiths, M. D. (2008). Why Swedish people play online poker and factors that can increase or decrease trust in poker websites: A qualitative investigation. *Journal of Gambling Issues, 21,* 80-97.

Wood, R. T. A., Griffiths, M. D., & Parke, J. (2007a). The acquisitionl development, and maintenance of online poker playing in a student sample. *CyberPsychology & Behavior, 10,* 354-361.

Wood, R. T. A., Griffiths, M. D., & Parke, A. (2007b). Experiences of time loss among videogame players: An empirical study. *CyberPsychology & Behavior, 10,* 45-56.

Wood, R. T. A., Gupta, R., Derevensky, J., & Griffiths, M. D. (2004). Videogame playing and gambling in adolescents: Common risk factors. *Journal of Child & Adolescent Substance Abuse, 14,* 77-100.

Wood, R. T. A., & Williams, R. J. (2007). Problem gambling on the Internet: Implications for Internet gambling policy in North America. *New Media & Society, 9,* 520-542.

Young, K. (1999). Internet addiction: Evaluation and treatment. *Student British Medical Journal, 7,* 351-352.

# 7

# Compulsividade e dependência de sexo virtual (cibersexo)

DAVID L. DELMONICO e ELIZABETH J. GRIFFIN

A população mundial que acessa a internet aumentou 380% de 2008 para 2009. Estima-se que quase 75% de todo o continente norte americano tenha acesso à internet. A internet é uma representação microcósmica do mundo real, tanto sexualmente quanto não. Quase tudo o que encontramos em termos sexuais no mundo real se traduz de alguma maneira para a internet. Com um público tão grande, os produtores comerciais de atividades de sexo virtual percebem o potencial de lucro com esse segmento sem praticamente nenhum aumento nos custos. De fato, em 2006 a pornografia virtual foi responsável por quase $3 bilhões (23%) do lucro total do mercado de pornografia nos Estados Unidos (Family Safe Media, 2010). Como resultado do crescente número de pessoas que acessam a internet, e também da disponibilidade de material sexual na internet, pesquisadores e terapeutas relatam um aumento significativo de indivíduos buscando ajuda para sua dependência de sexo virtual e de compulsividade sexual na internet.

Os problemas de sexo virtual atravessam todas as fronteiras demográficas. Estudos recentes estimam que um em cada três visitantes de *sites* de pornografia adulta é mulher, e quase 60% dos que usam o termo *sexo adulto* em buscas na internet são do sexo feminino (Family Safe Media, 2010). Outros grupos, entre os quais adolescentes com menos de 18 anos, também procuram material sexual na internet. Os principais termos de busca usados pelos adolescentes incluem *sexo adolescente* e *cibersexo* (Family Safe Media, 2010). A renda anual média dos consumidores de pornografia na internet é superior a $75,000. Essas estatísticas contrariam os nossos pressupostos culturais sobre as atividades sexuais *online* e as pessoas que as buscam.

É importante lembrar que nem toda atividade sexual na internet deve ser vista como tendo um impacto negativo sobre seus consumidores. Cooper, Delmonico e Burg (2000) estimaram que quase 80% dos que se dedicam a atividades sexuais na internet poderiam ser considerados "usuários recreativos", e não relatam nenhum problema significativo associado ao seu comportamento sexual virtual. Tanto jovens quanto adultos dizem usar a internet para se informar sobre questões como a prevenção de doenças sexualmente transmissíveis, comprar e conhecer opções de contracepção, explorar uma sexualidade saudável, e assim por diante. Entretanto, para os 20% dos indivíduos restantes que apresentam um comportamento sexual virtual problemático, as consequências podem devastadoras e duradouras. Alguns indivíduos passam a colecionar e ver pornografia compulsivamente, outros cruzam os limites legais, e há os que passam mais de 10 horas por dia *online* buscando intimidade ou romance. O foco deste capítulo são esses 20%. O nosso propósito é apresentar um resumo e os fundamentos das atuais ideias sobre a psicologia de internet, além de conceitos fundamentais de avaliação e manejo essenciais para se trabalhar com pessoas que lutam com seu comportamento sexual problemático na internet.

## TECNOLOGIA E SEXO NA INTERNET

Esta seção enfatiza a importância de entendermos tecnologias básicas e atuais, para que possamos fazer avaliações exatas e completas de nossos clientes. As entrevistas clínicas serão incompletas e inexatas se o profissional de saúde mental não reunir informações suficientes para compreender bem como seu cliente está usando a tecnologia. Além disso, se a avaliação não incluir componentes relacionados à tecnologia, o manejo e o planejamento do tratamento podem deixar de lado algumas das intervenções mais básicas para o comportamento sexual problemático na internet.

Um dos primeiros conceitos que devemos compreender é o fato de que toda tecnologia obtida na internet pode ser usada para um propósito sexual. Isso vale para o Twitter, Second Life, Facebook e até o eBay, para citar apenas alguns. Embora essa seção não possa tratar de todas as tecnologias virtuais, ela apresenta métodos e caminhos comuns em que o sexo na internet passa a ser problemático.

### *World wide web*

O método mais comum para acessar sexo na internet é pela *world wide web*. Browsers de internet (como Firefox, Internet Explorer, Chrome, etc.) interpretam e exibem textos, imagens e multimídia no monitor do usuário. Páginas da *web* de conteúdo sexual são comumente usadas para expor imagens pornográficas, mas também podem ser usadas para bate-papo sexualizado, imagens de vídeo (ao vivo) ou acesso a outras áreas de sexualidade de internet que discutiremos mais adiante.

## Newsgroups

*Newsgroups* podem ser usados para propósitos sexuais, ao possibilitar que os indivíduos compartilhem textos, fotos, vídeos ou sons de caráter sexual com outros que dividem os mesmos interesses. Há milhares desses locais de encontro na internet, separados em áreas específicas de assunto, muitos dos quais são usados para a troca de conteúdos sexualizados.

## Áreas de bate-papo

Há inúmeros métodos para acessarmos áreas de bate-papo de conteúdo sexual. Independentemente do método, a característica comum de todas as áreas de bate-papo é permitir que várias pessoas se reúnam em uma mesma "sala" e conversem ao vivo, ou transmitam arquivos através da conexão do bate-papo. Como parte do processo de bate-papo, muitas incluem opções de conversa por vídeo ou áudio. Não é raro que as pessoas nessas salas mantenham conversas de cunho sexual, assistam a vídeos de sexo ou troquem arquivos de pornografia. Exemplos de áreas de bate-papo comuns incluem Yahoo! Chat, Internet Relay Chat (IRC) e Excite Chat.

Um subconjunto de áreas de bate-papo são os programas de mensagens comuns, tais como o America Online Instant Messenger (AIM) ou Yahoo! Messenger. Neles, a pessoa tem uma lista de "amigos" com os quais pode manter conversas individuais ao vivo.

## Compartilhamento de arquivos *peer-to-peer*

Pacotes de *software* como o Limewire tornaram o compartilhamento de arquivos um passatempo muito popular. Embora a música seja o tipo mais comum de arquivo compartilhado nessas redes, também são trocados vídeos, imagens e *softwares* pornográficos.

## Sites de redes sociais

*Sites* de redes sociais possibilitam a criação de grupos de "amigos" da internet que trocam mensagens, conversam, enviam fotos/vídeos, compartilham músicas, e assim por diante. Existem diversos gêneros de *sites* de redes sociais e neles podemos encontrar antigos colegas de escola, achar um parceiro romântico (*sites* de encontros e namoro) ou conhecer pessoas com interesses semelhantes. Há o MySpace.com, Facebook.com, Bebo, e-Harmony, Classmates.com, YouTube e Photobucket, entre muitos outros. Os *sites* de redes sociais também podem ser usados para atividades sexualizadas ou para combinar encontros sexuais na vida real. Esses *sites* foram popularizados por adolescentes e jovens adultos, mas sua demografia mostra que todos os grupos etários agora utilizam regularmente alguma forma de rede social na internet.

Outro subconjunto comum de rede social são os *microbloggers*; o mais comum é o Twitter. O *microblogging* possibilita que a pessoa se inscreva para seguir a versão na internet do diário de alguém, mas cada texto postado não pode ultrapassar 140 caracteres digitados. Empresas, artistas de cinema, bandas de *rock* e outros "tuitam" para seus fãs, assim como dominatrizes sexuais, empresas de pornografia e pessoas que querem se encontrar para propósitos sexuais.

## Jogos da internet

Os jogos da internet, quer jogados no computador quer em algum aparelho portátil (Xbox 360, PlayStation Portable, iPod, etc.) geralmente permitem que a pessoa mande textos ou converse por áudio enquanto joga. Com essa tecnologia é possível manter conversas de cunho sexual, fazer comentários ou combinar atividades sexuais na vida real. Ela é utilizada por pessoas de todas as idades, o que a torna especialmente popular para adultos que querem uma interação sexualizada com menores de idade.

## Acesso móvel à internet

Os computadores são apenas uma das maneiras de acessar a internet. Telefones celulares, *smart phones, personal data assistants* (PDA) como o Palm Pilot, iPods e outros aparelhos permitem que os usuários se conectem à internet de qualquer lugar, a qualquer momento. Muitos dos métodos acima mencionados podem ser acessados por esses aparelhos portáteis e, assim, o sexo virtual está literalmente na palma da nossa mão. Algumas características deles, como câmeras digitais, também os tornam uma maneira de capturar experiências sexuais no mundo real e compartilhá-las instantaneamente com milhões de usuários de todo o mundo.

## PSICOLOGIA DA INTERNET

O primeiro livro a descrever a psicologia de internet foi escrito por Wallace (1999). Ele explicava como a internet muda a maneira de pensar, sentir e se comportar das pessoas no mundo virtual. Talvez a primeira pessoa a estudar a área da ciberpsicologia tenha sido John Suler. Suler (2004) escreveu extensivamente sobre como o mundo virtual difere do real. Seu texto é objetivo e não atribui o valor de bom ou mau aos conceitos apresentados; ao contrário, ele simplesmente descreve como a internet modifica o ambiente e o indivíduo.

Suler (2004) cunhou o termo *efeito de desinibição online* para descrever o fenômeno de que as pessoas se comunicam e se comportam de maneira diferente quando estão conectados. Ele operacionalizou esse conceito definindo seis características geralmente presentes na desinibição virtual. Esses elementos de desinibição com frequência são a base do envolvimento da pessoa em comportamentos sexuais exibidos na internet e dos riscos que ela se dispõe a correr assumindo tais comportamentos. Esses conceitos são listados a seguir.

*Você não me conhece/você não pode me ver* – Esses dois conceitos estão relacionados à ideia da psicologia social de anonimato e seu papel no comportamento das pessoas. O anonimato no mundo virtual permite que as pessoas explorem e experimentem sua sexualidade, sem constrangimento, indo além do que iriam no mundo real. Quando a pessoa separa suas ações da sua identidade, se sente menos inibida ou menos responsável por suas ações.

*Até logo* – Esse conceito está relacionado ao sentimento de que consequências virtuais podem ser evitadas simplesmente fechando-se o aplicativo (programa) ou desligando o computador. Quando a pessoa sente que é fácil escapar das consequências, isso lhe permite assumir mais riscos do que normalmente assumiria na vida real. Para aqueles que exploram sua sexualidade virtual, isso se traduz em atividades sexuais virtuais mais arriscadas.

*Está tudo na minha cabeça/isso é só um jogo* – Esses dois conceitos se combinam para alimentar o mundo de fantasia geralmente associado à internet. A linha entre a realidade e a fantasia frequentemente é difícil de definir para quem usa a internet, e quando comportamentos sexuais estão envolvidos, essa linha se torna ainda mais tênue. A crença de que tudo o que se faz conectado é uma fantasia faz com que os usuários sintam uma maior dissonância cognitiva ao verem seus comportamentos sexuais na internet.

*Nós somos iguais* – No mundo real, existem hierarquias que definem limites claros e ajudam as pessoas a compreenderem as regras e os papéis nos relacionamentos. Entretanto, a internet muitas vezes nega essas hierarquias, não esclarecendo quais são as regras para as interações virtuais. Todos – independentemente de *status*, condição financeira, etnia, gênero ou idade – partem em condições de igualdade.

Além da desinibição virtual, outro conceito usado para descrever as mudanças psicológicas que ocorrem quando a pessoa está conectada é a desindividuação. Esse termo está na literatura da psicologia social desde o início da década de 1970 (Zimbardo, 1970). Desindividuação é se sentir anônimo no próprio ambiente, o que resulta em comportamentos contrários ao padrão comportamental típico da pessoa. Johnson e Downing (1979) concluíram que o anonimato nos faz prestar maior atenção aos estímulos e ao ambiente externo, e menor atenção à autoconsciência e as suas orientações internas. O campo da psicologia de internet aplicou esse conceito ao mundo eletrônico. McKenna e Green (2002) relatam que "quando as pessoas se comunicam por *e-mail* ou participam de outros encontros eletrônicos, como os *newsgroups*, elas tendem a se comportar com menor cerimônia do que fariam numa situação face a face" (p. 61). A desindividuação, combinada com a desinibição virtual, cria uma força poderosa no mundo da internet que leva a pessoa a escrever, falar e se comportar de uma maneira que muitas vezes é ego-distônica em relação às suas interações no mundo real.

Outros propuseram modelos semelhantes para se compreender o comportamento sexual problemático exibido na internet. Young e colaboradores (2000) apresentaram o modelo ACE para explicar esse fenômeno. ACE é um acrônimo para acessibilidade, conveniência e escape. Cooper (1998) sugeriu que o Mecanismo de Triplo A ajuda a explicar a forte atração que compele as pessoas a adotarem comportamentos problemáticos *online*. O Mecanismo de Triplo A é representado por acessibilidade, anonimidade e possibilidade de arcar com os custos (*affordability*). As características comuns desses modelos se centram em torno de quatro temas principais: possibilidade de ser anônimo, facilidade de acessar informações, possibilidade de mergulhar na fantasia e facilidade de escapar de possíveis consequências.

## AVALIAÇÃO DE QUESTÕES DE SEXO VIRTUAL

As seguintes seções tratam das questões que precisam ser consideradas com todos os clientes que podem estar tendo problemas relacionados à internet. Embora a primeira seção não seja especificamente sobre questões relacionadas à internet, as informações que se obtêm com a Avaliação Não Relacionada à Internet podem ser úteis para se compreender as questões subjacentes associadas ao comportamento problemático exibido na internet. A seção sobre Avaliação Global de internet permitirá ao terapeuta identificar e isolar questões específicas relacionadas à internet que precisam ser tratadas como parte do processo de gerenciamento e tratamento desses comportamentos sexuais virtuais problemáticos.

## Avaliação não relacionada à internet

Estima-se que 70% a 100% dos indivíduos que relatam lutar com comportamentos parafílicos ou sexualmente impulsivos também apresentam uma condição comórbida do Eixo I, sendo as mais comuns os transtornos de ansiedade (96%) e transtornos generalizados do humor (71%) (Raymond, Coleman e Miner, 2003). Segundo Carnes (1991), de mil dependentes sexuais autoidentificados, 65 a 80% apresentavam um transtorno adicional do Eixo I. Portanto, a avaliação de transtornos comumente associados é uma parte significativa do processo de avaliação. A literatura indica que transtornos comórbidos incluem depressão, ansiedade, transtornos bipolares, transtornos obsessivo-compulsivos, transtornos de dependência e problemas de atenção (TDA/TDAH) (Kafka e Hennen, 2003; Raymond, Coleman e Miner, 2003). Igualmente, a investigação de transtornos da personalidade subjacentes é crítica para determinar o rumo do tratamento. A detecção desses transtornos depende de uma entrevista clínica abrangente e de uma bateria padrão de testes psicológicos. Partimos do princípio de que os profissionais de ajuda que estão lendo este capítulo terão competência para realizar essa avaliação geral ou encaminharão os clientes para uma avaliação formal.

## Avaliação global de internet

A avaliação do uso sexual que o indivíduo faz de internet geralmente é ignorada quando se faz uma avaliação clínica. Todos os clientes, independentemente de apresentarem o problema, devem ser investigados quanto a possíveis problemas envolvendo a internet. Dado o grande número de pessoas que acessam a internet, cresce o número daquelas que estão lutando com algum aspecto de seu comportamento *online* – sexual ou não. O foco da Avaliação Global de internet é determinar o tipo de comportamento sexual virtual da pessoa, a sua frequência e o impacto disso sobre a sua vida.

Conforme afirmamos anteriormente, é importante lembrar que nem todos os comportamentos de sexo virtual são doentios ou problemáticos (ver Cooper, Delmonico e Burg, 2000). A pergunta fundamental é se o indivíduo passou de um comportamento de sexo virtual sadio para categorias mais problemáticas. Schneider (1994) propôs três critérios básicos que podem ser usados para ajudar a distinguir essas categorias. Eles incluem:

1. perda da liberdade da pessoa escolher parar ou manter o comportamento sexual,
2. manutenção do comportamento apesar de suas consequências negativas e
3. pensamento obsessivo associado ao comportamento sexual.

Além desses critérios, outra coisa que temos de considerar é a interação entre a intensidade dos comportamentos e a sua frequência. A Figura 7.1 oferece uma ilustração visual de como essas duas variáveis podem ser empregadas para se avaliar o nível de impacto que o sexo virtual está tendo sobre a vida da pessoa.

Este gráfico ajuda o profissional a compreender que comportamentos de sexo virtual de baixa-frequência/alta-intensidade podem ter o mesmo impacto sobre a vida do indivíduo que comportamentos sexuais virtuais de alta-frequência/baixa-intensidade. A exposição repetida e frequente a um comportamento sexual exibido na internet, mesmo se considerado pela pessoa como de baixa intensidade, pode ter um impacto e consequências tão significativas quanto comportamentos infrequentes de alto nível de intensidade (pensar obsessivamente ou planejar o comportamento, usar a atividade para fantasiar, etc.). Um instrumento útil quando consideramos não só a frequên-

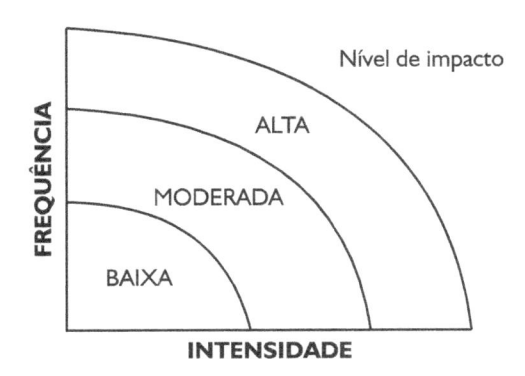

**FIGURA 7.1**
Nível de impacto da atividade de sexo virtual.

cia, mas também o nível de impacto que o comportamento sexual virtual está tendo sobre a vida da pessoa, é o Internet Sex Screening Test (ISST).

## Internet sex screening test

O Internet Sex Screening Test foi desenvolvido como uma ferramenta autoadministrada para ajudar a pessoa a avaliar seu comportamento de sexo virtual (Delmonico e Miller, 2003). É um teste de triagem que dá ao profissional dados básicos sobre se o cliente deve ser avaliado mais profundamente quanto a problemas envolvendo sexo virtual.

O Internet Sex Screening Test consiste em 25 itens específicos e nove itens gerais sobre compulsividade sexual da vida real (*offline*). Delmonico e Miller (2003) relatam que a análise de fator produziu oito subescalas distintas de baixa a moderada fidedignidade de consistência interna (0,51 a 0,86). Essas subescalas incluem o seguinte:

1. *Compulsividade sexual exibida na internet.* Este fator foi desenvolvido para avaliar os três critérios de Schneider previamente mencionados:
    a) perda da liberdade de escolha;
    b) continuação apesar de consequências significativas;
    c) pensamento obsessivo.
2. *Comportamento sexual exibido na internet: social.* Esse fator mede o comportamento sexual virtual que ocorre no contexto de um relacionamento social ou envolve uma interação interpessoal com outros enquanto conectado (por exemplo, salas de bate-papo, *e-mail*, etc.).
3. *Comportamento sexual exibido na internet: isolado.* Esse fator mede o comportamento sexual virtual que acontece com uma interação interpessoal limitada (por exemplo, navegar em *sites* da *web*, baixar pornografia, etc.).
4. *Gastos sexuais realizados na internet.* Esse fator examina a extensão em que os sujeitos gastam dinheiro para sustentar suas atividades sexuais virtuais, e as consequências associadas a esses gastos.
5. *Interesse por comportamentos sexuais da internet.* Esse fator examina o interesse geral por comportamentos sexuais virtuais.
6. *Uso não doméstico do computador.* Esse fator mede a extensão em que os indivíduos usam computadores fora de casa para propósitos sexuais (no trabalho, na casa de amigos, em cibercafés, etc.).
7. *Uso sexual ilegal do computador.* Esse fator examina comportamentos de cibersexo considerados ilegais ou no limite do legal, incluindo baixar pornografia infantil ou explorar uma criança através da internet.

8. *Compulsividade sexual geral.* O fator final faz uma breve triagem da compulsividade sexual na vida real do paciente.

Delmonico e Miller (2003) mencionam uma relação significativa entre a atividade sexual real e virtual. As perguntas sobre esse fator foram adaptadas do Sexual Addiction Screening Test (SAST) (Carnes, 1989). A Figura 7.2 apresenta o ISST, que está disponível, como domínio público, para uso e reprodução. Para mais informações sobre as subescalas e os valores individuais de fidedignidade, ver Delmonico e Miller (2003). O internet Sex Screening Test também pode ser encontrado em forma eletrônica em http://www.internetbehavior.com.

A veracidade do autorrelato dos sujeitos é a grande limitação da maioria dos instrumentos de triagem e isso deve ser levado em consideração. Ao interpretar os resultados do ISST, os profissionais devem usar seu julgamento clínico para avaliar variáveis como honestidade, negação e consciência.

---

Instruções: Leia atentamente cada afirmação. Se ela for mais VERDADEIRA, faça um sinal de conferido (✓) no espaço em branco que antecede o número do item. Se a afirmação for mais falsa, não coloque nada no espaço em branco e passe para o próximo item.

___ 1. Tenho uma lista de *sites* pornográficos registrada no meu computador.
___ 2. Passo mais de cinco horas por semana usando meu computador para propósitos sexuais.
___ 3. Entrei em *sites* pornográficos para ter acesso a material sexual da internet.
___ 4. Comprei produtos eróticos na internet.
___ 5. Procurei material sexual usando uma ferramenta de busca de internet.
___ 6. Gastei mais dinheiro do que planejava em material sexual da internet.
___ 7. O sexo pela internet às vezes interfere em certos aspectos da minha vida.
___ 8. Participei de bate-papos de cunho sexual.
___ 9. Tenho um nome ou apelido sexualizado que uso na internet.
___ 10. Eu me masturbei enquanto estava conectado.
___ 11. Acessei *sites* pornográficos usando outros computadores que não o de casa.
___ 12. Ninguém sabe que eu uso meu computador para propósitos sexuais.
___ 13. Tento esconder o que está em meu computador ou monitor para que ninguém saiba.
___ 14. Fiquei acordado/a até depois da meia-noite para acessar material sexual virtual.

*Continua*

**FIGURA 7.2**
Internet Sex Screening Test.

Continuação

_____ 15. Uso a internet para experimentar diferentes aspectos da sexualidade (submissão, homossexualidade, sexo anal, etc.).
_____ 16. Tenho meu próprio *website* com material sexual.
_____ 17. Já prometi a mim mesmo/a parar de usar a internet para propósitos sexuais.
_____ 18. Às vezes eu uso o cibersexo como uma recompensa por determinada coisa (terminar um projeto, um dia estressante, etc.).
_____ 19. Quando não posso acessar *sites* eróticos, fico ansioso/a, irritado/a ou desapontado/a.
_____ 20. Aumentei os riscos que assumo ao navegar na internet (dar o nome e número do telefone, encontrar pessoas pessoalmente, etc.).
_____ 21. Já me castiguei por ter usado a internet para propósitos sexuais (cortar o tempo no computador, cancelar a inscrição na internet, etc.).
_____ 22. Conheci pessoalmente alguém que encontrei na internet para propósitos românticos.
_____ 23. Faço piadas e insinuações sexuais quando estou conectado.
_____ 24. Encontrei materiais sexuais ilegais enquanto estava conectado.
_____ 25. Acredito que sou dependente de sexo na internet.
_____ 26. Tento, repetidamente, parar certos comportamentos sexuais e não consigo.
_____ 27. Mantenho meu comportamento sexual mesmo que ele já tenha me trazido problemas.
_____ 28. Antes de fazer alguma coisa sexual eu sinto vontade de fazer aquilo, mas depois me arrependo.
_____ 29. Minto frequentemente para esconder meu comportamento sexual.
_____ 30. Acredito que sou dependente de sexo.
_____ 31. Tenho medo de que as pessoas descubram sobre o meu comportamento sexual.
_____ 32. Já me esforcei para parar alguma atividade sexual específica e fracassei.
_____ 33. Escondo dos outros alguns dos meus comportamentos sexuais.
_____ 34. Depois que faço sexo, fico deprimido/a.

**Instruções para a pontuação do Internet Sex Screening Test**

1. Some o número de sinais de conferido do item 1 ao 25. Use a seguinte escala para interpretar o número final.

   *1 a 8* = Você pode ou não ter um problema de comportamento sexual na internet. Você está no grupo de baixo risco, mas se a internet está causando problemas na sua vida, procure um profissional capaz de fazer uma avaliação mais completa.

Continua

**FIGURA 7.2**
Internet sex screening test. (Continuação)

Continuação

**9 a 18** = Você corre o risco de seu comportamento sexual interferir em áreas significativas da sua vida. Se estiver preocupado/a com seu comportamento sexual na internet e tiver percebido que ele está tendo consequências, sugerimos que procure um profissional capaz de avaliá-lo/a melhor e ajudá-lo/a com suas preocupações.

**+ de 19** = Você está no grupo que corre o maior risco de ter áreas importantes da vida (social, ocupacional, educacional, etc.) prejudicadas por seu comportamento. Sugerimos que converse sobre seu comportamento sexual virtual com um profissional capaz de avaliá-lo/a melhor e ajudá-lo/a.

2. Os itens 26 a 34 são uma versão abreviada do Sexual Addiction Screening Test (SAST). Esses itens se referem a um comportamento de dependência sexual geral, não especificamente de sexo virtual. Apesar de não haver um escore de corte calculado para eles, um escore elevado nos itens 1 a 25, associado a um grande número de itens assinalados de 26 a 34, deve ser considerado um risco ainda maior de comportamento de atuação sexual na internet. Por favor, observe: os itens 26 a 34 não devem ser incluídos no cálculo do escore total da parte 1.
3. Nenhum item isolado deve ser visto como um indicador de comportamento problemático. O que se procura é uma constelação de comportamentos, incluindo outros dados, que indique que o cliente está enfrentando problemas sexuais na internet. Por exemplo, não é incomum a pessoa ter *sites* pornográficos listados em seu computador ou já ter procurado algum material de cunho sexual na internet, mas, associado a outros comportamentos, isso pode ser problemático.

**FIGURA 7.2**
Internet sex screening test. (Continuação)

## Internet Assessment Quickscreen

Embora o ISST forneça dados relativamente objetivos sobre o comportamento sexual virtual e a compulsividade sexual fora da internet, esses dados são apenas uma parte das informações que devem ser consideradas pelo terapeuta. Outra técnica menos objetiva, mas extremamente significativa, é a entrevista semiestruturada com o cliente. Para ajudar o terapeuta nessa entrevista específica sobre questões relacionadas ao cibersexo existe o internet Assessment (Delmonico e Griffin, 2005). Esse instrumento é bastante útil, pois muitos terapeutas evitam entrevistas estruturadas em torno de tópicos que conhecem pouco. O sexo virtual e a tecnologia relacionada estão no alto dessa lista.

O Internet Assessment Quickscreen (IA-Q) (ver Figura 7.3) apresenta um resumo básico das questões comuns que os usuários de sexo virtual enfrentam. A entrevista se divide em duas partes. A primeira mede a extensão do conhecimento que a pessoa tem de internet e de seus comportamentos sexuais virtuais. A segunda trata de aspectos sociais, sexuais e psicológicos do comportamento de cibersexo. As perguntas se baseiam em seis dimensões temáticas:

1. *Excitação.* Essa subescala trata dos padrões de excitação que a pessoa busca quando realiza seus comportamentos sexuais na internet (*online*).
2. *Conhecimento tecnológico.* Avaliar quanto o indivíduo entende a tecnologia pode nos ajudar a perceber sua capacidade virtual e a ficar atentos para a possibilidade de que ele esteja sendo desonesto em seu relato.
3. *Risco.* Há muitas razões pelas quais as pessoas se envolvem em sexo virtual, incluindo a adrenalina associada a assumir, no ambiente virtual, mais riscos que o habitual. Esse tema trata dessa questão.
4. *Ilegalidade.* Perguntas sobre esse tema ajudam a identificar indivíduos que podem ter cruzado a linha para comportamentos ilegais – uma consideração importante para o plano de tratamento.
5. *Segredo.* O segredo está frequentemente associado a comportamentos compulsivos, e conforme os comportamentos aumentam em frequência e intensidade, aumenta também seu encobrimento. Esse tema procura avaliar quão secreto se tornou o comportamento virtual da pessoa.
6. *Compulsividade.* Perguntas sobre esse tema ajudam a identificar indivíduos cujos comportamentos parecem compulsivos, impulsionados pela necessidade e ritualísticos. Um alto nível de compulsividade geralmente significa um caso de tratamento mais difícil.

As entrevistas estruturadas são boas na medida em que o entrevistador é bom; portanto, embora o internet Assessment seja um instrumento de autorrelato, o terapeuta experiente e hábil saberá usá-lo para identificar a amplitude e profundidade dos problemas de cada cliente.

Tanto o Internet Sex Screening Test (ISST) quanto o Internet Assessent Quickscreen (IA-Q) tem versões mais completas que fazem parte de um "Cybersex Clinician Resource Kit" (Kit de Recursos do Terapeuta para o Cibersexo) mais completo. As versões ampliadas desses instrumentos podem trazer informações mais detalhadas e úteis para o terapeuta. Para mais informações sobre esse *kit* de recursos, ver http://www.internetbehavior.com.

**Internet Assessment Quickscreen (Forma Q).**
Uma entrevista estruturada para avaliar o comportamento sexual problemático exibido na internet

*Seção I: Conhecimento e comportamento de internet*
1. Nos últimos seis meses, qual foi a média de horas por semana que seu computador ficou conectado à internet? Em média, quantas dessas horas conectadas você passou diante do computador e usou a internet (não necessariamente para propósitos sexuais)?
2. Nos últimos seis meses, quantas horas por semana, em média, você dedicou ativamente ao sexo virtual, incluindo baixar imagens, bate-papo sexual, etc.?
3. Você já postou/trocou algum material sexual na internet? Isso inclui fotos de você mesmo/a, fotos de outras pessoas, histórias sexuais, vídeos, áudio, *blogs* sexuais, perfis sexuais, etc.
4. Você já viu pornografia infantil ou imagens de pessoas que parecem ter menos de 18 anos?
5. Você já tentou se esconder ou esconder os lugares em que esteve conectado (por exemplo, limpar o histórico ou *cache*, usar programas para esconder/limpar seu passos na internet, deletar/renomear arquivos baixados, usar serviços que preservam a anonimidade, usar "navegadores furtivos" (*stealth surfers*), etc.)?
6. Você já teve contatos reais com pessoas (crianças, adolescentes ou adultos) que conheceu na internet (telefonemas, enviar/receber coisas pelo correio, encontros face a face, etc.)?
7. Você já teve algum dos seguintes programas instalados em computadores que usou: *peer-to-peer* (como o Kazaa), *internet relay chat* (como o Mirc), *news reader* (como o FreeAgent), *webcam* (como o PalTalk)?

*Seção II: Social, sexual e psicológica*
8. A sua sexualidade na vida real já foi afetada por seus comportamentos sexuais virtuais?
9. Já houve uma relação entre sua masturbação e comportamentos de sexo virtual?
10. Você já percebeu uma progressão em seu comportamento de assumir riscos (quando conectado ou na vida real) em resultado de seu comportamento de sexo virtual?
11. Você já sofreu consequências ou prejudicou áreas importantes da vida (trabalho, família, amigos) em resultado de seus comportamentos sexuais virtuais?
12. Seu parceiro/sua parceira já se queixou de seu comportamento sexual na internet?
13. Você já se isolou (física ou emocionalmente) da família e dos amigos em resultado de seus comportamentos sexuais virtuais?
14. Você alguma vez percebeu que seus comportamentos sexuais na internet influenciam seu humor, quer positiva quer negativamente?
15. Você já quis parar de usar o sexo na internet, mas não consegue pôr limites nem parar o comportamento?

**FIGURA 7.3**
Internet Assessment Quickscreen (IA-Q).

## Comportamento de agressão sexual virtual

Uma minoria dos indivíduos que se dedicam a comportamentos sexuais virtuais também apresenta comportamentos sexuais ilegais. Esses comportamentos, tipicamente, se limitam a ver, criar ou distribuir pornografia infantil, ou tentar se encontrar com um menor de idade para atividade sexual ao vivo. Se o cliente apresenta algum desses comportamentos, sempre, sem exceção, deve ser realizada uma avaliação de agressão sexual muito completa por um terapeuta qualificado. Uma vez que nem todos os indivíduos que apresentam esse tipo de comportamento são atraídos por crianças, o avaliador pode determinar se o cliente tem interesse por ou se excita com crianças, tem preocupações fora do ambiente virtual relacionadas à agressão sexual ou representa um risco real de agressão sexual. Provavelmente será necessário um encaminhamento se tal avaliação estiver fora da área de perícia do profissional. Para mais informações sobre agressores sexuais *online*, ver Delmonico e Griffin (2008c).

## MANEJO DO COMPORTAMENTO PROBLEMÁTICO DE SEXO VIRTUAL

Tratar as causas subjacentes do sexo virtual problemático vai além do escopo deste capítulo (por exemplo, intimidade, pesar e perda, espiritualidade, depressão, ansiedade). O controle, ou gerenciamento, é o primeiro passo no tratamento do cibersexo problemático e deve ser implementado antes que um tratamento mais prolongado para as causas subjacentes tenha a chance de ser totalmente eficaz.

### Gerenciamento do computador e do ambiente

Existem estratégias básicas que ajudam a controlar e evitar o sexo virtual problemático. Nem todas elas são necessárias para todos os clientes, mas a seguinte lista traz exemplos de comportamentos a serem examinados com os clientes, para sabermos quais seriam as mais eficazes para ajudá-los a controlar seu comportamento sexual virtual. O cliente também precisa se envolver no processo de pensar em coisas que poderiam ser úteis na sua situação específica. Em geral, essas estratégias de gerenciamento de computador/ambiente são mais eficazes com os clientes que estão extremamente motivados, conseguem perceber o impacto negativo de seu comportamento de cibersexo e não apresentam história de comportamento sexual compulsivo. Exemplos de estratégias incluem:

- Assegurar que o computador só seja usado em áreas de trânsito constante de pessoas.
- Limitar os dias e horários de uso (por exemplo, não usar depois das 23h ou nos fins de semana).
- Usar o computador somente quando outras pessoas estiverem por perto (nunca quando estiver sozinho em casa).
- Especificar locais onde é permitido usar a internet (por exemplo, não em hotéis).
- Assegurar que o monitor esteja visível para outras pessoas (como colegas de trabalho).
- Instalar protetores de tela ou fundos de tela com fotos de pessoas importantes (como a família ou a parceira).

Não é realista pensar que os clientes vão parar totalmente de usar a internet; portanto, pequenas mudanças como essas listadas podem ser úteis para ajudá-los a começar a controlar seus comportamentos de sexo virtual.

## Gerenciamento eletrônico

Existem várias soluções de gerenciamento eletrônico que podem ajudar o cliente a controlar seu comportamento de sexo virtual. Elas incluem programas que bloqueiam ou filtram conteúdos e programas de internet, destinados a monitorar o comportamento virtual da pessoa e relatá-lo a uma terceira pessoa.

*Filtros e bloqueios.* Há vários *softwares* que filtram o conteúdo de atividades na internet. A maioria tem o objetivo de proteger as crianças de conteúdos inadequados, mas também podem ser úteis para clientes que estão tentando limitar sua atividade quando conectados. Embora a maioria dos programas possa ser facilmente neutralizada, eles servem como uma linha de frente de proteção para fazer o cliente pensar antes de agir. Para uma listagem completa de *softwares* de filtragem, visite http://internet-filter-review.toptenreviews.com/.

Além de softwares de filtragem, alguns provedores de serviços de internet (*Internet Service Providers*, ISP) fazem uma triagem do conteúdo antes que ele chegue ao computador pessoal. Apesar de isso ser mais difícil de desabilitar, oferece bem menos flexibilidade em termos da especificação dos conteúdos e atividades a serem filtrados. Para encontrar esses provedores, busque no Google *filtered ISP*.

*Monitoramento do computador.* Softwares de monitoramento rastreiam o uso que a pessoa faz do computador e geram um relatório que pode ser visto por uma terceira pessoa. *Softwares* de bloqueio podem ser combinados com *softwares* de monitoramento, o que permite, além da filtragem de conteúdos, o monitoramento da atividade virtual. A pessoa a quem o cliente vai prestar contas pode ser um amigo, membro do grupo, padrinho ou outro indivíduo responsável, mas não deve ser o cônjuge nem a parceira; quando o cônjuge é escolhido como a pessoa responsável, isso geralmente se reflete em uma dinâmica negativa no relacionamento. Uma lista dos melhores *softwares* de monitoramento, assim como uma revisão de cada um, é encontrada em http://www.monitoringadvisor.com/.

Como dissemos previamente, há muitas maneiras de acessar a internet, e quando pensamos em opções de filtros e monitoramento, é importante lembrar os aparelhos portáteis que permitem o acesso à internet (telefones celulares, *BlackBerry, smart phone*, Xbox 360, etc.). Embora seja difícil gerenciar esses aparelhos portáteis, agora já existe *softwares* de filtragem para telefones celulares (ver http://www.mobicip.com) e outros aparelhos portáteis. Um aspecto importante do gerenciamento é simplesmente saber que esses aparelhos existem e discutir com o cliente como usá-los apropriadamente.

### Políticas de uso aceitável

A maioria das pessoas pensa sobre políticas de uso aceitável (AUP, *acceptable use policy*) em termos de como podem ser aplicadas ao gerenciamento do uso que os funcionários fazem de internet no ambiente de trabalho. Mas as AUP são uma ferramenta eficaz na prática clínica para o manejo das pessoas que estão lutando com seus comportamentos sexuais virtuais. Já não é possível dizer às pessoas que não usem a internet, de modo que o terapeuta deve ajudar seu cliente a estabelecer limites claros. Com a cooperação do cliente podemos criar uma AUP personalizada que inclua diversos aspectos, como a hora do dia, número de horas conectadas, tecnologias proibidas, e uso de *software* de filtragem e monitoramento. Delmonico e Griffin (2008b) escreveram um artigo detalhado sobre como o profissional pode trabalhar com famílias para criar AUP para crianças, adolescentes e adultos. Esses conceitos podem ser facilmente adaptados para indivíduos que lutam com seus comportamentos sexuais virtuais. Os profissionais que desejarem criar uma AUP com seus clientes devem ler o artigo de Delmonico e Griffin.

## INTEGRANDO AVALIAÇÃO E GERENCIAMENTO

Este capítulo apresentou maneiras de avaliar e controlar o indivíduo com problemas relacionados ao sexo virtual. Conforme os terapeutas mais experientes sabem, essas duas áreas não são mutuamente exclusivas; a avaliação deve orientar e dirigir o plano de tratamento e, nesse caso, o processo de gerenciamento.

Ao concluir uma avaliação abrangente, o terapeuta deve ter:

- Informações sobre a relação entre frequência e intensidade do comportamento sexual virtual do indivíduo.
- Um escore global do Internet Sex Screening Test e os valores de corte para determinar se o cibersexo é um problema significativo para o cliente.
- Um escore de subescala do Internet Sex Screening Test para ajudar a determinar se o indivíduo apresenta sinais de comportamento sexualmente compulsivo na vida real.
- As respostas da entrevista clínica semiestruturada, para ajudar a avaliar comportamentos problemáticos associados aos seguintes temas: tipos de excitação, nível de habilidade e conhecimento da tecnologia, comportamentos de risco quando conectado à internet, comportamentos ilegais, nível de segredo e nível de compulsividade exibida na rede mundial.

Além desses resultados do protocolo de avaliação da tecnologia específica envolvida, o terapeuta também precisa levar em conta informações obtidas na entrevista sociopsicossexual realizada como parte do plano completo de avaliação. Com base nas informações obtidas, o profissional deverá ser capaz de fazer um julgamento clínico referente ao nível de controle ou gerenciamento necessário para cada cliente. Por exemplo, um cliente que demonstra níveis significativos de compulsividade em todas as áreas (frequência e intensidade, ISST, Internet Assessment, etc.) provavelmente precisa de níveis significativos de gerenciamento de computador/ambiente, tratamento mais prolongado e mais intenso, e uma avaliação completa para o uso de medicações no tratamento, diferentemente do cliente com um escore apenas moderado no ISST, que relata somente alguma dificuldade em controlar a frequência e intensidade de seu comportamento sexual quando conectado. Este último indivíduo provavelmente se beneficiaria de algumas das técnicas de gerenciamento de computador/ambiente apresentadas acima, em combinação com terapia individual ou de grupo por um tempo breve. Esses são dois exemplos simplificados. Em geral, esses casos são bem mais complexos e frequentemente envolvem condições comórbidas que complicam o plano de tratamento.

Transtornos comórbidos como ansiedade, depressão, déficit de atenção e outros diagnósticos do Eixo I e II geralmente tornam bem mais complicada a questão do tratamento das compulsões de cibersexo. A consulta com um psiquiatra experiente em problemas de dependência e sexo é crítica para o processo de tratamento, uma vez que os compulsivos não costumam responder bem ao gerenciamento ou tratamento se essas questões comórbidas não forem tratadas.

A medicação pode ser um componente crítico para manejar e tratar as condições comórbidas descobertas no processo de avaliação. As melhores técnicas de tratamento e gerenciamento serão ineficazes se houver um desequilíbrio químico associado ao comportamento de cibersexo.

As atuais pesquisas sobre o uso de medicação para tratar a compulsividade sexual concluem que a medicação pode ajudar a tratar as condições comórbidas que frequentemente acompanham o comportamento sexual problemático (depressão, ansiedade, problemas obsessivo-compulsivos) (Kafka, 2000). Apesar de não haver muitas pesquisas confirmando que essas medicações são úteis para os compulsivos em sexo virtual, a experiência dos terapeutas mostra bons resultados com medicações como inibidores seletivos de recaptação de serotonina (ISRS) (Kafka, 2000); inibidores da recaptação de serotonina e norepinefrina (IRSN) (Karim, 2009); e bloqueadores de opiáceos (naltrexona) (Raymond, Grant, Kim e Coleman, 2002). Embora as medicações possam ser úteis em todos os casos de sexo virtual, elas são especialmente úteis nos casos de compulsividade grave. Por isso, repetimos: a consulta com um psiquiatra experiente nessas questões é crítica para o processo de gerenciamento do sexo virtual.

## JOVENS CONECTADOS

Este capítulo focalizou principalmente a avaliação e o manejo de adultos que lutam com seus comportamentos sexuais exibidos na internet. Embora nosso espaço seja limitado, seria negligência não mencionar as questões de comportamento sexual problemático exibido na internet envolvendo os jovens.

Os predadores de sexo virtual são comumente apresentados na mídia como o grande risco para as pessoas jovens que estão conectados. Entretanto, o maior risco que elas correm é a falta de conhecimento e supervisão adulta de seu comportamento virtual, combinada com questões desenvolvimentais (comportamentos de assumir riscos, curiosidade sexual, tomada de decisões, solução de problemas, etc.) comuns à maioria. Wolak, Finkelhor, Mitchell e Ybarra (2008) descobriram que certos comportamentos virtuais dos jovens aumentam o risco de serem explorados sexualmente.

- Interagir com pessoas desconhecidas.
- Ter pessoas desconhecidas em listas de "amigos".
- Usar a internet para fazer comentários grosseiros ou desagradáveis.
- Enviar informações pessoais para pessoas estranhas conhecidas através da internet.

- Baixar imagens de programas de compartilhamento de arquivos.
- Visitar intencionalmente *sites* eróticos para adultos.
- Usar a internet para constranger ou importunar pessoas.
- Conversar virtualmente sobre sexo com pessoas desconhecidas.

As pesquisas enfatizam que esses comportamentos estão associados à exploração sexual – mas também é possível que aumentem o risco de o jovem desenvolver um comportamento sexualmente compulsivo na internet. Embora os programas de prevenção e segurança na internet estejam mais disseminados, seu foco geralmente é no predador sexual e não em como os jovens podem criar problemas para si mesmos (pornografia virtual, troca de textos de cunho sexual, importunar pessoas quando conectados, etc.). Delmonico e Griffin (no prelo) discutem essas limitações dos programas de segurança e prevenção e sugerem maneiras mais efetivas de proteger os jovens de problemas sexuais virtuais.

Os adolescentes passam em média sete horas por dia expostos a variadas tecnologias (telefone celular, internet, jogos, etc.) (Rideout, Foehr e Roberts, 2010). Dada a frequência da exposição ao mundo virtual da internet, é essencial que os terapeutas avaliem o possível impacto que esse meio está tendo sobre a vida das crianças e dos adolescentes. A questão de internet (e outras formas de mídia) deve ser tratada com todos os jovens, independentemente dos problemas apresentados. Não é raro que algum problema apresentado seja exacerbado pelo uso da mídia. Instrumentos como o internet Sex Screening Test – Adolescents (ISST-A) (Delmonico e Griffin, 2008a) podem ser úteis na entrevista clínica sobre o comportamento virtual de crianças e adolescentes.

As estratégias de manejo apresentadas neste capítulo podem ser úteis tanto para adultos quanto para adolescentes. Os jovens costumam conhecer melhor a tecnologia, e podem requerer uma supervisão adicional de seus comportamentos quando conectados. Os adultos precisam ter maior consciência da necessidade de supervisionar os adolescentes *online* e não se intimidar com isso. Quanto mais cedo começarem as técnicas de gerenciamento, mais efetivos serão os resultados. Conversar com a criança desde cedo (já na pré-escola e depois) é a estratégia mais eficaz para desenvolver uma boa comunicação e uma supervisão aberta de seu posterior comportamento na internet.

## CONCLUSÕES

Este capítulo pretende ser uma introdução para os profissionais que ainda sabem muito pouco sobre como avaliar e lidar com pessoas que apresentam problemas de comportamento relacionados ao sexo virtual. As tecnologias mais recentes incluem apetrechos sexuais que são conectados ao computador e permitem interações sexuais com parceiros de internet. Vibradores, vaginas simuladas e outros brinquedos eróticos podem ser controlados por parceiros reais em salas de bate-papo; vídeos podem ser programados para manipular o brinquedo sexual e introduzi-lo no cenário retratado na tela via conexão. Não sabemos como essas tecnologias influenciarão o desenvolvimento sexual e os relacionamentos sexuais no futuro; entretanto, sabemos que as pessoas continuarão apresentando problemas sexuais virtuais. Também não está claro o impacto que a exposição precoce a material e atividades sexuais da internet terá sobre as crianças e os jovens de hoje. Os terapeutas precisam se comprometer e aprender mais sobre essas questões e sua influência sobre as pessoas e os relacionamentos. Como introdução ao assunto, o capítulo forneceu um resumo de conceitos críticos relacionados ao entendimento, avaliação e gerenciamento de indivíduos que apresentam comportamentos problemáticos exibidos na internet.

# REFERÊNCIAS

Carnes, P. J. (1989). *Contrary to love*. Center City, MN: Hazelden Educational Publishing.

Carnes, P. J. (1991). *Don't call it love*. Center City; MN: Hazelden Educational Publishing.

Cooper, A. (1998). Sexuality and the Internet: Surfing into the new millennium. *CyberPsychology & Behavior, 1*(2), 181-187.

Cooper, A., Delmonico, D. L., & Burg, R. (2000). Cybersex users, abusers, and compulsives: New findings and implications. *Sexual Addiction & Compulsivity: The Journal of Treatment and Prevention. 7*(1-2). 5-30.

Delmonico, D. L., & Griffin, E. J. (2005). *Internet assessment: A structured interview for assessing online problematic sexual behavior.* Unpublished instrument, Internet Behavior Consulting.

Delmonico, D. L., & Griffin, E. J. (2008a). Cybersex and the e-teen: What marriage and family therapists should know. *Journal of Marital and Family Therapy, 34*(4), 431-444.

Delmonico, D. L., & Griffin, E. J. (2008b, Fall). Setting limits in the virtual world: Helping families develop acceptable use policies. *Paradigm Magazine for Addiction Professionals, 12-13,* 22.

Delmonico, D. L., & Griffin, E. J. (2008c). Sex offenders online. In D. R. Laws & W. O'Donohue (Eds.). *Sexual deviance* (2nd ed.). New York: Guilford Press.

Delmonico, D. L., & Griffin, E. J. (in press). Myths and assumptions of Internet safety programs for children and adolescents. In K. Kaufman (Ed.). *Preventing Sexual Violence: A Sourcebook.*

Delmonico, D. L., & Miller, J. A. (2003). The Internet sex screening test: A comparison of sexual compulsives versus non-sexual compulsives. *Sexual and Relationship Therapy, 18*(3), 261-276.

Family Safe Media. (2010). Pornography statistics. Retrieved January 25, 2010, from http://www.familysafemedia.com/pornography_statistics.html

Johnson, R. D., & Downing, L. L. (1979). Deindividuation and valence of cues: Effects on prosocial and antisocial behavior. *Journal of Personality and Social Psychology , 37,* 1532-1538.

Kafka, M. P. (2000). Psychopharmacological treatments for non-paraphilic compulsive sexual behavior: A review. *CNS Spectrums, 5,* 49-50, 53-59.

Kafka, M. P., & Hennen, J. (2003). Hypersexual desire in males: Are males with paraphilias different from males with paraphilia related disorders? *Sexual Abuse: A Journal of Research and Treatment, 15,* 307-321.

Karim, R. (2009). Cutting edge pharmacology for sex addiction: How do the meds work? A presentation for the Society for the Advancement of Sexual Health, San Diego, California.

McKenna, K. Y. A., & Green, A. S. (2002). Virtual group dynamics. *Group Dynamics: Theory, Research, and Practice, 16*(1),116-127.

Raymond, N. C., Coleman, E., & Miner, M. H. (2003). Psychiatric comorbidity and compulsive/impulsive traits in compulsive sexual behavior. *Comprehensive Psychiatry, 44,* 370-380.

Raymond, N. C., Grant, J. E., Kim, S. W., & Coleman, E. (2002). Treating compulsive sexual behavior with naltrexone and serotonin reuptake inhibitors: Two case studies. *International Clinical Psychopharmacology , 17,* 201-205.

Rideout, V. J., Foehr, U. G., & Roberts, D. F. (2010). Generation $M^2$: Media in the lives of 8- to 18-year-olds. Retrieved January 26, 2010, from http://www.kff.org/entmedia/mh01201 Opkg.cfm

Schneider, J. P. (1994). Sex addiction: Controversy within mainstream addiction medicine, diagnosis based on the *DSM-III-R* and physician case histories. *Sexual Addiction and Compulsivity: Journal of Treatment and Prevention, 1*(1), 19-44.

Suler, J. (2004). The online disinhibition effect. *CyberPsychology & Behavior, 7,* 321-326

Wallace, P. (1999). *The psychology of the Internet.* New York: Cambridge University Press.

Wolak, J., Finkelhor, D., Mitchell, K. J., & Ybarra, M. L. (2008). Online "predators" and their victims: Myths, realities, and implications for prevention and treatment. *American Psychologist, 63*(2),111-128.

Young, K. S., Griffin-Shelley, E., Cooper, A., O'Mara, J., & Buchanan, J. (2000). Online fidelity: A new dimension in couple relationships with implications for evaluation and treatment. *Sexual Addiction & Compulsivity: The Journal of Treatment and Prevention, 7*(1-2), 59-74.

Zimbardo, P. (1970). The human choice: Individuation, reason, and order versus deindividuation, impulse, and chaos. In W. J. Arnold & D. Levine (Eds.), *Nebraska symposium on motivation* (Vol. 17, pp. 237-307). Lincoln: University of Nebraska Press.

# Parte II
# Psicoterapia, tratamento e prevenção

# 8

# As propriedades de dependência do uso de internet

DAVID GREENFIELD

Muitos estudos confirmaram a existência de um uso compulsivo ou dependente de internet (Aboujaoude, Koran, Gamel, Large e Serpe, 2006; Chou, Condron e Belland, 2005; Greenfield, 1999a; Shaw e Black, 2008; Young, 2007). Young (1998a) foi a primeira a descobrir que o uso excessivo de internet por razões não acadêmicas e não profissionais estava associado a efeitos prejudiciais sobre o desempenho acadêmico e profissional. Greenfield (1999b) descobriu que aproximadamente 6% das pessoas que usam a internet parecem fazê-lo compulsivamente, muitas vezes com consequências negativas sérias. Entretanto, ainda há muitas perguntas a serem respondidas antes de chegarmos a uma nosologia apropriada para rotularmos os efeitos do abuso de internet. Embora o termo da mídia mais popular atualmente pareça ser *dependência de internet*, outros termos utilizados incluem transtorno de dependência de internet, uso patológico de internet, abuso de internet, comportamento possibilitado pela internet, uso compulsivo de internet, compulsão de mídia digital e dependência virtual (Greenfield, 1999c). Essa lista não inclui todos os termos empregados, mas serve para ilustrar a complexidade que enfrentamos atualmente de dar um nome a esse fenômeno clínico.

Talvez os nomes mais exatos até o momento sejam *comportamento compulsivo possibilitado pela internet* ou *compulsão de mídia digital*, pois muitos comportamentos anteriormente associados apenas à internet foram agora incorporados a muitos dos aparelhos digitais mais recentes, tais como os assistentes pessoais digitais (PDAs, *personal digital assistants*), iPhones, *BlackBerries*, MP3 *Players*, aparelhos de jogos de mesa/portáteis e *smart phones* conectados à internet, assim como computadores de mesa, *laptops* e *netbooks*. Os fatores psicológicos básicos que explicam a natureza adictiva de internet se aplicam principalmente a essas tecnologias inter-relacionadas. Uma vez que a área da internet e da tecnologia de mídia digital está mudando rapidamente, deixamos claro que quando nos referimos à internet incluímos todas as tecnologias digitais possibilitadas pela internet. A linha que define uso e abuso de internet começou a ficar indistinta, no sentido de que muitas tecnologias de mídia e entretenimento utilizam a internet ou o acesso a ela e, portanto, compartilham muitos dos elementos adictivos que discutimos neste capítulo.

Por uma questão de simplicidade, usaremos em todo o capítulo o termo *dependência de internet*, e pode ser inferido que todos os aparelhos de mídia digital estão incluídos nessa classificação. Com relação à dependência de internet, continuaremos buscando uma terminologia apropriada. Esclarecimentos adicionais são necessários para refletir o fenômeno psicofisiológico dos padrões de sintomas da dependência de internet e para refletir com maior exatidão o que acontece em termos comportamentais e fisiológicos no abuso de internet e da tecnologia de mídia digital.

## ASPECTOS DE DEPENDÊNCIA DO USO DA INTERNET

A internet não é algo completamente novo. Não é novo porque não é a primeira atividade facilmente acessível, barata, capaz de distorcer o tempo, interativa, anônima e prazerosa à qual fomos expostos. O que é novo, todavia, é a intensidade, acessibilidade e disponibilidade com que todas essas características são utilizadas nas tecnologias possibilitadas pela internet. Para esse fim, a maioria das atividades (comportamentos) e substâncias que produzem efeitos prazerosos tende a ser repetida. A consequência de um comportamento ser positivamente reforçado é o que torna provável que ele seja repetido. O reforço positivo ocorre quando a presença de um reforço aumenta a probabilidade da resposta antecedente (Schwartz, 1984). Esse padrão segue princípios básicos de condicionamento operante (Ferster e Skinner, 1957). É muito natural que as pessoas aumentem o uso (e daí o abuso) de internet devido à sua natureza prazerosa e estrutura de reforço; essa estrutura de reforço será discutida com detalhes mais adiante no capítulo.

O neurotransmissor que parece estar mais associado à experiência de prazer é a dopamina; sabemos, depois de anos de pesquisa, que drogas, álcool, jogos de azar, sexo, comida e até mesmo o exercício físico envolvem mudanças nesse neurotransmissor (Hartwell, Tolliver e Brady, 2009). Em essência, nos tornamos dependentes do intermitente e imprevisível fluxo de dopamina que passa a ser classicamente associado à substância ou comportamento que utilizamos. É aqui que a internet se encaixa.

No caso do abuso ou dependência de substâncias ou álcool estão presentes outros fatores, incluindo intoxicação fisiológica, tolerância e abstinência.

Também sabemos que o abuso de drogas ou álcool traz resultados fisicamente prejudiciais. A internet compartilha algumas dessas características, mas não todas, e apresenta alguns aspectos novos e exclusivos. No caso da dependência de internet podemos ver aspectos de tolerância e abstinência com concomitante desconforto físico (principalmente na forma de sintomas semelhantes aos de ansiedade ou irritabilidade elevada) quando os pacientes interrompem ou alteram seus padrões de uso. Muitos pacientes relatam esses sintomas de abstinência quando descontinuam ou diminuem o uso de internet e de outras tecnologias de mídia digital; frequentemente, esses sintomas e reações são confirmados por membros próximos da família e amigos.

Antes de discutirmos mais profundamente a dependência de internet, convém examinarmos alguns construtos gerais de dependência. O termo *adicção* já não costuma ser usado na nomenclatura psiquiátrica, psicológica ou das adicções. Em vez dele, os termos mais aceitos agora são *abuso* e *dependência*, com o último assinalando aspectos de tolerância e abstinência, juntamente com outros marcadores de habituação fisiológica. Para satisfazer os critérios de algo muito semelhante a uma dependência de substância, precisa haver:

1. um comportamento que produz intoxicação/prazer (com a intenção de alterar o humor e a consciência),
2. um padrão de uso excessivo,
3. um impacto negativo ou prejudicial em uma esfera importante da vida e
4. a presença de aspectos de tolerância e abstinência.

Há outros marcadores, mas estes são os mais significativos, comparáveis ao jogo compulsivo ou a outros transtornos do controle dos impulsos (Young, 1998b).

Independentemente do nome dado ao problema, parece haver algumas características centrais que representam essa síndrome clínica. O ponto principal do padrão *dependente* ou *compulsivo* envolveria não apenas a presença de tolerância (exigindo mais tempo de conexão, graus maiores ou variados de conteúdo estimulante, ou uso mais frequente), como também a presença de alguma forma de padrão de abstinência. Esse padrão de abstinência envolve um estado de maior excitação e desconforto psicológico e fisiológico quando separado de internet. Esses comportamentos foram constatados tanto por observação objetiva quanto pelo relato subjetivo de muitos pacientes.

Outro critério importante envolve usar a internet para propósitos psicoativos ou intoxicantes, de modo a alterar o humor ou a consciência. Com relação à internet, há dois componentes intoxicantes. O primeiro é a elevação da dopamina ou *actual hit*, e o segundo é a intoxicação, na forma do desequilíbrio ou evitação no restante da vida da pessoa. Isso se manifestaria como um impacto em uma ou mais esferas importantes da vida (relacionamentos, trabalho, desempenho acadêmico, saúde, finanças ou situação legal). Se o uso de internet não está influenciando nenhuma área importante da vida, provavelmente não constitui um problema que mereceria ser chamado de dependência. Muitas pessoas não abusam dessas tecnologias a ponto de sofrer consequências sérias, mas passam a experienciar um *desequilíbrio de vida*. É importante que isso seja salientado: mesmo que a dependência de internet não seja diretamente uma *dependência capaz de causar lesão estrutural*, a maioria dos efeitos prejudiciais se deve aos desequilíbrios criados pelo tempo excessivo gasto com a tecnologia.

## Desejo de parar, incapacidade de parar, tentativas (*attempts*) de parar e recaída (DIAR)

Um algoritmo simples de critérios de dependência bastante útil é o DIAR (Greenfield, 2009), que representa o *desejo* de parar, a *incapacidade* de parar, tentativas (*attempts*) de parar e a *recaída* no padrão prévio de uso. É esse o padrão que observamos em muitas, se não na maioria, das dependências. O DIAR é um notável marcador de dependência de internet, juntamente com os marcadores de tolerância e abstinência.

## TOLERÂNCIA E ABSTINÊNCIA

Block (2007, 2008) sugere incluir a dependência de internet na categoria do espectro de transtornos compulsivo-impulsivos e defende sua inclusão na próxima revisão do *Manual diagnóstico e estatístico* (*DSM*) da APA, em parte porque um dos fatores mais notáveis na maioria das dependências, de qualquer tipo, é a presença de tolerância e abstinência. Está bem documentado que muitas, se não a maioria, das dependências de substâncias envolve um grau de tolerância fisiológica e psicológica a níveis preestabelecidos de consumo; juntamente com a tolerância, é tipicamente encontrada alguma forma de abstinência psicológica ou fisiológica (Young, 1998b). O resultado final é que a dependência de internet será incluída no apêndice do DSM-V para estudos adicionais.

Na dependência de substâncias, a tolerância acaba levando a sintomas de abstinência fisiológicos e psicológicos quando o uso da substância diminui ou é interrompido. O paciente geralmente sente uma combinação de sintomas físicos desconfortáveis (que às vezes põem em risco a sua vida), juntamente com um desconforto psicológico significativo, incluindo ansiedade, irritabilidade, labilidade emocional e alterações de humor e comportamento.

Na dependência de internet há algumas variações singulares na experiência de tolerância e abstinência. Na tolerância, há diversos fatores no consumo (uso) de internet e outras tecnologias de mídia digital que parecem imitar o que ocorre nas dependências de substâncias. O potencial de dependência de uma substância é aumentado pela rapidez de sua absorção pela corrente sanguínea; parece, também, que o rápido acesso e a curta latência entre clicar e receber imagens, sons e outros conteúdos digitais aumentariam o potencial de dependência de internet. A alta velocidade com que surge a imagem ou o conteúdo desejado parece aumentar sua natureza adictiva – aumentando assim o grau dos sintomas de abstinência.

Os sintomas de abstinência parecem variar dependendo do indivíduo, mas a abstinência de internet quase sempre inclui um grau de protesto verbal quando a tecnologia é removida, especialmente se a dita remoção é feita por um dos pais ou uma pessoa amada. Tipicamente, esses protestos incluem explosões de forte emoção, frustração, sentimento de perda, separação, intranquilidade e o sentimento de que falta alguma coisa. Às vezes, podem ocorrer expressões físicas de raiva e manipulação, coação ou chantagem. O padrão dominante de sintoma parece ser o de ansiedade (Young, 1998b). Pode haver desobediência; isso é frequentemente observado em crianças e adolescentes cujos pais removeram a tecnologia. Na verdade, há muitos relatos de crianças e adolescentes que se tornaram física ou verbalmente violentos quando foram proibidos de usar a internet.

Outros sintomas de abstinência incluem aumento de ansiedade, raiva, depressão, irritabilidade e isolamento social. A dificuldade, em relação à experiência de abstinência de internet e outras tecnologias de mídia digital, é que é quase impossível atingir um nível de abstinência total. A vida moderna impede isso. A abstinência como resultado desejado, que geralmente é o objetivo no tratamento do abuso de álcool e substâncias, não é uma probabilidade prática na dependência de internet. Em vez disso, o que se espera atingir é um padrão de uso moderado. Esse padrão moderado foi chamado de *usar o computador de forma consciente* (Greenfield, 2008). Usar o computador com consciência significa desenvolver e integrar um uso saudável de internet e da tecnologia de mídia. Esse conceito foi primeiramente observado nas numerosas organizações beneficentes alemãs que instruíram o público e lançaram materiais de prevenção sobre comportamentos saudáveis de uso do computador. Um padrão moderado permite um maior grau de autocontrole consciente e uso equilibrado, e é esse uso consciente que permite o maior autocontrole e uso equilibrado.

Os objetivos do tratamento, então, passam a ser a educação e a prevenção, para ajudar a restabelecer (dentro de limites razoáveis) um padrão de uso moderado. O uso consciente e a autoconsciência são o processo crítico pelo qual essa mudança acontece. Tais mudanças comportamentais não são obtidas facilmente, e deixaremos que os capítulos sobre estratégias de tratamento examinem melhor esse processo.

## FATORES NEUROQUÍMICOS

Atualmente, há muitas pesquisas (Hollander, 2006) sobre o impacto da elevação da dopamina e outros neurotransmissores no ciclo de dependência; há pesquisas mais específicas sobre o cérebro, com o uso de imagens de ressonância magnética funcional (fMRI), demonstrando claras mudanças neurofisiológicas na dependência virtual. Novos estudos descobriram que o substrato neural de urgência e fissura induzido por estímulos de jogos na dependência virtual é semelhante à fissura induzida pelo estímulo no abuso de substâncias (Chih-Hung et al., 2009). Então, parece que a dependência na verdade seria dos níveis elevados de dopamina no cérebro, não simplesmente da substância ou do comportamento. É essa elevação de dopamina que o usuário pesado de internet se habitua (Arias-Carrión e Pöppel, 2007). Em essência, a carga de intoxicação que a pessoa recebe ao usar a internet ou outras tecnologias de mídia digital ajuda a acionar o que classificamos como dependência. Muitos comportamentos prazerosos se tornam adictivos, e já que a internet e outras tecnologias de mídia digital produzem experiências significativas de prazer de acordo com essa teoria, o seu uso pode produzir ou conter um potencial de dependência.

A questão do diagnóstico da dependência de internet é muito mais simples quando percebemos que há alteração do humor e da consciência com o uso ou abuso de internet e de outras tecnologias de mídia digital. Essa mudança de humor prazeroso aumenta a probabilidade de uso e abuso. O nexo de um ciclo de comportamento de dependência é que ações que dão prazer são seguidas pela intoxicação (dopamina elevada). Essa elevação da dopamina é então seguida por um padrão de dependência, que traz consequências negativas para a vida (incluindo vergonha e culpa); esse padrão de consequências aumenta o desejo de alterar o humor e a consciência em busca de um amortecimento psíquico, uma automedicação, facilitando assim o uso e abuso posteriores.

## A ATRATIVIDADE DA MÍDIA DIGITAL

A seguir apresentamos uma compilação dos fatores que parecem ser característicos do potencial de dependência de internet e de outras tecnologias de mídia digital (Greenfield, 1999b). Os cinco principais fatores que tornam atraente a mídia digital são:

1. Fatores de conteúdo
2. Fatores de processo e acesso/disponibilidade
3. Fatores de reforço/recompensa
4. Fatores sociais
5. Fatores da Gen-D

## Fatores de conteúdo

Na internet há uma superabundância de conteúdos extremamente estimulantes (adictivos). A maior parte desses conteúdos não é exclusiva de internet. Os aspectos mais adictivos de internet hoje, em termos da porcentagem de pessoas que precisam de tratamento clínico, são o conteúdo sexual e os jogos de vídeo ou computador. O abuso dessas duas áreas de conteúdo não é novo nem se limita à internet; entretanto, quando são acessadas pela internet, ocorre um processo de sinergia pelo qual o potencial de dependência dessas áreas de conteúdo é significativamente aumentado. Quando o conteúdo é consumido virtualmente e através de outras tecnologias de mídia digital, ele se torna, essencialmente, a matéria-prima psicoativa da dependência. Sabemos que o meio virtual, em si, tem propriedades que aumentam a dependência e que o conteúdo consumido na internet costuma ser divertido e desejável. Os conteúdos mais comuns consumidos incluem música, informação, esportes, compras, notícias financeiras e outras, jogos de azar, jogos, conteúdo sexual, e assim por diante. Muitas, se não a maioria, dessas áreas de conteúdo são inerentemente prazerosas; jogos, apostas, compras e sexo talvez estejam no topo da lista, e sabemos que há muito tempo são excessivamente usadas, abusadas e podem envolver dependência (Young, 1998a).

Com o advento da tecnologia de internet, a possibilidade de acessar fácil e frequentemente esses conteúdos aumentou muito seu potencial de dependência. Se o conteúdo é a matéria-prima, o *meio de internet* é a seringa psicológica que introduz o conteúdo no nosso sistema nervoso para que seja consumido. Nunca houve um *input* mais eficiente e direto em nossa mente e sistema nervoso do que a internet. Agora, com o advento e a proliferação de conexões de alta velocidade e aparelhos móveis de internet como os *smart phones*, PDAs, iPhones, *BlackBerries* e muitos outros portáteis, a acessibilidade aumentou ainda mais.

Até os iPods e outros MP3 *players* estão atualmente ligados à internet. A facilidade de acesso à internet, de qualquer lugar, torna o usuário uma parte da rede de internet em si. As pessoas, literalmente, se tornaram nodos em um vasto sistema de rede impessoal, e esse sistema agora é móvel e portátil. A mobilidade do atual acesso à internet se baseia no nosso desejo de conveniência e de um senso de liberdade e escolha; é esse desejo que alimenta a ilusão de que maior acesso e oportunidade equivalem a um estilo de vida melhor/mais feliz – de que mais é melhor. Mas isso é um paradoxo. Parece que quanto mais escolhas temos, menos sadios nos tornamos. Quanto mais escolhas temos, maior o nosso estresse (Weissberg, 1983). Observamos esse mesmo fenômeno com a disponibilidade de inúmeras escolhas de produtos alimentares. Mais simplesmente não é melhor.

A disponibilidade e a variedade de conteúdos previamente inacessíveis, ilegais ou difíceis de encontrar aumentam consideravelmente a atratividade de internet. Encontrar o que queremos, em especial se for uma coisa difícil de achar, é muito excitante. Além disso, a ausência de adiamento da gratificação na possibilidade de acessarmos esses conteúdos potentes e difíceis de encontrar torna a internet muito mais compelidora. "Deus em uma caixa" (Greenfield, 2007) é um termo empregado em algumas discussões do uso de internet. Parece quase uma experiência mágica ter um pensamento, uma curiosidade ou um desejo e simplesmente clicar e se deparar com a transformação quase instantânea do pensamento em realidade. Isso também captura o nível quase divinizado de adoração que a internet e outras tecnologias digitais provocam. Na internet, o limiar que cruzamos é muito estreito e fácil de atravessar, e do outro lado desse limiar está o conteúdo mais estimulante do mundo. É nisso que reside grande parte do poder e da potência de internet.

## Fatores de processo e acesso/disponibilidade

Poder sentir o próprio poder (estendido e ampliado graças à internet) ao experienciar uma fantasia ou encenar uma *persona* é extremamente inebriante. A experiência de encenar uma fantasia sexual com a relativa *facilidade, desinibição* e *anonimidade* possibilitadas pela internet é muito poderosa (Cooper, Delmonico e Burg, 2000; Greenfield e Orzack, 2002). Jogos entre múltiplos jogadores, que utilizam a internet para interatividade social e lúdica, parecem ser ainda mais adictivos quando eles utilizam a plataforma de internet. A maioria dos jogos na internet acrescenta outros elementos bastante atrativos, como interação social, competição em tempo real, desafios, realização, hierarquia social e conteúdo estimulante – juntamente com um esquema de recompensa variável muito sofisticado. O conteúdo do jogo em si pode ser muito estimulante e adictivo, mas quando combinado com a modalidade de internet o efeito sinérgico parece produzir uma experiência adictiva ainda mais forte.

A internet opera com um alto grau de imprevisibilidade e novidade, e é essa imprevisibilidade que facilita a sua natureza compelidora.

Grande parte do nosso padrão de uso de internet opera num nível subconsciente – bem abaixo da consciência; é esse uso automatizado que sustenta um grau significativo de distorção do tempo e dissociação (perda da percepção de nós mesmos) quando estamos conectados (Greenfield, 1999b; suler, 2004; Toronto, 2009). Na verdade, calcula-se que aproximadamente 80% dos indivíduos que usam a internet perdem a noção de tempo e espaço quando estão navegando (Suler, 2004). Estudos iniciais descobriram que 80% de dependentes de internet (43% de não dependentes) relatam se sentir menos inibidos quando estão conectados (Greenfield, 1999b), e estudos mais recentes revelam que 8,2% usam a internet como uma maneira de escapar de problemas ou aliviar estados de humor negativo (Aboujaoude et al., 2006). Esse efeito de desinibição é mais uma confirmação de internet como um meio psicoativo; o efeito alterador da consciência e do humor parece operar independentemente do conteúdo. A atratividade da modalidade de conexão parece, em parte, estar separada do conteúdo que está sendo consumido. Os indivíduos que consomem conteúdos sexuais, participam de jogos ou compram podem fazer isso com um grau maior de desinibição e impulsividade quando utilizam a modalidade de internet, comparada a outras modalidades de uso (Suler, 2004).

Greenfield (1999b) descobriu três fatores principais que parecem explicar uma boa parte da variância da dependência de internet. O primeiro fator poderia ser incluído na ampla categoria dos fatores de *acesso/ disponibilidade(availability)* ou de *processo*. Cooper (1998) discute esse fator sob sua rubrica do Mecanismo de Triplo A, em que também se incluem *affordability* (poder arcar com os custos) e *anonimidade*.

Dentro desse construto geral de acesso e disponibilidade temos o fato de que a internet está sempre aberta, e essa é uma característica extremamente compelidora. Sabemos que o cérebro parece gostar de ter o que dá a impressão de ser um acesso ilimitado, sem constrangimentos de tempo ou espaço. Além disso, os fatores envolvidos na natureza interativa da modalidade de internet em si parecem aumentar sua atratividade. A nossa pesquisa também demonstrou o segundo fator, o da anonimidade percebida (Greenfield, 2009). É a percepção da anonimidade no processo de comunicação virtual que parece facilitar a desinibição (Cooper, Boies, Maheu e Greenfield, 2000). Isso é especialmente notável nas áreas de comportamento sexual, jogos de azar, compras e jogos. A desinibição também é um fator nas comunicações por *e-mail*, bate-papo, mensagens instantâneas e texto. Parece que a inibição é menor na comunicação escrita que na verbal.

Sabemos, a partir da ciência cognitiva e da neuropsicologia, que a desinibição pode ocorrer quando o cérebro está neuropsicologicamente comprometido – basicamente em um estado de consciência alterado. Em menor extensão, certamente é isso que ocorre quando estamos nos comunicando pela internet. O uso compulsivo da rede significa, essencialmente, funcionar em um estado de consciência alterado. Além disso, a possibilidade de acessar aspectos ocultos ou subconscientes da própria personalidade ou *persona* que normalmente não são acessíveis parece ter efeitos fortemente adictivos. A fantasia e o desempenho de papéis via internet são muito atraentes e se notam principalmente nos jogos, bate-papo sexual (*cibering*) e em situações de redes sociais. Outra área que se inclui na categoria de acesso/disponibilidade é o custo relativamente baixo de acessar conteúdos de internet (Cooper, 1998). Assim, o acesso é intensificado pelo custo relativamente baixo, facilitando o uso e abuso de internet. É mais fácil abusar de coisas que são baratas.

Nenhuma discussão sobre os fatores de acesso e disponibilidade estaria completa sem a inclusão do fator de *conveniência*. A internet está disponível de forma praticamente ilimitada e livre 24 horas por dia, sete dias por semana. A facilidade de acesso e disponibilidade está aumentando com a ampla adoção do acesso portátil e móvel de banda larga. Telefones celulares, PDAs, aparelhos portáteis de jogos e MP3, além de *laptops* e do seu novo primo, o *netbook*, todos permitem aplicações de internet.

A possibilidade de, instantaneamente, obter qualquer coisa e gratificar qualquer impulso intelectual, de comunicação ou de consumo torna a internet quase irresistível para muitas pessoas. Isso vale especialmente para conteúdos e experiências sexuais. O limiar a ser atravessado desde o impulso (desejo) até a ação (o que é visto, baixado, jogado ou comprado *online*) é imensamente reduzido quando estamos conectados. Lá, praticamente não precisamos atravessar barreiras, pois o tempo necessário para escolher e clicar é muito curto. Também há menos responsabilidade devido à percepção (na verdade inexata) de anonimidade e privacidade. O grau de resistência a buscar a satisfação de uma fantasia ou desejo desaparece ou diminui muito quando a pessoa está conectada, e isso pode ter o efeito de distorcer a realidade. Para o dependente de internet, a distorção da realidade frequentemente é percebida como uma consequência desejável, pois sustenta a experiência de fantasia através da interface virtual de internet. Uma vez dependente, o indivíduo pode tender a ver sua realidade virtual como mais válida do que sua vida em tempo real. Isso vale especialmente para os jogos de internet e de computador. Essa distorção sustenta um nível global de negação que pode impedir a pessoa de reconhecer qualquer impacto negativo em sua vida. Isso é intoxicação na sua forma mais pura!

A inércia psicológica geralmente é sentida como prazerosa (alimentando o ciclo de dependência), pois bloqueia o que poderíamos ver como autoderrota e teríamos de enfrentar. A internet muda tudo isso porque não há praticamente nenhum limiar a atravessar, nenhuma demora, e nós a sentimos como uma forma de gratificação instantânea. A necessidade de esperar ou de modular nosso desejo geralmente está ausente quando usamos a internet. Em certo sentido, o pensamento se transforma em realidade, instantaneamente, o que é extremamente estimulante.

O construto final de acesso/disponibilidade se refere às fronteiras. Não há fronteiras nos conteúdos de internet. Todas as outras formas de mídia têm um início e um fim claros. Quase sempre há marcadores da passagem do tempo ou limites de conteúdo em jornais, revistas, programas de televisão, livros ou outras formas de mídia. Em contraste, jamais terminamos qualquer coisa na internet. Não há marcadores de tempo quando estamos conectados, o que frequentemente é comparado a estar em um cassino com muitos estímulos, recompensas variáveis e nenhuma estrutura temporal. Sempre existe um outro *link*, *site* ou referência a serem encontrados; sempre um outro *e-mail* a ser aberto, uma nova imagem a ser vista ou outra música a ser baixada. Sempre existe mais. Para o cérebro, essa disponibilidade interminável de conteúdo representa uma atividade não terminada, e isso é altamente estimulante. O cérebro tende a concluir todas as tarefas – a completar a *Gestalt* chamada de efeito Zeigarnik (Zeigarnik, 1967). Essa atenção inconsciente a informações não terminadas ou incompletas (e a internet está repleta delas) é mais uma característica compelidora dessa forma de mídia.

## Fatores de reforço/recompensa

Conforme observamos previamente, a tecnologia de internet funciona em um esquema de reforço de razão variável (ERRV). Todos os aspectos da informação buscados e encontrados na internet acontecem nesse ambiente de reforço de razão variável. A internet opera com um alto grau de imprevisibilidade e novidade, é essa imprevisibilidade que facilita a natureza compelidora da sua atratividade.

O fator de reforço/recompensa parece ser o elemento que contribui mais significativamente para a natureza adictiva de internet e de outras tecnologias de mídia digital. Jogos, conteúdos sexuais, *e-mail*, compras ou navegação em busca de informações, tudo isso sustenta estruturas de recompensa imprevisível e variável. A saliência e desejabilidade do conteúdo buscado na internet, assim como o tempo e a frequência em que esse conteúdo poderá ser obtido, tudo isso afeta a experiência de dependência do conteúdo. Numerosos fatores sinérgicos parecem ocorrer quando o ERRV é combinado com conteúdos que elevam o humor ou são estimulantes, cimentando ainda mais o ciclo de dependência.

A internet é adictiva, em parte, devido às suas propriedades psicoativas. Os ganhos secundários decorrentes de um padrão habitual de prazer – aqui, a dependência de internet e uso compulsivo da mídia – são inerentes a qualquer sistema de reforço. Ganhos secundários são aqueles aspectos de benefícios indiretos que servem para reforçar ainda mais o padrão de dependência (elevação da dopamina). Esses benefícios secundários podem estar presentes na forma de evitação de situações que provocam ansiedade – a interação social, o desempenho na escola ou no trabalho – ou como uma fuga psicossocial de relacionamentos familiares ou importantes. Eles também podem se expressar como uma estatura social aumentada dentro de uma rede social ou comunidade de jogos virtuais.

Muitos elementos de internet que são extremamente atraentes para as pessoas operam em um esquema de reforço de razão variável. Young (1998b) foi uma dos primeiros a perceber semelhanças entre o comportamento de jogos de azar e o uso pesado de internet. É evidente que as experiências prazerosas da conexão operam em um ambiente em que a regra é o grau intermitente de reforço. Aqui, é recebida uma carga prazerosa com uma frequência imprevisível e com uma saliência imprevisível. Sentimos esse prazer ao seguir clicando e assim encontrar a pornografia que queremos, ou ao receber inesperadamente um texto desejado, uma mensagem instantânea, bate-papo ou *e-mail*. O mesmo vale para o Facebook, MySpace, Twitter, e assim por diante. Todos esses cliques são imprevisíveis, intermitentes e variadamente atraentes (saliência). É essa combinação de saliência imprevisível de conteúdo e estrutura variável de recompensa que torna a internet tão adictiva.

Até modalidades básicas como o *e-mail* funcionam nesse esquema de reforço poderoso (por exemplo, não se sabe se aquele *e-mail* será de uma fonte desejada com boas notícias, um *spam* ou uma conta a pagar). A partir das pesquisas da ciência comportamental (Ferster e Skinner, 1957) sabemos que o ERRV é extremamente resistente à extinção; como a internet geralmente fornece recompensas variáveis, essa resistência à extinção reforça ainda mais o ciclo de dependência. Cada vez que entramos na internet para navegar, jogar algum jogo, ver os *e-mails*, enviar uma mensagem instantânea, bater-papo, mandar uma mensagem de texto pelo celular ou buscar alguma coisa, estamos invocando esse poderoso princípio de reforço (Young, 2007).

Combinar esse sistema de reforço com conteúdos extremamente estimulantes como os encontrados em jogos ou pornografia provavelmente produzirá uma carga positiva ainda maior e uma resistência à extinção ainda maior, reforçando assim o ciclo de dependência (Greenfield e Orzack, 2002; Young, 2007). Parece que a interação sinérgica que ocorre (Cooper, Boies, Maheu e Greenfield, 2000) amplia o poder tanto do conteúdo quanto do processo de internet. Greenfield (1999b) começa a descrever dois tipos de dependentes de sexo na internet: primário e secundário. O tipo primário consiste tipicamente em um padrão de comportamento sexualmente compulsivo que antecipa o uso de internet para obter satisfação sexual. Aqui, a internet funciona como um meio pelo qual pode ser obtido um ciclo mais eficiente e rápido de excitação e satisfação sexual. Esse padrão possibilitado pela internet geralmente acelera o desenvolvimento de comportamentos sexuais compulsivos. E aqui podemos ver o processo sinérgico pelo qual o conteúdo estimulante do material sexual é intensificado pela natureza psicoativa do meio virtual em si.

No tipo secundário, geralmente não existe nenhuma história prévia de comportamento sexual compulsivo, mas o desenvolvimento do padrão compulsivo parece iniciar quase concorrentemente com a introdução de internet. É como se fosse acionado um ciclo espontâneo de excitação/compulsão, muitas vezes originado das sementes de curiosidade, desejo sexual e facilidade de acesso/disponibilidade e anonimidade. Nos compulsivos secundários normalmente não há história de dependência ou compulsão sexual anterior; aqui, a internet parece ativar um processo de desinibição e estimular o ciclo de dependência. Nesses casos, o processo de internet parece diminuir o limiar de certos indivíduos de desenvolver um problema que eles provavelmente não desenvolveriam sem o meio virtual. É essa, simultaneamente, a força e a fragilidade de internet, no sentido de que a imediação da gratificação pode afetar a capacidade da pessoa de inibir impulsos e desejos previamente administrados.

A maior parte dos fabricantes de computador e jogos pela internet, assim como da indústria do sexo, conhece esses princípios comportamentais e sabe usá-los para criar jogos ou outras mídias estimulantes, tais como pornografia. A maioria das questões que encontramos na dependência de internet envolve o uso inconsciente e compulsivo dessa tecnologia, com pouca ou nenhuma percepção da passagem do tempo (dissociação/distorção do tempo) e das consequências negativas dessa distorção (Suler, 2004). Sabemos, a partir da análise clínica, que grande parte do efeito prejudicial do uso pesado de internet parece vir do uso dissociado da tecnologia e do desequilíbrio que isso cria na nossa vida.

## Fatores sociais

A internet, ao mesmo tempo, nos conecta e nos isola socialmente (Greenfield, 1999a-c; Kimkiewicz, 2007; Kraut e Kiesler, 2003; van den Eijnden, Meerkerk, Vermulst, Spijkerman e Engels, 2008; Young, 2004). Essa afirmação revela uma das maiores atrações de internet. Ela nos permite uma conexão social calculada dentro de um ambiente de rede social extremamente circunscrito. Em certo sentido, o usuário pode ajustar seu grau de interação social de modo a maximizar seu conforto e mediar a conexão, enquanto minimiza a ansiedade social e limita as deixas contextuais sociais necessárias.

No caso dos usuários pesados (especialmente nas populações de estudantes de ensino médio e jovens adultos) a internet é uma maneira fácil de participar de um ambiente social bem controlado, com menor necessidade de interação social em tempo real (Ferris, 2001; Leung, 2007). A internet limita e simplifica as deixas de inteligência socioemocional necessárias para um nível de interação mais manejável. Para a maioria dos usuários, ela diminui e atenua os níveis de atenção, interação, risco emocional e conexão íntima necessários no relacionamento social. Ela reduz o se relacionar a um nível tolerável. Para pessoas com dificuldades de aprendizagem, transtorno de déficit de atenção, transtornos desenvolvimentais globais, ansiedade social e fobias, a internet passa a ser um ambiente seguro, previsível, circunscrito. Ela prende a nossa atenção, apresenta novidades estimulantes intermináveis, minimiza a interação social em tempo real, e nos fornece reforço e recompensas sociais ilimitadas. Não surpreende que muitos pacientes tenham tanta dificuldade em modificar alguma coisa que é tão divertida e tão adaptativa.

É importante observar aqui que há espaço para um uso saudável e equilibrado de internet e da mídia digital, incluindo redes sociais, textos, mensagens instantâneas, *e-mails*, e assim por diante. Peltoniemi (2009), na Finlândia, usa a internet, mensagens de texto e redes sociais para ajudar crianças e jovens adultos a aprender a moderar seu uso e abuso; para atingir seu público, a sua organização, ICT-Services for Media Addiction, Prevention and Treatment in Finland, utiliza a mesma tecnologia que está tentando limitar. Peltoniemi a usa porque esse é o principal meio de comunicação dessa geração digital, ou *Gen-D* (Greenfield, 2009). Essas modalidades de comunicação digital passaram a ser a norma para a maioria dos nossos jovens (Walsh, White e Young, 2008) e, se bem manejadas, podem se tornar menos prejudiciais e continuar sendo uma parte da interação social moderna.

Jamais existiu antes uma tecnologia que nos conecta socialmente e, ao mesmo tempo, nos desconecta. É a primeira vez na história que a possibilidade de se expressar e se difundir está literalmente nas mãos de qualquer um que tenha acesso à internet. A possibilidade de se difundir (conforme evidenciado por níveis virais de *blogging* e *YouTube-ing*) é inebriante e fornece, pela primeira vez, a possibilidade de difusão para qualquer pessoa do planeta. Os 15 minutos de fama para qualquer pessoa aumentaram exponencialmente, e quem mais adota essa tecnologia são os jovens da geração digital. A possibilidade de participar de uma rede social é sustentada pela popularidade de *sites* como o Facebook, MySpace, Twitter, Friendster e outras integrações de rede social/consumidor. Todos esses *sites* são a base da eficácia social de internet e representam algumas das suas maiores forças, por sua capacidade de permitir e intensificar eficientemente a interação social em um instante.

Entretanto, há claros inconvenientes nessa eficiência. Em primeiro lugar, participar dessa rede social é ao mesmo adictivo e consome muito tempo, o que acaba provocando um desequilíbrio.

Além disso, o tipo de interação social realizado virtualmente parece ser bem diferente de outros tipos de interação social em tempo real, e talvez não traga os mesmos benefícios positivos e saudáveis que a interação real traz.

Outros fatores sociais incluem o amplo nível de aceitabilidade e disponibilidade das tecnologias de internet na nossa cultura, e a prevalência de computadores pessoais, *laptops*, *notebooks*, aparelhos digitais portáteis e, especialmente, telefones celulares com acesso à internet. Essas tecnologias já fazem parte do tecido social de qualquer pessoa com menos de 30 anos, que lidam com tais aparelhos como nós, os mais velhos, lidamos com uma torradeira – totalmente à vontade, com uma familiaridade natural. Aparelhos com acesso à internet, como telefones celulares e PDAs, revelam a normalização da cultura popular da tecnologia de internet. Se alguém quiser participar desse grupo de maioria, em que isso é a norma, precisa se conectar à internet. Essa pressão sociotécnica dos pares não pode ser ignorada. Muitos de nossos pares, colegas de trabalho, professores e superiores esperam que as pessoas se mantenham constantemente disponíveis, e na cultura jovem ter um telefone celular e acesso à internet está se tornando a regra.

Há alguns anos começou a ser amplamente aceito que as pessoas teriam acesso ao seu *e-mail* em casa e no local de trabalho. Recentemente, essa expectativa se expandiu e passou a incluir a disponibilidade portátil e constante de *e-mail* e outros dados. Atualmente se espera que as pessoas possam acessar – e acessem – seu *e-mail* à distância, em qualquer hora e em qualquer lugar. Todas essas expectativas levam, no mínimo, a um aumento do estresse psicofisiológico e, no pior dos casos, contribuem para o potencial de dependência de internet.

Conforme a tecnologia sem fio continua nos desamarrando do computador e do acesso fixo e com fio, vão aumentando as expectativas dos empregadores e as pressões sociais para que permaneçamos conectados o tempo todo. Os primeiros estudos de pesquisa descobriram que os fatores sociais contribuíam muito para o desenvolvimento do transtorno de dependência de internet (Kraut et al., 1999). Um fator-chave é o desejo inerentemente humano de se conectar socialmente. Como criaturas sociais, somos invariavelmente atraídos para a interação social; a necessidade de se relacionar e se comunicar está inserida na nossa biologia. Todas as formas de comunicação via internet e mídias digitais são, em parte, uma extensão eletrônica dessa tendência natural.

Com relação ao sexo e à pornografia, a internet se tornou uma placa de Petri virtual da expressão sexual e do excesso sexual (Cooper, Scherer, Boies e Gordon, 1999; Greenfield, 2009). Entretanto, pouco se sabe sobre o impacto a longo prazo das versões digitais de conexão social comparadas à conexão mais direta em tempo real. Seria excessivamente simplista dizer que todas as formas de interação social digitais e pela internet são insuficientes e inferiores. E a maioria das pessoas não se torna dependente dessas tecnologias, embora muitas abusem delas. Mas a crescente disponibilidade, facilidade de acesso e normalização dessas tecnologias aumenta o potencial de ocorrência de problemas.

A possibilidade de mandar um *e-mail* ou texto para um amigo ou membro da família ou de mandar instantaneamente uma mensagem para alguém não precisa, necessariamente, ser problemática. Essas novas tecnologias de comunicação, em certo sentido, substituíram os hábitos das gerações passadas de conversar ao telefone, se encontrar no bar ou no *shopping*. A pergunta crucial parece ser quanto é demais e quanto definimos como demais. Muitas pessoas, incluindo pais, professores e cônjuges, perguntam: quanto *é* demais? A resposta sempre tem a ver com o impacto sobre o equilíbrio global e a qualidade de vida. Ninguém busca tratamento se não houver alguma consequência prejudicial em alguma esfera importante da sua vida. Geralmente, uma consequência negativa inicial é um afastamento considerável ou um impacto negativo em um ou mais dos relacionamentos importantes da pessoa, uma queda no desempenho profissional ou escolar ou alguma consequência legal negativa.

Na Alemanha existe um movimento ativo de educação pública e prevenção, oferecido pelo governo e agências de serviço social sem fins lucrativos, que defende o uso saudável do computador. O governo alemão incluiu a dependência de internet e de mídia em seu programa de educação/tratamento da dependência de drogas e álcool. Na Espanha as autoridades estão introduzindo programas para tratar e evitar a dependência de internet e estão organizando seminários para treinamento profissional. Os Estados Unidos ainda não tem esse mesmo nível de consciência pública e programas de prevenção organizados. Em parte, isso se deve a como os americanos usam e abusam de internet; a maior parte do uso é na privacidade do lar e não em áreas públicas como em muitos outros países. E também, nos Estados Unidos o sistema de saúde, a filosofia de prevenção e o sistema de valores são diferentes. Em muitos países asiáticos, como China, Coreia e Singapura, existem níveis quase epidêmicos de dependência de internet, e eles começaram a tratar o problema como uma ameaça de saúde pública.

## Fatores Gen-D

Há numerosos fatores que parecem contribuir para a dependência de internet, e muitos deles estão no contexto social e familiar. De uma perspectiva clínica, a maioria dos casos de tratamento envolve consequências negativas nos relacionamentos primários ou familiares. Dentro da constelação familiar geralmente acontece uma inversão da hierarquia geracional. As crianças e os adolescentes foram criados com a internet e a tecnologia digital. Eles são a *Generation-Digital* ou *Gen-D* (Greenfield, 2009). Eles estão extremamente familiarizados com o computador, a internet e muitos outros aparelhos digitais, e geralmente se sentem mais à vontade e confiantes no manejo dessa tecnologia do que os pais. O mais comum é os pais transmitirem conhecimentos e experiência para a geração mais jovem. Aqui temos exatamente o oposto.

A internet funciona, para as crianças da nossa *Gen-D*, de maneira fácil e natural, e elas geralmente sabem muito mais sobre a internet e a tecnologia digital que seus pais. Pela primeira vez na história moderna, a hierarquia de conhecimento e poder geracional foi invertida. Essa maior familiaridade e tranquilidade, junto a elevados níveis de uso, cria um desequilíbrio de poder no sistema familiar, o que tem um impacto significativo sobre como a tecnologia é manejada em casa. Muitas vezes, os pais têm pouco ou nenhum conhecimento do que está acontecendo ou de como tudo isso funciona, e não percebem o nível de atividade ou abuso. Os pais não sabem o que é normal ou razoável, e não querem que os filhos fiquem para trás na curva de desenvolvimento digital. Essa falta de conhecimento e de poder tecnológico contribui ainda mais para um possível abuso e dependência dessas tecnologias.

No caso das crianças, adolescentes e adultos jovens, o papel do terapeuta é orientar e dar poder aos pais, cuidadores, pessoal da escola e empregadores, fazendo-os entender como essas tecnologias funcionam; instruí-los sobre a internet/*videogames*, jogos de azar, sexualidade virtual, redes sociais, e também sobre questões gerais de uso excessivo ou abuso de internet e de outros aparelhos de mídia digital. Sem essas informações fica difícil recuperar o equilíbrio de poder dentro do sistema familiar e controlar de modo apropriado a tecnologia usada pela família.

## CONCLUSÃO

Vivemos em tempos que estão mudando. O nosso mundo está ficando cada vez menor e deveríamos nos sentir mais conectados com as pessoas que nos cercam, mas às vezes as próprias tecnologias digitais que parecem nos conectar com os outros nos alienam, isolam e nos tornam dependentes.

Essas tecnologias digitais de comunicação e entretenimento (internet, *e-mail*, telefones celulares, PDAs, iPods, aparelhos de jogos) são divertidas e podem ser úteis para nós, mas todas apresentam propriedades de dependência e de abuso que podem alterar o nosso humor e a nossa consciência, nos distrair e nos fornecer uma saída da vida que estamos levando no presente. Esses aparelhos podem nos amortecer e alterar o tempo, levando a nossa atenção do presente para algum outro lugar.

Há uma disponibilidade permanente e um acesso interminável a uma sobrecarga de informação e comunicação; não há fronteiras e nenhum lugar para nos escondermos e recarregarmos nossas baterias psicológicas internas. Acompanhar outras pessoas e ser acompanhado em todos os movimentos que fazemos por textos ou *tweet* consome muito tempo, energia e atenção, e ainda nos deixa com o que poderia ser classificado como uma interação social bidimensional. Quando os usuários estão conectados, mandando textos, tuitando ou usando algum outro formato de comunicação digital, eles não estão onde estão, mas em algum outro lugar; eles não estão no presente e sua atenção e energia estão divididas. Isso tem o estranho efeito de nos fazer sentir que o usuário está lá fisicamente, mas não está realmente presente.

O princípio básico da multitarefa não é válido, porque descobrimos que múltiplas tarefas realmente também dividem a nossa atenção. A eficiência não aumenta, pois simplesmente leva mais tempo para que todas as atividades sejam realizadas quando estamos fazendo várias ao mesmo tempo. Essa atenção parcial a muitas coisas é um pouco enervante e torna menos satisfatórias as nossas interações com as pessoas eletronicamente conectadas.

A ideia de se desconectar para se conectar com os outros parece absurda, pois a interação e a conexão social em tempo real não podem ser digitalizadas ou deslocadas no tempo sem algum impacto negativo. Com moderação, existe um lugar para telefones celulares, PDAs e portais móveis de acesso à internet. Sabemos que a internet e os aparelhos de mídia digital alteram o humor e a consciência e são, portanto, instrumentos poderosos, que devem ser respeitados e limitados. A tecnologia é útil, mas não deixa de ter um impacto sobre nossa saúde e bem-estar.

Não fomos projetados para um estado constante de excitação do sistema nervoso central e com todos os nossos aparelhos portáteis operando em um padrão de reforço de razão variável. Sentimos como se não pudéssemos desligá-los e começamos a sentir que não podemos viver sem eles. A pergunta, na verdade, passa a ser: podemos viver bem sem eles? Viver a nossa vida em ambientes virtuais por meio de jogos ou em mundos virtuais como o Second Life também nos traz muitas perguntas. Como podemos viver uma segunda vida quando na realidade não estamos vivendo a primeira? Parece que estamos fugindo de alguma coisa, talvez de nós mesmos. Estamos tentando nos amortecer ou lidar com o tédio, ou nos sentimos desconectados de nós mesmos e da nossa vida. Então seguimos conectados, mas também desconectados, nos distraindo de modo aparentemente interminável. Vamos dormir usando a nossa tecnologia e também começamos o dia com ela. Nos perguntamos por que nos sentimos deprimidos e esvaziados e precisamos de Prozac. Vivemos a nossa vida de modo inconsciente, ligados por fios e sem fios, e então nos medicamos com a mesma tecnologia quando nos sentimos mal.

Sabemos que muitos casamentos e relacionamentos sofreram um impacto significativo pelo uso e abuso de internet e de outros aparelhos de mídia digital. Na França, foi recentemente relatado que 50% de todos os divórcios envolviam alguma questão de mídia digital ou internet, e foi determinado que mensagens de texto poderiam ser usadas como prova em processos de divórcio. Muitas vezes, essas tecnologias passam a ser distrações digitais que afastam a pessoa do esforço real de se relacionar, manter a intimidade e a comunicação. Ter a portabilidade e acessibilidade pode ser prático, envolvente e divertido, mas é altamente distrativo.

É provável que no futuro a dependência de internet e de mídia digital aumente. Conforme a tecnologia se torna mais rápida, mais barata e mais portátil, a tendência é o abuso e a dependência continuarem crescendo. Estamos apenas nos aproximando da verdadeira portabilidade e mobilidade que está por vir: não está longe o dia em que o nosso telefone celular ou PDA será pequeno a ponto de poder ser usado ou implantado juntamente com um *link* para todas as nossas transações financeiras. Será o fim dos cartões de plástico, não precisaremos mais carregar telefones celulares, só um pequeno chip conectado aos nossos órgãos dos sentidos. Parece ficção científica? O que era ficção científica há 40 anos atualmente é usado todos os dias. Os únicos limites são o nosso desejo e a nossa imaginação, mas tecnologia unicamente pela tecnologia é, no melhor dos casos, descabido, e no pior, perigoso. A história está repleta de exemplos de como as nossas maiores descobertas tecnológicas se transformaram em novos problemas.

Algumas precauções referentes ao uso dessas tecnologias podem ajudar a evitar esses problemas. Quanto menos percebermos o poder que as tecnologias de internet passaram a ter na nossa vida, menos teremos consciência do impacto negativo que seu uso e abuso podem trazer. A nossa capacidade de reconhecer seu possível impacto positivo e negativo é o que nos permitirá lidar com elas de maneira mais positiva e consciente. No final das contas, precisamos aprender a viver a nossa vida usando o computador de forma consciente, e integrar todas as nossas tecnologias de mídia digital de forma mais equilibrada. Temos de controlar a nossa tecnologia para que ela não nos controle.

# REFERÊNCIAS

Aboujaoude, E., Koran, L. M., Gamel, N., Large, M. D., & Serpe, R. T. (2006). Potential markers for problematic Internet use: A telephone survey of 2,513 adults. *CNS Spectrums: The International Journal of Neuropsychiatric Medicine, 11,* 750-755.

Arias-Carrión, O., & Pöppel, E. (2007). Dopamine, learning and reward-seeking behavior. *Acta Neurobiologiae Experimentalis, 67*(4), 481-488.

Block, J. (2007). Prevalence underestimated in problematic Internet use study. *CNS Spectrums: The International Journal of Neuropsychiatric Medicine, 12,* 14-15.

Block, J. (2008). Issues for DSM-V: Internet addiction. *American Journal of Psychiatry, 165,* 306-307.

Chih-Hung, K., Gin-Chung, L., Hsiao, S., Ju-Ju, Y., Ming-Jen, Y., Wei-Chen, L., et al. (2009). Brain activities associated with gaming urge of online gaming addiction. *Journal of Psychiatric Research, 43,* 739-747.

Chou, C., Condron, L., & Belland, J. C. (2005). A review of the research on Internet addiction. *Educational Psychology Review, 17*(4), 363-388.

Cooper, A. (1998). Sexuality and the Internet: Into the next millennium. *CyberPsychology & Behavior, 1,* 181-187.

Cooper, A., Boies, S., Maheu, M., & Greenfield, D. (2000). Sexuality and the Internet: The next sexual revolution. In F. Muscarella & L. Szuchman (Eds.), *Psychological perspectives on human sexuality: A research based approach* (pp. 519-545). New York: John Wiley & Sons.

Cooper, A., Delmonico, D. L., & Burg, R. (2000). Cybersex users, abusers, and compulsives: New findings and implications. *Sexual Addiction & Compulsivity, 7,* 5-29.

Cooper, A., Scherer, C., Boies, S., & Gordon, B. (1999). Sexuality on the Internet: From sexual exploration to pathological expression. *Professional Psychology: Research and Practice, 30*(2), 154-164.

Ferris, J. (2001). Social ramifications of excessive Internet use among college-age males. *Journal of Technology and Culture, 20*(1), 44-53.

Ferster, C. B., & Skinner, B. F. (1957). *Schedules of reinforcement.* New York: Appleton-Century-Crofts.

Greenfield, D. N. (1999a). The nature of Internet addiction: Psychological factors in compulsive Internet use. Paper presentation at the 1999 American Psychological Association Convention, Boston, Massachusetts.

Greenfield, D. N. (1999b). Psychological characteristics of compulsive Internet use: A preliminary analysis. *CyberPsychology & Behavior, 8*(5), 403-412.

Greenfield, D. N. (1999c). *Virtual addiction: Help for Netheads, cyberfreaks, and those who love them.* Oakland, CA: New Harbinger Publications.

Greenfield, D. N. (2008). *Virtual addiction: Clinical implications of digital & Internet-enabled behavior.* Presentation at the International conference course about new technologies: Addiction to new technologies in adolescents and young people, Auditorium Clinic Hospital, Madrid, Spain.

Greenfield, D. N. (2009). *Living in a virtual world: Global implications of digital addiction.* Berliner Mediensuch-Konferenz-Beratung und Behandlung für mediengefährdete und geschädigte Menschen, Berlin, Germany, March 6-7, 2009.

Greenfield (2007, January 26). In Kimkiewicz, J. Internet junkies: hooked online, *Harford Courant,* pp. Dl.

Greenfield, D. N., & Orzack, M. H. (2002). The electronic bedroom: Clinical assessment for online sexual problems and Internet-enabled sexual behavior. In A. Cooper (Ed.), *Sex and the Internet: A guidebook for clinicians* (pp. 129-145). New York: John Wiley & Sons.

Hartwell, K. J., Tolliver, B. K., & Brady, K. T. (2009). Biologic commonalities between mental illness and addiction. *Primary Psychiatry, 16*(8), 33-39.

Hollander, E. (2006). Behavior and substance addictions: A new proposed DSM-V category characterized by impulsive choice, reward sensitivity and fronto-striatal circuit impairment. *CNS Spectrums: The International Journal of Neuropsychiatric Medicine, 11,* 814.

Kimkiewicz, J. (2007, January 26). Internet junkies: Hooked online. *Hartford Courant,* D1.

Kraut, R., & Kiesler, S. (2003). The social impact of Internet use. *Psychological Science Agenda, 16*(3), 8-10.

Kraut, R., Patterson, M., Lundmark, V., Kiesler, S., Mukopadhyay, T., & Schewrlis, W. (1999). Internet paradox: A social technology that reduces social involvement and psychological well-being? *American Psychology, 53,* 1017-1031.

Leung, L. (2007). Stressful life events, motives for Internet use, and social support among digital kids. *CyberPsychology & Behavior, 10*(2), 204-214.

Peltoniemi, T. (2009). Berliner Mediensuch-Konferenz-Beratung und Behandlung für mediengefährdete und geschädigte Menschen, Berlin, Germany, March 6-7, 2009.

Schwartz, B. (1984). *Psychology of learning and behavior* (2nd ed.). New York: W.W. Norton.

Shaw, M. Y., & Black, D. W. (2008). Internet addiction: Definition, assessment, epidemiology and clinical management. *CNS Drugs, 22,* 353-365.

Suler, J. (2004). The online disinhibition effect. *CyberPsychology & Behavior, 7*(3), 321-325.

Toronto, E. (2009). Time out of mind: Dissociation in the virtual world. *Psychoanalytic Psychology, 26*(2), 117-133.

van den Eijnden, R. J. J. M., Meerkerk, G.-J., Vermulst, A. A., Spijkerman, R., & Engels, R. C. M. (2008). Online communication, compulsive Internet use, and psychosocial well-being among adolescents: A longitudinal study. *Developmental Psychology, 44*(3), 655-665.

Walsh, S. P., White, K. M., & Young, R. M. (2008). Over-connected? A qualitative exploration of the relationship between Australian youth and their mobile phones. *Journal of Adolescence, 31,* 77-92.

Weissberg, M. (1983). *Dangerous secrets: Maladaptative responses to stress.* New York: W. W. Norton.

Young, K. S. (1998a). *Caught in the Net: How to recognize the signs of Internet addiction and a winning strategy for recovery.* New York: John Wiley & Sons.

Young, K. S. (1998b). Internet addiction: The emergence of a new clinical disorder. *CyberPsychology & Behavior, 1,* 237-244.

Young, K. S. (2004). Internet addiction: The consequences of a new clinical phenomenon. In K. Doyle (Ed.). *American behavioral scientist: Psychology and the new media* (Vol. 1., pp.1-14). Thousand Oaks, CA: Sage.

Young, K. S. (2007). Cognitive-behavioral therapy with Internet addicts: Treatment outcomes and implications. *CyberPsychology & Behavior, 10*(5), 671-679.

Zeigarnik, B. V. (1967). On finished and unfinished tasks. In W. D. Ellis (Ed.), *A sourcebook of Gestalt psychology* (pp. 300-315). New York: Humanities Press.

# 9
# Psicoterapia para a dependência de internet

**CRISTIANO NABUCO DE ABREU** e **DORA SAMPAIO GÓES**

## INTRODUÇÃO

As abordagens em psicoterapia disponíveis para o tratamento da dependência da internet ainda são raras e pouco conhecidas na literatura. Como a referida dependência ainda não conta com sua inclusão nos manuais oficiais de medicina e de psicologia, seu estudo e conhecimento ainda são de pouca amplitude. Entretanto, muito embora seu aparecimento seja recente, se nota de forma progressiva a sua manifestação nos consultórios, escolas e em ambulatórios de saúde mental. Dessa forma, no presente capítulo, foram pesquisados nas bases de dados PUBMED, LILACS, SCIELO, Google Acadêmico e na literatura em geral descrições de intervenções em psicoterapia que são apontadas na literatura. Não tivemos como objetivo abordar as intervenções realizadas em centros de desintoxicação, por exemplo, e que não são descritas na literatura. Assim sendo, será nosso objetivo apresentar ao leitor os estudos existentes, bem como a descrição da dimensão terapêuticas dessas aplicações. Na sequência, descrevemos o procedimento padrão de intervenção em psicoterapia utilizado em nosso Ambulatório dos Transtornos do Impulso do Instituto de Psiquiatria da Universidade de São Paulo e que vem sendo aplicado na população há aproximadamente três anos.

## PSICOTERAPIAS E DEPENDÊNCIA DE INTERNET

No que se referem às intervenções psicoterápicas, os resultados ainda apontam para dados muito incipientes, não se podendo ainda destacar alguma forma de intervenção psicológica como a mais recomendada (padrão-ouro) para o tratamento de dependência de internet. Menciona-se que as terapias de apoio (aquelas que dão suporte emocional ao paciente, focando-se no "aqui e no agora") seriam de grande valia, bem como as terapias de aconselhamento[1] poderiam também ser utilizadas e aliadas das intervenções familiares – como uma forma de reparar o dano causado nas relações emocionais. Embora tenham sido descritas muito poucas pesquisas, a abordagem mais investigada é a terapia cognitivo-comportamental (TCC)[2] e as intervenções motivacionais[3] (Young, 1999; Orzack, 1999; Wieland, 2005; Beard, 2005; Hall e Parsons, 2001).

---

[1] O trabalho de aconselhamento terapêutico (*counselling*) é feito dentro de um ambiente privado e com o maior nível de confidencialidade. Na sessão de aconselhamento o cliente tem a oportunidade de expor ao conselheiro terapêutico (*counsellor*) suas dificuldades, insatisfações, conflitos e dúvidas que esteja enfrentando. O conselheiro por sua vez vai lhe ouvir atentamente, respeitando o seu ponto de vista. Através desse processo, o conselheiro então pode trazer à tona uma visão externa do seu questionamento, ajudá-lo a explorar alternativas criativas para suas opções, acompanhá-lo no processo de escolha e decisão sem estabelecer julgamentos partidários.

[2] Atualmente, a terapia cognitivo-comportamental é descrita como uma abordagem terapêutica estruturada, diretiva, com metas claras e definidas, focalizada no presente e utilizada no tratamento dos mais diferentes distúrbios psicológicos. Seu objetivo principal é o de produzir mudanças nos pensamentos e nos sistemas de significados (crenças) dos clientes, com a finalidade de evocar uma transformação emocional e comportamental mais duradoras e não apenas um decréscimo momentâneo dos sintomas. Assim, as concepções cognitivistas desenvolveram as mais diversificadas propostas e criaram ferramentas de *ajuste cognitivo,* como por exemplo, os "registros de pensamentos disfuncionais", as técnicas de "reestruturação cognitiva", o processo de "identificação de crenças irracionais" e toda uma variedade de técnicas que sustentaram (e ainda sustentam) a prática da correção ou da substituição dos padrões disfuncionais de pensamento por padrões mais funcionais de análise e de lógica. Portanto, torna-se fundamental para as referências cognitivistas que as *distorções* do significado não evoluam a ponto de se tornarem mal adaptativas (Abreu, 2004).

[3] A Entrevista Motivacional é um método de assistência diretiva, centrada no cliente que almeja promover uma motivação interna de mudança de um comportamento, mediante a exploração e resolução da ambivalência apresentada pelo cliente. Esse método envolve espírito de colaboração, participação e autonomia por parte do cliente com a sensação de estar caminhando lado a lado do terapeuta e podendo ser atuante em seu processo de mudança e não apenas seguir orientações. A Entrevista Motivacional é um meio particular de ajudar as pessoas a reconhecer e fazer algo a respeito de seus problemas presentes ou potenciais. Ela é particularmente útil com pessoas que relutam em mudar e que estão ambivalentes quanto à mudança. Seu objetivo é ajudar as pessoas para que possam resolver a ambivalência presente e seguirem em movimento no percurso natural da mudança de comportamento. É um meio de aconselhamento direto, centrado no cliente para buscar a mudança do comportamento, auxiliando os clientes a explorarem e resolverem suas dificuldades (Payá e Fligie, 2004).

No que diz respeito ao uso da TCC, Davis (2001), descreve uma proposta de entendimento das intervenções ao oferecer uma descrição mais pormenorizada dos esquemas cognitivos envolvidos no processo de mudança (fatores ambientais, vulnerabilidade pessoal, estilos de dependência – específicos e generalizados, bem como possibilidades de intervenção).

Dentro de sua proposta, o uso patológico da internet segue duas possibilidades básicas: (a) Uso Patológico Específico, descrevendo o uso exagerado e o abuso das funções específicas da internet pelos pacientes, como o acesso irrestrito a *sites* eróticos, jogos (MMPRPGS, por exemplo), compras (E-bay, etc.), e o (b) Uso Patológico Generalizado, relativo ao tempo gasto pelos usuários no *surf* da internet, ou seja, sem que exista um foco de interesse e de atuação definidos. Davis (2001) então sustenta que a referida dependência se instala no momento em que os pacientes se sentem sem apoio social e familiar, desenvolvendo assim chamadas "cognições mal adaptativas" (que são as avaliações ou filtros mentais de interpretação) a respeito de si mesmos e do mundo.

Vale ressaltarmos que a opção clínica de intervenção aos modelos cognitivo-comportamentais tem uma causa justificada. Como a terapia cognitivo-comportamental contabiliza bons resultados no tratamento de outros transtornos do controle dos impulsos, tais como jogo patológico, compras compulsivas (Dell'Osso, Allen, Altamura, Buoli e Hollander, 2008; Dell'Osso, Altamura, Allen, Marazziti, Hollander, 2006; Young, 2007; Mueller e de Zwaan, 2008; Shaw e Black, 2008; Caplan, 2002; Hollander e Stein, 2005), bulimia nervosa, compulsão alimentar periódica – transtornos estes semelhantes nas características de impulsividade e compulsão, essa abordagem se torna naturalmente como uma opção de primeira escolha embora *trials* envolvendo grupos-controle no tratamento da dependência da internet ainda sejam inexistentes (Hay, Bacaltchuk, Stefano, Kashyap, 2009; Munsch, Biedert, Meyer, Michael, Schlup, Tuch, Margraf, 2007).

Young (1999), precursora e uma das pioneiras no estudo da dependência de internet, contabiliza experiências no Center for On-line Addiction e oferece algumas estratégias de intervenção também baseadas nas premissas da terapia cognitivo-comportamental e tem como um de seus focos, a moderação e o uso controlado da internet. Segundo a autora, a terapia deve utilizar técnicas de gerenciamento do tempo que ajudam o paciente a reconhecer, organizar e gerenciar seu tempo na internet, além de técnicas que o ajudem a estabelecer metas racionais de utilização. Alem disso, visa desenvolver junto aos pacientes atividades no mundo real que sejam gratificantes, bem como algumas outras técnicas de enfrentamento com objetivo maior capacitar o paciente a lidar com suas dificuldades e desenvolver um sistema de suporte e de uso mais adequado.

Uma técnica sugerida por Young é o desenvolvimento do Inventário Pessoal. Como os dependentes de internet tendem a negligenciar seus *hobbies* e interesses em detrimento do tempo gasto na busca de seus interesses virtuais, o indivíduo é encorajado a realizar um inventário do qual constam as atividades antes realizadas e que foram desconsideradas após a manifestação do problema. Desta forma, visa auxiliar o paciente na reflexão a partir de um constraste vivencial (passado *versus* futuro) que pode ajudá-los a melhor perceber o seu processo de tomada de decisão. Essa atividade pode auxiliar o indivíduo na conscientização de suas escolhas e motivá-lo a buscar novamente as atividades anteriormente perdidas.

A autora ainda acredita que a reorganização do tempo é uma importante ferramenta no tratamento dessa dependência e o papel do terapeuta deve ser o de ajudar o paciente na identificação e utilização específica, assim como no estabelecimento de uma nova agenda. Young relata que a partir de tais intervenções seria possível atuar terapeuticamente ao se *praticar o oposto (practicing the opposite)*, ou seja, fazer com que o paciente quebre sua atual rotina de uso da internet e desenvolva um novo padrão comportamental, mais adaptativo. Por exemplo, se o paciente se conectar assim que chegar em casa após sua jornada de trabalho e vier a permanecer conectado até a hora de dormir, o clínico pode sugerir que dê uma pausa para o jantar, que possa assistir os noticiários para que depois possa retornar ao computador. Dessa maneira, auxilia-se a uma forma de "descontinuar" o uso.

Outra técnica sugerida é identificar algum "estimulador" para que seja efetuado o *logoff*, ou seja, como já fora desenvolvida uma nova agenda para a utilização da internet, o clínico sugere, por exemplo, que o uso de um "despertador" tenha a função de alertar o paciente de que é hora de desligar o computador e fazer alguma outra atividade do mundo real.

Vale lembrar que as pessoas com esse tipo de dependência podem experimentar muitas dificuldades em interromper sua rotina de uso durante o tratamento, em razão da alteração da percepção temporal ou mesmo por experienciarem um estado de *flow*, apenas para citar alguns exemplos. Assim sendo, para facilitar esses processos de interrupção, se identifica metas que poderiam ajudá-los a manter o foco nos objetivos acordados junto aos terapeutas, mas com a utilização de marcadores que desviem a atenção do paciente. Essa técnica, chamada de "Technique External Stoppers" permite que o paciente tenha a sua atenção desviada por breves momentos de tempo. Assim sendo, sessões estruturadas de uso podem ser programadas ao se definir metas que lhe sejam factíveis de execução, como, por exemplo, se o paciente permanecer conectado durante os dias inteiros de sábados e domingos, pode-se fazer uma programação para que sejam mantidas ou mesmo ir trabalhar, estudar ou quando for mais tarde da noite, que o paciente possa simplesmente ir para a cama descansar e tentar dormir. Dessa forma, se asseguram sessões breves de uso, seguidas de breves interrupções, porém que sejam frequentes. Nessa proposta de Young, o uso de um cronograma de utilização é encorajado, desde que passível de ser executado.

Quando esses planos falham, entretanto, a abstinência é outra possível forma de intervenção. Alguns aplicativos podem servir como gatilhos para o reforço de um uso contínuo. Isso quer dizer que o paciente deve parar de navegar através de certos *sites* ou mesmo de certos aplicativos (MSN, FaceBook, jogos *online*, por exemplo) que mais lhe atraem, interrompendo de tempos em tempos o seu uso, mudando para formas alternativas como envio e recebimento de *e-mails*, busca de notícias, fontes bibliográficas para trabalho escolar etc.

O uso do cartão lembrete (*Reminder Cards*) também é uma importante ferramenta para auxiliar o paciente a manter o foco nos objetivos de abstinência ou de diminuição do uso descontrolado. Devem-se listar, por exemplo, um cartão contendo os cinco maiores problemas causados pela dependência de internet, assim como os cinco grandes benefícios em diminuir o uso ou, em último caso, abster-se de usar um determinado aplicativo. Em seguida o clínico orienta o paciente a manter esse cartão próximo o suficiente para que quando estiver numa situação de "perigo", possa então recorrer ao cartão como uma forma de lembrá-lo das consequências positivas em restringir sua navegação, bem como lembrar-lhe das consequências negativas em manter sua atividade ininterrupta na internet.

Ainda a partir das intervenções em TCC, Young em 2007 relata o seguimento de 114 pacientes tratados durante 12 sessões, avaliando-os na 3ª, 8ª e 10ª sessões (e no *follow-up* de seis meses) através do Internet Addiction Test (IAT) e também através do Client Outcome Questionnaire com o objetivo de avaliar:

a) motivação para diminuir o uso abusivo;
b) capacidade de controlar o uso quando conectado;
c) o envolvimento em atividades do mundo real;
d) a melhora dos relacionamentos interpessoais; e, finalmente,
e) a melhora da vida sexual do mundo real (se aplicável).

Os resultados mostram que a gestão do tempo conectado foi a maior dificuldade (96%) relatada pelos pacientes, seguida por problemas de relacionamentos (85%) devido à quantidade de tempo que foi gasto no computador e seguida pelos problemas sexuais (75%) devido a diminuição do interesse em parceiros reais pela preferencia do sexo virtual. A conclusão da autora indica que a TCC é eficaz no tratamento de pacientes no que se refere a diminuição dos sintomas relacionados à dependência de internet e que após seis meses os pacientes se mantiveram capazes de enfrentar os obstáculos para a contínua recuperação, apesar da ausência de um grupo controle (Young, 2007)

Outra intervenção descrita na literatura foi feita por Chiou (2008) e teve como intuito analisar os efeitos da liberdade de escolha e a quantidade de recompensa baseado nos preceitos da Teoria da Dissonância Cognitiva[4]. Assim sendo, foram investigados 108 estudantes adolescentes com experiência em jogos pela internet, sendo utilizada a The Online Games Addiction Scale for Adolescents desenvolvida por Wan e Chiou, em 2006. Os participantes foram randomizados em grupos com:

a) liberdade de escolha (com x sem);
b) com a quantidade de recompensa (alta x média x baixa).

O experimento se realizou em pequenas sessões com seis participantes escolhidos aleatoriamente, sendo formulado um debate entre os adolescentes sobre dependência de jogos virtuais. Depois dessa intervenção foram então convidados a analisar os argumentos, bem como a escrever sobre os prós e contras dos jogos pela internet. Como forma de se manipular a recompensa, lhes foi dito que os participantes receberiam um prêmio por essa tarefa. Os resultados apontam que recompensas menores na condição envolvendo a liberdade de escolha provocaram maiores mudanças na atitude dos adolescentes, ou seja, na conclusão do autor, esse poderia ser um caminho para induzir os adolescentes a diminuírem o uso de jogos virtuais (Chiou, 2008).

---

[4] Dissonância cognitiva é uma teoria sobre a motivação humana que afirma ser psicologicamente desconfortável manter cognições contraditórias. A teoria prevê que a dissonância, por ser desagradável, motiva a pessoa a substituir sua cognição, atitude ou comportamento. Leon Festinger propõe que dissonância e consonância são relações entre cognições, ou seja, entre opiniões, crenças, conhecimentos sobre o ambiente e conhecimentos sobre as próprias ações e sentimentos. Duas opiniões, crenças ou itens de conhecimento são dissonantes entre si quando não se encaixam um com o outro, isto é, são incompatíveis. Festinger argumenta que existem três maneiras de se lidar com a dissonância cognitiva, não considerando-os mutuamente exclusivos. Assim:

1. Pode-se tentar substituir uma ou mais crenças, opiniões ou comportamentos envolvidos na dissonância;
2. Pode-se tentar adquirir novas informações ou crenças que irão aumentar a consonância existente, fazendo assim com que a dissonância total seja reduzida;
3. Pode-se tentar esquecer ou reduzir a importância daquelas cognições que mantêm um relacionamento dissonante.

Rodrigues, Carmona e Marin (2004) descrevem um estudo de caso baseado também nas técnicas da TCC e associado à entrevista motivacional. A princípio, a paciente relatada buscou ajuda para seu problema de dependência, porém através de uma análise funcional[5] foram identificados os fatores precipitantes como, por exemplo, problemas familiares com o marido e filhos, ou a resposta desadaptativa que era dada à eles. A intervenção teve como objetivo:

a) descobrir o problema e preparar a paciente para mudança,
b) auxiliá-la no processo de tomada de decisões e de enfrentamento do problema em questão,
c) aplicação de um tratamento psicológico através de técnicas de controle de estímulos como, interromper os hábitos de conexão, fixar novas metas para alcançá-los, abstê-la de um aplicativo ou *site* especifico e, finalmente,
d) desenvolver uma melhor capacidade de enfrentamento dos problemas interpessoais.

A intervenção teve como resultado o aumento generalizado dos recursos para enfrentamento (*coping*) das dificuldades familiares, bem como uma maior autonomia e consequente ampliação das atividades.

Zhu e colaboradores (2009) realizaram um outro estudo controlado usando TCC. Com 47 pacientes diagnosticados com dependência de internet, foram propostas duas modalidades de intervenção, a saber:

1. TCC ao longo de 10 sessões;
2. TCC ao longo de 10 sessões associado a 20 sessões de Eletroacumpuntura.

Foram aplicadas escalas de ansiedade, depressão, dependência de internet e estado geral de saúde, antes e depois do tratamento. Os resultados mostraram uma melhora significativa em todos os índices para o tratamento combinado.

---

[5] A análise de relações funcionais representa um modelo de interpretação e investigação dos fenômenos naturais que estará presente no projeto skinneriano de constituição da psicologia como ciência do comportamento. Assim, a análise funcional se refere à investigação das relações entre as respostas de um indivíduo aos estímulos ambientais objetivamente identificados. É essencial em estudos cujo objetivo inclua a predição e/ou o controle de repertórios de comportamento em situações específicas.

Usando Psicoterapia Interpessoal,[6] Liu e Kuo (2007) avaliaram cinco instituições de ensino de Taiwan com uma amostra de 555 sujeitos, buscando identificar fatores preditores para a dependência de internet. O objetivo principal foi obter o alívio dos sintomas e a melhora nas relações interpessoais. Assim sendo, utilizaram escalas de ajustamento de pais-filhos adaptado por Huang para Taiwan (1986), de relacionamentos interpessoais desenvolvida por Huang, de ansiedade social e dependência de internet de Young (1998). Os resultados mostraram que:

1. As relações interpessoais são significativamente relacionadas ou mesmo consideradas como um reflexo direto do padrão de interação observado na interação pais-filhos
2. Que essa relação interpessoal apresenta uma influencia significativa sobre a ansiedade social e que, finalmente,
3. A tríade "relação pais-filhos", "relacionamentos interpessoais" e "ansiedade social" desenvolvem impactos expressivos sobre a manifestação dos quadros dependência de internet e de sua gravidade.

Os autores concluem afirmando que esses achados são consistentes com as visões de vários estudiosos da dependência de internet em que essa patologia seria uma forma de reação mais empobrecida de enfrentamento e, assim, sendo utilizada como forma de se contornar deficitariamente as dificuldades encontradas no mundo real. Notou-se nessa investigação que os referidos internautas apresentaram maiores taxas de ansiedade social e de anestestia emocional (*emotional numbing*) indicativos de relações pregressas frustradas.

---

[6] Baseada principalmente nas ideias da escola interpessoal de psicanálise de Sullivan, nos estudos sobre o luto de Freud e na Teoria do Apego de Bowlby, a psicoterapia interpessoal não considera os fatores interpessoais como causa dos problemas. Desenvolvida inicialmente como tratamento para a depressão maior, a psicoterapia interpessoal se revelou altamente eficaz como terapia para vários outros transtornos. A TIP procura concentrar como foco do tratamento uma área-problema. São quatro as áreas-problema frequentemente encontradas nos pacientes deprimidos:

1. luto (perda por morte);
2. disputas interpessoais (com parceiro, filhos, outros membros da família, amigos, companheiros de trabalho);
3. mudança de papéis (novo emprego, saída de casa, término dos estudos, mudança de casa, divórcio, mudanças econômicas ou outras mudanças familiares);
4. déficits interpessoais (solidão, isolamento social).

Baseado no modelo para dependência de sexo virtual (Cybersexual Addiction) (ACE) de Young (1999) que foi desenvolvido para explicar a maneira pela qual o ciberespaço induz a um clima condescendente para comportamentos virtuais sexualmente adúlteros e promíscuos, Young e colaboradores (2000) descreveram sobre a dependência cibersexual e suas implicações para a Terapia de Casal. Segundo o modelo ACE, três variáveis podem levar ao adultério virtual: o anonimato, a conveniência e a fuga.

O *anonimato* favorece ao usuário se envolver em bate-papos eróticos sem medo de ser descoberto pelo cônjuge. Dessa forma, a pessoa experimenta um senso de controle sobre o conteúdo e a forma da conversa ocorrida pela internet e que ocorrem normalmente na privacidade da casa, escritório ou quarto do paciente. A privacidade do ciberespaço, segundo a autora, permite que a uma pessoa dividir reservadamente pensamentos, desejos e sentimentos, podendo assim abrir caminhos para um paquera, o que pode, muitas vezes, conduzir para um adultério virtual.

A *conveniência* dos aplicativos virtuais, tais como salas de *chat*, mensagens instantâneas, etc., fornecem um veículo propício para se conhecer outras pessoas. As conversas podem se iniciar através de uma troca de *e-mails* ou encontros em salas de *chat*, e podem se transformar em intensos e apaixonados romances que levam a ocorrência de chamadas telefônicas e possivelmente a encontros reais.

Aparentemente a satisfação sexual serve como um reforçador dos comportamentos sexuais pela internet, mas o maior reforço nestes casos, segundo Young, é a capacidade de alimentar um mundo de fantasias virtuais que pode oferecer uma *fuga* emocional ou mental para o estresse e as tensões da vida cotidiana. Por exemplo, uma mulher com um casamento falido pode-se utilizar de salas de *chats* para fugir do vazio e se sentir importante ou mesmo desejada por seus parceiros virtuais.

Romances virtuais e encontros cibersexuais aparecem com frequência como um sintoma das dificuldades antecedentes a própria internet na vida de um casal. Uma comunicação empobrecida com o cônjuge, alguma outra forma de insatisfação sexual, dificuldades na educação dos filhos e problemas financeiros são problemas comuns no matrimônio, porém tais dificuldades se constituem de poderosos gatilhos para a busca dos namoros virtuais.

Os encontros virtuais favorecem também a expressão de carências experimentadas pelos casais, como as fantasias sexuais, romance e paixão que podem ter se tornado ausentes na relação atual. Assim sendo, torna-se uma saída mais fácil para os cônjuges lidarem com os problemas virtuais em vez de enfrentar as dificuldades existentes no casamento. Assim, a(o) parceira(o) virtual oferece compreensão e conforto necessários para sentimentos marcados pela raiva, mágoa ou outros que não foram expressos na relação real.

Young e colaboradores (2000) concluem afirmando que na psicoterapia com casais, o clínico deve contribuir para a melhora da comunicação e que para que o casal possa exercer um diálogo aberto e honesto e isento de maiores sentimentos como culpa ou raiva. Algumas sugestões incluem:

1. *Estabelecimento de metas específicas:* para avaliar as expectativas de cada um a respeito do uso do computador e o compromisso na reconstrução do relacionamento atual.
2. *Usar declarações a partir do "eu" para não culpabilizar o outro:* o terapeuta deve enfatizar o uso de uma linguagem não crítica e acusatória. Assim o clínico deve ajudar os clientes a modificar suas expressões de opinião e sentimentos. Por exemplo, em vez de dizer "Você nunca dá atenção prá mim por que fica muito tempo neste computador!" pode-se ser substituída por "Sinto-me abandonada quando você gasta longas horas de nosso tempo juntos no computador". Ao se exercitar o uso do "eu", o terapeuta também aconselha aos clientes a focalizarem suas falas no momento atual e evitar assim as palavras negativas, pois estas serviriam como novos gatilhos para renovadas discórdias.
3. *Empatia:* ajudar os casais a ouvirem genuinamente o outro. Quando o parceiro procura explicar os motivos que o levaram a tal ação, é importante ajudar o outro parceiro a suspender sentimentos de raiva ou de perda de confiança a fim de escutar de forma mais aberta possível para ampliar a comunicação e consequentemente o entendimento mutuo.
4. *Considerar alternativas:* caso o diálogo cara a cara esteja difícil, o clínico pode sugerir outras formas de comunicação, tais como escrever cartas ou mesmo *e-mails*. A escrita permite maior fluidez na expressão de pensamentos e sentimentos sem a interrupção do outro. Da mesma forma que facilita a leitura de maneira menos defensiva e mais aberta.

Com o propósito de auxiliar o paciente a desenvolver estratégias de enfrentamento eficazes no tratamento da dependência de internet, pode-se utilizar então o formato individual de psicoterapia, o formato grupal na condição de grupos de apoio ou ainda grupos psicoterapêuticos, programas de autoajuda ou ainda grupos de orientação para familiares (Young, 1998; Young, 1999; Davis, 2001; Dell'Osso et al., 2006).

De acordo com as perspectivas apresentadas acima, podemos considerar as contribuições ainda pequenas em número, porém expressivas em suas propostas e intervenções. Portanto, são necessários ainda mais estudos de seguimento para determinar qual a abordagem psicoterápica pode ser considerada em curto prazo como mais eficaz e que possa ter boa consistência para sustentar sua efetividade a longo-prazo. Como os distintos modelos em psicoterapia possuem diferentes mecanismos envolvidos no processo de mudança, é possível que uma comparação mais direta da eficácia terapêutica ainda leve um tempo para ser testada. Vale ressaltar, entretanto, que embora distintos modelos sejam descritos, a moderação e o uso controlado de internet, na maioria delas, constitui como o foco dos seus serviços.

## MODELO ESTRUTURADO EM PSICOTERAPIA COGNITIVA PARA TRATAMENTO DA DEPENDÊNCIA DE INTERNET

A DI é tratada em nosso ambulatório a partir do Programa Estruturado em Psicoterapia Cognitiva (Abreu e Góes, no prelo) e vem sendo aplicado há mais de três anos na população.

A partir dos eixos teóricos e práticos da terapia cognitiva, nossa intervenção ocorre em formato de grupo e conta com a duração de 18 semanas no atendimento de adolescentes e de adultos. Vale ressaltar que, à medida que a psicoterapia transcorre, os pacientes são também acompanhados pelos psiquiatras sempre que necessário para tratamento das comorbidades associadas. Além disso, no caso do tratamento de adolescentes, um grupo de intervenção familiar também está previsto para ocorrer de maneira simultânea (Barossi, vanEnk, Góes e Abreu, no prelo). Como a DI, segundo vários autores, já conta com indicações para inclusão futura no *DSM-V* na categoria dos transtornos do controle dos impulsos (Block, 2008), nossa meta em psicoterapia visa primariamente restituir o controle de um uso adequado da internet, ou seja, implementar uma rotina adaptativa de um uso controlado e saudável (Abreu, Karam, Góes, Spritzer, 2008). Além do mais, à medida que a internet se faz cada vez mais presente no cotidiano dos indivíduos, seja através de comunidades sociais, em função das necessidades acadêmicas ou mesmo através das formas mais simples de comunicação diária, a vida virtual se torna praticamente uma nova instância de vivências e de convivências do século XXI, portanto, ter a pretensão de bani-la como um todo – a exemplo de como se procede no tratamento do álcool ou das drogas – nada mais é do que uma atitude de pouco conhecimento das reais dimensões e extensões da internet.

### Fase inicial

Considerando as características acima descritas, torna-se óbvio o fato de que o "desmame virtual" não conta com qualquer forma aceitação ou ainda mais remota colaboração dos pacientes, excetuando aqueles casos onde a gravidade ainda não é tão pronunciada. Assim sendo, nas fases iniciais do tratamento em grupo, pouco se aborda qualquer aspecto que faça menção aos impactos negativos advindos do uso excessivo, mas sim as *facilidades e benefícios* decorrentes desse contato (ver Tabela 9.1 – semana nº 2). Assim sendo, são discutidos os mais diversos aspectos, como, por exemplo, a importância da internet para a vida de cada um, as vantagens em utilizá-la, etc. Obviamente, essa postura dos profissionais toma todos os pacientes de surpresa uma vez que esperavam ouvir qualquer mensagem que os desencorajassem, menos as "vantagens" da utilização. E o melhor de tudo é que o efeito é imediato. Após esse primeiro contato, todos passam progressivamente a expor a relevância da internet em suas vidas e discutem abertamente a quantidade de mudança (positiva) experimentada após esse período. Fica evidente – se formos analisar a partir do discurso de cada um – a função que a internet desenvolveu em suas vidas. Desnecessário mencionar os aspectos ligados à diminuição da solidão ou como forma alternativa de inclusão social, renovada capacidade de enfrentamento dos problemas ou mesmo regulação do humor (*"a internet é meu Prozac virtual"*), fatores amplamente já descritos pela literatura (Shaffer, Hall e Bilt, 2000; Ko et al., 2006; Chak e Leung, 2004). Dessa forma, ao se promover esse tipo de discussão se evidencia que a vida virtual é uma grande opção de vida e, por conta dessa importância, abordar seus malefícios de imediato seria, no mínimo, ingenuidade.

Os pesquisadores da psicoterapia (Safran, 1998) há tempo já alertam a respeito do constructo chamado "aliança terapêutica". Segundo ele, essa aliança de trabalho (ou a construção da confiança interpessoal entre paciente e terapeuta) ocorre ao longo dos quatro primeiros encontros, ou seja, para que uma psicoterapia seja bem-sucedida, deve-se trabalhar cuidadosamente nessa fase, pois dela depende o resultado final da psicoterapia. Assim sendo, bons resultados ou grande quantidade de mudança pessoal estarão relacionados à construção de uma boa aliança. Desistência prematura ou baixos níveis de mudança pessoal estão relacionados a uma pobre aliança. Dessa forma, não utilizamos nessa fase qualquer intervenção que contenha elementos de confrontação, dúvida ou mesmo descrença em relação aos relatos dos pacientes. E é essa linha que seguimos nas quatro primeiras sessões.

Ainda nesse bloco inicial onde a aliança ainda está sendo constituída, são abordadas as consequências sociais e psicológicas do uso da internet, ou seja, nesse momento se dá voz às queixas mais frequentemente ouvidas junto aos familiares, amigos e colegas de trabalho (semana 3). Dessa maneira, se evidencia a história de relações ("fracassadas"na grande parte das vezes) que cada um carrega consigo e que faz da internet um espaço possível e mais saudável de relações. Interessante notar o quanto a exposição desses elementos frente aos demais componentes do grupo interfere positivamente na dinâmica grupal. Desnecessário dizer que o mais refratário deles, inevi-

**TABELA 9.1**
Modelo estruturado em psicoterapia cognitiva
para tratamento da dependência de internet

| Week | Temas |
|---|---|
| – | Aplicação de Inventários |
| 1ª | Apresentação do programa |
| 2ª | Analise dos "aspectos positivos" da rede |
| 3ª | Tudo tem sua consequência ou seu preço |
| 4ª e 5ª | Gosto ou "preciso" navegar na rede? |
| 6ª e 7ª | Como é a experiência de "necessitar" (Problema) |
| 8ª | Análise dos sites mais visitados e as sensações subjetivas vivenciadas |
| 9ª | Entendimento do mecanismo do gatilho |
| 10ª | Técnica da Linha da Vida (Padrão) |
| 11ª | Aprofundamento dos aspectos deficitários |
| 12ª | Trabalho com os temas emergentes |
| 13ª | Trabalho com os temas emergentes |
| 14ª | Trabalho com os temas emergentes |
| 15ª e 16ª | Alternativas de ação (coping) (Processo) |
| 17ª | Preparação para o encerramento |
| 18ª | Encerramento e aplicação de inventários |

Fonte: Abreu e Góes, no prelo.

tavelmente acaba por reconhecer nos outros as suas próprias dificuldades, criando assim uma verdadeira cola social entre os participantes do grupo terapêutico. Portanto, a essa altura, qualquer dificuldade de cooperação ou colaboração que havia sido exibida inicialmente começa a se atenuar de maneira significativa.

Nas sessões seguintes, seguimos em direção a exploração das **implicações pessoais** do uso excessivo como observado, por exemplo, através dos seguintes diálogos:*"vou para a internet, pois lá me sinto aceito", "lá encontro uma vida mais digna", "na net tenho uma parceira que me deseja de verdade", "na net me realizo como jamais conseguiria na vida real"*. Assim sendo, os pacientes começam a perceber que a opção pela vida virtual nada mais é do que uma forma alternativa (embora desadaptativa) de se enfrentar as situações de pressão, medo ou exposição. Dessa forma, é que o círculo vicioso que compõe essa dependência passa a ser identificado. Nessa fase é comum serem questionadas as funções da internet, ou seja, se ela é, na verdade, uma **opção** ou uma **necessidade** premente (semanas 4 e 5).

Interessante notar que, a essa altura, os próprios pacientes já começam a estabelecer uma relação de causa e efeito entre seus comportamentos de esquiva e o uso da *web*, isto é, já conseguem identificar que o comportamento que é ligado ao uso excessivo (e aquilo que atribuíram inicialmente a categoria de "benefícios") nada mais é do que um conjunto de comportamentos de enfrentamento fracassados ou de necessidades não contempladas exemplificando a clara falta de manejo pessoal frente ao ambiente, tornando a internet uma nova forma "possível" (mas não suficiente) de enfrentamento da vida.

### Fase intermediária

Tendo sido a aliança terapêutica desenvolvida e a relação entre os membros e os profissionais assegurada, seguem-se agora em direção as intervenções psicoterapêuticas propriamente ditas. Porém, antes de se adentrar nelas, se estabelece a figura do "**anjo da guarda**". Tal pessoa é escolhida aleatoriamente pelos profissionais (o anjo é escolhido pelo paciente ou pelos terapeutas quando necessário) e tem como função "cuidar" ao longo da semana de algum elemento do grupo que não esteja sentindo seguro e relatando bem-estar no dia do encontro. São dadas orientações aos membros de que esse contato seja realizado através de chamadas telefônicas ou mesmo através do encontro pessoal. Estimula-se que o "anjo" esteja presente nas situações de dificuldade e de tensão, fornecendo apoio e amparo necessários. Dessa forma, começa-se a desenvolver um tipo de relação positiva e reforçadora entre pessoas e que, evidentemente, está pouco presente na vida de cada um. Ao se agir dessa forma gradualmente introduzimos novas experiências que podem competir com aquelas que eram obtidas somente através da internet. Esse papel do cuidador pode se alterar de uma pessoa para outra, sempre que necessário for e assim aumentando ainda mais as possibilidades de conexão entre os elementos do grupo.

Embora as relações antecedentes e consequentes ao uso abusivo da internet estejam agora mais claras aos membros do grupo, nenhuma delas ainda foi objeto de qualquer intervenção terapêutica e, assim, se segue agora em direção a intervenções mais específicas que alterem pontualmente as respostas disfuncionais. É solicitado nessa fase que os pacientes façam um diário semanal contendo as experiências da semana e, principalmente, que sejam registradas aquelas que dizem respeito às **necessidades emocionais** que não são respondidas ou atendidas e que acabam sendo encontradas apenas no mundo virtual (semana 6, 7 e 8). Registra-se então: situações disparadoras de busca da internet, horas gastas, pensamentos associados, sentimentos vivenciados, e todo tipo de informação que os ajude a mapear a cadeia de comportamentos decorrentes dessas necessidades não atendidas.

Isso feito, esse registro serve de material para que as condições adversas passem por um escrutínio grupal e recebem a devida orientação de condução dos profissionais em sua próxima ocorrência. Assim, a cada semana, um ou dois pacientes do grupo descrevem as situações e as mesmas são trabalhadas pelo grupo de uma maneira geral e, na sequência, são objeto de técnicas específicas de intervenção terapêutica (reestruturação cognitiva, treino assertivo, *role-play*, etc).

O procedimento dessa psicoterapia está em sintonia com os preceitos descritos por Mahoney (1992), pois visa realizar o trabalho dos três "Ps". Assim sendo, nos momentos iniciais do processo clínico objetiva-se enfocar o *Problema* com todas as suas peculiaridades e variações (4 sessões iniciais). Em um segundo momento (na fase intermediária) se dá o aprofundamento da **análise dos Padrões gerais**, ou seja, aqueles padrões que se fazem presentes ao longo da vida dos pacientes e que são os responsáveis diretos pelo aparecimento dos mesmos problemas sob as diferentes roupagens, isto é, são compostos pelas mesmas estratégias viciadas de enfrentamento disparadas pelos mesmos **gatilhos** situacionais (Semana 9). Dessa forma, nos damos por satisfeitos quando os pacientes conseguem ter uma clara visão de mecânica pessoal desadaptativa e consequentemente conseguem agir de uma maneira distinta daquela usada no passado e que agora faz da internet, sua única opção de enfrentamento.

Uma técnica muito utilizada nesse momento é a **técnica da linha da vida** (Gonçalves, 1998) onde é solicitado ao paciente que faça um registro contínuo de todas as suas idades (do nascimento até a data presente) (Semana 10). Ao se desenhar uma linha horizontal, se registra acima da mesma os períodos mais significativos (com as respectivas idades) e abaixo da linha os fatos e as impressões que lhe foram (e são) significativos (positiva ou negativamente falando). Esse gráfico em forma de paisagem aumenta as possibilidades de identificação das feridas emocionais e leva os pacientes a melhor visualizar a repetição dos "problemas" enfrentados ao longo da vida. Dessa maneira, lhe é facilitado perceber que desenvolvimento da personalidade de cada um ocorre gradualmente durante a vida e se assemelha a um sistema de estrada de ferro, com uma linha principal ao longo da qual é colocada uma série de estações (ou situações) para uma certa direção, mas logo se bifurca em uma série de rotas distintas, algumas das quais divergem da rota principal e outras tomam um curso convergente. O uso abusivo da internet seria considerado então uma nova forma de manifestação de um velho *Padrão* (2º "P") de atuação.

Dessa maneira, procuramos mostrar a cada paciente que uma verdadeira esteira de atitudes (e, principalmente de relacionamentos) foi edificada e definindo as perspectivas possíveis de troca com o mundo de maneira sempre repetitiva. Assim, torna-se uma tarefa mais fácil compreender a razão pela qual a internet se torna um grande refúgio e um melhor local de controle e manejo emocional.

Um pressuposto fundamental de nosso enfoque é que os seres humanos apresentam uma predisposição às relações interpessoais e que grande parte do aprendizado desadaptado que os indivíduos realizam, se originam em suas tentativas de evitar a desintegração de certas relações interpessoais importantes (Safran, 1998).

Ao se visualizar esse processo como um todo se desenvolve uma análise mais aprofundada dos Processos (3º "P") pelos quais tais padrões e problemas foram sendo construídos e se manifestam ao longo da vida do indivíduo. Nesse momento é que se esboça visual e emocionalmente as **perspectivas de mudança** para cada um (Semana 11-14). Dessa forma, almeja-se:

a) em um primeiro momento o terapeuta precisaria propiciar uma base segura a partir da qual o paciente pode explorar a si mesmo, as relações estabelecidas no passado ou aquelas que poderia vir a estabelecer no futuro;
b) juntar-se ao paciente na exploração e encorajá-lo ao exame das situações e dos papéis por ele exercidos, assim como as suas reações a essas situações;
c) indicar ao paciente as maneiras pelas quais ele, inadvertidamente, interpreta as reações do mundo à sua volta tomando por base os modelos disfuncionais advindos de sua vida pregressa (seu *modus operandi* emocional e cognitivo) para, finalmente;
d) situar o papel da internet nesse processo disfuncional de enfrentamento;
e) ao se ter esse mapa de mundo, altera-se o padrão comportamental e consequentemente interfere-se com o comportamento de uso abusivo da internet.

Uma vez que os terapeutas trabalham no estabelecimento de um ambiente seguro para cada paciente do grupo, estarão asseguradas as condições básicas para o andamento de uma boa psicoterapia. A segurança oferecida pelos profissionais e pelos colegas do grupo são consideradas, em um nível prático, como importantes ferramentas de intervenção para a transmissão e compreensão dos significados uma vez que facilitam o processamento dessas novas informações. Na verdade, como em qualquer outro processo em psicoterapia, nesse momento pouco se discute a respeito dos aspectos inicialmente responsáveis pela vida de cada um ao grupo (uso abusivo da internet), mas agora tomam lugar às **perspectivas pessoais de enfrentamento** emocional e nas situações desafiadoras (Semana 15). Dada o avanço das discussões, o nível de troca emocional e os desafios e promessas de mudança manifestadas perante o grupo, o papel desempenhado pela internet fica nesse momento colocado em um segundo plano.

## *Fase final*

A fase final é marcada pelo acompanhamento das mudanças que foram obtidas por cada um ou no reforço daquelas que ainda pedem por uma maior atenção. É evidente que nem todos os pacientes vão manifestar o mesmo tipo ou a mesma quantidade de mudança, entretanto, o papel social desempenhado pelo grupo se torna um fator preponderante (Semana 16). Ainda nesse momento se examina com maior atenção os estilos de enfrentamento e os estilos relacionais mais amplos. Uma atenção adicional é dada à família (no caso dos adolescentes) e aos pares românticos (no caso dos adultos), analisando as mudanças obtidas antes de se iniciar o tratamento e que foram registradas e que agora se fazem presentes possivelmente de forma distinta. Esse "efeito contraste" dá a todos a possibilidade de construir uma resposta a pergunta: **Qual vida que desejo ter?** (A partir das mudanças obtidas junto à psicoterapia – Semana 17).

É evidente que uma maioria dos usuários abusivos de internet apresenta formas exacerbadas de vulnerabilidade pessoal (baixa tolerância à frustração, alta esquiva ao dano, ansiedade social, baixa autoestima) e que, dentre outras deficiências, a rede mundial se torna uma das melhores formas de diminuição do estresse e do medo da vida real. Os dependentes de qualquer idade usam a rede como uma ferramenta social e de comunicação, pois têm uma experiência maior de prazer e de satisfação quando estão conectados (experiência virtual) do que quando não conectados (Young, 2007; Shapira et al., 2001). Tais pacientes não mais se alimentam regularmente, perdem o ciclo do sono, não saem mais de casa, tem prejuízo no trabalho e nas relações pessoais, se relacionam somente com conhecidos do mundo virtual, etc. Dessa maneira, não seria de se estranhar que essas pessoas cheguem a ficar facilmente conectadas por mais de 12 horas por dia e atinjam, com relativa frequência, 35 horas ininterruptas de conexão; colecionem ao longo de um ano mais de quatro milhões de fotos eróticas ou recebam mais de três mil *e-mails* em apenas um dia. Efetivamente, muda-se a geografia de vida.

No caso dos atendimentos com a população adolescente, simultânea a aplicação do Programa Estruturado (Figura 9.2), convoca-se os pais e ou responsáveis para um acompanhamento paralelo, pois se entende que, nesses casos, as intervenções familiares são coadjuvantes para um bom prognóstico. Assim sendo, a sequência de temas usadas no "Programa de Orientação a Pais de Adolescentes Dependentes de internet" (Barossi, van Enk, Góes e Nabuco de Abreu, 2009) é abaixo descrita:

O intuito do programa é o de favorecer a adesão dos pais ao tratamento dos adolescentes e desenvolver ações alternativas para lidar com os conflitos de modo a alcançar uma comunicação mais funcional entre pais e filhos. O Programa consiste em 12 encontros quinzenais (90 minutos de duração)

**TABELA 9.2**
Modelo estruturado em psicoterapia cognitiva para tratamento da dependência de internet em adolescentes

| | Objetivos dos encontros (com os adolescentes) | Objetivos dos encontros (com os pais ou responsáveis) |
|---|---|---|
| 1º | Expressão de sentimentos e pensamentos | Anotar na folha de registro as experiências vivenciadas no convívio com o filho |
| 2º | Reduzir a frequência de críticas e aumentar a empatia entre o grupo | Descrever os comportamentos adequados e inadequados do filho; sinalizar os adequados e tentar não reforçar os inadequados |
| 3º | Conhecer os possíveis motivos e interesses associados ao uso da internet | Observar em diferentes dias o uso da internet junto ao filho. Anotar na folha de registro as experiências |
| 4º | Avaliar crenças e expectativas negativas que impedem o manejo de novos comportamentos | Anotar as sensações pessoais em um diário quando comportamentos negativos aparecem |
| 5º | Distinguir comportamentos inadequados do adolescente por déficit ou excesso de cuidados paternos | Identificar e descrever possíveis influências do uso abusivo da internet |
| 6º | Diferenciar entre direitos e privilégios na educação dada | Levantamento de direitos e privilégios conferidos ao filho |
| 7º | Analisar funcionalmente os comportamentos do adolescente e dos pais ou responsáveis | Comparar seus métodos de educar àqueles adotados por seus pais (padrões transgeracionais) |
| 8º | Identificar procedimentos de resolução de problemas | Aplicar exercício de resolução de problemas |
| 9º | Aprender novas habilidades sociais e práticas educativas | Experimentar formas alternativas para educar |
| 10º | Desenvolver repertório apoio familiar para manutenção das mudanças realizadas | Manter consistência nos métodos educativos na prática com o filho |
| 11º | Adquirir suporte familiar a fatores de vulnerabilidade | Reconhecer os fatores de risco de recaída e usar as saídas aprendidas no PROPADI |
| 12º | Avaliar as intervenções das mudanças comportamentais, emocionais e consequências *Follow-up* | Relato da experiência vivenciada nos encontros Identificar os efeitos na redução do uso e/ou recaídas |

com os pais dos adolescentes que também são atendidos semanalmente em grupo por outros profissionais da equipe. A cada encontro, os objetivos são expostos ao grupo de pais, seguindo um cronograma adaptado à evolução do processo.

Para o desenvolvimento do trabalho em grupo, são utilizados recursos audiovisuais, material bibliográfico e dinâmicas grupais para facilitar a reflexão e a comunicação entre os membros. Ao final do processo, segue-se a fase de *follow-up* por mais três encontros mensais.

O processo desenvolvido pelo PROPADI contribui para o desenvolvimento da relação mais empática entre pais e filhos, ampliando as possibilidades de resolução conjunta dos problemas associados ao uso excessivo da internet por parte dos adolescentes. Vale ressaltar a frequência do grupo, que se mantém regular até o final do processo.

## CONCLUSÃO

Na experiência com os grupos de adolescentes e de adultos, apesar dos resultados dos inventários (IAT) aplicados nem sempre demonstrarem melhora significativa nos escores, através da uma avaliação clínica pudemos observar progressos substanciais. A princípio, a tomada de consciência sobre o uso excessivo foi fundamental para proporcionar a motivação no controle do uso. No decorrer da fase inicial e no início da intermediária, os clientes desenvolvem a capacidade de relacionamentos reais com os outros integrantes do grupo, assim como a possibilidade de gerenciar o tempo gasto nas conexões. Fica evidente neste período, os prazeres negligenciados em outras áreas da vida em detrimento do uso da internet. Dessa forma, percebemos um movimento discreto para reencontrar amigos reais antigos e a procura de novas atividades do mundo real.

Podemos observar assim a melhora nas relações familiares, conjugais, profissionais e acadêmicas, assim como aquisição de uma comunicação assertiva nessas relações e a um estilo mais pró-ativo para buscar e manter atividades prazerosas. Ao se obter a melhora, nota-se a recuperação da autoestima e do aumento de senso de autoeficácia, conforme descreve uma paciente que foi tratada em nosso grupo: "Espero que muitos como nós possam ouvir sobre vocês, como eu ouvi, e acordem para ser ajudados" (SG, 68 anos).

Devido ao uso cada vez mais frequente da internet por parte de todas as faixas etárias da população, estudos futuros precisam ser desenvolvidos para determinar quais tratamentos e abordagens são mais eficazes para cada faixa etária, assim como para os diversos tipos de dependência de internet. Estudos com *follow up* de longa duração são fundamentais para se esclareçam e apontem quais estratégias de intervenção podem ser mais eficazes.

# REFERÊNCIAS

Abreu, C.N. Introdução às Terapias Cognitivas. In C.N. Abreu & H. Guilhardi (2004), *Terapia Comportamental e Cognitivo-Comportamental: Práticas Clínicas*, pp. 277-285. SP: Editora Roca, 2004.

Abreu C.N., Karam R.G., Góes D.S., Spritzer D.T. Dependência de Internet e de Jogos Eletrônicos: uma revisão. *Rev. Bras. Psiquiatr*. 2008: 30 (2); 156-67

Barossi O., vanEnk S., Góes D.S., Abreu C.N. Internet Addicted Adolescents' Parents Guidance Program (PROPADI). Revista Brasileira de Psiquiatria. 2009: 30(4);389-390

Block J. Issues for DSM-V: Internet Addiction. *American Journal of Psychiatry*. 2008, 165:306-307

Caplan, S. E. (2002). Problematic Internet use and psychosocial well-being: development of a theory-based cognitive-behavioral measurement instrument. *Computers in Human Behavior*; 18(5):553–75.

Chak K., Leung L. Shyness and locus of control as predictors of internet addiction and internet use. *Cyberpsychol Behav*. 2004;7(5):559-70

Chiou W.B. (2008) Induced Attitude Change on Online Gaming among Adolescents: An Application of the Less-Leads-to-More Effect. *CyberPsychology & Behavior*; 11(2):212-16

Davis R.A. A cognitive-behavioral model of pathological Internet use. *Computers in Human Behavior*. 2001;17(2):187–95.

Dell'Osso B., Allen A., Altamura A.C., Buoli M., Hollander E. (2008) Impulsive-compulsive buying disorder: clinical overview. *Aust N Z J Psychiatry*; 42(4):259-66

Dell'Osso B., Altamura A.C., Allen A., Marazziti D., Hollander E. (2006). Epidemiologic and clinical updates on impulse control disorders: a critical review. *Eur Arch Psychiatry Clin Neurosci*.; 256(8):464-75.

Safran J., Widening the scope of the cognitive therapy: the therapeutic relationship, emotion, and the process of change. NY: Jason Aronson Inc, 1998.

Gonçalves, O.F. (1998) *Psicoterapia Cognitiva Narrativa: Manual de Terapia Breve*. Campinas: Editorial Psy.

Hay P.P., Bacaltchuk J., Stefano S., Kashyap P. (2009) Psychological treatments for bulimia nervosa and binging. *Cochrane Database Syst Rev*.; 7;(4):CD000562.

Hollander, E. & Stein, D.J. (2005) *Clinical Manual of Impulse-Control Disorders*. Arlington: American Psychiatric Pub.

Ko C.H., Yen J.Y., Chen C.C., Chen S.H., Wu K., Yen C.F. Tridimensional personality of adolescents with internet addiction and substance use experience. *Can J Psychiatry*. 2006;51(14):887-94.

Liu C.Y. & Kuo F.Y. (2007) A Study of Internet Addiction through the Lens of the Interpersonal Theory. *Cyberpsychology & Behavior*;10(6), 779-804

Mueller A. & de Zwaan M. (2008) Treatment of compulsive buying. *Fortschr Neurol Psychiatr*. Aug;76(8):478-83.

Munsch S., Biedert E., Meyer A., Michael T., Schlup B., Tuch A., Margraf J.(2007) A randomized comparison of cognitive behavioral therapy and behavioral weight loss treatment for overweight individuals with binge eating disorder. *Int J Eat Disord*;40(2):102-13.

Paya R., Figlie N.B. Entrevista Motivacional. In C.N. Abreu & H. Guilhardi (2004), *Terapia Comportamental e Cognitivo-Comportamental: Práticas Clínicas*, pp. 414-434. SP: Editora Roca, 2004.

Rodriguez L.J.S., Carmona F.J., Marín D. (2004) Tratamiento psicológico de la adicción a Internet: a propósito de un caso clínico. *Rev Psiquiatría Fac Med Barna*;31(2):76-85

Shaffer H.J., Hall M.N., Bilt J.V. Computer addiction: a critical consideration. *Am J Orthopsychiatry*. 2000;70(2):162-8.

Shaw M. & Black D.W. (2008) Internet addiction: definition, assessment, epidemiology and clinical management. *CNS Drugs*;22(5):353-65

Stravogiannis A., Abreu C.N. Dependência de Internet: um relato de caso. *Rev. Bras.de Psiquiatria*. 2009, 31(1): 76-81

Wieland D.M. (2005) Computer Addiction: Implications for Nursing Psychotherapy Practice. *Perspect Psychiatr Care*. 2005 Oct-Dec;41(4):153-61.

Young, K.S. (1999) *Internet Addiction:Symptoms, Evaluation, And Treatment*. in World Wide Web: http://www.netaddiction.com/articles/symptoms.pdf, acessado em 20/07/2006.

Young K.S., Cooper A., Griffiths-Shelley E., O'Mara J., Buchanan J. (2000) *Cybersex and Infidelity Online: Implications for Evaluation and Treatment* in World Wide Web: http://www.netaddiction.com/articles/symptoms.pdf, acessado em 23/07/2009

Young, K. Cognitive behavior therapy with Internet addicts: treatment outcomes and implications. *Cyberpsychol Behav*. 2007;10(5):671-9

Zhu T.M., Jin R.J., Zhong X.M. (2009) Clinical effect of electroacupuncture combined with psychologic interference on patient with Internet addiction disorder. *Zhongguo Zhong Xi Yi Jie He Za Zhi*;29(3):212-4

# 10

## Trabalhando com adolescentes dependentes de internet

**KEITH W. BEARD**

Os adolescentes, de modo especial, são atraídos para a internet. Este capítulo revisa as atuais pesquisas sobre uso de internet pelos adolescentes. Ele inclui uma discussão dos comportamentos na internet típicos dessa faixa etária, os benefícios do uso de internet e os problemas que podem resultar das atividades virtuais dos adolescentes. São examinados os sinais de alerta e sintomas que podem indicar um problema significativo de uso de internet nesse grupo. O capítulo também considera questões desenvolvimentais, dinâmica social (isto é, fatores familiares e interações com os pares) e componentes culturais que têm sido associados à dependência de internet na adolescência. Finalmente, há uma revisão de como tratar adolescentes dependentes de internet, incluindo maneiras de avaliar os problemas e estratégias específicas de intervenção. Destacamos possíveis intervenções de terapia familiar que podem ser utilizadas.

## INTRODUÇÃO

O uso de internet se disseminou e continua crescendo exponencialmente. Um grupo tem sido especialmente atraído para essa forma de tecnologia sem paralelo – os adolescentes. Eles são atraídos para a internet por várias razões. Lam, Zi-wen, Jin-cheng e Jin (2009) sugeriram que variáveis relacionadas a estresse são uma razão para o adolescente se envolver exageradamente com a internet. Sua capacidade de enfrentar as situações pode ser limitada, e a internet é uma forma conveniente e disponível de tentar lidar com a tensão. Outra razão é a possibilidade de expressar a si mesmo, o que pode ser particularmente atraente para um adolescente que está lidando com o desenvolvimento da identidade e questões de autoconceito (Tosun e Lajunen,

2009). A anonimidade percebida de internet é um outro aspecto atrativo para os adolescentes, permitindo-lhes adotar comportamentos que não adotariam ou aos quais não teriam acesso no mundo real (Beard, 2008). Por exemplo, os adolescentes podem se dispor muito mais a intimidar (*bullying*) ou importunar os outros, acessar pornografia, se expor a comportamentos sexuais e encontrar oportunidades de se rebelar contra figuras de autoridade (Dowell, Burgess e Cavanaugh, 2009; Kelly, Pomerantz e Currie, 2006).

Este capítulo revisa pesquisas atuais sobre os adolescentes e a internet, incluindo comportamentos exibidos através da conexão *online*, os benefícios e problemas que podem resultar dessas atividades virtuais e sinais de alerta e sintomas que podem significar uso problemático em adolescentes. Ele também revisa os fatores e a dinâmica social que têm sido associados à dependência de internet na adolescência. Finalmente, há um exame de opções de tratamento para os adolescentes, com um foco nas intervenções de terapia familiar.

## COMPORTAMENTOS NA INTERNET

Há 31 milhões de adolescentes nos Estados Unidos (Tsao e Steffes-Hansen, 2008), 90% deles tem acesso à internet (Harvard Mental Health Letter, 2009) e mais da metade interage através de redes sociais virtuais (Williams e Merten, 2008). Diante desse grande número de adolescentes envolvidos com a internet, é importante examinar e compreender seus comportamentos dentro da rede mundial.

Lenhart, Madden e Rainie (2006) relatam que quase metade dos adolescentes que usa a internet a acessa em casa e com conexão de banda larga. Acessar a internet na escola ou na casa de um amigo também é algo comum.

As atividades na internet das quais participam são cada vez mais numerosas (Lenhart et al., 2006). Geralmente, adolescentes de ambos os sexos escolhem as mesmas atividades (Gross, 2004). A exceção a isso é compartilhar arquivos e baixar conteúdos de internet, o que é dominado pelos adolescentes do sexo masculino (Lenhart et al., 2006).

Eastin (2005) descobriu que os adolescentes usam a internet como fonte de informação, entretenimento e comunicação. A procura de informação foi medida nesse estudo com itens que perguntavam aos participantes de que forma tinham usado a internet para obter informações. O uso de entretenimento foi avaliado por itens que giravam em torno de jogar *videogames*, ouvir música e assistir a filmes. Os comportamentos de comunicação foram avaliados examinando-se itens que perguntavam sobre o uso de *e-mails* e áreas de bate-papo para propósitos sociais. Em menor grau, eles usavam a internet para ajudar a desenvolver sua identidade (por exemplo, ser capaz de encontrar informações os ajudava a desenvolver um senso de autoeficácia), melhorar o humor (mídias de entretenimento virtuais podiam compensar ou amenizar o humor disfórico) e aumentar as chances de êxito na profissão ou em seu ambiente social (reunir informações sobre oportunidades de emprego e usar a internet para bater-papo, conhecer pessoas ou trocar *e-mails*). Os adolescentes também a usavam para "curtir"* imagens esteticamente agradáveis, matar o tempo e facilitar a vida.

Em estudos mais antigos, Gross (2004) relatou que os adolescentes também interagem virtualmente com amigos que fazem parte de seu cotidiano e de sua vida fora de internet. Essas interações sociais virtuais acontecem privadamente, através das duas aplicações de comunicação mais populares (*e-mail* e mensagens instantâneas) e os tópicos discutidos são muito comuns e bem pessoais, como amigos e fofocas (Gross, 2004; Lenhart et al., 2006).

Subrahmanyam, Smahel e Greenfield (2006) monitoraram 583 adolescentes em salas de bate-papo, descritas como salas que eles acessavam sem nenhum tópico ou conteúdo específico, em oposição a salas específicas para paquera, esportes e música. Durante um período de dois meses, os pesquisadores entraram nas salas como observadores passivos, coletando 15 páginas de transcrições por sessão. As transcrições foram codificadas cegamente para análise. O exame das 38 sessões de bate-papo coletadas revelou um comentário sexual por minuto e uma obscenidade a cada dois minutos. Entretanto, mesmo com esse nível de comportamentos sexuais e obscenos, numa análise geral do comportamento adolescente exibidos nas conexões, a intimidação e importunação ainda eram os problemas mais frequentes (Harvard Mental Health Letter, 2009).

Aproximadamente 57% dos adolescentes criaram conteúdos nesses ambientes (Lenhart et al., 2006). Gross (2004) relatou que 55% usou e criou perfis de redes sociais. Quando essas páginas de perfis pessoais foram examinadas, descobriu-se que 58% incluíram uma foto, 43% revelaram seu nome completo, 27,8% listaram as escolas que frequentavam, 11% revelaram o local onde trabalhavam, 10% deram o número do telefone e 20% divulgaram outras informações de contato, como o endereço de *e-mail* (Hinduja e Patchin, 2008; Williams e Merten, 2008). Os adolescentes sabem que não deveriam ter certos comportamentos na internet nem revelar essas informações pessoais. Segundo Lenhart e colaboradores (2006), 64% dos adolescentes admite fazer durante as conexões coisas que sabem que os pais não

---

* N. de R.T.: "Curtir" é uma ferramenta encontrada dentro do facebook e é utilizada para demonstrar apreço pelo conteúdo que foi postado por alguém.

aprovariam. Não surpreendentemente, 81% dos pais disseram que seus filhos não tomam cuidado em seus comportamentos virtuais e revelam informações demais.

Williams e Merten (2008) também descobriram que 84% dos perfis na rede descreviam algum tipo de comportamento de risco envolvendo substâncias como álcool, drogas ilegais, roubo, vandalismo ou outro tipo de crime. Aproximadamente 27% dos perfis examinados incluíam afirmações sobre danos infligidos a si mesmo ou a outros, incluindo pensamentos suicidas, discussões sobre brigas ou gangues ou imagens de armas.

Williams e Merten (2008) também descobriram que os adolescentes com perfis virtuais tinham uma média de 194 amigos nas redes sociais com os quais interagiam, em média, a cada 2,79 dias. Eles propuseram que as redes sociais na internet são uma maneira fundamental de o adolescente se comunicar com as pessoas e manter relacionamentos regularmente. Williams e Merten descreveram como o *blogging* se tornou uma forma padrão de comunicação entre os adolescentes, comparável ao uso do telefone celular, *e-mail* e mensagens instantâneas. Os adolescentes, mais que os adultos, *blogam* e leem *blogs*, e nesse grupo as meninas mais velhas são as que mais blogam (Lenhart et al., 2006). Quando Williams e Merten examinaram esses *blogs*, descobriram que os temas mais comuns são relacionamentos românticos, sexualidade, amigos, pais, conflitos com outras pessoas, escola, cultura popular, autoexpressão, transtornos de alimentares, depressão e automutilação. Os pesquisadores expandiram esse achado revisando outras pesquisas que identificaram as duas principais razões para os adolescentes criarem *blogs*. A primeira é a necessidade de autoexpressão criativa e a segunda é documentar e compartilhar experiências pessoais.

Embora o momentum de adolescentes que usam a internet continue aumentando, Lenhart e colaboradores (2006) descobriram que 13% dos adolescentes nos Estados Unidos não usam a internet; quase metade deles já usou a tecnologia, mas depois a abandonou. Cerca de um em 10 adolescentes diz que teve uma má experiência na internet, que os pais restringem o uso ou que se sentem inseguros na internet. Esses adolescentes que não usam a internet também dizem que não se interessam por ela, não tem tempo suficiente ou não tem possibilidade de acessá-la.

# BENEFÍCIOS

Apesar de ser fácil se concentrar nos aspectos negativos, a internet não é algo inteiramente ruim. Ela ajuda os adolescentes de muitas maneiras, e esses benefícios devem ser lembrados. Alguns pesquisadores (Beard, 2008; Williams e Merten, 2008) explicaram como a internet pode ajudar os adolescentes ao possibilitar maior comunicação positiva e interação social com as pessoas. Isso permite que antigos relacionamentos com amigos e parentes sejam refeitos e mantidos, e cria oportunidades para desenvolver novas amizades. A internet também permite que as pessoas encontrem o apoio emocional que talvez não estejam recebendo. Por exemplo, um estudo examinou o uso de internet como uma maneira de ajudar novos alunos a se sentirem bem-vindos em suas novas escolas e iniciarem amizades (Williams e Merten, 2008). Segundo Beard, a internet tem sido um meio para pessoas isoladas geograficamente entrarem em contato com outras e se sentirem parte de uma comunidade mais ampla. A internet também é um lugar de entretenimento, com abundância de jogos, imagens, notícias e *sites* a serem visitados. Essa tecnologia também traz benefícios educacionais para os adolescentes. Ela permite que acessem informações que previamente seria difícil ou quase impossível acessarem. Igualmente, essa tecnologia permite que aprendam e sejam expostos a culturas e ideias novas e diversas.

Com relação à saúde física e mental, Beard (2008) explica que a internet pode ser uma maneira de algumas pessoas aliviarem sintomas de ansiedade e depressão. Passar um tempo conectado pode trazer certo alívio, pois a pessoa se distrai com as atividades virtuais em vez de se concentrar em seus sintomas. A internet também pode fornecer o apoio e o conhecimento necessários sobre o problema de saúde física ou mental em questão. Foi inclusive sugerido que a internet pode aumentar o senso de valor pessoal e autoestima ao possibilitar que os outros demonstrem seu conhecimento e ofereçam ajuda e apoio àqueles que precisam de ajuda para suas dificuldades físicas ou mentais.

Beard (2008) afirmou que a pessoa também pode experienciar esse senso aumentado de valor pessoal e autoestima quando ajuda outras que não entendem muito a tecnologia. Por exemplo, quem tem maior conhecimento pode oferecer conselhos ou demonstrar, para quem não domina a tecnologia, como usar várias aplicações ou programas. A internet também permite que as pessoas aumentem seu conhecimento tecnológico. Por exemplo, elas podem acessar informações sobre novas tecnologias para conhecer os prós e contras de usar ou comprar determinadas coisas, podem ler manuais ou *sites* úteis, e se sentirem mais inclinadas a fazer um *upgrade* e passar a usar tecnologias mais novas porque se sentiram à vontade e conseguiram lidar melhor com as antigas. Foi sugerido, inclusive, que a internet é um meio que permite desenvolver a capacidade de escrever e outras capacidades intelectuais. Por exemplo, pessoas que normalmente não escreveriam nem manteriam um diário podem blogar e ler comentários sobre seus textos ou submetê-los a avaliação de outras e receber um *feedback*. Podemos nos desenvolver intelectualmente ao ter acesso a uma abundância de materiais sobre assuntos ilimitados ou ao encontrar novas informações navegando na *web* e pesquisando sobre tópicos que nos interessam.

## PROBLEMAS

Infelizmente, também existem consequências negativas associadas à internet. Segundo Beard (2002, 2008), apesar de um benefício de internet ser a superabundância de informações e a possibilidade de acessá-las, alguns dos conteúdos podem trazer problemas. A exposição a um excesso de informações pode levar a conclusões erradas e a fofocas, e informações perigosas podem ser rapidamente obtidas e facilmente perpetuadas. Por exemplo, é relativamente fácil autodiagnosticar erroneamente um problema físico ou aprender como se automutilar sem ser apanhado. Também pode ser difícil tentar obter uma informação específica devido à superabundância de *sites* da *web* que precisam ser examinados e avaliados até encontrarmos o conteúdo desejado. Além do excesso de materiais, informações não censuradas e não filtradas podem conduzir a outros problemas. Por exemplo, o maior acesso a materiais pornográficos pode facilmente resultar em problemas em múltiplas áreas da vida pessoal, acadêmica e profissional do indivíduo.

Beard (2002, 2008) comentou sobre a possível deterioração dos relacionamentos familiares e de outros relacionamentos interpessoais, porque o tempo que poderia ser passado com as pessoas é passado virtualmente. Isso pode resultar em impaciência, brigas e tensões no relacionamento. Pesquisadores (Beard, 2002; Beard e Wolf, 2001; Park, Kim e Cho, 2008; Young, 2009) falaram mais detalhadamente sobre a mudança nos relacionamentos familiares. Com o maior uso de internet, a quantidade e a qualidade da comunicação familiar diminuem. Há menos oportunidades para conversar, pois o adolescente passa cada vez mais tempo conectado. Ele pode ignorar ou perder aspectos da comunicação com membros da família pela preocupação com as atividades virtuais. Além disso, os adolescentes podem começar a mentir para a família ou os amigos sobre seu uso de internet. Park e colaboradores (2008) falam sobre a redução da coesão familiar no caso de adolescentes dependentes de internet. O vínculo entre os membros da família pode começar a se afrouxar, e quem lida com o adolescente dependente se sente isolado ou desconectado. Além dos problemas interpessoais e de comunicação, o nível de uso de internet também leva a problemas no desempenho escolar, atividades extracurriculares e emprego.

Uma importante atração de internet é o senso de anonimidade que temos ao usar essa tecnologia. Os adolescentes podem se apresentar de forma enganadora, construindo um perfil pessoal virtual e se descrevendo como se veem ou como gostariam de ser vistos pelos outros (Williams e Merten, 2008). Uma vez que é possível testar novas identidades e se apresentar enganosamente, o adolescente pode ficar desapontado por nunca conhecer pessoalmente um amigo virtual ou se decepcionar ao conhecê-lo (Turkle, 1996). Outro perigo das falsas apresentações é a interação com predadores sexuais, que podem facilmente envolver o adolescente nesse ambiente relativamente anônimo (Beard, 2008; Dombrowski, LeMasney e Ahia, 2004).

Beard e Wolf (2001) afirmaram que uma consequência negativa dessa tecnologia é seu uso desadaptativo, comumente referido como dependência de internet. Xiang-Yang, Hong-Zhuan e Jin-Qing (2006) reconhecem que o uso inadequado prejudica o usuário física e mentalmente, e esse prejuízo é especialmente danoso para a juventude. A noção de dependência de internet na juventude tem sido considerada muito importante por nossa sociedade e pela comunidade de pesquisa, algo que precisa ser examinado com muito cuidado. Li (2007) realizou um estudo na China, na cidade de Zhengzhou, província de Henan, e descobriu que o uso problemático e internet é uma realidade. A incidência da dependência de internet entre os estudantes de ensino médio era de 5%, sem diferenças significativas em termos de gênero, série e natureza do ambiente escolar. São necessárias mais pesquisas para se determinar quais são os fatores culturais de risco de uso problemático de internet e de que maneira fatores como gênero e idade influenciam a dependência entre os adolescentes.

Uma vez que o uso pode ser excessivo e as consequências negativas disso são reais, alguns procuram limitar a quantidade de tempo ou o tipo de atividade virtual dos adolescentes. Segundo Tynes (2007), apesar de ser importante reconhecer e compreender essas consequências negativas, também é importante lembrar que para a maioria dos adolescentes seria um desserviço limitar o uso de internet. Os benefícios educacionais e psicossociais muitas vezes superam os possíveis perigos que esse meio oferece. Portanto, quando consideramos os aspectos negativos dessa tecnologia temos de manter em mente seus prováveis benefícios.

## Sinais de alerta e sintomas de uso problemático de internet

Muitos dos sinais de alerta e sintomas de dependência que se aplicam às pessoas em geral são igualmente relevantes para os adolescentes. Entretanto, essa população também pode apresentar sinais de alerta e sintomas que precisam ser salientados. Conforme mencionamos anteriormente, na medida em que se desenvolvem os problemas, várias áreas da vida do adolescente podem sofrer, tais como o desempenho escolar, atividades extracurriculares, passatempos e emprego depois do horário de aulas (Beard, 2008). Uma razão dessa queda no desempenho é a falta de descanso adequado devido às atividades desenvolvidas no computador (Young, 1998a, 2009). Também foram propostos outros sinais que alertam para problemas (Beard, 2008; Beard e Wolf, 2001; Young, 1998a, 2009), incluindo descuido no cuidado consigo mesmo e perda ou ganho de peso. O adolescente pode ficar mais raivoso, irritável, inquieto ou apático, e ter seu humor alterado. Ele também pode ficar excessivamente sensível a perguntas sobre o uso do computador e podem agir com exagero, dramatizando (*acting out*), especialmente se o tempo de conexão for limitado pelos adultos.

Segundo Beard (2008), quando começam os problemas de uso inadequado são comuns mudanças ou conflitos com os pais e outras pessoas. Pode haver mudanças nas amizades e o adolescente passa menos tempo com os outros. O tempo livre de lazer é substituído por atividades na internet, resultando em tensões nos relacionamentos. Conforme o adolescente se afasta das pessoas, o apego emocional aos contatos virtuais pode aumentar. Ele pode inclusive começar a justificar seu comportamento na internet e os problemas que traz para a sua relação com as pessoas da vida real, acreditando que o uso excessivo de internet na verdade está melhorando sua relação pessoal com seus pares. Em resultado, o adolescente se torna ainda mais dependente do contato social virtual. Além disso, quanto mais os adolescentes se envolvem em atividades na internet, mais importância costumam dar à rede mundial (Williams e Merten, 2008).

Descobriu-se que a percepção do adolescente da utilidade e dos benefícios de internet na sua vida é um fator preditivo da possibilidade de ele se tornar dependente (Xuanhui e Gonggu, 2001). Com essa população específica em mente, Ko, Yen, Chen, Chen e Yen (2005) desenvolveram um critério diagnóstico para a dependência de internet em adolescentes. Eles esperam que esse critério seja uma maneira de os profissionais de saúde mental se comunicarem e fazerem comparações entre os pacientes. Seu critério consiste em nove condições diagnósticas baseadas em três áreas principais:

1. sintomas característicos de dependência de internet;
2. prejuízo funcional secundário ao uso de internet;
3. critérios exclusivos.

Seu critério diagnóstico se mostra promissor, com grande exatidão diagnóstica, especificidade e valor preditivo negativo, sensibilidade aceitável e valor preditivo positivo aceitável. Embora esse seja um bom começo, são necessários mais estudos para estabelecer critérios para essa população específica. Esses estudos devem acrescentar validade adicional, utilidade e aceitação dos critérios propostos.

Alguns pesquisadores (Beard, 2008; Young, 1998a) salientaram que a internet talvez não seja a causa do problema. Em vez disso, o problema poderia ser como a internet é usada, os *sites* acessados, os sentimentos criados por estar conectado ou em um *site* ou o reforço obtido pelo comportamento virtual. Da mesma forma, o uso problemático de internet pode ser uma indicação de outros problemas na vida do adolescente. Por exemplo, Young (1997, 1998a) sugeriu que a internet pode atrair adolescentes com transtorno de déficit de atenção/ hiperatividade (TDAH) devido à abundância de materiais estimulantes, que mudam rapidamente, encontrados na internet. Vários pesquisadores (Beard, 2008; Jang, Hwang e Choi, 2008; Morahan-Martin, 1999; Young, 1997, 1998a) afirmaram que os adolescentes podem usar a internet para ajudar a aliviar a depressão, ansiedade, transtorno obsessivo-compulsivo, fobia social, solidão, discórdia familiar e outros problemas da vida real. Infelizmente, em resultado desse comportamento de esquiva, os problemas podem piorar e parecer ainda mais difíceis de suportar. E isso traz como resultado uma necessidade ainda mais profunda de ficar conectado para amenizar esses estados.

## Fatores de risco e dinâmica social

Os adolescentes enfrentam uma variedade de fatores de risco e questões sociais, e esses aspectos da sua vida podem contribuir para que se tornem dependentes de internet. O período da adolescência traz questões e obstáculos específicos, que precisam ser enfrentados nessa fase da vida. Seu sucesso ou fracasso ao lidar com essas questões pode ter um impacto duradouro sobre o seu comportamento virtual.

### Aspectos do desenvolvimento

Durante esse período, o adolescente desenvolve habilidades sociais que serão usadas durante toda a vida. Existe a preocupação de que a internet talvez o ajude a escapar de interações face-a-face e atrapalhe o desenvolvimento de certas habilidades sociais que serão necessárias posteriormente (Beard e Wolf, 2001).

O adolescente também enfrenta muitos desafios desenvolvimentais durante esse período da vida. Uma das tarefas é a formação de uma identidade unificada. Conforme mencionamos brevemente, as pessoas podem criar na internet novas identidades, que demonstram como elas se veem ou querem ser vistas, e podem se apresentar falsamente (McCormick e McCormick, 1992; Williams e Merten, 2008). Pesquisadores (Beard, 2002, 2008; Young, 1997, 1998a, 1998b) afirmaram que esse aspecto de internet atrai muito os adolescentes, que seriam particularmente suscetíveis a esse comportamento por estarem, em geral, descontentes com sua aparência e fatores internos. A internet dá ao adolescente a chance de experimentar diferentes *personas*, para determinar a que combina com ele e satisfazer necessidades insatisfeitas. Ele pode criar papéis virtuais em várias aplicações, tais como em *role-playing games* e salas de bate-papo.

A anonimidade desses *sites* permite ao adolescente assumir nomes fictícios ou apelidos alternativos que não representam quem ele é na vida real. Kramer e Winter (2008) explicam que os usuários de redes sociais podem escolher os aspectos de sua personalidade que querem apresentar em seus perfis ou as fotos que transmitem sua melhor imagem. Em resultado, eles têm maior controle sobre a autoapresentação e dispõem de mais estratégias do que em encontros face a face. Surpreendentemente, os pesquisadores descobriram que as autoapresentações são razoavelmente acuradas, indicando que não existe grande interesse em mentir sobre a própria identidade.

Adicionalmente, há um certo temor de que a adoção desse comportamento de experimentar diferentes *personas* retarde a adequada resolução da crise de identidade. Young (1997, 1998a, 1998b) também alertou que conforme a identidade virtual se desenvolve, o adolescente pode começar a não perceber claramente a distinção entre a personalidade do mundo real e a *persona* virtual. Outros argumentaram que mesmo que essas novas identidades e comportamentos sejam preocupantes para os adultos, isso talvez não seja tão prejudicial quando se temia, podendo ser uma maneira segura e positiva de autoexpressão e experimentação (Williams e Merten, 2008). Também se questiona quanto esse meio realmente tem sido usado para explorar questões de identidade. Gross (2004) descobriu que quando os adolescentes fingiam ser outra pessoa na internet, isso em geral era mais motivado pelo desejo de fazer uma brincadeira com os amigos do que pela vontade de explorar uma identidade desejada ou futura.

## *Dinâmica familiar*

A internet pode fornecer uma tela de fundo para vários problemas críticos da família (Oravec, 2000). Young (2009) comentou sobre como a estabilidade familiar pode ser rompida por eventos como separação ou divórcio. O adolescente pode se retrair e deixar de interagir com as pessoas reais que o frustram, e passar a se concentrar nos relacionamentos virtuais que o fazem se sentir bem.

A dinâmica familiar, os rompimentos e estresses podem promover o início do comportamento de dependência, e também influenciar o modo como a família possibilita, incentiva e ignora esse comportamento (Stanton e Heath, 1997; Yen, Yen, Chen, Chen e Ko, 2007; Young, 2009). Por exemplo, nas famílias em que há conflito e um estilo inadequado de comunicação, é mais provável que os filhos recorram à internet como uma maneira de evitar o conflito e receber apoio (Beard, 2008; Yen et al., 2007; Young, 2009), e os adolescentes que tem pais ou irmãos que habitualmente abusam de substâncias tendem mais a procurar a internet (Yen et al., 2007; Young, 2009). Recorrer à internet pode ser uma tentativa de lidar com a situação e obter algum alívio psicológico da dinâmica, rompimentos e estresse dentro da família (Beard, 2008; Eastin, 2005).

A família também pode racionalizar o uso problemático de internet como uma fase e se convencer de que o problema se resolverá sozinho com o tempo (Young, 1998a). Além disso, na dependência de internet e uso de substâncias em adolescentes foram encontrados fatores familiares. Os adolescentes cujos pais abusam de substâncias correm um risco maior de usar a internet como um meio de lidar com os problemas (Yen, Ko et al., 2008; Yen, Yen, Chen, Chen e Ko, 2007).

Também é importante a maneira como a família vê a internet. Young (1998a) afirmou que muitos pais não estão cientes dos comportamentos virtuais dos filhos. Outros pais proíbem a internet por medo dos conteúdos aos quais os filhos podem ser expostos. Nem ignorar nem proibir atividades desenvolvidas na internet ajudarão os pais a lidarem com os problemas que podem surgir. Os pais talvez vejam a internet apenas em termos positivos, ou eles próprios também apresentam um uso problemático, servindo de modelo para o comportamento de internet excessivo (Beard, 2008).

## Fatores interpessoais e culturais

A maioria das pessoas tem necessidade de se sentir conectada com os outros, e a internet é uma maneira nova de fazer isso. Beard (2008) acredita que os adolescentes podem ser particularmente atraídos para a internet por se sentirem isolados. Em resultado, os laços que se formam na internet adquirem maior importância ainda na vida do adolescente. Infelizmente, a internet proporciona somente a ilusão de um relacionamento íntimo, já que essas conexões podem ser artificiais e facilmente cortadas com um clique do *mouse*.

Os adolescentes também se deparam com os modelos, expectativas e pressão dos pares para que participem dos vários comportamentos e atividades na internet (Beard, 2008). Conforme mencionamos previamente, os adolescentes utilizam frequentemente o *e-mail* e as mensagens instantâneas com os amigos (Gross, 2004). Eles também participam de jogos virtuais nos quais podem jogar em grupo (Young, 2009). As aplicações que envolvem uma comunicação de mão dupla (*e-mail*, mensagens e jogos) são as que mais provocam dependência (Beard e Wolf, 2001). Em resultado desses fatores interpessoais, o adolescente pode insistir em participar regularmente de certas atividades virtuais, por períodos de tempo variados, a fim de manter o sentimento de ser aceito e de *status* social.

De acordo com Beard (2008), também existem pressões culturais para os adolescentes usarem a internet cada vez mais. Eles recebem da nossa cultura a mensagem de que, se quiserem ser bem-sucedidos, precisam se tornar parte de uma sociedade tecnologicamente avançada. Também existe uma pressão para usar tecnologia na escola e no trabalho, para progredir, ser competitivo e ser melhor que os outros.

Em Taiwan, Coreia e China está se pesquisando ativamente sobre adolescentes e comportamento dependente virtual (Jang et al., 2008; Ko, Yen, Chen et al., 2005; Lam, Zi-wen, Jin-cheng e Jin, 2009; Xiang et al., 2006; Xuanhui e Gonggu, 2001; Yen, Ko et al., 2008; Yen, Yen et al., 2007). Esses estudos nos ajudam a perceber como vários fatores em algumas culturas estão influenciando o desenvolvimento e a manutenção da dependência de internet. Ainda temos de examinar se esses fatores são universais ou específicos de cada cultura. Entretanto, essa pesquisa é um bom ponto de partida para começarmos a entender os componentes culturais que influenciam a dependência de internet.

## TRATAMENTO

Antes que o tratamento possa começar, o adolescente precisa ser avaliado. Beard (2005) descreveu o uso de uma entrevista clínica e de um instrumento de avaliação padronizado como uma maneira de compreender os sinais, sintomas e desenvolvimento do comportamento problemático de internet. Seu protocolo de avaliação se baseia no modelo biopsicossocial do comportamento. Portanto, são sugeridas perguntas relacionadas a fatores biológicos, psicológicos e sociais que podem contribuir para o uso problemático. As perguntas biológicas tratam de sintomas biológicos ou problemas que podem ocorrer em uma pessoa com comportamento dependente (por exemplo, O uso de internet interfere no seu sono?). As perguntas psicológicas tratam de como o condicionamento clássico e operante, assim como pensamentos, sentimentos e comportamentos, desempenham um papel na iniciação e manutenção do comportamento dos dependentes de internet (por exemplo, Você já usou a internet para ajudar a melhorar seu humor ou modificar seus pensamentos?). As perguntas sociais têm como foco a dinâmica familiar, social e cultural que instiga o uso excessivo (por exemplo, Que problemas ou preocupações o seu uso de internet provocou na família?). Além dessas áreas, Beard também incluiu perguntas relacionadas ao problema apresentado (por exemplo, Quando você começou a notar problemas em seu uso de internet?) e perguntas sobre o potencial de recaída (por exemplo, O que parece desencadear o uso de internet?).

Alguns pesquisadores (Caplan, 2002; Davis, 2002; Ko, Yen, Yen, Chen, Yen e Chen, 2005; Widyanto, Griffiths, Brunsden e McMurran, 2008; Young, 1995, 1998a) criaram inventários de autorrelato para a dependência de internet que podem ser preenchidos pelo adolescente ou por uma pessoa que conheça bem o seu comportamento virtual. Embora esses instrumentos sejam um bom ponto de partida e já existam algumas pesquisas sobre as propriedades psicométricas de alguns deles, sua validade e fidedignidade poderiam ser mais pesquisadas. Depois de se concluir a avaliação e se chegar a um diagnóstico apropriado, começa o planejamento do tratamento, e sua implementação, com o adolescente.

Segundo Marlatt (1985), um bom tratamento para o comportamento de dependência deve partir do pressuposto de que as pessoas são capazes de aprender maneiras eficientes de modificar seu comportamento, independentemente de como o problema surgiu. Já que os comportamentos de dependência em geral são o resultado de múltiplos fatores, as intervenções precisam incluir estratégias de uma ampla variedade de opções, incluindo mudanças comportamentais, cognitivas e de estilo de vida. Por exemplo, para não continuar o uso problemático de internet, o adolescente talvez precise de ajuda para fazer modificações específicas no seu ambiente.

Conforme Beard (2005) salienta, o uso da tecnologia e de internet está se tornando cada vez mais arraigado na nossa sociedade. Talvez seja impossível o adolescente parar completamente de usar a internet e deixar de ter contato com os conteúdos virtuais. Portanto, a ideia de simplesmente puxar o plugue da tomada e retirar, abrupta e totalmente, o uso de internet não é nada realista. Em vez disso, o tratamento deve ter como foco explorar maneiras de controlar o uso. Podemos fazer isso ajudando o adolescente a definir claros limites para o seu uso. Ele também deve ficar atento e aprender a identificar os gatilhos que podem provocar uma recaída, para que os padrões de comportamento desadaptativo sejam evitados e não aconteçam mais. O adolescente precisa ser lembrado das estratégias e intervenções terapêuticas que ajudam a controlar o uso de internet, e saber onde buscar ajuda se precisar de maior apoio.

## Terapia familiar

De acordo com Beard (2008), no tratamento de adolescentes o terapeuta muitas vezes precisa trabalhar também com os cuidadores e outros membros da família. Assim, a terapia familiar geralmente é a modalidade primária de tratamento. Liddle, Dakof, Turner, Henderson e Greenbaum (2008) descrevem o modelo de Terapia Familiar Multidimensional (TFMD) para tratar adolescentes dependentes. Nesse modelo, os serviços de terapia são oferecidos em vários ambientes e formatos: no consultório, na casa da família, em intervenções breves, terapia intensiva sem internação, tratamento-dia e tratamento residencial. A sessão de terapia pode envolver apenas o adolescente, apenas os pais (ou apenas a mãe/o pai) ou o adolescente e os pais (mãe/pai) juntos. Quem vai participar da sessão depende da questão específica a ser tratada naquele dia. A TFMD pode variar de uma a três vezes por semana, e a duração do tratamento varia, tipicamente, de quatro a seis meses dependendo do local do tratamento, da gravidade dos problemas do adolescente e do funcionamento familiar.

Em seu estudo, Liddle, Dakof, Turner, Henderson e Greenbaum (2008) trataram a família em quatro esferas (adolescente, parental, interacional e extrafamiliar). Na esfera do adolescente o foco era engajar o cliente no tratamento, melhorar suas habilidades de comunicação com os pais e outros adultos, desenvolver habilidades relacionadas ao manejo dos problemas cotidianos, regulação da emoção e solução de problemas, melhorar suas habilidades sociais e seu desempenho na escola e no trabalho e estabelecer alternativas para o comportamento dependente. A esfera parental procurava engajar os pais no tratamento, melhorar seu envolvimento comportamental e emocional com o adolescente, ajudá-los a desenvolver habilidades de cuidado parental mais efetivas, tais como monitorar o comportamento do adolescente e esclarecer suas expectativas em relação a ele, estabelecer limites e consequências e tratar as necessidades psicológicas dos pais. Além disso, os cuidadores talvez queiram examinar os seus comportamentos de internet e explorar maneiras de modelar para os filhos um uso apropriado (Beard, 2008). Liddle e colaboradores (2008) descrevem como a esfera interacional procura diminuir os conflitos familiares, aumentar os vínculos emocionais e melhorar a comunicação e as habilidades de solução de problemas. Finalmente, a esfera extrafamiliar tem como foco desenvolver a competência da família nos sistemas sociais em que o adolescente está envolvido (por exemplo, ambiente educacional, justiça juvenil, ambientes onde ele passa seu tempo livre).

Beard (2008) acrescentou que também é necessário examinar problemas familiares prévios e atuais, pois podem ser os fatores que levaram o adolescente a procurar a internet e começar a usar essa tecnologia de maneira problemática. O tratamento também tem como objetivo ajudar a família a lidar com as crises e os problemas, assim como estabilizar a unidade familiar.

Exatamente como Liddle e colaboradores (2008) e outros pesquisadores (Beard, 2008; Young, 2009) descreveram, as habilidades de comunicação precisam ser trabalhadas dentro da unidade familiar. Beard disse que repreender o adolescente costuma ser uma intervenção inútil e improdutiva. Os membros da família precisam aprender a realmente escutar o adolescente, reconhecer seus pensamentos e sentimentos e transmitir mensagens de uma maneira que o adolescente compreenda e aceite. Passando a se comunicar de forma mais apropriada, a família será mais capaz de compreender as questões que enfrenta e de lidar com elas da melhor maneira possível. Também pode acontecer de os cuidadores quererem assumir uma postura pró-ativa e começarem a conversar muito cedo com o adolescente sobre a internet, da mesma forma que conversam sobre drogas e álcool.

Young (1995) sugeriu que se informe a família sobre como a internet pode provocar dependência em algumas pessoas. A família também é incentivada a ajudar o adolescente a encontrar novos interesses e passatempos, tirar um tempo para si mesmo e encontrar outras atividades para preencher o tempo que ficou livre com a redução do uso de internet. Stanton e Heath (1997) sugeriram que as famílias precisam dar apoio e aprender a valorizar o adolescente por qualquer esforço que faça. Ao mesmo tempo, elas não devem facilitar o uso problemático de internet nem ajudar o adolescente dando desculpas para suas ausências na escola ou por não ter cumprido compromissos.

Pesquisadores (Beard, 2009; Young, 1998a, 2009) sugerem que os profissionais de saúde mental ajudem os pais a estabelecer regras apropriadas, limites claros e metas para o uso de internet. Eles precisam ser firmes e consistentes com as novas regras e limites estabelecidos. Pode, inclusive, ser usado um *software* para ajudar a monitorar o uso de internet e garantir que as regras e os limites estão sendo seguidos adequadamente. Se isso não estiver acontecendo, a questão deve ser tratada na sessão, onde será examinado como alterar as variáveis que fizeram com que os limites não fossem obedecidos. Os cuidadores também precisam aprender a trabalhar juntos. Se houver uma divisão entre eles, o adolescente pode usar isso para criar uma divergência ainda maior.

Trabalhar com os irmãos também pode ser vital, pois eles são parte do sistema familiar. Já que estão no mesmo ambiente do adolescente, é possível que estejam facilitando o seu comportamento ou, eles próprios, envolvidos em um comportamento dependente. Isso deve ser examinado durante o processo de avaliação e tratamento. Mesmo se os irmãos não apresentarem comportamentos dependentes, a implementação de algumas dessas estratégias na unidade familiar global pode ajudar a estabelecer um ambiente familiar mais estruturado e uma melhor comunicação entre os membros da família. Young (2009) também falou sobre usar os irmãos para ajudar a pôr em prática algumas das intervenções do tratamento. Por exemplo, os irmãos talvez sejam pessoas adequadas para o adolescente dependente praticar ou treinar novas habilidades de comunicação em um ambiente seguro.

Young (1995, 1998a) também recomenda que as famílias procurem grupos de apoio para a dependência de internet. Se não houver nenhum em áreas próximas, outros grupos de apoio, como o Al-Anon, podem ajudá-las a aprender a lidar com qualquer dependência na família. Ver que outros também estão enfrentando comportamentos de dependência pode ajudar a normalizar a experiência da família, fazer com que se sinta valorizada e menos isolada, pois o sentimento de isolamento está frequentemente associado à dependência. Da mesma forma, os cuidadores talvez queiram buscar apoio em associações de pais filiadas a escolas, para entrar em contato com outros pais que estão passando por dificuldades semelhantes. Embora possa parecer contraditório, é possível encontrar apoio virtual em vários *sites* criados para esclarecer, informar e apoiar famílias que lidam com a dependência e *sites* específicos sobre o tratamento para a dependência de internet.*

## CONCLUSÃO

O uso problemático de internet é uma consequência para alguns adolescentes. As causas da dependência de internet são complexas e multifacetadas (Wang, 2001). Os profissionais do campo da saúde mental precisam continuar investigando e identificando esse uso problemático nos adolescentes, assim como em outras populações. Esses profissionais também precisam estar atentos, levar a sério essas questões e avaliar ativamente possíveis problemas em cada novo paciente. Com o aumento das pesquisas nessa área, poderemos avaliar, diagnosticar e tratar melhor as pessoas que enfrentam problemas relacionados à internet. No caso dos adolescentes, devemos examinar de maneira pró-ativa as dificuldades que podem surgir com o uso de novas tecnologias, em vez de esperar que aconteçam e tentar resolvê-las depois de instaladas. A tecnologia continuará sendo uma parte integral do nosso dia a dia. Saber dos possíveis impactos positivos e negativos de internet certamente só trará resultados positivos, tanto para os adolescentes quanto para as pessoas comprometidas com eles.

## REFERÊNCIAS

Beard, K. W. (2002). Internet addiction: Current status and implications for employees. *Journal of Employment Counseling, 39,* 2-11.

Beard, K. W. (2005). Internet addiction: A review of current assessment techniques and potential assessment questions. *CyberPsychology & Behavior, 8,* 7-14.

Beard, K. W. (2008). Internet addiction in children and adolescents. In C. B. Yarnall (Ed.), *Computer science research trends* (pp. 59-70). Hauppauge, NY: Nova Science Publishers.

Beard, K. W. (2009). Internet addiction: An overview. In J. B. Allen, E. M. Wolf, & L VandeCreek (eds.) *Innovations in clinical practice: A 21st century sourcebook,* vol. *1.* (pp. 117-134). Sarasota, FL: Professional Resource Press.

Beard, K. W., & Wolf, E. M. (2001). Modification in the proposed diagnostic criteria for Internet addiction. *CyberPsychology & Behavior, 4,* 377-383.

---

* N.de R.T.: No Brasil, acessar: www.dependenciadeinternet.com.br

Caplan, S. E. (2002). Problematic Internet use and psychosocial well-being: Development of a theory based cognitive-behavioral measurement instrument. *Computers in Human Behavior, 18,* 5553-5575.

Davis, R. A. (2002). Validation of a new scale for measuring problematic Internet use: Implications for preemployment screening. *CyberPsychology & Behavior, 5,* 331-345.

Dombrowski, S. C., LeMasney, J. W., & Ahia, C. E. (2004). Protecting children from online sexual predators: Technological, psychoeducational, and legal considerations. *Professional Psychology: Research and Practice, 35,* 65-73.

Dowell, E. B., Burgess, A. W., & Cavanaugh, D. J. (2009). Clustering of Internet risk behaviors in a middle school student population. *Journal of School Health, 79,* 547-553.

Eastin, M. S. (2005). Teen Internet use: Relating social perceptions and cognitive models to behavior. *CyberPsychology & Behavior, 8,* 62-75.

Gross, E. F. (2004). Adolescent Internet use: What we expect, what teens report [Special issue: Developing children, developing media: Research from television to the Internet from the Children's Digital Media Center; A special issue dedicated to the memory of Rodney R. Cocking]. *Journal of Applied Developmental Psychology, 25*(6), 633-649.

Harvard Mental Health Letter. (2009). Reducing teens' risk on the Internet. *Harvard Mental Health Letter , 25*(10), 7.

Hinduja, S., & Patchin, J. W. (2008). Personal information of adolescents on the Internet: A quantitative content analysis of MySpace. *Journal of Adolescence, 31*(1), 125-146.

Jang, K. S., Hwang, S. Y., & Choi, J. Y. (2008). Internet addiction and psychiatric symptoms among Korean adolescents. *Journal of School Health, 78,* 165-171.

Kelly, D. M., Pomerantz, S., & Currie, D. H. (2006). "No boundaries"? Girls' interactive, online learning about femininities. *Youth & Society, 38,* 3-28.

Ko, C. H., Yen, J. Y., Chen, C. C., Chen, S. H., & Yen, C. N. (2005). Proposed diagnostic criteria of Internet addiction for adolescents. *Journal of Nervous and Mental Disease, 193*(11), 728-733.

Ko, C. H., Yen, J. Y., Yen, C. F., Chen, C. C., Yen, C. N ., & Chen, S. H. (2005). Screening for Internet addiction: An empirical research on cut-off points for the Chen Internet Addiction Scale. *Kaohsiung Journal of Medical Science, 21,* 545-551.

Kramer, N. C., & Winter, S. (2008). Impression management 2.0: The relationship of self-esteem, extraversion, self-efficacy, and self-presentation within social networking sites. *Journal of Media Psychology, 20*(3), 106-116.

Lam, L. T., Zi-wen, P., Jin-cheng, M., & Jin, J. (2009). Factors associated with Internet addiction among adolescents. *CyberPsychology & Behavior, 12,* 551-555.

Lenhart, A., Madden, M., & Rainie, L. (2006). Teens and the Internet. *Pew Internet & American Life Project.*

Li, Y. (2007). Internet addiction and family achievement, control, organization. *Chinese Mental Health Journal, 21*(4), 244-246.

Liddle, H. A., Dakof, G. A., Turner, R. M., Henderson, C. E., & Greenbaum, P. E. (2008). Treating adolescent drug abuse: A randomized trial comparing multidimensional family therapy and cognitive behavior therapy. *Addiction, 103*(10), 1660-1670.

Marlatt, G. A. (1985). Relapse prevention: Theoretical rationale and overview of the model. In G. A. Marlatt & J. Gordon (Eds.), *Relapse prevention* (pp. 3-70). New York: Guilford Press.

McCormick, N. B., & McCormick, J. W. (1992). Computer friends and foes: Content of undergraduates' electronic mail. *Computers in Human Behavior, 8,* 379-405.

Morahan-Martin, J. M. (1999). The relationship between loneliness and Internet use and abuse. *CyberPsychology & Behavior, 2,* 431-439.

Oravec, J. A. (2000). Internet and computer technology hazards: Perspectives for family counseling. *British Journal of Guidance & Counseling, 28,* 309-224.

Park, S. K., Kim, J. Y., & Cho, C. B. (2008). Prevalence of Internet addiction and correlations with family factors among South Korean adolescents. *Adolescence, 43*(172), 895-909.

Stanton, M. D., & Heath, A. W. (1997). Family and marital therapy. In J. Lowinson, P. Ruiz, R. Millman, and J. Langrod (Eds.), *Substance abuse: A comprehensive textbook* (3rd ed.). (pp. 448-454). Baltimore, MD: Williams & *Wilkins.*

Subrahmanyam, K., Smahel, D., & Greenfield, P. (2006). Connecting developmental construction to the Internet: Identity presentation and sexual exploration in online teen chatrooms. *Developmental Psychology, 42*(3), 395-406.

Tosun, L. P., & Lajunen, T. (2009). Why do young adults develop a passion for Internet activities? The associations among personality, revealing "true self" on the Internet, and passion for the Internet. *CyberPsychology & Behavior, 12,* 401-406.

Tsao, J. C., & Steffes-Hansen, S. (2008). Predictors for Internet usage of teenagers in the United States: A multivariate analysis. *Journal of Marketing Communications, 14*(3), 171-192.

Turkle, S. (1996). Parallel lives: Working on identity in virtual space. In D. Grodin & T. R. Lindolf (Eds.), *Constructing the self in a mediated world: Inquiries in social construction.* Thousand Oaks, CA: Sage.

Tynes, B. M. (2007). Internet safety gone wild? Sacrificing the educational and psychosocial benefits of online social environments. *Journal of Adolescent Research, 22*(6), 575-584.

Wang, W. (2001). Internet dependency and psychosocial maturity among college students. *International Journal of Human-Computer Studies, 55,* 919-938.

Widyanto, L., Griffiths, M., Brunsden, V., & McMurran, M. (2008). The psychometric properties of the Internet Related Problem Scale: A pilot study. *International Journal of Mental Health and Addiction, 6*(2), 205-213.

Williams, A. L., & Merten, M. J. (2008). A review of online social networking profiles by adolescents: Implications for future research and intervention. *Adolescence, 43*(170), 253-274.

Xiang-Yang, Z., Hong-Zhuan, T., & Jin-Qing, Z. (2006). Internet addiction and coping styles in adolescents. *Chinese Journal of Clinical Psychology , 14*(3), 256-257.

Xuanhui, L., & Gonggu, Y. (2001). Internet addiction disorder, online behavior, and personality .*Chinese Mental Health Journal, 15,* 281-283.

Yen, J., Ko, C., Yen, C., Chen, S., Chung, W., & Chen, C. (2008). Psychiatric symptoms in adolescents with Internet addiction: Comparison with substance use. *Psychiatry and Clinical Neurosciences, 62,* 9-16.

Yen, J., Yen, C., Chen, C., Chen, S., & Ko, C. (2007). Family factors of Internet addiction and substance use experience in Taiwanese adolescents. *CyberPsychology & Behavior, 10,* 323-329.

Young, K. S. (1995). Internet addiction: Symptoms, evaluation, and treatment. Retrieved January 9, 2002, from http://www.netaddiction.com/articles/symptoms.html

Young, K. S. (1997). What makes the Internet addictive: Potential explanations for pathological Internet use. Retrieved October 25, 2001, from http://www.netaddiction.com/articles/hatbitforming.html

Young, K. S. (1998a). The center for online addiction – Frequently asked questions. Retrieved January 9, 2002, from http://www.netaddiction.com/resources/faq.html

Young, K. S. (1998b). *Caught in the Net.* New York: John Wiley & Sons.

Young, K. S. (2009). Understanding online gaming addiction and treatment issues for adolescents. *American Journal of Family Therapy, 37,* 355-372.

# 11

# Infidelidade virtual: um problema real

**MONICA T. WHITTY**

Atualmente já está bem estabelecido que a infidelidade virtual é um problema real. Este capítulo examina as características singulares da infidelidade virtual e como essas características se alteraram conforme a internet evoluiu. Primeiramente, examinamos como a intimidade é estabelecida virtualmente e os aspectos específicos dos casos amorosos na internet. Depois, analisamos os componentes sexuais e emocionais da infidelidade e procuramos dar uma definição genérica da infidelidade virtual. São destacadas diferentes formas de infidelidade virtual, incluindo *sites* de namoro extraconjugal e *sites* de redes sociais. Também questionamos se todas as atividades virtuais que imitam a infidelidade deveriam ser consideradas traição. Talvez algumas delas sejam simplesmente um jogo, e não pertençam à esfera da realidade. O capítulo também salienta que a tecnologia digital pode ser utilizada para se estabelecer um caso amoroso virtual e examina como essa tecnologia ajuda a manter casos extraconjugais. Finalmente, é proposto um tratamento, a partir do que já sabemos sobre a infidelidade virtual e do que nos informam as pesquisas mais tradicionais sobre o tema. Acreditamos que todo o nosso entendimento da natureza da infidelidade (tanto nas formas novas como nas mais tradicionais) precisa ser completamente reexaminado, considerando-se a importância das tecnologias digitais na vida de tantas pessoas.

## INTIMIDADE VIRTUAL

Nos últimos dez anos, as pesquisas confirmaram que muitos relacionamentos reais iniciam e se desenvolvem em uma variedade de locais na internet (ver Whitty e Carr, 2006, para uma revisão). Alguns desses espaços são anônimos, como as salas de bate-papo e os grupos de discussão (McKenna,

Green e Gleason, 2002; Parks e Floyd, 1996; Whitty e Gavin, 2001), enquanto outros são específicos para se encontrar um par (Whitty, 2008a). Atualmente é muito menos comum, com certeza, que a pessoa se mantenha completamente anônima no ciberespaço. As pesquisas mostram que na maioria dos espaços virtuais não só se criam relacionamentos reais, como esses relacionamentos às vezes se desenvolvem com maior rapidez e intimidade do que os relacionamentos da vida real. Esses relacionamentos muito intensos são referidos como *relacionamentos hiperpessoais* (Tidwell e Walther, 2002; Walther, 1996, 2007).

Walther e colegas discutiram detalhadamente como, sob certas condições, os indivíduos estabelecem relacionamentos hiperpessoais. Sua perspectiva é singular, pela maneira de focalizar as possibilidades tecnológicas em vez dos problemas associados à comunicação via tecnologias digitais. Eles argumentam que os usuários podem tirar vantagem do fato de a comunicação mediada pelo computador (CMC) ser editável, o que permite alterar o que foi escrito antes de enviar a mensagem, luxo que não se tem na comunicação face a face. Isso, é claro, é menos verdadeiro em alguns espaços virtuais, tais como o Instant Messenger (IM), onde a espera de resposta é diferente comparada a outros espaços, como o *e-mail*. Importantemente, eles salientam que os usuários podem trocar mensagens, e frequentemente as trocam, numa situação de isolamento físico, o que pode mascarar estímulos involuntários, como os que costumam vazar não verbalmente. Outro ponto essencial salientado por eles é que na CMC os indivíduos podem dar maior atenção ao que é comunicado. O rosto, o corpo, a voz, e assim por diante, não precisam ser examinados durante a CMC, o que dá à pessoa mais tempo para se concentrar na mensagem em si. Walther e colegas argumentam que cada uma dessas possibilidades tecnológicas permite que a pessoa gerencie as impressões; isto é, a CMC permite ao indivíduo apresentar um *self* mais atraente do que talvez apresente em situações face a face. Portanto, não é nenhuma surpresa a frequência dos relacionamentos hiperpessoais encontrados na internet.

## RELACIONAMENTOS VIRTUAIS IDEALIZADOS

Estabelecer relacionamentos estreitos e íntimos *online* tem certas vantagens. Como já dissemos, relacionamentos iniciados virtualmente muitas vezes se transformam em relacionamentos reais bem-sucedidos. Além disso, o ciberespaço também permite à pessoa aprender sobre a sua sexualidade (McKenna e Bargh, 1998), aprender a flertar (Whitty, 2003a) e obter apoio social (Hampton e Wellman, 2003). Entretanto, como salientamos previamente, também precisamos estar atentos ao lado sombrio do se relacionar pela internet (Whitty e Carr, 2005, 2006). Dada a hiperintimidade que a CMC pode trazer, existe o perigo de que esses relacionamentos, apesar de permanecerem virtuais, pareçam mais atraentes e fascinantes – o que pode levar à idealização. Isso é problemático por várias razões; todavia, a preocupação deste capítulo é a questão da infidelidade.

Com base na teoria hiperpessoal de Walther e colegas e na teoria das relações objetais, afirma-se que alguns relacionamentos se tornam tão pessoais que passam a ser idealizados (Whitty e Carr, 2005, 2006). Essa idealização pode levar a relacionamentos inadequados. Como já destacamos, devido a algumas características da CMC, os indivíduos podem ser estratégicos em suas autoapresentações, criando pessoas possivelmente mais atraentes do que parecem ser em outros espaços. Receber reações mais positivas a esse *self* mais bem apresentado e atraente pode ser muito mais prazeroso do que aquilo que acontece com o *self* mais rotineiro do dia a dia. Ademais, se o indivíduo com quem a pessoa está se comunicando emprega a mesma estratégia, ambos poderiam parecer pessoas mais atraentes do que aquelas conhecidas no cotidiano. É esse o fascínio sedutor da CMC que pode levar a um caso amoroso virtual. A infidelidade virtual pode ser compreendida de muitas maneiras diferentes (como definiremos mais adiante no capítulo), mas por enquanto vamos considerar o caso virtual como a manutenção de um relacionamento, que permanece virtual, com uma pessoa por quem o indivíduo se apaixonou e/ou deseja sexualmente.

O trabalho de Melanie Klein sobre a cisão também é útil para explicar o apelo dos relacionamentos virtuais (Whitty e Carr, 2005, 2006). Ela acreditava que a cisão era um dos mecanismos mais primitivos ou básicos de defesa contra a ansiedade. Segundo Klein (1986), ao separar e não reconhecer uma parte de si mesmo, o ego impede que a parte má do objeto contamine a parte boa. O bebê, em seu relacionamento com o seio da mãe, o concebe como um objeto ao mesmo tempo bom e mau. O seio gratifica e frustra, e o bebê projeta nele, simultaneamente, amor e ódio. Por um lado, ele idealiza seu objeto bom, mas, por outro, o objeto mau é visto como terrorífico, frustrante, e um perseguidor que ameaça destruir tanto a criança quanto o objeto bom. O bebê projeta amor e idealiza o objeto bom, mas vai além da mera projeção ao tentar induzir na mãe um sentimento em relação ao objeto mau pelo qual ela precisa se responsabilizar (isto é, um processo de identificação projetiva). Esse estágio de desenvolvimento foi chamado por Klein de *posição esquizo-paranoide*. O bebê, como outro mecanismo de defesa para seu ego menos desenvolvido, pode tentar negar a realidade do objeto persecutório. Apesar de deixarmos para trás essa fase no nosso desenvolvimento normal, essa defesa primitiva contra a ansiedade é uma reação regressiva que, no sentido de estar sempre disponível para nós, jamais é superada. Os objetos bons no superego desenvolvido passam a representar o ideal de ego fantasiado e, portanto, "a possibilidade de um retorno ao narcisismo" (Schwartz, 1990, p. 18).

De acordo com a teoria kleiniana das relações objetais, seria útil compreender o indivíduo com quem estamos tendo um caso virtual como sendo o objeto bom. Dado que as interações que ocorrem no ciberespaço muitas vezes podem ser vistas como separadas do mundo exterior (Whitty e Carr, 2006), é ainda mais fácil separar um caso virtual do restante do nosso mundo. O relacionamento virtual pode servir de instrumento para uma fantasia libertada, impotente, que é difícil de satisfazer na realidade. Assim, o caso virtual pode levar a um retraimento narcísico.

Foi argumentado que a infidelidade fora da internet acontece porque há problemas no relacionamento, ou devido a certas características de personalidade (ver Fitness, 2001). Buss e Shackelford (1997) identificaram algumas razões-chave pelas quais as pessoas traem seus parceiros, incluindo queixas de que o parceiro sexualiza outras pessoas, é extremamente ciumento e possessivo, é condescendente, se recusa a fazer sexo ou abusa de álcool. Talvez essas sejam as mesmas razões que motivam os indivíduos a iniciar um caso virtual. Entretanto, com base na teoria de Klein, foi argumentado que os casos virtuais talvez sejam mais fáceis de manter do que os fora da internet; que o relacionamento virtual pode ser idealizado pelo processo de cisão – negando-se os aspectos maus da pessoa com quem se está tendo o caso e, simultaneamente, os aspectos maus em si mesmo. Talvez seja mais fácil idealizar alguém virtualmente (o objeto bom) quando podemos filtrar mais facilmente os possíveis aspectos negativos do relacionamento (o objeto mau). O relacionamento pode ser ligado ou desligado quando for oportuno, e o conteúdo da comunicação, até certo ponto, pode ser controlado com maior facilidade. Além disso, a internet realmente proporciona um ambiente onde é mais fácil construir uma imagem mais positiva de si mesmo e evitar apresentar os aspectos negativos. Em um caso fora da internet, ao contrário, não é tão fácil satisfazer as próprias fantasias de perfeição, pois ainda temos de lidar com a pessoa real. Uma vez que a natureza desses casos é psicologicamente diferente da dos casos da vida real, acreditamos que a terapia precisa levar em conta essas diferenças e trataremos disso mais adiante. Todavia, antes de considerar as abordagens de tratamento, é importante examinar exatamente o que queremos dizer com infidelidade virtual.

## DEFININDO A INFIDELIDADE VIRTUAL

Por alguns anos, os estudiosos investigaram se a infidelidade virtual era mesmo um fenômeno real (por exemplo, Cooper, 2002; Maheu e Subotnik, 2001; Whitty, 2003b; Young, 1998). Hoje há uma concordância geral de que as pessoas podem trair seus parceiros, e realmente traem, na internet. Entretanto, há discordância sobre quais comportamentos deveriam ser considerados traição. Antes de tratar dessa questão, permitam-me primeiro esclarecer algumas definições úteis.

Shaw (1997) definiu a infidelidade virtual como "diferente em termos comportamentais, é claro, de outros tipos de infidelidade; porém, os fatores contribuidores e os resultados são semelhantes quando consideramos como ela afeta o relacionamento dos parceiros" (p. 29). Uma definição mais específica foi oferecida por Young, Griffin-Shelley, Cooper, O'Mara e Buchanan (2000), segundo os quais um cibercaso é "um relacionamento romântico e/ou sexual iniciado via contato virtual e mantido, predominantemente, por meio de conversas eletrônicas que acontecem via *e-mail* e em comunidades virtuais como salas de bate-papo, jogos interativos ou *newsgroups*" (p. 60). Já Maheu e Subotnik (2001) fornecem uma definição genérica de infidelidade:

> A infidelidade acontece quando duas pessoas têm um compromisso e esse compromisso é rompido – independentemente de onde, quando ou com quem. A infidelidade é o rompimento de uma promessa com uma pessoa real, e a estimulação sexual pode vir do mundo virtual ou do mundo real (p. 101).

A internet continuará evoluindo, de modo que é difícil incluir em qualquer definição de infidelidade virtual os lugares específicos onde as pessoas podem trair (por exemplo, *e-mail*, *sites* de redes sociais, e assim por diante). No entanto, como argumentamos neste capítulo, também é importante considerar a natureza do espaço. Assim, dizemos que:

Há infidelidade virtual quando as regras do relacionamento são rompidas por uma ação inadequada, um ato emocional e/ou sexual, com pelo menos uma pessoa que não o próprio parceiro. As regras podem diferir entre os casais, mas há algumas regras fundamentais que geralmente não são faladas e constituem expectativas típicas da maioria dos relacionamentos comprometidos. Na infidelidade virtual, a internet pode ser o espaço exclusivo, principal ou parcial em que acontecem as interações emocionais ou sexuais inadequadas.

## ATOS DE INFIDELIDADE QUE ACONTECEM VIRTUALMENTE

Como na infidelidade da vida real, os tipos de comportamentos considerados infidelidade virtual são classificados como emocionais ou sexuais. Mas precisamos lembrar que há muitas atividades sexuais e emocionais às quais a pessoa pode se dedicar e que nem todas, necessariamente, seriam consideradas infidelidade por todos os indivíduos.

Um dos atos sexuais que podem ter lugar virtualmente é o cibersexo. O cibersexo ou sexo virtual geralmente é visto como envolvendo "dois internautas empenhados em uma conversa particular sobre fantasias sexuais. O diálogo costuma ser acompanhado por autoestimulação sexual" (Young et al., 2000, p. 60). Outra definição semelhante de cibersexo é "obter gratificação sexual durante a interação com outra pessoa virtual" (Whitty, 2003b, p. 573). É claro, isso não precisa se limitar a duas pessoas. Pesquisas anteriores revelam, consistentemente, que esse tipo de contato é considerado um ato de infidelidade (Mileham, 2007; Parker e Wampler, 2003; Whitty, 2003b, 2005) e não se limita a estudos que perguntam aos sujeitos se ficariam chateados se o parceiro estivesse realizando essas atividades. Mileham (2007), por exemplo, entrevistou 76 homens e 10 mulheres recrutados em salas de bate-papo do Yahoo!, Married and Flirting, e do MSN, Married but Flirting. Nesses *sites* há pessoas casadas que se dedicam a cibernamoro e sexo virtual e, às vezes, combinam se encontrar fora da internet. Ela descobriu que alguns desses participantes reconheceram que suas atividades virtuais poderiam ser percebidas como infidelidade.

Outro tipo de ato sexual virtual que é considerado infidelidade é o bate-papo sexualizado (Whitty, 2003b). Durkin e Bryant (1995) definiram o bate-papo sexualizado como uma espécie de conversa erótica que vai além do flerte inconsequente. Parker e Wampler (2003) descobriram várias outras interações sexuais virtuais que eram consideradas infidelidade pelos sujeitos, incluindo interagir em salas de bate-papo para adultos e se tornar membro de um *site* adulto.

Interessantemente, as pesquisas são muito consistentes com relação à pornografia ser ou não considerada infidelidade. Embora os parceiros fiquem infelizes ao saber que o cônjuge se excita ao ver pornografia, poucas pessoas consideram um ato de infidelidade ver pornografia na internet ou fora da internet (Whitty, 2003b). Parker e Wampler (2003) descobriram que visitar salas de bate-papo para adultos, mas não interagir, e visitar vários *sites* para adultos também não eram considerados uma transgressão do relacionamento. Talvez isso tenha algo a ver com a passividade do ato, em que a pessoa está simplesmente olhando outra em vez de interagir com ela. Além disso, não há nenhuma possibilidade real de isso levar a qualquer interação com quem está sendo observado.

Embora as pesquisas sejam muito consistentes em relação à opinião de que atos sexuais como o cibersexo e a conversa sexualizada constituem infidelidade, ainda é importante questionar as razões disso. Em pesquisas anteriores, examinei essa pergunta e recorri a estudos sobre infidelidade da vida real para especular sobre uma possível explicação (Whitty, 2003b, 2005). Esses estudos tinham revelado que a "exclusividade mental" é tão importante quanto a "exclusividade sexual" (Yarab e Allgeier, 1998). Roscoe, Cavanaugh e Kennedy (1988) descobriram que universitários acreditavam que interações sexuais como beijar, flertar e acariciar outra pessoa que não o parceiro deveriam ser consideradas infidelidade. Ademais, Yarab, Sensibaugh e Allgeier (1998) revelaram uma série de comportamentos infiéis além da relação sexual, incluindo beijos apaixonados, fantasias sexuais, atração sexual e flerte. Interessantemente, com relação às fantasias sexuais, Yarab e Allgeier (1998) descobriram que quanto maior a ameaça da fantasia sexual para o relacionamento corrente, mais provável que seja avaliada como infidelidade. Por exemplo, fantasiar sobre o melhor amigo do parceiro foi considerado por muitos como uma ameaça maior, e portanto maior infidelidade, do que fantasiar sobre um ator de cinema. Voltando à pergunta formulada anteriormente, as pesquisas empíricas aqui mencionadas sugerem que o ato de traição é o desejo sexual por outra pessoa. Assim, manifestações desse desejo sexual e fantasias sobre o objeto do próprio desejo podem ser perturbadoras para o cônjuge. Mas esse desejo precisa ser visto como potencialmente mútuo. Consequentemente, se eu tenho fantasias sexuais sobre o Brad Pitt ou um gigolô, meu parceiro ficará muito menos preocupado do que se eu fantasiar sobre ter sexo com seu melhor amigo ou um desconhecido com o qual fiz sexo-virtual. É claro, nem todas as atividades sexuais são vistas como igualmente preocupantes. Em minha pesquisa anterior, por exemplo, foi descoberto que a relação sexual recebia uma pontuação um pouco mais alta, como ato de infidelidade, do que o sexo virtual (Whitty, 2003b). Portanto, o sexo com penetração seria visto como um *fait accompli* e, consequentemente, seria mais perturbador do que outras atividades sexuais.

A infidelidade emocional pode ser tão perturbadora quanto a traição sexual. A infidelidade emocional é compreendida, principalmente, como se apaixonar por outra pessoa. Também é compreendida como uma proximidade emocional inadequada com alguém, tal como compartilhar segredos íntimos. A infidelidade emocional é igualmente perturbadora, independentemente de ocorrer na internet ou na vida real (Whitty, 2003b). Em minha pesquisa anterior, em que os sujeitos realizavam a tarefa de inventar um final para uma história, descobri que a infidelidade emocional se expressava nas histórias tanto quanto a sexual (Whitty, 2005). Isso está claramente ilustrado no seguinte excerto desse estudo:

> "Isso é traição", disse ela, calmamente.
> "Não, eu não estou traindo você. Não é como se eu estivesse transando com ela. É com você que eu estou e, como eu disse, não tenho NENHUMA intenção de me encontrar com ela," respondeu ele, deitando-se na cama.
> "É traição 'emocional'", disse ela, chateada.
> "Como assim?" ele perguntou, e seus olhos mostravam que estava achando graça.

"Trair não é necessariamente um ato físico. Esse é só um lado disso..." Ele puxou os lençóis para se cobrir e se virou.

"Bem... eu sei que você não se encontrou com ela *ainda*, essa é a razão, mas mesmo assim isso me incomoda, Mark," falou ela, sentando-se na beira da cama.

"Não fique brava. É você que eu amo. Então *como* isso seria traição emocional?" perguntou ele, erguendo-se e sentando na cama.

"Você está escondendo coisas de mim. Um relacionamento tem a ver com confiança! Como posso confiar em você se você me esconde essa história da 'mulher de internet'?"

## *SITES* DE ENCONTROS EXTRACONJUGAIS

Como já salientamos, existem muitas maneiras de trair o parceiro no ciberespaço. A internet pode ser usada como uma ferramenta para encontrar alguém com quem manter um caso amoroso virtual. Os *sites* de encontros extraconjugais são bons exemplos de espaços que as pessoas acessam para conhecer alguém e ter um caso extraconjugal (prolongado ou de uma noite só). Esses *sites* funcionam como os *sites* em que os solteiros podem encontrar um par. Evidentemente, os *sites* de namoro tradicional também são usados para localizar pessoas para um caso rápido ou prolongado, mas quando isso acontece o indivíduo que busca o caso costuma mentir sobre seu *status* conjugal. Os *sites* de encontro extraconjugal não tentam disfarçar o seu objetivo. Por exemplo, o Marital Affair (n.d.) afirma que o *site* oferece "um serviço *online* de encontros para pessoas casadas e solteiras que querem incrementar as atividades em seu estilo de vida pessoal com um divertimento adulto descomplicado". A Ashley Madison Agency (n.d.), que afirma ser o serviço de encontros mais discreto do mundo, tem o *slogan* "A vida é curta, tenha um caso". O *site* Meet2cheat (n.d.) diz que "desde 1998, nos dedicamos à facilitação profissional, séria e discreta de todo tipo de aventura erótica, nacional e internacionalmente. A nossa experiência e serviços, amplamente conhecidos, lhe permitem realizar suas fantasias de maneira totalmente descomplicada".

Em uma análise temática, comparei os perfis de um *site* de encontros extraconjugais com um *site* de namoro mais genérico (Whitty, 2008b). Encontrei algumas semelhanças interessantes entre eles: os indivíduos costumavam incluir uma lista de seus passatempos e interesses, uma lista das qualidades que procuravam no outro e a afirmação de que eram pessoas honestas e sinceras. Esse é um exemplo de uma afirmação de honestidade de um dos perfis do *site* de encontros extraconjugais:

> Eu não brinco com as emoções ou a vida dos outros. Sou uma pessoa extremamente realista, que está procurando uma amizade e um possível futuro amor e alma gêmea.

Uma diferença interessante era a óbvia ausência de fotografias e o pedido de sigilo. Por exemplo, um dos perfis do *site* de infidelidade afirmava:

> Não estou procurando nenhum compromisso além do que existe entre bons parceiros. Não estou interessado em correr riscos e a discrição é uma prioridade.

As pessoas do *site* de infidelidade também diziam bem mais que estavam dispostos a viajar para um encontro. Conforme uma delas escreveu:

> Viajo muito a trabalho e fico bastante tempo fora de casa, então procuro alguém em Londres, Surrey ou no Sudeste, ou em qualquer outro lugar, por falar no assunto. Quem quiser entrar em contato, por favor, não hesite.

A ênfase em um bom relacionamento sexual era mais evidente nos perfis de infidelidade. Por exemplo:

> POR FAVOR, LEIA COM ATENÇÃO O MEU PERFIL. Em primeiro lugar, eu não sou exatamente um gato, mas sou um cara muito divertido EU FAREI VOCÊ RIR, EU PROMETO!! EU TAMBÉM SOU BOM DE CAMA ... estou perdendo uma das melhores partes, o SEXO, meu casamento é uma droga (minha mulher não está interessada em nenhuma parte dele, e isso há muito tempo, só estamos juntos por razões financeiras). Tenho um grande impulso sexual e gostaria de encontrar uma mulher entre 35 e 60 anos (a aparência não é importante) que goste de sexo e de rir.

Finalmente, um achado inesperado foi a ênfase, em alguns dos perfis de infiéis, em sua moralidade. Conforme uma pessoa escreveu:

> Moral? Como é que isso entra aqui? Ok, nós fazemos o que estamos fazendo, mas vir para cima dos outros com lição de moral!?!? Isso é só pra botar banca.

# *SITES* DE REDES SOCIAIS

Os *sites* de redes sociais são outro local onde é possível encontrar pessoas para ter um caso. Essas pessoas podem até já ser conhecidas. Por exemplo, um *site* de rede social poderia ser usado para iniciar um flerte com alguém ou saber mais sobre essa pessoa, coisa que o indivíduo não faria face a face. Isso pode instilar confiança suficiente para ele iniciar um caso com alguém. Em um breve relato, Muise, Christofides e Desmarais (2009) mencionam uma relação significativa entre a quantidade de tempo passada no Facebook e sentimentos de ciúme. Eles descobriram que era a ambiguidade na comunicação entre o parceiro e alguma ex que costumava desencadear o ciúme. Um dos participantes expressou essa ambiguidade da seguinte maneira: "Eu tenho confiança suficiente nela [sua parceira] para saber que é fiel, mas não consigo deixar de ficar grilado quando alguém posta alguma coisa para ela... Isso faz a gente sentir que na verdade não 'conhece' a parceira" (p. 443). Apesar de os autores não comentarem isso, é bem possível que esse ciúme tenha alguma base racional. A internet tornou muito mais fácil que ex-parceiros e antigos amantes se reconectem – antigamente, o relacionamento anterior passava a ser apenas parte da história da pessoa. Os *sites* de redes sociais permitem essa reconexão. Esses locais são percebidos como privados, mesmo que estejam num espaço público (Whitty e Joinson, 2009); consequentemente, são reveladas mais informações do que se costumava revelar no passado.

## USANDO A INTERNET PARA INICIAR E FACILITAR UM CASO VIRTUAL

Grande parte das primeiras pesquisas sobre a infidelidade virtual supunha ou descobria que muitas dessas atividades de traição eram iniciadas entre pessoas que não se conheciam. Isso, obviamente, ainda acontece, e os *sites* de infidelidade são um bom exemplo. Todavia, conforme já mencionamos quando falamos sobre os *sites* de redes sociais, casos amorosos entre pessoas que se conhecem na vida real podem ser iniciados virtualmente. Além disso, podemos dizer que as tecnologias digitais facilitaram a traição da vida real. O Instant Messenger pode ser usado para conversas eróticas, e sutis mensagens de texto podem ser enviadas para marcar um rápido encontro. Toda essa comunicação pode acontecer facilmente em casa, na presença do cônjuge. Então, é importante perceber que as tecnologias digitais modificaram a natureza dos casos na vida real mais tradicionais.

## TUDO É MUITO DIVERTIDO, NADA SÉRIO, ATÉ ALGUÉM PERDER UM CASAMENTO

Morris (2008) contou a história de um casal inglês que se divorciou por causa das conversas eróticas que o alterego do marido mantinha com outra mulher no Second Life. O Second Life é um jogo de simulação virtual de papéis com múltiplos jogadores (MMORPG), onde a pessoa cria um avatar para si mesma (uma *persona*) e interage em um mundo de fantasia. Morris relatou que o casal se conheceu virtualmente, e mais tarde seus avatares se tornaram parceiros no Second Life – isto é, até Taylor (também conhecida como Laura Skye no Second Life) pegar o marido, Pollard (também conhecido como Dave Barmy no jogo) fazendo sexo-virtual com uma prostituta no Second Life. Conforme relata Morris:

> Horrorizada, Taylor terminou o relacionamento virtual entre Skye e Barmy, mas ficou com Pollard na vida real.

Foi então que a realidade e a ficção começaram a colidir. Taylor decidiu testar Dave Barmy – e assim a lealdade de Pollard – recorrendo a uma detetive virtual chamada Markie Macdonald. Foi montada uma "armadilha de sedução", em que uma encantadora avatar tentava seduzir Barmy. Ele passou brilhantemente no teste, pois falou sobre Laura Skye durante toda a noite. Barmy e Skye voltaram a ficar juntos no ciberespaço, casando-se em uma cerimônia realizada num lindo bosque tropical. Na vida real, em seu apartamento em Cornwall, Taylor chorava de emoção enquanto assistia à cerimônia, e em 2005 – vida real de novo – ambos se casaram num local não tão charmoso, o cartório de St. Austell. Mas Taylor sentia que alguma coisa estava errada e acabou descobrindo Dave Barmy conversando afetuosamente com uma mulher que não era Laura Skye! Para ela, isso foi mais perturbador do que o encontro anterior dele com a prostituta, pois parecia haver uma afeição genuína naquilo tudo e, então, ela pediu o divórcio – na vida real.

Embora Taylor obviamente acreditasse que o marido a traíra, não sabemos ainda se a maioria das pessoas veria as coisas da mesma maneira. No caso dela, os dois viviam intensamente em um mundo de fantasia (visto como um jogo). Talvez Taylor tivesse dificuldade em separar o jogo e a realidade. As pesquisas precisam determinar se existem atividades virtuais que são vistas como confinadas à esfera do jogo e, portanto, não atingem a vida real. Essa é uma questão importante a investigar.

## IMPLICAÇÕES TERAPÊUTICAS

Foram desenvolvidas numerosas abordagens de tratamento para ajudar indivíduos e casais atingidos pela infidelidade virtual. Em uma cuidadosa revisão de avaliações e tratamentos de vários terapeutas, Hertlein e Piercy (2008) salientaram abordagens diversas de terapeutas de ambos os sexos. A terapia adotada pelo terapeuta variava de acordo com a sua idade, gênero e religiosidade. De modo importante, Hertlein e Piercy afirmaram:

> O espectro da infidelidade virtual pode incluir uma ampla variedade de comportamentos. Em uma das extremidades do espectro estaria passar o tempo no computador em vez de passá-lo com a pessoa do relacionamento, e na outra extremidade teríamos o encontro físico e posterior relação sexual de duas pessoas que se conheceram virtualmente. Alguns comportamentos que são considerados infidelidade por um casal talvez não sejam vistos por outro como infidelidade ou como um problema. (p. 491)

Conforme o capítulo salienta, as tecnologias digitais podem ser usadas de várias maneiras para iniciar, conduzir e facilitar infidelidades. O que é exclusivo das infidelidades virtuais é o maior potencial de idealização. Além disso, as regras sobre o que seria uma traição ao relacionamento são menos claras para alguns comportamentos virtuais. Embora as pessoas possam reagir da mesma forma se o parceiro trai sexualmente pela internet ou fora dela, Whitty e Quigley (2008) argumentam que o sexo virtual, qualitativamente, é diferente da relação sexual e essa diferença precisa ser mais bem investigada. O local onde acontece a infidelidade também é notável. Se for na casa da pessoa, por exemplo, o impacto sobre o relacionamento talvez seja outro, principalmente com relação ao restabelecimento da confiança.

Foram encontradas diferenças de gênero nas razões para trair e também nos tipos de infidelidade considerados mais perturbadores. O estudo de 2003 de Parker e Wampler sobre atividades sexuais virtuais descobriu que as mulheres encaram essas atividades mais seriamente que os homens. Meu próprio estudo descobriu que as mulheres, mais que os homens, veem os atos sexuais como um ato de traição (Whitty, 2003b). Apesar de serem necessárias mais pesquisas para investigar as diferenças de gênero, os estudos existentes sugerem que qualquer orientação de tratamento deve levar em conta essas diferenças.

Este capítulo destacou a variedade de maneiras pelas quais os indivíduos podem utilizar tecnologias digitais para manter casos; entretanto, também precisamos estar cientes das várias maneiras pelas quais esses indivíduos podem ser apanhados pelas mesmas tecnologias. Se desconfiarem de alguma infidelidade, os parceiros podem verificar as mensagens de texto ou histórico de IM dos cônjuges. Há muitos pacotes de *software* que monitoram e registram as atividades realizadas no computador, incluindo ver e gravar *e-mails*, mensagens de bate-papo e *sites* visitados, assim como monitorar e gravar teclas pressionadas e, inclusive, as senhas utilizadas. A espionagem virtual Spytech (n.d.) anuncia seu *software* espião como uma maneira de apanhar o cônjuge que está traindo:

> O nosso *software* de monitoramento detecta rapidamente e lhe fornece as evidências necessárias para provar que seu cônjuge é fiel a você – ou

está traindo. Nossas ferramentas de espionagem, tais como o Spy-Agent e Realtime-Spy, operam em total segredo – enganando o gerenciamento de tarefas do Windows e ferramentas populares de detecção de *softwares* espiões. Isso significa que você não precisa temer que seu cônjuge descubra que você o está monitorando – e mesmo que você lhe conte, ele não conseguirá perceber como. Os registros, inclusive, podem ser armazenados em um formato criptografado, de modo que só podem ser vistos com o nosso *software*.

A pergunta, para os parceiros desconfiados, é se devem utilizar tecnologias digitais para investigar o cônjuge. Pesquisas anteriores descobriram que a forma como a infidelidade é revelada tem implicações importantes para o futuro do relacionamento. Segundo Afifi, Falato e Weiner (2001), a revelação espontânea é benéfica, porque dá ao transgressor a oportunidade de se desculpar, explicar e empregar estratégias de reparação. Nas situações em que uma terceira pessoa descobre e conta ou o traidor é pego em flagrante fica bem mais difícil refazer o relacionamento. Embora sejam necessárias mais pesquisas sobre a descoberta das infidelidades, a pesquisa de Afifi e colaboradores sugere que empregar tecnologias digitais para espiar o parceiro não é a melhor solução se o casal tem esperança de consertar a relação.

A forma como a infidelidade foi descoberta não é a única questão importante a considerar com referência à reparação. Como em qualquer transgressão no relacionamento, antes de tudo precisam ser examinadas as razões de isso ter acontecido. Também precisamos tratar a divisão da culpa e o restabelecimento da confiança. Com relação à infidelidade virtual, alguns afirmavam que a culpa às vezes era do próprio computador, e ele acabava sendo retirado da casa (Whitty e Carr, 2005, 2006). Mesmo que essa abordagem tenha sido eficaz no passado, hoje em dia ela é praticamente impossível, pois a internet é facilmente acessada de qualquer lugar. Portanto, as novas abordagens de tratamento precisam levar em conta a natureza em constante evolução de internet e ajudar os casais que foram atingidos pela infidelidade virtual a descobrirem a melhor forma de lidar com ela.

# CONCLUSÃO

Ainda temos muito que aprender sobre a infidelidade virtual. E também precisamos estar sempre atentos à natureza mutável de internet. A *Web* 2.0 criou uma internet bem mais interativa (usando aplicações para aumentar a interatividade) e isso continuará evoluindo de maneira muito sofisticada. Os *sites* de redes sociais e as aplicações em telefones celulares são bons exemplos de como a *web* mudou e se tornou mais interativa. Essa forma de *web* é mais social e, portanto, pode resultar em um número cada vez maior de infidelidades. Entretanto, no outro lado da moeda, essa nova tecnologia nos permite investigar e monitorar o nosso parceiro como nunca antes foi possível. A pergunta, para os terapeutas, é se esse monitoramento seria psicologicamente sadio (em especial se pensarmos que ele simboliza falta de confiança). O capítulo se concentrou no problema das infidelidades que acontecem na internet, mas, devido à ubiquidade do espaço virtual, precisamos reexaminar completamente a natureza de qualquer forma de infidelidade. Graças à tecnologia digital, é fácil inicial e manter casos amorosos extraconjugais, e essa tecnologia certamente desempenha um papel significativo na maioria das formas de infidelidade.

## REFERÊNCIAS

Afifi, W. A., Falato, W. L., & Weiner, J. L. (2001). Identity concerns following a severe relational transgression: The role of discovery method for the relational outcomes of infidelity .*Journal of Social and Personal Relationships, 18*(2), 291-308.

Ashley Madison Agency. (n.d.). Retrieved December 22, 2009, from www.AshleyMadison.com/

Buss, D. M., & Shackelford, T. K. (1997). Susceptibility to infidelity in the first year of marriage. *Journal of Research in Personality, 31*, 193-221.

Cooper, A. (2002). *Sex & the Internet: A guidebook for clinicians.* New York: Brunner-Routledge.

Durkin, K. F., & Bryant, C. D. (1995). "Log on to sex": Some notes on the carnal computer and erotic cyberspace as an emerging research frontier. *Deviant Behavior: An Interdisciplinary Journal, 16,*. 179-200.

Fitness, J. (2001). Betrayal, rejection, revenge and forgiveness: An interpersonal script approach. In M. Leary (Ed.), *Interpersonal rejection* (pp. 73-103). New York: Oxford University Press.

Hampton, K., & Wellman, B. (2003). Neighboring in Netville: How the Internet supports community and social capital in a wired suburb. *City and Community, 2*(4), 277-311.

Hertlein, K. M., & Piercy, F. P. (2008). Therapists' assessment and treatment of Internet infidelity cases. *Journal of Marital and Family Therapy, 34*(4), 481-497.

Klein, M. (1986). *The selected works of Melanie Klein* (J. Mitchell, Ed.). London: Penguin Books.

Maheu, M., & Subotnik, R. (2001). *Infidelity on the Internet: Virtual relationships and real betrayal.* Naperville, IL: Sourcebooks.

Marital Affair. (n.d.). Retrieved December 22, 2009, from http://www. maritalaffair. co.uk/married.html

McKenna, K. Y. A., & Bargh, J. A. (1998). Coming out in the age of Internet: Identity " de-marginalization" through virtual group participation. *Journal of Personality and Social Psychology, 75*, 681-694.

McKenna, K. Y. A., Green, A. S., & Gleason, M. E. J. (2002). Relationship formation on the Internet: What's the big attraction? *Journal of Social Issues 58*, 9-31.

Meet2cheat. (n.d.). Retrieved December 22, 2009, from http://www.meet2cheat.co.uk/advantage/index.htm

Mileham, B. L. A. (2007). Online infidelity in Internet chat rooms: An ethnographic exploration. *Computers in Human Behavior, 23*(1), 11-21.

Morris, S. (2008, November 13). Second Life affair leads to real life divorce. Guardian.co.uk. Retrieved December 22, 2009, from http://www.guardian.co.uk/technology/2008/nov/13/second-life-divorce

Muise, A., Christofides, E., & Desmarais, S. (2009). More information than you ever wanted: Does Facebook bring out the green-eyed monster of jealousy? *CyberPsychology & Behavior, 12*(4), 441-444.

Parker, T. S., & Wampler, K. S. (2003). How bad is it? Perceptions of the relationship impact of different types of Internet sexual activities. *Contemporary Family Therapy, 25*(4), 415-429.

Parks, M. R., & Floyd, K. (1996). Making friends in cyberspace. *Journal of Communication, 46*, 80-97.

Roscoe, B., Cavanaugh, L., & Kennedy, D. (1988). Dating infidelity: Behaviors, reasons, and consequences. *Adolescence, 23*, 35-43.

Schwartz, H. (1990). *Narcissistic process and corporate decay: The theory of the organization ideal.* New York: New York University.

Shaw, J. (1997). Treatment rationale for Internet infidelity .*Journal of Sex Education and Therapy, 22*(1), 29-34.

Spytech online. (n.d.). Retrieved March 29, 2006, from http://www.spytech-web.com/spouse-monitoring.shtml

Tidwell, L. C., & Walther, J. B. (2002). Computer-mediated communication effects on disclosure impressions, and interpersonal evaluations: Getting to know one another a bit at a time. *Human Communication Research, 28*, 317-348.

Walther, J. B. (1996). Computer-mediated communication: Impersonal, interpersonal and hyperpersonal interaction. *Communication Research, 23*, 3-43.

Walther, J. B. (2007). Selective self-presentation in computer-mediated communication: Hyperpersonal dimensions of technology. *Computers in Human Behavior, 23*, 2538-2557.

Whitty, M. T. (2003a). Cyber-flirting: Playing at love on the Internet. *Theory and Psychology, 13*(3), 339-357.

Whitty, M. T. (2003b). Pushing the wrong buttons: Men's and women's attitudes towards online and offline infidelity. *CyberPsychology & Behavior, 6*(6), 569-579.

Whitty, M. T. (2005). The "realness" of cyber-cheating: Men and women's representations of unfaithful Internet relationships. *Social Science Computer Review, 23*(1), 57-67.

Whitty, M. T. (2008a). Revealing the "real" me, searching for the "actual" you: Presentations of self on an Internet dating site. *Computers in Human Behavior, 24*, 1707-1723.

Whitty, M. T. (2008b ). Self presentation across a range of online dating sites: From generic sites to prison sites. Keynote address, London Lectures 2008, December 9, 2008.

Whitty, M. T., & Carr, A. N. (2005). Taking the good with the bad: Applying Klein's work to further our understandings of cyber-cheating. *Journal of Couple and Relationship Therapy, 4*(2/3), 103-115.

Whitty, M. T., & Carr, A. N. (2006). *Cyberspace romance: The psychology of online relationships.* Basingstoke, UK: Palgrave Macmillan.

Whitty, M. T., & Gavin, J. (2001). Age/sex/location: Uncovering the social cues in the development of online relationships. *CyberPsychology & Behavior, 4*(5), 623-630.

Whitty, M. T., & Joinson, A. N. (2009). *Truth, lies, and trust on Internet.* London: Routledge/Psychology Press.

Whitty, M. T., & Quigley, L. (2008). Emotional and sexual infidelity offline and in cyberspace. *Journal of Marital and Family Therapy, 34*(4), 461-468.

Yarab, P. E., & Allgeier, E. (1998). Don't even think about it: The role of sexual fantasies as perceived unfaithfulness in heterosexual dating relationships. *Journal of Sex Education and Therapy, 23*(3), 246-254.

Yarab, P. E., Sensibaugh, C. C., & Allgeier, E. (1998). More than just sex: Gender differences in the incidence of self-defined unfaithful behavior in heterosexual dating relationships. *Journal of Psychology & Human Sexuality, 10*(2), 45-57.

Young, K. S. (1998). *Caught in the Net: How to recognize the signs of Internet addiction and a winning strategy for recovery.* New York: John Wiley & Sons.

Young, K. S., Griffin-Shelley, E., Cooper, A., O'Mara, J., & Buchanan, J. (2000). Online infidelity: A new dimension in couple relationships with implications for evaluation and treatment. *Sexual Addiction & Compulsivity, 7,* 59-74.

# 12

# Recuperação de 12 passos no tratamento de internação para a dependência de internet*

SHANNON CHRISMORE, ED BETZELBERGER, LIBBY BIER e TONYA CAMACHO

A doença da dependência química (i.e., sinais e sintomas, consequências, tratamento, etc.) está bem documentada. Já com referência ao uso problemático de internet e, especificamente, ao tratamento de internação para essa dependência, há bem menos informações. O propósito deste capítulo é examinar um modelo de tratamento de internação empregado em um centro para dependência química e para dependências comportamentais (incluindo jogo, internet, jogos eletrônicos, compras/gastos, sexo e comida, além da dor crônica com dependência). O capítulo também analisa o uso de um formato de grupo, não apenas em ambientes profissionais, mas também em comunidades de 12 passos. Para uma maior compreensão do tratamento e da terapia de grupo com pessoas dependentes de internet, apresentaremos inicialmente uma visão geral dessa dependência, da comunidade de Emoções Anônimas (Emotions Anonymous, EA), e de algumas populações especiais. Até o momento, a dependência de internet ainda não foi reconhecida pelo *Manual diagnóstico e estatístico de transtornos mentais* (*DSM-IV-R*) (American Psychiatric Association, 2000) e está em debate a sua inclusão no *DSM-V* (Block, 2008). Muitos termos tem sido usados em referência a esse comportamento, tais como *uso compulsivo de internet*, *uso excessivo de internet* e *uso inadequado de internet*. Para os propósitos deste capítulo, a expressão *dependência de*

---

* N. de R.T.: Por sua ajuda neste capítulo, gostaríamos de agradecer à Pam Hillyard, Diretora; Phil Scherer, Gerente de *Site*; Coleen Moore, Gerente de *Marketing* e Admissões; e a Bryan Denure, Gerente de *Site*.

*internet/computador* será empregada de forma intercambiável com os outros termos.

Em 1996, o Illinois Institute for Addiction Recovery (IIAR) começou a tratar dependentes de internet depois de constatar a eficácia do *screening* (triagem) para identificar outras dependências de processo, especialmente o jogo patológico. Na época, o acesso à internet, pago por minuto, através de *sites* como o America Online (AOL) contribuiu para um débito financeiro significativo entre indivíduos que estavam se esforçando para controlar seu uso de internet. Por favor, observem que nas seções restantes do capítulo o nosso foco será a experiência terapêutica desse Instituto com pessoas que sofrem de dependência de internet/computador. Portanto, só serão discutidas as recomendações e estratégias de tratamento do IIAR. Outras abordagens terapêuticas estão fora do escopo do capítulo.

## O IMPACTO DA DEPENDÊNCIA DE INTERNET

Embora a maioria dos empregadores dê aos seus funcionários acesso à internet na esperança de aumentar a produtividade, as pesquisas confirmam uma crescente preocupação com o uso compulsivo de internet no local de trabalho. A Harris Interactive, Inc. (2005) realizou um levantamento com seus funcionários e gerentes de recursos humanos (RH) com referência ao uso de internet na empresa. Eles descobriram que quase um terço do tempo passado na internet não estava relacionado ao trabalho; 80% das companhias relataram que seus funcionários abusavam de seus privilégios de internet de várias maneiras, tais como baixar pornografia; e os empregados avaliaram as compras pela internet, notícias, pornografia, jogos de azar e leilões como as atividades virtuais que mais criavam dependência, além do *e-mail* e das mensagens instantâneas. O uso inadequado de internet está custando mais de $85 bilhões por ano em redução de produtividade. E isso não leva em conta os custos familiares, como divórcio, violência doméstica, abuso, tempo longe das atividades com a família ou suicídio, para citar apenas alguns. O que também precisa ser considerado nesse custo são as consequências da dependência de drogas e de álcool. Um diagnóstico duplo de dependência de drogas e álcool estava presente em 41% de uma amostra de pacientes tratados por dependência de internet no Illinois Institute for Addiction Recovery (Scherer, 2009). Esses achados devem ser analisados com cautela, todavia, porque a maioria dos indivíduos tratados por dependência de internet no IIAR procurou inicialmente tratamento por um problema de drogas ou álcool, e a presença da dependência de internet foi detectada através de instrumentos de avaliação. Sintomas depressivos também são comuns entre os indivíduos dependentes de internet. Daqueles tratados no IIAR, 88% apresentavam um transtorno duplo no espectro depressivo (por exemplo, transtorno bipolar, transtorno distímico ou transtorno depressivo maior) (Scherer, 2009). Os sintomas depressivos estão nitidamente associados ao uso patológico de internet, e as pessoas com níveis pronunciados de depressão correm maior risco de se tornar dependentes de internet (Ha et al., 2007; Young e Rodgers, 1998).

Não apenas entretenimento, mas também preocupação, acompanha o crescente uso da tecnologia e de internet com o passar do tempo. De modo geral, as pessoas navegam na internet, conversam por mensagens instantâneas ou em salas de bate-papo e jogam *videogames* interativos por propósitos sociais ou para se divertir, sem vivenciar nenhuma consequência negativa. Entretanto, há pessoas que sofrem consequências negativas quando perdem o controle e acabam usando a internet de forma problemática ou inclusive patológica. É aqui que os profissionais e os grupos dos 12 passos entram, oferecendo ajuda e apoio.

## EMOÇÕES ANÔNIMAS (*EMOTIONS ANONYMOUS*)

Quando estávamos criando o programa de tratamento do IIAR para a dependência de internet/computador nos deparamos com um dilema. Como um programa de 12 passos, tínhamos de encontrar uma maneira de aplicar os princípios dos 12 passos a esse novo conceito de dependência.

### Dependências Comportamentais = Dependências Químicas

- Perda de controle.
- Tentativas fracassadas de diminuir ou parar o comportamento.
- Uma grande quantidade de tempo pensando sobre o comportamento ou empenhando-se nele.
- Manutenção do comportamento apesar de suas consequências.
- Sintomas de abstinência como irritabilidade, dor de cabeça ou inquietude.
- Necessidade de aumentar a quantidade da substância ou do comportamento.
- Mudanças em atividades sociais, ocupacionais ou recreativas em resultado do comportamento.

A dependência de internet, como as dependências químicas, é uma doença primária e progressiva.

**Fazendo o Diagnóstico:**

- Tentativas de controle: S ou N
- Desonestidade relacionada ao uso do computador: S ou N
- Prejuízo em áreas significativas da vida: S ou N
- Comportamento questionável: S ou N
- Aumento de tolerância: S ou N
- Euforia e culpa: S ou N
- Síndrome de abstinência: S ou N
- Preocupação: S ou N
- Escape e alívio com o uso do computador: S ou N

Na época, havia muito pouca literatura sobre o tema da dependência de computador e/ou de internet, e certamente nenhum programa de recuperação planejado em torno dos 12 passos. O IIAR teorizou que muitas pessoas que estavam se tornando obcecadas com essa tecnologia muito nova também sofriam de transtornos mentais como depressão, ansiedade ou isolamento social.

Então foi descoberto o livro *Emotions Anonymous*. "O grupo Emoções Anônimas é uma associação de pessoas que compartilham suas experiências, sentimentos, forças, fraquezas e esperanças, com o objetivo de resolver seus problemas emocionais e descobrir uma maneira de viver em paz com problemas não resolvidos" (Emotions Anonymous Fellowship, 2007).

O Emoções Anônimas (EA) começou em 1971 em Minneapolis, Minnesota, mas suas raízes remontam a 1965, quando Marion F. leu um artigo num jornal sobre uma organização que adotara os 12 passos do Alcoólicos Anônimos (AA) para superar problemas emocionais (Emotions Anonymous Fellowship, 1995). Marion sofria há anos de problemas emocionais e físicos. Acreditando que essa seria a resposta, ela ficou muito desapontada ao saber que não havia encontros desse grupo na área de Minneapolis. A jornada de Marion F. a caminho da recuperação a levou a iniciar o primeiro grupo de Neuróticos Anônimos em Minneapolis, em 1966, o que acabou levando à criação do Emoções Anônimas. Na última impressão do livro, em 2007, havia mais de 1.300 grupos em mais de 35 países em todo o mundo (Emotions Anonymous Fellowship, 2007).

O EA afirma, claramente: "todos são bem-vindos no EA... podemos ter procurado o grupo simplesmente porque a vida estava difícil e estávamos buscando uma maneira melhor de viver. Ou talvez tenhamos chegado ao mais profundo desespero... os sintomas que nos levaram a buscar ajuda são diversos" (Emotions Anonymous Fellowship, 1995). Filosoficamente, o EA parece acolher uma ampla variedade de pessoas, mas com a estrutura (os passos) e a orientação (as tradições) do programa dos AA. Embora o IIRA tenha tido dificuldade para encontrar reuniões de grupo para os pacientes frequentarem na área onde moram, esses pacientes consideraram o livro extremamente valioso. Eles relatam ter tido experiências semelhantes às apresentadas no livro do EA, exatamente como acontece com os alcoolistas que leem o *Big Book* dos AA.

Já que há menos grupos de EA, o terapeuta deve pedir que os pacientes que sofrem de dependência de internet busquem ajuda e apoio em outros grupos de 12 passos, como os AA, e utilizem seu desejo de não usar hoje para participar da reunião. As pessoas dependentes de internet têm dificuldade em se identificar com alcoolistas e outros dependentes e, se não tiveram nenhum problema com substâncias químicas no passado, prefeririam não participar desses outros grupos; todavia, por causa do pequeno número de grupos de EA e do alto risco de recaída, é imperativo que os dependentes de internet recebam constante apoio de um programa de 12 passos, mesmo que não seja do EA. Alguns dependentes de internet preferem se abster de todas as substâncias químicas e comportamentos que alteram o humor a fim de evitar o potencial de dependência cruzada (substituir uma dependência por outra). Às vezes, também pode ser muito útil que eles tenham dois padrinhos – um pelo EA (pode ser do sexo oposto se não estiver disponível um do mesmo sexo) e um pelo programa dos passos (este deve ser de um outro programa de 12 passos e do mesmo sexo do paciente).

O EA não tem um grupo específico para membros da família, como o Al-Anon ou o Gam-Anon. Mas os familiares e outras pessoas significativas são incentivados a frequentar um grupo de apoio de 12 passos, para aprenderem a lidar com a dependência daquela pessoa a quem amam e também a estabelecer limites saudáveis. Sugerem-se grupos como o Famílias Anônimas, Codependentes Anônimos ou Al-Anon. Esses grupos são um local seguro para os familiares compartilharem suas experiências e receberem apoio de outras pessoas que também estão lidando com a dependência de um ser amado.

## POPULAÇÕES ESPECIAIS

Há discrepâncias em relação ao perfil típico do dependente de internet. De modo estereotipado, imagina-se que o dependente de internet se parece muito com o *nerd* de computador – um jovem do sexo masculino, introvertido, com um grande conhecimento de informática. Mas menos da metade (47%) dos pacientes tratados no IIAR por dependência de internet se encaixa na categoria de homens com menos de 30 anos (Scherer, 2009). Entretanto, quando se consideram todos os pacientes com menos de 30 anos, a porcentagem aumenta para 65%, e quando se divide por gênero, 71% são homens

(Scherer, 2009). Embora esses resultados representem uma amostra pequena e não possam ser generalizados para toda a população de dependentes de internet, é possível que seja maior a probabilidade de esse dependente ser do sexo masculino ou jovem, mas não necessariamente um homem jovem. Outros estudos confirmam a noção de que é maior a probabilidade de os internautas problemáticos serem homens (Mottram e Fleming, 2009).

Não existe um conjunto claro de características de personalidade predizendo quem se tornará um usuário problemático. Também não está claro se os indivíduos com certas características tendem a passar prolongados períodos de tempo na internet ou se eles desenvolvem tais características em resultado de se tornarem dependentes. Mas as pesquisas realmente confirmam que certas características são mais comuns em indivíduos com uso problemático. Os dependentes de internet geralmente passam mais tempo conectados, são membros de mais clubes e organizações virtuais e fazem mais amizades *online* do que os não dependentes (Shek, Tang e Lo, 2009). Esses indivíduos não só passam mais tempo em atividades na internet como estão substituindo outras atividades recreativas, como fazer coisas com os amigos, assistir à televisão, e assim por diante, por atividades virtuais. Outros estudos sugerem que os indivíduos com habilidades de pensamento abstrato podem ser atraídos pela natureza estimulante de internet (Young e Rodgers, 1998). Há debates sobre se a extroversão estaria relacionada à dependência de internet. Embora a pessoa esteja sozinha quando navega, a natureza interativa de internet pode fornecer suficiente estimulação e contato com outras pessoas para satisfazê-la. Os indivíduos introvertidos, ao invés, podem se sentir oprimidos por se relacionar através da internet. É possível que pessoas tímidas e introvertidas encontrem conforto na anonimidade trazida pelo meio virtual, mas parece que elas continuam tendo dificuldade para iniciar conversas e se autorrevelar (Brunet e Schmidt, 2008).

## Mulheres

Na população geral, a porcentagem de mulheres que usa a internet ainda é um pouco mais baixa que a de homens (Fallows, 2005). Os estudos indicam que os índices são mais altos entre os homens (Zhang, Amos e McDowell, 2008). Esses achados também são confirmados por aqueles que buscam tratamento por dependência de internet (29% do sexo feminino *versus* 71% do sexo masculino) no Illinois Institute for Addiction Recovery (Scherer, 2009). As mulheres tendem a se envolver em atividades virtuais que são vistas como sociais pelos usuários. Atividades sociais virtuais incluem salas de bate-papo e mensagens instantâneas, assim como *sites* de redes sociais como o Facebook, MySpace, LinkedIn e Twitter. As mulheres também usam a *web* para navegar e escapar dos estressores da vida. Tipicamente, mulheres dependentes de internet/computador parecem ter problemas familiares e de relacionamento em maior grau que seus pares do sexo masculino. Muitas mulheres são as cuidadoras primárias dos filhos. Na medida em que aumenta seu uso problemático de internet, elas se afastam de atividades familiares e das tarefas de cuidadora. Essa ausência costuma ter um impacto mais negativo sobre o sistema familiar quando a mulher é a principal cuidadora da família. Esse fator de fuga também poderia ser uma das razões da menor procura de tratamento por parte das mulheres.

## Adolescentes

Os adolescentes, tipicamente, buscam tratamento em resultado de problemas envolvendo jogos virtuais e, mais frequentemente, são do sexo masculino (67% de homens *versus* 33% de mulheres). De todos os pacientes tratados por dependência de internet no IIAR nos últimos três anos, apenas 35% estavam no grupo abaixo de 19 anos. Quando o intervalo de idade é ajustado para incluir todas as pessoas com menos de 30 anos, a porcentagem muda drasticamente: 65% do total dos pacientes (Scherer, 2009). A maioria dos adolescentes do sexo masculino tratados no IIAR nos últimos três anos era dependente de jogos virtuais. Os adolescentes, mais do que os dependentes mais velhos, costumam jogar *role-playing games* (MMORPGs), em que vários jogadores se conectam a um servidor ou fonte comum de internet para jogar o mesmo jogo ao mesmo tempo (Smahel, Blinka e Ledabyl, 2008). Esses jogos são intensos, altamente interativos e podem ser jogados por incontáveis horas, e tudo isso aumenta o risco de o indivíduo se tornar dependente. Os jogadores se comunicam por textos na tela e/ou por áudio. MMORPGs comuns incluem World of Warcraft, EverQuest, Ultima Online, Dungeons and Dragons e Final Fantasy. Se o indivíduo dependente de internet/computador não joga MMORPGs, é muito provável que jogue jogos individuais de computador ou mesa como Nintendo, Game Boy, Xbox e PlayStation.

Nos últimos três anos, poucas adolescentes do sexo feminino ($n = 2$) entraram em tratamento por dependência de internet no IIAR. Essas adolescentes jogavam uma combinação de MMORPGs e jogos Sims. Jogos Sims são jogos de simulação que permitem que os jogadores criem novas identidades ou *personas* e observem os novos personagens vivendo suas vidas. É mais provável que as adolescentes participem de redes sociais como o MySpace do que joguem *online*.

## FERRAMENTAS DE *SCREENING* E AVALIAÇÃO

Esta seção identifica ferramentas de *screening* e avaliação, assim como outras questões referentes às pessoas dependentes de internet/computador. O primeiro passo no tratamento é reunir informações por meio de *screenings* psicológicos, uma entrevista biopsicossocial, história médica e o *Concerned Person Questionnaire* – CPQ, entre outras técnicas de coleta de informações.

Embora o *DSM-IV-R* não reconheça especificamente a dependência de internet como um diagnóstico distinto, ele permite a inclusão desses comportamentos de dependência na seção diagnóstica de Transtornos do Controle dos Impulsos, Sem Outra Especificação. Como tal, é importante que os terapeutas estejam atentos às características diagnósticas presentes nos transtornos do controle dos impulsos. Ao avaliar um indivíduo que está usando excessivamente a internet, é importante ter uma clara definição do que constitui um diagnóstico sem outra especificação. Diferentemente de outros diagnósticos formais na categoria de transtornos do controle dos impulsos, o diagnóstico sem outra especificação não identifica especificamente um conjunto de critérios que precisam ser satisfeitos para um diagnóstico formal. O *DSM-IV-R* simplesmente oferece aos terapeutas uma orientação, não um conjunto claro de critérios. Durante o processo de avaliação, é responsabilidade do terapeuta examinar as informações com a equipe de tratamento para garantir um diagnóstico apropriado, excluindo outros possíveis transtornos antes de fazer um diagnóstico sem outra especificação. As características de qualquer transtorno do controle dos impulsos incluem a incapacidade de resistir ao impulso e apresentar o comportamento destrutivo e/ou sentimentos eufóricos durante ou depois do comportamento. Como em outros comportamentos de dependência, os indivíduos experienciam graves consequências em vários aspectos da vida. Em resultado do uso excessivo de internet a discórdia em relacionamentos é frequente, assim como problemas no emprego e perda do interesse em outras atividades anteriormente consideradas importantes.

Ao tratar indivíduos que sofrem de dependência de internet, é imperativo investigar outras dependências, tais como de álcool, drogas, sexo, jogo patológico, comida e compras/gastos compulsivos, assim como outros transtornos mentais. Muitas vezes, as pessoas relatam que precisam ser avaliadas quanto à dependência de internet, quando estão apresentando comportamentos dependentes virtuais relacionados a jogos de azar, compras ou sexo. É importante determinar se o uso de internet ou do computador é problemático, ou se o indivíduo está utilizando a internet como um veículo para o jogo patológico, compras/gastos compulsivos ou para baixar pornografia, pois nesses casos o tratamento para dependência de internet estaria deixando de lado comportamentos subjacentes que são problemáticos.

Estima-se que 86% dos dependentes de internet apresentam algum outro diagnóstico do *DSM-IV-R* (Block, 2008). Daqueles tratados por dependência de internet no IIAR nos últimos três anos, 94% também receberam um outro diagnóstico do *DSM-IV-R*: 81% deles apresentavam algum tipo de transtorno de humor (transtorno depressivo maior, transtorno distímico ou transtorno bipolar), 44%, um diagnóstico de dependência química e 56%, um outro diagnóstico de dependência comportamental (compras/gastos compulsivos, jogo patológico, dependência sexual ou transtorno alimentar).

A avaliação psiquiátrica é apropriada e essencial para determinar qualquer problema de comorbidade, além da necessidade de medicação. Conforme discutimos anteriormente, há índices extremamente elevados de comorbidade nessa população, e a avaliação psiquiátrica completa fornece ao paciente e ao terapeuta dados valiosos para o planejamento do tratamento e prevenção de recaída. Essa avaliação também pode determinar se o paciente corre o risco de causar dano a si mesmo ou outras pessoas, especialmente durante esse período. No caso dos pacientes com esses pensamentos, convém fazer uma avaliação completa de risco de suicídio para determinar as precauções necessárias e fazer também um contrato de segurança com o paciente.

Juntamente com a avaliação psiquiátrica e os *screenings* psicológicos, é útil fazer um exame do estado mental para determinar a orientação quanto à pessoa, espaço e tempo, e investigar também qualquer transtorno orgânico. Essas ferramentas de *screening* ajudarão no desenvolvimento do plano de tratamento do paciente. É importante tratar a pessoa inteira; se não fizermos isso, estaremos cometendo uma injustiça com o paciente e seu risco de recaída aumentará. Se o terapeuta não perceber outras dependências ou transtornos mentais e tratar apenas o alcoolismo, no caso do paciente que também é dependente de internet, talvez ele permaneça sóbrio, sem ingerir álcool, enquanto seu uso de internet aumenta. Nesse caso, o paciente não está verdadeiramente em recuperação. O terapeuta pode ficar confuso, perguntando-se por que o paciente não melhora e não parece estar progredindo.

Nas primeiras 24 horas de tratamento, a enfermeira faz a avaliação de enfermagem e o médico assistente completa a história médica e um exame físico. Algumas considerações sobre o bem-estar médico quando se trabalha com uma pessoa sofrendo de dependência de internet seriam:

- Um diabético com uso compulsivo ou problemático de internet que não se afasta do computador para comer ou verificar sua glicemia precisa de atenção médica para regular o açúcar no sangue.
- Uma pessoa com dependência de internet que negligencia sua medicação para hipertensão e, em consequência, sofre um aumento de pressão, precisa ser avaliada para se determinar a medicação adequada e precisa, também, de monitoramento constante.

A avaliação biopsicossocial permite ao terapeuta obter do paciente mais informações para determinar o curso do tratamento. Essa avaliação deve abranger os aspectos familiar, legal, educacional, ocupacional, sexual, abuso (assim como qualquer problema de violência doméstica), comportamentos de dependência química ou outras dependências, e as áreas emocional, espiritual e ambiental (por exemplo: Onde você mora? Quem tem o controle financeiro na sua família? Há alguma preocupação financeira nesse momento da terapia?) Também são avaliadas atividades de recreação e lazer anteriores ao tratamento, assim como as metas para depois do tratamento e os pontos fortes e fracos do paciente.

O Virtual Addiction Test (VAT), criado por David Greenfield (1999), é uma ferramenta específica de *screening* que pode ser usada para examinar o potencial de dependência de internet em um segmento mais amplo de pacientes. Esse tipo de instrumento oferece diversas vantagens para os pacientes que podem estar tendo dificuldade para aceitar que seu uso de internet é problemático. Ele é um meio não invasivo de examinar isso. Dada a resistência sentida por muitos pacientes, essa oportunidade de reflexão pessoal pode facilitar um diálogo mais aberto durante o processo formal de avaliação. O teste é breve e fácil de compreender, e o paciente responde "sim" ou "não" às perguntas, de forma clara e concisa, sem partir para racionalizações sobre seu comportamento. Quando o teste é usado como um adjunto à avaliação formal, pode ajudar o terapeuta a identificar áreas de preocupação. E fornece valiosas informações sobre o potencial ou falta de *insight* em relação ao comportamento problemático. Ferramentas de avaliação como o VAT também são valiosas para aqueles pacientes que apresentam outros transtornos do controle dos impulsos ou transtornos relacionados a substâncias. Como em qualquer processo de avaliação completo, é importante investigar outros possíveis transtornos, o que pode ser feito facilmente com essas ferramentas.

Outra ferramenta de *screening*, o teste de dependência de internet (IAT), pode ser usada para determinar o nível de gravidade do uso excessivo de internet (Young, 2006). É um teste autoadministrado, com 20 itens, em que o paciente indica a frequência de seus comportamentos relacionados à internet e o grau em que esses comportamentos afetaram sua vida. Por exemplo, o IAT pergunta sobre perda de controle, desonestidade e segredo no uso de internet; incapacidade de diminuir o uso; e emoções negativas, para citar apenas alguns aspectos. O IAT dá ao terapeuta uma ideia da extensão dos comportamentos dependentes e pode ser usado como uma ferramenta de triagem para sugerir outras avaliações. É também a primeira medida validada em inglês

(Widyanto e McMurren, 2004), italiano (Ferraro, Caci, D'Amico e Di Blasi, 2007) e francês (Khazaal et al., 2008).

Outra ferramenta que pode facilitar a coleta de informações para determinar o curso do tratamento é fazer o parceiro e/ou outros membros da família completarem um questionário (Concerned Person Questionnaire – CPQ). O CPQ é semelhante à entrevista biopsicossocial com o paciente, mas pode ser respondido pelas pessoas envolvidas e não necessariamente em um formato de entrevista. Não se usa como uma ferramenta diagnóstica validada, mas contém uma série de perguntas às quais as pessoas importantes na vida do paciente respondem para dar a sua perspectiva de como a dependência afetou a vida dele. O questionário também mostra ao terapeuta como essa doença está influenciando os familiares ou outras pessoas próximas. Essas informações ajudam a romper a negação inicial que o paciente pode apresentar quando entra em terapia (Illinois Institute for Addiction Recovery, 2008).

Embora possa parecer que todas essas ferramentas de triagem transmitem informações semelhantes, sendo assim redundantes, elas são muito úteis para dar ao terapeuta um quadro claro do paciente. A pessoa dependente de internet geralmente apresenta um nível significativamente alto de negação quanto ao impacto negativo que esse comportamento tem em sua vida. Esses instrumentos permitem ao terapeuta determinar discrepâncias no autorrelato do paciente e explorar o impacto do uso problemático de internet sobre a sua vida; a partir disso, ele poderá confrontar o paciente e levá-lo à realidade de sua doença.

As ferramentas de *screening* e avaliação ajudam o terapeuta a determinar o tratamento mais adequado para cada paciente em termos de colocação. As orientações estabelecidas pela American Society of Addiction Medicine (ASAM, 2001) podem ser úteis para se determinar a estabilidade do paciente em seis dimensões: intoxicação aguda/potencial de abstinência, complicações e condições biomédicas, complicações e condições emocionais/comportamentais/cognitivas, prontidão para a mudança; potencial para a recaída/uso continuado/problemas inacabados; e ambiente de recuperação. Os pacientes sofrendo de dependência de internet podem apresentar ou não complicações biomédicas em resultado de seu uso excessivo e falta de atenção a problemas médicos, mas quase sempre apresentam problemas relacionados a complicações emocionais, comportamentais ou cognitivas, prontidão para a mudança, potencial de recaída e ambiente de recuperação. A colocação em um programa de internação ou hospitalização parcial permite uma abordagem terapêutica integrada de equipe, em que são tratadas as preocupações biomédicas e psiquiátricas, além de fornecer um ambiente altamente estruturado em que o indivíduo pode aprender sobre sua dependência e começar a avançar através dos estágios de mudança.

## TRATAMENTO RESIDENCIAL/INTERNAÇÃO

Nas primeiras 72 horas de tratamento, a tarefa do cliente é definir o que significa se abster de comportamentos problemáticos relacionados à dependência de internet/computador. Tipicamente, essa definição pessoal se aprofunda conforme o paciente progride no tratamento, começa a receber informações sobre a doença de dependência, e fica mais disposto a examinar o impacto que o uso excessivo de internet/computador está tendo em sua vida.

No primeiro dia é explicado o tratamento da dependência de internet/computador, além do conceito dos 12 passos e a Terceira Tradição dos Alcoólicos Anônimos. Espera-se que todos os pacientes se abstenham de álcool, drogas e outros comportamentos dependentes enquanto estiverem em tratamento. O cliente recebe uma cópia do livro *Emotions Anonymous*, além de cópias dos textos dos Alcoólicos Anônimos (AA) e Narcóticos Anônimos (NA) explicando a origem e os fundamentos da filosofia dos 12 passos. Outras tarefas incluem começar com o Passo 1 para explorar quanto o paciente se sente impotente e incapaz de manejar seu uso de internet/computador, tarefas referentes à negação e aos sentimentos por começar o processo de recuperação. Essas tarefas são realizadas e examinadas com o conselheiro no final da primeira semana. O paciente também precisa participar de outro grupo de terapia relacionado à dependência e de várias atividades gerais da unidade (incluindo, mas não se limitando a, informações sobre vários tipos de dependência, não só de internet/computador).

Depois de alguns dias de internação, é marcada uma reunião de reabilitação para se trabalhar sobre um plano principal (*master*) de tratamento. Durante essa reunião, os membros da equipe de tratamento (i.e., conselheiros, coordenador clínico, enfermeira, diretor médico, representante do serviço financeiro do paciente e possíveis consultores médicos) examinam o diagnóstico e discutem informações pertinentes obtidas com o paciente durante a avaliação inicial, avaliação de enfermagem, entrevista biopsicossocial e informações de fontes colaterais. Nesse encontro, é desenvolvido um plano principal de tratamento que define métodos, metas e objetivos que o paciente deve atingir em preparação para o atendimento posterior fora do hospital. Esse plano "*master*" de tratamento é discutido com o paciente nas próximas 24 horas.

Além das sessões padrão de terapia de grupo coordenadas por um conselheiro, as pessoas com dependência de internet participam de grupos específicos para esse tipo de dependência comportamental. Nesses grupos, eles têm tempo para discutir questões específicas da sua dependência. Eles participam desses grupos duas vezes por semana, trabalhando nos desafios que enfrentam por serem dependentes de internet. As questões discutidas seriam, por exemplo, o impacto negativo que seus relacionamentos – em casa, no trabalho, na escola e sociais – sofreram em resultado da dependência, e também o comportamento de se isolar.

Outro foco é a necessidade percebida do paciente de usar a internet ou o computador, assim como os limites a serem respeitados quando esse uso for absolutamente indispensável (por exemplo, no trabalho). Uma vez por semana, o cliente participa de uma sessão de terapia em grupo para dependentes de vários comportamentos: comida, sexo, apostas, compras/gastos, internet/computador/*videogames*. Nesse grupo, eles discutem como sua dependência comportamental os afetou na semana anterior, apoiam-se mutuamente, confrontam os comportamentos não saudáveis e as racionalizações para manter comportamentos de dependência, e processam sentimentos relativos à dificuldade de fazer mudanças. Embora as pessoas dependentes de internet passem a maior parte do tempo em grupos de tratamento que incluem indivíduos com todos os tipos de dependência (tanto química quanto comportamental), é importante que todos os que sofrem de dependência comportamental um grupo em que possam discutir os desafios sem paralelo trazidos por suas dependências e as dificuldades que enfrentam, para poderem entender o que a abstinência e a recaída significam para a sua recuperação. Os pacientes que apresentam codependências e diagnóstico de outros transtornos mentais também participam de um grupo específico para isso uma vez por semana. A depressão e a ansiedade parecem ser os diagnósticos mais comuns nas pessoas tratadas por dependência de internet; 76% tinham algum tipo de diagnóstico de depressão e 24% um transtorno de ansiedade (Scherer, 2009). Como em todas as outras dependências, quem sofre de dependência de internet experiencia consequências negativas significativas em sua vida. Algumas consequências comuns são:

- Débitos financeiros relacionados ao custo mensal de serviços ligados aos *videogames*, custo de equipamento (fones e microfones especiais, controles manuais [*joysticks*], jogos, computadores, alto-falantes, processadores de alta velocidade, *modems*, monitores e sistema de vídeo de alta-definição).
- Ausências no trabalho, na escola (demissão, suspensão, expulsão da escola).
- Ideação/tentativas de suicídio ou suicídio.
- Falta de relacionamentos interpessoais significativos.
- Falta de habilidades sociais.
- Má nutrição.

- Higiene inadequada.
- Discórdia familiar.
- Falta de espiritualidade ou saúde emocional.
- Fracasso em cumprir obrigações ou responsabilidades pessoais.

## CONSIDERAÇÕES TERAPÊUTICAS SOBRE A DEPENDÊNCIA DE INTERNET

Durante todo o processo de tratamento o terapeuta precisa estar atento a algumas considerações especiais. Embora existam muitas semelhanças entre os dependentes químicos e os dependentes comportamentais, certas características de personalidade dos dependentes de internet podem trazer obstáculos singulares para o processo de terapia. Esta seção discute o processo de terapia de grupo, além do papel da família e do sistema de apoio. Como na maioria dos programas de tratamento, é dada uma ênfase significativa à prevenção da recaída e ao desenvolvimento de um plano de alta estável e de seguimento posterior. Tratamos aqui, também, de técnicas e ferramentas para a prevenção da recaída, da importância de continuar participando das reuniões do Emoções Anônimas (EA) e de outros grupos de 12 passos, e do seguimento pós-tratamento.

Como na maioria dos programas de tratamento de dependência e transtornos mentais, a terapia de grupo é a modalidade preferida. O processo da terapia de grupo fornece a estrutura necessária para o desenvolvimento da aliança terapêutica que é crucial quando se trabalha com dependentes de internet. Muitos desses indivíduos estão acostumados a se isolar e a limitar seus contatos sociais ao mundo virtual. A terapia de grupo dá ao paciente a oportunidade de começar a manter relacionamentos saudáveis, incluindo dar e receber *feedback* honesto. Mesmo que questões como vergonha, culpa e negação sejam universais para pessoas com dependências, os dependentes de internet parecem ter níveis significativamente mais elevados de negação e racionalização de seus comportamentos, e muitas vezes essas crenças são apoiadas por pessoas em sua vida que não entendem exatamente como a dependência de internet se encaixa no conceito de doença de dependência.

Devido à natureza dessa dependência, geralmente há poucos sinais físicos em comparação com o uso químico. Em resultado, o indivíduo pode avançar muito na fase patológica do uso inadequado de internet antes os outros percebam o problema. Para uma pessoa com dependência de internet, o isolamento costuma ser o maior aliado durante a dependência ativa. Uma das primeiras tarefas na terapia é tratar do componente de fuga e da função que isso tem para o indivíduo. Para isso, uma das primeiras técnicas do terapeuta é vincular o indivíduo aos outros membros do grupo de terapia. Isso é importante devido à natureza isoladora da dependência de internet. Conforme a pessoa consegue perceber semelhanças entre ela e os outros membros do grupo, esse senso de isolamento e vergonha começa a diminuir.

A configuração do grupo de terapia também é uma preocupação especial. Em muitos ambientes terapêuticos os grupos são mistos e incluem diversas dependências, tais como química, sexo, jogo compulsivo e internet, para identificar apenas algumas. A configuração do grupo fará o terapeuta selecionar intervenções variadas e também terá um impacto sobre o processo do grupo (Yalom, 1995). Uma das principais técnicas usadas para tratar esse fenômeno é dar informações sobre as várias dependências (i.e., esclarecer a realidade dos vários comportamentos de dependência). Isso ampliará a esfera de entendimento dos membros do grupo e reduzirá as "brechas" de fuga que os dependentes de internet podem explorar na terapia. Como em qualquer mudança de vida, a resistência, defensividade e apreensão são uma parte normal do processo (Yalom). No início do tratamento, muitos pacientes terão de lutar com essas questões, como em qualquer outra dependência.

Quando discutimos o papel do sistema de apoio/familiar, temos de ter presentes algumas questões importantes. Durante o processo de terapia de grupo, devemos estar atentos às distorções cognitivas. A consistência, por parte da equipe de tratamento e do sistema de apoio, é central para ajudar o indivíduo a confrontar e evitar as distorções de pensamento tão comuns. Os pacientes apresentam mudanças de humor e de disposição ao longo do tratamento. Inicialmente, muitos parecem inteligentes, pouco hábeis socialmente, superiores, habitualmente introvertidos, solitários e geralmente em negação de seus comportamentos dependentes. Alguns pacientes se apresentam como extrovertidos; entretanto, verifica-se que isso é exagerado, parecendo uma supercompensação da falta de confiança social. Muitos usam sua inteligência como defesa, tentando empregar seu conhecimento técnico para mudar o foco ou explicar racionalmente por que um determinado problema não se aplica a eles. Outros podem recorrer à inteligência para sustentar um senso de superioridade arrogante e impedir que os outros se aproximem demais emocionalmente. Para esses pacientes, a internet era o ambiente social antes de entrarem em tratamento. Eles podiam ser quem quisessem e agir como quisessem – sem serem realmente vistos. Eles se protegiam de uma possível rejeição. Ser forçado a lidar com seres humanos vivos, de carne e osso, pode despertar uma ansiedade que se manifestará como hostilidade ou isolamento.

Ao longo do tratamento, a ansiedade tende a se dissipar lentamente, aliviando a falta de habilidade social, permitindo que o paciente se aproxime de seus pares e das pessoas significativas de sua vida. Os pacientes que progridem se esforçam ativamente para correr riscos durante as sessões de grupo, compartilhando suas histórias e sentimentos e aceitando o *feedback* dos outros. Geralmente, é necessário que o conselheiro incentive o paciente, no início do tratamento, a correr esses riscos. Aqueles que continuam se desafiando para elaborar os desconfortáveis sentimentos associados à socialização acabam conseguindo estabelecer relacionamentos significativos, tanto no ambiente pessoal quanto no trabalho ou na escola.

## PREVENÇÃO DE RECAÍDA

O planejamento da prevenção de recaída, como em qualquer dependência, começa desde o primeiro dia de tratamento. O processo de prevenção de recaída é uma série de passos bem definidos que o indivíduo deve seguir para reduzir o risco de voltar à dependência ativa. Esse processo pode envolver diferentes papéis e variações, dependendo do nível de atendimento individual. Enquanto o paciente está na modalidade de internação, a prevenção de recaída é um processo preparatório para ajudá-lo a enfrentar o ambiente fora do hospital. Durante a fase de internação, são feitos planos para criar redes de apoio, identificar reuniões de 12 passos e listar possíveis gatilhos de recaída e prováveis sinais de que a pessoa está se encaminhando para a recaída. Quando o paciente sai do ambiente hospitalar, o foco muda para a aplicação prática das ferramentas e técnicas de prevenção de recaída. É então que a pessoa que está se recuperando da dependência de internet começa a utilizar as informações obtidas durante as fases mais intensas do tratamento. Para os pacientes que não seguiram um programa de internação, o processo educacional e de planejamento é semelhante. Esses clientes ambulatoriais precisarão se envolver intensamente em encontros dos 12 passos, como o EA, e participar de forma intensa e regular de grupos de prevenção de recaída. Um dos objetivos do tratamento que o terapeuta precisa considerar é a implementação da participação nos grupos de EA e a indicação de um padrinho de EA logo no início do processo de tratamento. Conforme discutimos anteriormente no capítulo, o envolvimento nos 12 passos é uma parte vital da rede de apoio social e prevenção de recaída.

Enquanto trabalham em tarefas de prevenção de recaída, os pacientes são desafiados a identificar gatilhos específicos para voltar a comportamentos dependentes e também sinais de alerta que podem indicar uma recaída iminente. Como parte da prevenção de recaída é criado um plano de recuperação para a dependência de internet. O paciente define o que seria sobriedade com relação à sua dependência. No caso da dependência química, a abstenção e a sobriedade são definidas de forma muito simples – não beber nem usar. Entretanto, a definição de abstenção e sobriedade para alguém que sofre de uma dependência de processo pode ser mais complicada devido à natureza da "droga". Os pacientes recorrem às informações que receberam, e também aos seus pares, para criar uma definição específica, que pode ser alterada com o passar do tempo. Eles também definem o que seria recaída, em termos de atitudes e comportamentos relacionados ao uso de internet/computador, e o que constitui um episódio de recaída completa. A recaída pode ser diferente para diferentes pessoas. Para uma, tocar numa tecla de computador pode ser uma recaída, mas para outra a recaída pode estar relacionada a jogar *videogames* ou acessar um *site* de internet.

Durante a semana final de tratamento, é importante que o paciente e as pessoas significativas para ele discutam com o conselheiro a importância ou a necessidade de um computador ou acesso à internet em casa. Embora os computadores tenham se tornado uma parte muito importante da vida cotidiana, o paciente é desafiado a distinguir entre querer e precisar usar o computador. A família e o empregador são exortados a dar um *feedback* de realidade para o paciente, uma vez que ele costuma racionalizar e justificar a necessidade de usar a internet ou o computador. Na nossa experiência, as famílias e os empregadores se esforçaram para fazer adaptações e ajudar o paciente em sua abstenção e recuperação. Alguns empregadores, por exemplo, usaram *softwares* de monitoramento ou limitaram o acesso de *e-mails* a *e-mails* internos para excluir completamente o acesso à internet do computador no trabalho. Se for determinado que o acesso ao computador não é necessário, recomenda-se à família que desconecte o computador antes da alta do paciente e remova todo o equipamento relacionado (i.e., *videogames*, equipamentos, computadores, *modems*). Isso é como retirar todas as bebidas alcoólicas de casa antes da alta do dependente de álcool. É importante dar ao paciente a oportunidade de processar sentimentos de pesar e perda em relação à retirada desses itens e do acesso à internet. Se for determinado que o computador ou o acesso à internet são necessários em casa (i.e., para uso da família ou dos filhos), é importante discutir e estabelecer medidas de segurança apropriadas e criar barreiras para o acesso à internet/computador. Recomenda-se que a família ponha senhas em todos os computadores ou os coloque em uma sala fechada à chave, à qual o paciente não terá acesso. É aconselhável que todas essas medidas sejam tomadas antes do retorno do paciente à casa.

No caso de adolescentes ou adultos que ainda estudam, pode ser muito difícil remover completamente o computador e o acesso à internet em casa, pois a escola frequentemente requer pesquisas na internet e tarefas feitas no computador. Entretanto, até professores universitários permitiram que alunos em recuperação da dependência de internet escrevessem à mão ou datilografassem em máquina de escrever os seus trabalhos. E a biblioteca continua sendo um grande recurso para pesquisas.

É possível para muitos dependentes reintegrar o uso de internet e do computador à sua vida. É importante começar a discutir o conceito de reintegração durante sessões com a família e o planejamento da prevenção de recaída, e continuar discutindo isso durante os grupos posteriores. Ao examinar os comportamentos problemáticos e identificar os gatilhos de recaída, o paciente e a família percebem qual seria o uso saudável para ele. Os pacientes podem identificar por que precisam, ou querem, usar a internet ou o computador (i.e., para mandar um *e-mail* para um velho amigo ou pesquisar *online*) e estabelecer um limite de tempo para essa atividade. Eles são incentivados a discutir esses planos com os membros da família, com o conselheiro e posteriormente, durante os grupos, para continuarem se responsabilizando por seu comportamento. Eles também podem processar seus sentimentos em relação a usar a internet e o computador e receber *feedback*.

Como em qualquer comportamento de dependência, a importância de manter um seguimento é crucial para o sucesso a longo prazo. Quando o tratamento primário se conclui, os grupos de manutenção são fortemente incentivados a fornecer um mecanismo de apoio mais prolongado para o cliente e sua rede pessoal de apoio. Esse cuidado continuado pode consistir em muitos componentes diferentes, incluindo, mas não limitado a, atendimento psiquiátrico, médico, religioso, financeiro, psicoterapêutico e EA. A exata combinação de modalidades deve ser planejada antes que tenha início o programa de atendimento continuado. Na semana final do tratamento, o cliente recebe a tarefa de criar um plano de recuperação posterior, com passos específicos que ele deve seguir para promover a sua recuperação. O conselheiro também organizará serviços de continuação do atendimento, sempre que possível com um provedor na área onde o paciente mora. Isso pode ser difícil, já que os serviços para dependência de internet são extremamente limitados. Com muita frequência, essas pessoas precisam viajar uma longa distância para encontrar alguém que possa oferecer ajuda profissional em sua recuperação. Se não houver na área nenhum conselheiro profissional especializado em dependência de internet ou transtornos do controle dos impulsos, os clientes são encaminhados a um centro de tratamento de dependência que siga a filosofia dos 12 passos e se disponha a atender à necessidade do indivíduo de aconselhamento e apoio constantes. Como em todas as formas de terapia, são indicadas revisões regulares do plano de tratamento, para determinar se as necessidades atuais estão sendo atendidas ou se surgiram novos problemas que precisam ser tratados.

## CONCLUSÕES

A cada dia, novos avanços na tecnologia nos estimulam a usar a internet e os computadores a fim de nos mantermos conectados. No mesmo momento em que nós, como sociedade, testemunhamos o desenvolvimento e impacto da dependência química, também começamos a compreender os problemas e danos causados pelo uso compulsivo e problemático de internet/computador.

Conforme aumentam o conhecimento e o entendimento do uso problemático de internet, também nos tornamos mais capazes de oferecer um tratamento efetivo para aqueles que desenvolvem dependência de internet. Está claro que, como profissionais, estamos apenas começando a entender e tratar os indivíduos com essa dependência, como estávamos, há algumas décadas, começando a entender a dependência química. As possibilidades de melhores opções de tratamento aumentam rapidamente com as descobertas da neurobiologia, farmacologia e psicoterapia. Por todas essas razões, a continuação das pesquisas sobre o uso patológico de internet e modalidades eficientes de tratamento é crucial no campo da saúde comportamental.

A possibilidade de buscar ajuda e ter acesso a provedores de tratamento continua aumentando com a maior atenção que tem sido dada à dependência de internet. Como profissionais, estamos enfrentando uma batalha árdua ao procurar informar pessoas, governos e sociedades, conscientizando-os dos perigos do uso compulsivo de internet/computador. Entretanto, essa batalha já começou e continuaremos lutando até todos os que buscam ajuda para esse problema encontrarem o auxílio de que precisam.

# REFERÊNCIAS

American Psychiatric Association. (2000). *Diagnostic and statistical manual of mental disorders* (4th ed., text rev.). Washington, DC: Author.

American Society of Addiction Medicine. (2001). *Patient placement criteria* (2nd ed., rev.). Retrieved from www.asam.org/

Block, J. J. (2008). Issues for *DSM- V*: Internet addiction. *American Journal of Psychiatry, 165,* 1-2.

Brunet, P., & Schmidt, L. (2008). Are shy adults really bolder online? It depends on the context. *CyberPsychology & Behavior, 11*(6), 707-709.

Emotions Anonymous Fellowship. (2007). *Emotions Anonymous* (Rev. ed.). St. Paul: EA International.

Fallows, D. (2005). How men and women use the Internet. *Pew Internet and American Life Project*. Retrieved April 28, 2009, from http://www.pewinternet.org/Reports/2005/

Ferraro, G., Caci, B., D'Amico, A., & Di Blasi. M. (2007). Internet addiction disorder: An Italian study. *CyberPsychology & Behavior, 10*(2), 170-175.

Greenfield, D. N. (1999). Virtual addiction test. Retrieved from http://www.virtual-addiction.com/pages/a_iat.htm

Ha, J., Kim, S., Bae, S., Bae, S., Kim, H., Sim, M., Lyoo, I., & Cho, S. (2007). Depression and Internet addiction in adolescents. *Psychopathology, 40,* 424-430.

Harris Interactive, Inc. (2005). $178 billion in employee productivity lost in the U.S. annually due to Internet misuse, reports Websense, Inc. Worldwide Internet Usage and Commerce 2004-2007. Retrieved from http://www.gss.co.uk/news/article/2105

Illinois Institute for Addiction Recovery. (2008). [Concerned person questionnaire, rev.]. Unpublished survey.

Khazaal, Y., Billieux, J., Thorens, G., Khan, R. Louati, Y., Scarlatti, E., et al. (2008). French validation of the Internet Addiction Test. *CyberPsychology & Behavior, 11*(6), 703-706.

Mottram, A., & Fleming, M. (2009). Extraversion, impulsivity, and online group membership as predictors of problematic Internet usage. *CyberPsychology & Behavior, 12*(3), 319-320.

Scherer, P. (2009). [Survey of individuals treated at the IIAR for Internet addiction]. Unpublished raw data.

Smahel, D., Blinka, L., & Ledabyl, O. (2008). Playing MMORPGs: Connections between addiction and identifying with a character. *CyberPsychology & Behavior, 11*(6), 715-718.

Shek, Tang, & Lo (2009). Evaluation of an Internet addiction treatment program for Chinese adolescents in Hong Kong. *Adolescence,* Summer 2009.

Widyanto, L., & McMurren, M. (2004). The psychometric properties of the Internet Addiction Test. *CyberPsychology & Behavior, 7*(4), 445-453.

Yalom, Irvin D. (1995). *The theory and practice of group psychotherapy* (4th ed.). New York: Basic Books.

Young, K. (2006). Internet addiction test. Center for Internet Addiction Recovery. Retrieved from http://www.netaddiction.com/

Young, K., & Rodgers, R. (1998). The relationship between depression and Internet addiction. *CyberPsychology & Behavior, 1,* 25-28.

Zhang, L., Amos, C., & McDowell, W. (2008). A comparative study of Internet addiction between the United States and China. *CyberPsychology & Behavior, 11*(6): 727-729.

# 13

# Rumo à prevenção da dependência adolescente de internet

JUNG-HYE KWON

A Dependência de Internet (DI) é um dos problemas de saúde pública mais sérios na Coreia. O desafio que a nação enfrenta é desenvolver estratégias eficazes para intervir e evitar a DI, especialmente com relação aos adolescentes, que vêm sendo expostos à internet desde seus primeiros anos. Embora existam muito poucos estudos sobre a prevenção da DI, essa questão precisa ser urgentemente discutida. Este capítulo apresenta as características clínicas da DI e dados sobre a prevalência da DI no adolescente, seguidos por modelos conceituais de DI e, finalmente, os esforços atuais de prevenção e suas futuras direções.

## DEPENDÊNCIA DE INTERNET EM ADOLESCENTES

As pesquisas iniciais utilizaram estudos de caso para identificar a dependência de internet (por exemplo, Black, Belsare e Schlosser, 1999; Griffiths, 2000; Leon e Rotunda, 2000; Song, Kim, Koo e Kwon, 2001; Young, 1996; Yu e Zhao, 2004). Apesar de não haver nenhum acordo quanto a uma definição de DI, as descrições de caso eram notavelmente semelhantes. Os indivíduos com DI relatavam uma necessidade compelidora de dedicar quantidades de tempo significativas a verificar seus *e-mails*, jogar, participar de salas de bate-papo virtuais ou navegar na *web*, mesmo que essas atividades causassem sérios problemas acadêmicos e/ou no trabalho, comprometessem a rotina diária e provocassem dificuldades nos relacionamentos familiares e interpessoais.

Os dependentes de internet são identificados por esses estudos anteriores como, em sua maioria, adultos e estudantes universitários. Recentemente, na medida em que a internet passou a ser uma parte integral do cotidiano dos adolescentes tanto por razões acadêmicas como recreativas, o seu uso excessivo passou a ser uma preocupação crescente para pais, profissionais de saúde mental, educadores e legisladores. As características clínicas da dependência adolescente são muito semelhantes às apresentadas pelos adultos. Segue-se o caso de um adolescente de 16 anos, aluno de ensino médio, que procurou aconselhamento virtual voluntariamente:

> Desde que me tornei dependente [de StarC], estudar perdeu a importância para mim e, naturalmente, minhas notas pioraram rapidamente. Embora meus amigos e família estejam preocupados, parece que eu não consigo me livrar dessa obsessão pelo jogo e continuo jogando a noite toda na maioria das noites... Mesmo quando durmo eu penso sobre o jogo e, às vezes, sonho que sou uma unidade de combate no jogo... Eu quero me livrar dessa obsessão, mas simplesmente não consigo (habitualmente fico no computador nove horas por dia e, em numerosas ocasiões, até 24 horas por dia...).
>
> Eu comecei a usar computadores na 7ª série e logo passei a jogar jogos de computador, em parte devido à pressão dos amigos, na época. No início, jogava de duas a três horas por dia, mas quando entrei no ensino médio ficava no computador de sete a oito horas por dia. Se eu não passasse no mínimo esse período de tempo jogando, não conseguia me concentrar nos meus estudos, porque a minha cabeça ficava cheia de cenas do jogo.

Esse fenômeno de uso excessivo foi chamado de transtorno de dependência de internet (Goldberg, 1996), uso patológico de internet (Young, 1998) e uso problemático de internet (Shapira et al., 2003), entre outros. Embora os casos clínicos realmente sugiram que existe uma dependência de internet, tem havido muita controvérsia e desacordo entre os pesquisadores sobre a natureza do construto. São muitas as tentativas de defini-lo e de estabelecer seus critérios diagnósticos (ver Tabela 13.1). Griffiths (1996) argumentou que muitos usuários excessivos não são dependentes de internet e propôs que são necessários seis sintomas característicos para definir um comportamento como funcionalmente dependente: saliência, modificação do humor, tolerância, abstinência, conflito e recaída. Um dos critérios mais comuns é o empregado por Young (1998), que modificou os critérios diagnósticos do *DSM-IV* para o jogo patológico, adaptando-os ao uso patológico de internet. Mais recentemente, Shapira e colaboradores (2003) conceitualizaram o uso problemático de internet como um transtorno do controle dos impulsos e propuseram critérios diagnóstico bastante amplos.

**TABELA 13.1**
Critérios diagnósticos propostos por pesquisadores para a dependência de internet

| Pesquisador diagnósticos | Terminologia | Conceito diagnóstico | Critérios |
|---|---|---|---|
| Goldberg (1996) | Transtorno de dependência de internet | Transtorno de uso de substâncias | Desejo persistente, tolerância, abstinência, consequências negativas |
| Young (1996) | Uso patológico de internet | Transtorno do controle dos impulsos | Preocupação; tentativas fracassadas de controlar; desejo persistente; tolerância; abstinência; ficar conectado mais tempo do que o pretendido; usar a internet como uma maneira de escapar de problemas; mentir para esconder o envolvimento com a internet; risco de perda de relacionamentos significativos, do emprego ou de uma oportunidade educacional ou profissional |
| Griffiths (1996) | Comportamento de dependência de internet | Transtorno de uso de substâncias | Saliência, modificação do humor, tolerância, abstinência, conflito, recaída |
| Shapira e colaboradores (2003) | Uso problemático de internet | Transtorno do controle dos impulsos | Preocupação, sofrimento ou prejuízo funcional clinicamente significativos |
| Ko e colaboradores (2005) | Dependência de internet | Transtorno do controle dos impulsos, dependência comportamental | Preocupação; fracasso recorrente em resistir ao impulso; uso de internet por mais tempo que o pretendido; tolerância; desejo persistente e/ou tentativas malsucedidas de diminuir o uso da internet; tempo excessivo conectado; esforço excessivo para obter acesso à internet; continua usando pesadamente mesmo sabendo que tem um problema físico ou psicológico persistente ou recorrente; prejuízo funcional |

Ko e colaboradores fizeram outra tentativa de formular um conjunto de critérios diagnósticos para a DI (Ko, Chen, Chen e Yen, 2005). Embora as definições e a terminologia da DI variem entre os pesquisadores, todas as variantes que a descrevem compartilham as quatro características seguintes:

1. uso compulsivo;
2. tolerância;
3. abstinência;
4. consequências negativas (Block, 2008).

O uso compulsivo de internet se refere à natureza incontrolável do tempo cada vez maior que a pessoa passa conectada. Isso geralmente é acompanhado pela perda do senso da passagem do tempo ou pela negligência de impulsos básicos ("Ele não sai do computador nem para tomar banho e comer", "Ele frequentemente fica no computador a noite toda", etc.). A tolerância se refere à necessidade de passar cada vez mais tempo na internet para obter o mesmo nível de emoção ou satisfação que a pessoa sentia antes (por exemplo, "Nos primeiros dias em que ela jogava no computador, precisava apenas de uma ou duas horas para ficar satisfeita. Agora, depois que começa, ela joga por mais de cinco ou seis horas"). A abstinência se refere aos sentimentos de raiva, tensão, irritabilidade e/ou depressão quando o computador está inacessível. Longe do computador, alguns indivíduos tamborilam os dedos como se estivessem teclando, e ficam matutando sobre coisas que fizeram na internet. As consequências negativas incluem alienação ou brigas com a família e os amigos, negligência do trabalho ou de obrigações pessoais, desempenho insatisfatório, redução da atividade física, fadiga e problemas de saúde.

Vale a pena destacar uma abordagem recente que vê os problemas de dependência de uma perspectiva sindrômica (Shaffer et al., 2004). Shaffer e colaboradores propuseram que cada transtorno de dependência externamente diferente dos outros, tal como dependência de álcool ou jogo patológico, deveria ser concebido como uma expressão distinta de uma síndrome de dependência subjacente. Com essa conceitualização mais ampla, a DI pode ser compreendida como uma nova expressão da síndrome de dependência, compartilhando manifestações (por exemplo, tolerância e abstinência) e sequelas com outros transtornos de dependência. Nesse estágio inicial da pesquisa sobre a DI, não parece possível testar se ela é verdadeiramente uma expressão da síndrome de dependência. Entretanto, essa conceitualização nos dá uma perspectiva útil para compreender o fenômeno da DI e chegar ao tratamento e prevenção do problema. Por exemplo, o elevado índice de comorbidade observado em indivíduos com DI é frequentemente salientado como uma comprovação de que esse não é um transtorno distinto (Black, Belsare e Schlosser, 1999). Essa característica geralmente é observada tanto nas dependências químicas quanto nas comportamentais (Kessler et al., 1996).

Também foi relatado que a DI é resistente ao tratamento e tem índices elevados de recaída (Block, 2008). Os elevados índices de recaída da dependência de álcool e drogas estão bem documentados. Por exemplo, de 80 a 90% dos indivíduos que entram em recuperação recaem durante o primeiro ano após o tratamento (Marlatt, Baer, Donovan e Kivlahan, 1988).

Da perspectiva sindrômica, os tratamentos mais eficazes são as abordagens multimodais que incluem tratamentos específicos e gerais. De fato, foi demonstrado que a intervenção preventiva de múltiplos componentes é muito eficaz para a prevenção do uso do cigarro (Botvin e Eng, 1982), o que pode ter implicações diretas na busca de um tratamento e prevenção para a dependência de internet.

## Prevalência da dependência de internet na adolescência

Esta seção apresenta, brevemente, achados do levantamento nacional coreano baseado na Korean-Internet Addiction Scale (K-IA) (Kim, Park, Kim e Lee, 2002) e examina a prevalência da DI em adolescentes. Em 2008, o levantamento investigou 5.500 pessoas (2.683 jovens de 9 a 19 anos e 2.817 adultos de 20 a 39 anos), usando um método de amostragem estratificada. A Korean-Internet Addiction Scale – Adolescent (K-IA-A), composta por 40 itens avaliados de acordo com uma escala Likert de quatro pontos, tem sete subescalas: perturbação do funcionamento adaptativo (nove itens), perturbação do teste de realidade (três itens), expectativa positiva em relação à internet (seis itens), abstinência (seis itens), relacionamentos interpessoais virtuais (cinco itens), comportamentos desviantes (seis itens) e tolerância (cinco itens). O levantamento identificou adolescentes em alto risco como aqueles com um escore total > 94 ou com os seguintes escores nessas três subescalas: perturbação do funcionamento adaptativo > 21, abstinência > 16 e tolerância > 15. O levantamento também identificou adolescentes em risco de DI (escore total > 82 ou perturbação do funcionamento adaptativo > 18, abstinência > 14 e tolerância > 13).

A porcentagem de adolescentes em alto risco foi de 2,3%, comparada a 1,3% para os adultos. Os adolescentes em risco foram estimados em 12,0% comparados a 5,0% dos adultos (Korean Agency for Digital Opportunity and Promotion, 2008). Ver Figura 13.1. Quando o índice de prevalência (alto risco e risco combinados) foi examinado de acordo com a idade, ele foi mais alto entre os 16 e 19 anos (15,9%). O grupo com o próximo índice mais elevado

**Prevalência de dependência de internet por idade**

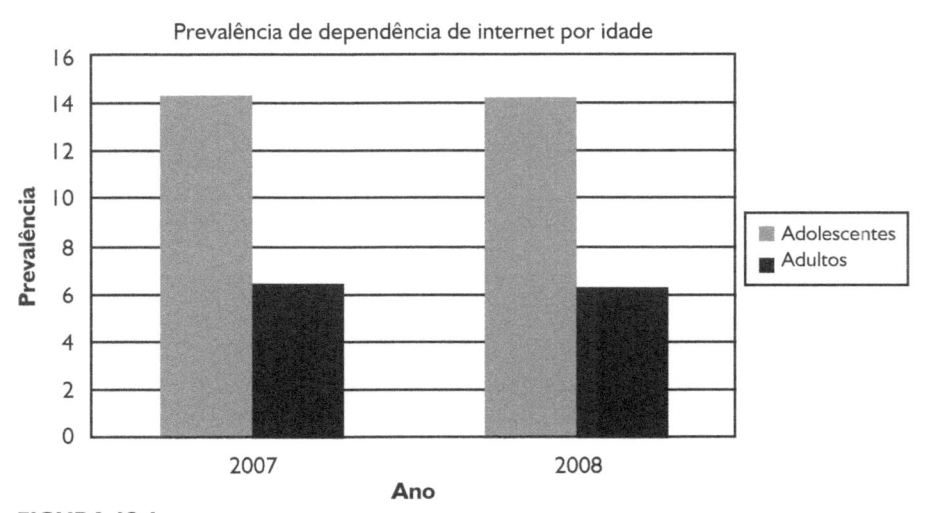

**FIGURA 13.1**
Porcentagens de dependência de internet em adultos e adolescentes.

foi o de 13 a 15 anos (15,0%) e o grupo com o índice mais baixo foi o de 35 a 39 anos (4,8%). Houve uma diferença de gênero nas porcentagens de adolescentes em alto risco e em risco. O levantamento calculou que 3,3% dos meninos e 1,1% das meninas estavam na categoria de alto risco e 13,6% dos meninos e 10,4% das meninas estavam na categoria de risco. A porcentagem combinada de adolescentes em alto risco e em risco em famílias com pai e mãe foi de 13,9%, enquanto a porcentagem correspondente em famílias com um único progenitor foi de 22,3%.

A pesquisa investigou qual era a atividade na internet mais procurada pelos indivíduos em alto risco, por aqueles em risco e pelos normais. A frequência da atividade de busca de informações foi semelhante entre os grupos de alto risco (68,8%), em risco (75,7%) e normal (79,8%). Todavia, a frequência do jogar diferia muito entre os grupos de alto risco (61,5%), de risco (64,5%) e normal (45,3%). Esse achado indicou que os indivíduos que usavam a internet para jogar corriam maior risco de desenvolver dependência de internet. Quando as principais atividades de adolescentes e adultos foram consideradas separadamente, os resultados mostraram que os adolescentes em alto risco participavam de jogos (53,5%) com frequência muito maior do que os adolescentes normais (28,0%). Em contraste, as atividades dos adultos em alto risco incluíam filmes, música e passatempos (58,8%) mais frequentemente do que as dos adultos normais (28,5%). Ver Figura 13.2.

**Principais atividades na internet**

| Atividade | |
|---|---|
| Busca de informações | |
| Jogos | |
| Mensagens/bate-papo | |
| E-mail | |
| Compras online | |
| Download de conteúdos | |
| Aprendizagem | |
| Gerenciamento da home page | |
| Atividades na comunidade | |

Legenda: Adolescentes / Adultos

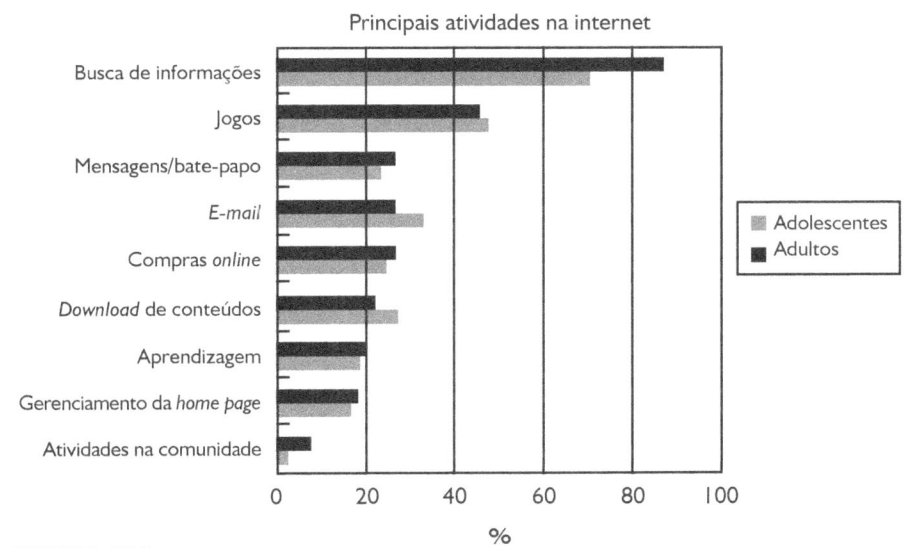

**FIGURA 13.2**
Principais atividades na internet.

## Características dos adolescentes de alto risco

Vários estudos examinaram os traços de personalidade dos indivíduos que foram considerados dependentes de internet, a maioria usando amostras de estudantes universitários ou adultos. Os achados dos estudos anteriores parecem sugerir que alguns traços específicos de personalidade podem predispor as pessoas a desenvolver DI. Foram identificadas algumas características frequentemente associadas à DI: humor deprimido, impulsividade, busca de sensações, baixa autoestima, timidez e capacidade de atenção reduzida (Ha et al., 2006; Kim et al., 2006; Lee e Kwon, 2000; Lin e Tsai, 2002; Ryu, Choi, Seo e Nam, 2004). Também devemos destacar que a comorbidade psiquiátrica é comum, particularmente transtornos de humor e de ansiedade, transtorno de déficit de atenção/hiperatividade (TDAH) e transtornos de uso de substâncias (Black, Belsare e Schlosser, 1999; Ha et al., 2006; Ko, Yen, Chen, Chen e Yen, 2008).

A depressão é um dos fatores de vulnerabilidade consistentemente confirmados em estudos prévios. Kraut e colaboradores (1998), usando uma amostra de adultos da comunidade, demonstraram que o uso excessivo de internet levava à depressão mesmo quando controlados escores prévios de depressão. Tais indivíduos tendem a se afastar de relacionamentos interpessoais, se comunicam pouco com os membros da família e se sentem solitários (Kraut et al., 1998). Kwon (2005) examinou mudanças temporais na dependência de jogos e relatou variáveis usando um planejamento prospectivo. O estudo avaliou duas vezes um total de 1.279 alunos nos últimos anos do nível fundamental, com um período de cinco meses entre as avaliações, medindo a dependência de jogos, tendência a escapar do *self*, afeto negativo, relacionamento com os pares, relacionamento com os pais, além de outras variáveis. A análise de regressão múltipla mostrou que a primeira avaliação da dependência de jogos, tendência a escapar do *self* e afeto negativo predizia a dependência de jogos na internet vários meses mais tarde. Nenhuma das variáveis de relacionamento da primeira avaliação predizia a dependência de jogos *online* na segunda avaliação.

Embora estudos anteriores tenham lançado alguma luz sobre as características dos adolescentes de alto risco, eles devem ser interpretados com cautela devido à fragilidade metodológica comum: pequeno tamanho da amostra, falta de critérios de dependência validados e uso de escores de corte baixos. Uma vez que a maioria dos estudos tem um método transversal, também fica difícil determinar se essas características são os fatores de risco ou as consequências negativas do uso excessivo de internet. Realmente são necessários mais dados empíricos para ajudar a identificar adolescentes em alto risco.

## O MODELO CONCEITUAL DE DEPENDÊNCIA DE INTERNET

Uma prevenção efetiva requer um modelo conceitual que conecte fatores de risco, processos de mediação e comportamentos desadaptativos. A maior parte das pesquisas sobre DI parece carecer de uma base teórica, apesar do número de estudos realizados no campo. Davis (2001) propôs um modelo da etiologia da DI* usando a abordagem cognitivo-comportamental. A principal suposição do modelo era que a DI resultava de cognições problemáticas associadas a comportamentos que mantêm respostas desadaptativas. Este capítulo revisa a abordagem cognitivo-comportamental e também considera brevemente um outro modelo de DI, baseado na teoria de Baumeister (1990) do escape do *self* (Kwon, Chung e Lee, 2009).

### Modelo cognitivo-comportamental

A partir de um modelo de diátese-estresse, Davis (2001) propôs que a causa distal de DI era a psicopatologia subjacente (por exemplo, depressão,

---

* N. de R.T.: Davis (2001) usou o termo *uso patológico de internet* (UPI), mas aqui o UPI é referido como DI, para manter uma terminologia consistente.

ansiedade social, dependência de substâncias) e o estressor era a introdução de internet, sugerindo que apenas a psicopatologia subjacente não resultava em sintomas de DI, mas era um elemento necessário em sua etiologia. Segundo ele, um fator-chave no uso de internet e das novas tecnologias associadas é o reforço que a pessoa recebe com isso. Ele também sugeriu que alguns estímulos, como o som de um computador se conectando com um serviço *online* ou a sensação tátil de digitar em um teclado, poderiam resultar em uma resposta condicionada. Esses reforços secundários poderiam funcionar como estímulos situacionais que contribuem para o desenvolvimento e manutenção de DI. Parece razoável supor que a presença de alguma psicopatologia coloca a pessoa em um risco maior de desenvolver DI. Entretanto, mais pesquisas são necessárias para identificar a psicopatologia associada a essa dependência. Ko e colaboradores (2008) demonstraram que a fobia social não predizia a DI, depois de controlados transtornos depressivos e o TDAH adulto. Além disso, para fazer avançar esse modelo, a causa distal da DI precisa ser expandida para incluir antecedentes neurobiológicos e psicossociais.

Davis (2001) acreditava que o fator mais central do modelo cognitivo-comportamental de DI era a presença de cognições desadaptativas, e as classificou em dois subtipos – pensamentos sobre o *self* e pensamentos sobre o mundo – que via como causas proximais suficientes para a DI. Ele também supunha que distorções cognitivas como ruminação, dúvidas sobre si mesmo, baixa autoeficácia e autoavaliação negativa contribuíam para, intensificavam ou mantinham a DI.

Embora muitos aspectos importantes do modelo cognitivo-comportamental proposto por Davis ainda não tenham sido testados, ele parece fornecer uma estrutura útil para a criação de programas de intervenção e prevenção da dependência de internet. Segundo Davis, a reestruturação cognitiva é um componente terapêutico essencial desses programas. O componente comportamental da terapia cognitivo-comportamental (TCC) para a DI deve incluir a manutenção de um registro do uso de internet, exercícios de escuta de pensamentos e terapia de exposição (Davis, 2001).

## A teoria do escape do *self*

Como outros problemas de dependência, a DI pode ser colocada em algum ponto do contínuo dos comportamentos autodestrutivos e, assim, ser compreendida como uma tentativa de eliminar a autoalienação e o concomitante estado de humor negativo. É comum a suposição de que a internet serve ao propósito de escapar de dificuldades da vida real (Armstrong, Phillips e Saling, 2000; Young, 1998). Entretanto, a hipótese do escape não foi elaborada nem testada empiricamente. Kwon, Chung e Lee (2009) tentaram compreender o processo do escape usando o a teoria de Baumeister do escape do *self* (1990).

Os passos que, segundo Baumeister, provavelmente estão envolvidos em escapar do *self* são os seguintes. Primeiro, o indivíduo se depara com uma realidade que não satisfaz suas grandes expectativas, tal como fracassos, obstáculos ou outros resultados decepcionantes. Quando as dificuldades correntes são atribuídas ao *self*, o indivíduo se percebe intensamente como inadequado, incompetente, não atraente ou culpado. Segundo, um afeto negativo, tal como depressão, ansiedade ou culpa suicida, tem origem na comparação desfavorável do *self* com os padrões pessoais. Terceiro, a pessoa responde a esse estado desconfortável tentando escapar de pensamentos significativos e entrar em um estado relativamente amortecido de desconstrução cognitiva. O termo *desconstrução cognitiva* é definido como um estado mental caracterizado pela perspectiva temporal orientada para o presente, negação do futuro, ausência de objetivos distais e pensamento muito concreto. Finalmente, as consequências desse estado mental desconstruído podem contribuir para uma maior propensão a tentar o suicídio. Em outras palavras, o suicídio surge como uma progressão do desejo da pessoa de escapar da consciência significativa dos atuais problemas de vida e suas implicações em relação ao *self*.

Estudos anteriores demonstraram que uma tendência a escapar do *self* poderia ser um fator importante responsável por uma grande variedade de problemas comportamentais entre os adolescentes, tais como *huffing* (o uso de inalantes), consumo de álcool, fuga de casa e suicídio impulsivo (Lee, 2000; Shin, 1992). Como outros problemas de dependência, a DI pode ser vista como fazendo parte de comportamentos autodestrutivos em um sentido amplo. Kwon, Chung e Lee (2009) demonstraram a validade da teoria de Baumeister com relação à DI. Eles construíram e testaram um modelo de trajetória, conforme ilustrado na Figura 13.3, usando uma modelagem de equação estrutural (MEE) para as variáveis observadas. Os índices de adequação do modelo foram bons, e todos os coeficientes de trajetória foram significativos, apoiando a sua validade.

Esse achado significa que tentar escapar do *self* poderia ser um processo que conduziria à DI. Quando as pessoas sentem uma discrepância entre o *self*

Discrepância entre *self* à real-ideal → 0,45 (p < 0,001) → Humor negativo → Escape do *self* → Dependência de internet

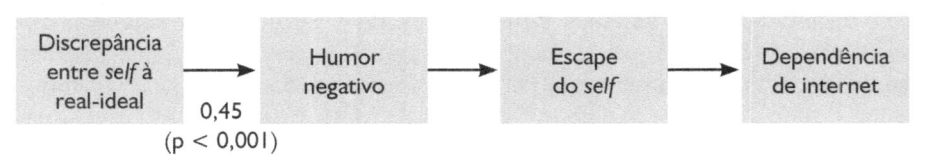

**FIGURA 13.3**
O modelo de dependência de internet do escape do *self*.

real/ideal, avaliam-se como incompetentes, sem valor e inadequadas. Como resultado, sentem-se deprimidas, ansiosas ou derrotadas. Nesse momento, elas podem escolher entre lutar para resolver o problema ou tentar escapar da realidade dolorosa. Quando a internet é adotada como uma maneira de escapar de si mesmo e é repetidamente visitada, o falso senso de poder, realização e conexão transmitido pelas atividades na internet se aprofunda e a pessoa passa a usá-la cada vez mais. Reconhecemos que o modelo de escape do *self* apresenta apenas uma possível trajetória conduzindo à DI, mas os presentes achados tem implicações importantes para o seu tratamento e prevenção, tanto em adultos como em adolescentes. As implicações para os adolescentes: primeiro, os que apresentam autoavaliação negativa e humor negativo podem ser suscetíveis à DI, especialmente quando os pais focam apenas o sucesso acadêmico e não supervisionam adequadamente; segundo, os programas de intervenção devem ter como alvo não apenas mudanças no uso de internet, mas também mudanças na tendência comportamental e cognitiva do adolescente de escapar do *self*; finalmente, implementar programas destinados a melhorar as habilidades de solução de problemas e manejo dos adolescentes pode ser um caminho promissor para uma prevenção efetiva.

## PREVENÇÃO: O PRESENTE E O FUTURO

Utilizando dados de 2008, o governo coreano estima que aproximadamente 168 mil adolescentes (2,3% dos jovens de 9 a 19 anos) sofrem de DI e requerem tratamento. Levantamentos de vários outros países também mostram que esse se tornou um problema de saúde mental crescente entre os adolescentes (Johansson e Götestam, 2004; Liu e Potenza, 2007; Siomos, Dafouli, Braimiotis, Mouzas e Angelopoulos, 2008). Até o momento, muitos terapeutas que trabalham nesse campo vêm lutando para encontrar maneiras de tratar efetivamente essa dependência. Essa grande ênfase no tratamento parece muito razoável, mas há uma necessidade urgente de dar prioridade à criação de programas de prevenção. Em primeiro lugar, a maioria das tentativas de tratar a DI só tem tido sucesso parcial. O primeiro estágio, motivar os adolescentes com DI a buscar tratamento, é muito difícil de atingir, pois eles tendem a negar seus problemas. A menos que sejam encaminhados pelos pais ou professores, raramente buscam ajuda profissional por conta própria ou compareçam às consultas. Em segundo lugar, devido à prevalência desse problema, mesmo o melhor programa terapêutico só pode atender a uma pequena fração dos dependentes. Observamos que o número de pessoas que precisam de atendimento continua crescendo, enquanto os recursos para fornecer tais serviços não foram ampliados. Em terceiro lugar, depois que DI evolui para uma forma mais grave, ela não só é mais resistente ao tratamento como também apresenta um índice muito elevado de recaída. Para piorar as coisas, os indivíduos que entram em recuperação da DI continuam expostos à internet o tempo todo, em todo lugar. Manter os ganhos terapêuticos é um enorme desafio para eles. A prevenção, portanto, é uma opção importante para resolver esse problema.

Por essas razões, parece haver um consenso de que a prevenção é a abordagem de escolha para lidar com o uso excessivo de internet. Terapeutas, educadores e legisladores parecem concordar que as estratégias de tratamento precisam ser complementadas com estratégias preventivas dirigidas aos fatores de risco, para evitar que a dependência evolua para uma forma debilitante. Embora a crescente necessidade de prevenção seja inquestionável, ainda não se chegou a um acordo sobre quando, como e a quem dirigir os esforços de prevenção.

## As abordagens atuais de prevenção

Alguns estudos esclareceram o perigo que o uso excessivo de internet pode trazer para os estudantes como um grupo populacional (Widyanto e Griffiths, 2006; Yang, 2001). Essa população é considerada vulnerável e em risco dada a acessibilidade de internet e a flexibilidade de seus horários. Qualquer profissional que tenha trabalhado com DI grave defende veementemente a identificação precoce e a prevenção. Dada essa necessidade urgente, a abordagem mais simples e fácil, a abordagem educativa baseada no conhecimento, tem sido a preferida e está sendo posta em prática, com um sucesso parcial na redução da prevalência da DI. Entretanto, seus efeitos no longo prazo ainda precisam ser documentados, assim como precisa ser mais bem definido o que os programas de prevenção devem ter como alvo e os métodos e práticas mais modernos e avançados para alcançarmos esses resultados.

## Fornecendo conhecimento e informação

As atuais abordagens de prevenção da DI se baseiam na transmissão de informações factuais referentes às consequências adversas do uso excessivo de internet. Como um passo básico para promover a prevenção, os educadores convidam especialistas para falar aos estudantes, informando-os com fatos sobre a DI e conselhos sobre como controlar o uso de internet. Essa abordagem educacional baseada no conhecimento parte da suposição de que os jovens se tornam dependentes de internet porque não conhecem suas consequências negativas. Essa abordagem tinha um certo apelo intuitivo e lógico, especialmente na época em que a DI era um fenômeno novo. Mas simplesmente informar sobre as consequências extremamente negativas do uso excessivo de internet, em si mesmo, tem pouco valor como estratégia de prevenção.

Isso não significa que a informação e o conhecimento não desempenhem um papel importante na prevenção da DI. Pelo contrário, algum conhecimento pode ser um componente útil dos programas de prevenção. Por exemplo, a maioria dos jovens costuma subestimar seu nível de dependência de internet e normalizá-lo como uma indulgência temporária, algo que podem deixar de lado quando quiserem. Algumas informações com exemplos reais e detalhes vívidos atraem a atenção dos adolescentes e ajudam a corrigir percepções inadequadas e mitos sobre a DI. É importante que a informação e o conhecimento incluídos nos programas de prevenção sejam selecionados para atender especificamente às necessidades dessa população-alvo. O veículo de transmissão das informações também é crucial. A geração mais jovem presta maior atenção e responde melhor quando as novas informações são transmitidas em mídia audiovisual atualizada do que em *slides* de PowerPoint mais antigos.

## Identificação de adolescentes de alto risco

O índice de DI entre os adolescentes (de 9 a 16 anos) é duas vezes maior que o dos adultos (acima de 16 anos). Há muitas razões para os adolescentes serem mais suscetíveis à DI. Em primeiro lugar, e extremamente importante, eles não possuem as capacidades cognitivas e emocionais necessárias para se controlarem. É provável que o córtex frontal e outros sistemas neurobiológicos responsáveis pelo controle executivo e pela regulação emocional não estejam totalmente desenvolvidos. Precisamos de mais pesquisas nessa área para determinar a base neurobiológica da DI. Em segundo lugar, os adolescentes se envolvem mais em jogos *online* do que qualquer outro grupo etário. O jogo pela internet pode ser muito reforçador para eles, devido à sua interatividade e ao senso de pertencimento, competência e poder que fornecem. Jogar virtualmente também é reforçador por seu valor inerente de estimulação e divertimento.

Os que usam a internet para jogar correm maior risco de desenvolver DI, conforme demonstrado por achados de pesquisas. Na verdade, o índice do jogar diferia muito entre os adolescentes de alto risco (61,5%), possível risco (64,5%) e normais (45,3%). Esse achado foi mais pronunciado entre adolescentes que entre adultos. O grupo adolescente de alto risco jogava duas vezes mais que o normal (53,5 *versus* 28,0%). Outro fator que pode induzir os adolescentes coreanos e de outros países asiáticos a utilizar a internet é o estresse criado pela grande pressão acadêmica. Um dia escolar típico desses adolescentes se limita principalmente a atividades acadêmicas, sem muitas atividades extracurriculares, uma vez que os exames vestibulares são extremamente competitivos. A internet, portanto, é uma válvula de escape importante para um adolescente estressado pela pressão acadêmica.

Por essas razões, eles são o principal grupo-alvo dos esforços de prevenção. Infelizmente, existem muito poucos estudos longitudinais para ajudar a identificar adolescentes de alto risco. Atualmente, como um método rápido para identificá-los, é administrado aos estudantes no início do ano acadêmico um questionário avaliando a DI, e aqueles que recebem escores elevados são encaminhados para aconselhamento ou monitorados pelos professores. Embora seja muito provável que um adolescente com um escore elevado nessa medida desenvolva DI, essa abordagem apresenta algumas deficiências. Primeiro, alguns adolescentes não querem revelar o fato de que usam a internet excessivamente e não respondem honestamente ao questionário. Assim, confiar demais em medidas de autorrelato pode nos impedir de identificar os usuários compulsivos que "fingem bem". Segundo, precisamos tratar da questão básica de quem são os adolescentes de alto risco. Um grupo de alto risco, no seu verdadeiro sentido, consiste naqueles que talvez ainda não mostrem problemas de comportamento, mas que provavelmente os desenvolverão mais tarde. O método atual, administrar um questionário avaliando a DI, é limitado em sua capacidade de identificar esses adolescentes de grande risco, a menos que eles apresentem alguma forma precoce de um ou mais comportamentos disfuncionais. Precisamos de mais dados empíricos que indiquem quem são realmente os adolescentes de alto risco. Por exemplo, existem dados mostrando que a prevalência da DI entre os filhos de famílias de progenitor único é mais alta que para os filhos de famílias com pai e mãe. Ainda não está claro se crescer em uma família de progenitor único constitui um fator de risco ou se o fator de risco é a falta de supervisão parental associada a isso.

## Programas de prevenção

As atuais abordagens de prevenção incluem uma mistura de estratégias comportamentais e cognitivas destinadas a modificar os padrões de uso de internet e aumentar o autocontrole. Frequentemente se utiliza um programa de grupo cognitivo-comportamental para reduzir o uso pesado e compulsivo de internet. Um exemplo é o *Self-Management Training* (SMT, Treinamento de Autogerenciamento) desenvolvido por Kwon e Kwon (2002).

Os principais objetivos do programa de SMT são os seguintes:

1. fornecer aos jovens informações precisas sobre a prevalência da DI, seu padrão de progresso e fatores relacionados;

2. incentivá-los a automonitorar o uso de internet e identificar antecedentes ambientais e psicológicos que os levam a ficarem na internet por um período de tempo mais longo que o pretendido;
3. promover mudanças de comportamentos relacionados à internet, como estabelecer regras para o uso, reduzir gradualmente o tempo na internet, planejar outras atividades antecipadamente, e obter apoio de outras pessoas;
4. ensinar os jovens a lidar com o estresse e aumentar outras atividades prazerosas ou de proficiência.

O programa consiste em seis sessões semanais de 90 minutos, com grupos de sete a nove estudantes. Esse programa psicoeducacional enfatiza mais as mudanças comportamentais autodirigidas com relação ao uso de internet que o desenvolvimento de competência pessoal e social. Para examinar a sua eficácia foi realizado um experimento randomizado de controle, e foram feitas avaliações pré-programa, pós-programa e num seguimento após três meses. O programa SMT se revelou efetivo para reduzir o tempo na internet e para aumentar o autocontrole, mas menos efetivo para diminuir a gravidade da dependência de internet. Lee (2000) criou um programa semelhante, mas melhorado, que incluía treinamentos dos pais e reestruturação cognitiva. Esse *Game-Control Program* (GCP, programa de controle de jogos), de nove sessões, foi considerado efetivo para reduzir tanto o tempo passado *online* quanto a gravidade da dependência (ver Tabela 13.2).

Com base nesses programas, agora são amplamente usadas estratégias preventivas com técnicas cognitivo-comportamentais. A Korean Agency for Digital Opportunity and Promotion (KADO) publicou um pequeno manual para os professores sobre a prevenção da DI. A abordagem DREAM é a seguinte: (1) na primeira etapa, avalia-se o perigo (Danger), os comportamentos problemáticos de internet e o ajustamento escolar. (2) Na próxima etapa, de *Retorno*, os estudantes são incentivados a retornar ao uso normal de internet. Para facilitar isso, os professores ajudam os alunos a avaliar os benefícios e custos do uso excessivo de internet e os incentivam a mudar. (3) Na etapa de avaliação (*Evaluation*), os alunos recebem uma avaliação sistemática de fatores psicossociais como humor, autoestima, relacionamentos interpessoais e ambiente familiar. (4) Na etapa da *Apreciação*, as forças e os recursos dos alunos são apreciados e utilizados para facilitar mudanças comportamentais autodirigidas. (5) Na etapa final, do *Milagre*, os estudantes põem em prática ações concretas para alcançar seus objetivos de curto e longo prazo. Eles são estimulados a perceber até mesmo uma pequena mudança como um milagre. A eficácia dessa abordagem ainda não foi examinada. Também são empregadas outras técnicas, como férias de internet e acampamentos de fim de semana, mas ainda não temos dados empíricos sobre sua eficácia.

**TABELA 13.2**
Resumo das sessões de tratamento do *game-control program*

| Sessão | Objetivos e conteúdo |
|---|---|
| Sessões 1-2 | Fornecer orientação e ensinar o automonitoramento.<br>– Apresentar uma descrição completa do programa.<br>– Explorar os efeitos a curto e longo prazo do uso pesado de internet.<br>– Ensinar a manter registros diários do uso de internet.<br>– Escrever um autocontrato limitando o uso de internet. |
| Sessão 1 com os pais | Fornecer informações sobre a dependência de internet.<br>Ensinar a lidar com o uso que os filhos fazem da internet. |
| Sessões 3-5 | Incentivar o registro diário e ensinar o gerenciamento do tempo.<br>– Identificar antecedentes de ficar conectado mais tempo que o pretendido.<br>– Determinar autorrecompensas por ficar conectado conforme o planejado.<br>– Buscar atividades prazerosas alternativas.<br>– Identificar pensamentos negativos e ensinar como modificá-los.<br>– Classificar os erros cognitivos.<br>– Trocar pensamentos autoderrotistas por pensamentos de autovalor.<br>– Incentivar o estabelecimento de metas de longo prazo e definir os passos para alcançá-las.<br>– Compartilhar com os outros participantes os sonhos e projetos de vida.<br>– Discutir como melhorar a autoimagem. |
| Sessões 6-7 | Identificar estressores importantes e ensinar técnicas de manejo.<br>– Compreender a relação entre estresse e uso de internet.<br>– Demonstrar e praticar técnicas de relaxamento.<br>– Ensinar estratégias ativas de manejo.<br>– Resolver conflitos interpessoais.<br>– Ensinar habilidades de comunicação.<br>– Ensinar como iniciar e manter contatos sociais.<br>– Ensinar como ser assertivo. |
| Sessões 8-9 | Revisar e consolidar o que foi alcançado por meio do programa.<br>Preparar para futuros desafios. |
| Sessão 2 com os pais | Discutir o que mudou e o que ainda precisa ser mudado.<br>Desenvolver estratégias para lidar com os problemas remanescentes. |

## Implementação

Conforme dissemos anteriormente, a abordagem de prevenção típica em escolas inclui uma apresentação, de uma a duas horas, para toda a escola, com o objetivo de aumentar o conhecimento sobre o assunto, combinada com uma breve intervenção de 10 a 12 sessões para os adolescentes de alto risco. Como programa de prevenção, essas práticas escolares atuais estão longe do ideal em escopo, intensidade e duração. Muitas realidades ambientais nas escolas limitam as possibilidades de uso de um programa completo que transmita informações importantes, ensine habilidades e atitudes positivas e se concentre na promoção do uso saudável de internet e no bem-estar. Para os alunos que pretendem entrar em universidades competitivas, as escolas coreanas tem como prioridade o desenvolvimento da competência acadêmica. Portanto, os programas que promovem competências pessoais e sociais recebem apenas uma atenção superficial dos estudantes, pais, professores e administradores escolares. Naturalmente, os estudantes não ficam muito entusiasmados com a ideia de ficar mais tempo na escola para participar de programas adicionais. Além disso, os professores não têm apoio adequado quando tentam implementar programas de prevenção. Dado o *Zeitgeist* orientado para a realização e o desempenho, frequentemente é dito que não há tempo suficiente no dia e no ano escolar para acomodar programas de prevenção mais longos e amplos. Então, sem o apoio dos sistemas, os programas completos têm pouca chance de ser integrados ao currículo escolar atual.

## Financiamento e apoio do governo

Em um país onde há escassez de recursos para a saúde mental, o grande desafio na prevenção é assegurar financiamento e outros recursos. O governo coreano está profundamente ciente dos pesados custos humanos e sociais da DI, especialmente para os adolescentes, a população mais vulnerável. Até agora, o financiamento governamental foi destinado ao estabelecimento de centros de aconselhamento e treinamento de conselheiros para atender à grande demanda de intervenções para a DI. Depois da criação da primeira clínica (o Center for Internet Addiction Prevention and Counseling [IAPC]) especializada em tratamento de DI, em 2002, mais de 80 centros filiados começaram a oferecer tratamento para jovens com essa dependência. Desde 2002, o IAPC oferece um programa de treinamento em aconselhamento para professores, conselheiros e outros profissionais de saúde mental. O programa consiste em cursos de 40 horas que esclarecem o que é a DI, ensinam técnicas de estabelecimento de *rapport* para uso com adolescentes e outras técnicas relevantes de aconselhamento, principalmente cognitivo-comportamentais.

Cerca de mil conselheiros realizaram os cursos e receberam um certificado de conselheiros em DI. Esses centros e conselheiros financiados pelo governo podem ter um papel essencial na implementação de programas preventivos e de intervenção. Entretanto, para desenvolver uma base científica sólida para futuros programas de prevenção, são necessários mais fundos para as pesquisas, de modo a melhorar a qualidade dos programas de prevenção da DI e estimular a sua investigação.

## FUTURAS DIREÇÕES EM PREVENÇÃO

Em resposta à urgente necessidade de reduzir o alto índice de DI entre os adolescentes, foram apressadamente planejadas e administradas intervenções preventivas na Coreia, em pequena escala. Os atuais programas de prevenção, em sua maioria, são limitados, visando principalmente àqueles adolescentes que já apresentam algumas características de DI. Seu objetivo é fornecer informações e conhecimento, incentivar o automonitoramento do uso de internet, facilitar mudanças comportamentais e aumentar o autocontrole. Esses programas preventivos demonstraram alguns efeitos a curto prazo, mas não houve estudos de campo sistemáticos, controlados e longitudinais para avaliar os efeitos no longo prazo. Os difíceis passos iniciais rumo à prevenção da DI já estão sendo dados, mas há pela frente um longo caminho até serem desenvolvidos programas de prevenção efetivos. Também é preciso considerar seriamente leis que proíbam as crianças de usar a internet por longas horas. Esta seção discute algumas considerações para orientar o desenvolvimento e a implementação de programas de prevenção.

### Prevenção de processos causais fundamentais

Os atuais programas de prevenção têm como alvo os adolescentes de alto risco que passam mais de três a quatro horas na internet, diariamente. O principal objetivo dessa intervenção, portanto, é a redução do tempo de conexão e o desenvolvimento de atividades de lazer alternativas. Esses programas usam técnicas comportamentais e cognitivas para modificar a contingência do uso de internet, corrigir percepções distorcidas e expectativas exageradas, e incentivar outras atividades extracurriculares. Dada a brevidade das intervenções preventivas, essas estratégias têm alvos adequados e produzem benefícios de curto prazo. Mas não devemos pensar que são suficientes para reduzir a DI, uma vez que tratam apenas de fatores de risco proximais e específicos de internet. Todos os problemas de dependência têm um índice elevado de recaída, e a DI não é exceção. Para ter um impacto duradouro e evitar a recaída, os programas de prevenção da DI precisam tratar processos causais fundamentais. A conceitualização sindrômica da dependência sugere que um tratamento efetivo precisa tratar vulnerabilidades gerais. Pesquisas anteriores sobre programas de prevenção em escolas também sugerem que um programa completo, que lide com vulnerabilidades gerais, tem maior potencial que uma intervenção descontínua, *ad hoc* e breve (Weissberg e Elias, 1993). Seria não apenas desejável como também melhor em termos de custo-benefício, de uma perspectiva de longo prazo, que os programas de prevenção de DI desenvolvessem a competência pessoal e social dos jovens, para que eles atingissem um senso subjetivo de realização e de efetividade social ao lidar com tarefas, responsabilidades e desafios no dia a dia.

## Necessidade de programas multimodais mais amplos

Há um crescente consenso de que, para tratar fatores de risco que são comuns em muitos problemas adolescentes, é necessária uma abordagem ampla à prevenção (DeFriese, Crossland, MacPhail-Wilcox e Sowers, 1990; Elias e Weissberg, 1989; Weissberg, Caplan e Harwood, 1991). A literatura apoia esse consenso, indicando que comportamentos-problema de alto risco tais como abuso de substâncias, delinquência e abandono da escola ocorrem juntos (Jessor, 1993) e que fatores comuns de risco e de proteção contribuem para o desenvolvimento desses comportamentos (Dryfoos, 1990). Estudos anteriores demonstraram que a tendência a escapar do *self* é um fator de risco comum subjacente a muitos problemas na juventude (Lee, 2000; Shin, 1992). Também foi demonstrado que a dependência de internet está significativamente correlacionada à depressão e à ideação suicida entre os alunos de ensino médio na Coreia do Sul (Ryu, Choi, Seo e Nam, 2004).

Esses achados convergem para sugerir que uma abordagem ampla que trate dos fatores de risco subjacentes não apenas à DI, mas também a outros problemas adolescentes relacionados, é mais promissora do que as abordagens limitadas que focam apenas um resultado. Nessa linha, o treinamento de habilidades de vida (*life skills training,* LST), a intervenção preventiva de múltiplos componentes que se mostrou efetiva na prevenção do uso do cigarro (Botvin e Tortu, 1988), é um bom modelo de prevenção para a DI. Programas de prevenção mais amplos para o abuso de substâncias como o LST são bem-sucedidos porque não só fornecem aos jovens habilidades para resistir à pressão social de usar tabaco, álcool e outras drogas, como também aumentam a competência pessoal e social. Tais programas, ao tornar os jovens mais capazes de lidar bem com as demandas e os desafios da vida, podem evitar que busquem escapar do *self* e do ambiente fora da internet, e provavelmente terão sucesso na prevenção da DI.

## Necessidade de programas de prevenção dirigidos a grupos mais jovens

Há uma concordância geral de que a identificação precoce é crucial para o sucesso do tratamento da DI (Kim, 2001). As pessoas estão começando a usar a internet cada vez mais cedo, na Coreia e em outros países. O mais recente levantamento do Korean Ministry of Health and Welfare, com alunos de 4ª série, calculou que 2% dos alunos eram de alto risco e precisavam de tratamento ou aconselhamento básico (Korean Ministry of Health and Welfare, 2009). Para piorar as coisas, a atividade na internet mais frequente das crianças no ensino fundamental é o jogo, e sabemos que, de todas as atividades de internet, essa é a que apresenta o maior potencial de dependência (Ko et al., 2005; Yang, 2001). Considerando que as crianças no nível fundamental possuem uma capacidade limitada de autocontrole, é muito provável que a exposição precoce aos jogos na internet aumente o seu risco de dependência. Ele aumenta, especialmente, quando ambos os pais saem para trabalhar e as crianças são deixadas sem supervisão. O grupo de pré-adolescentes de maior risco talvez seja aquele que passa longas horas jogando na internet sem supervisão parental. Quando as crianças atingem a adolescência, os fatores de risco tendem a se tornar mais variados e complicados. Por exemplo, durante os anos iniciais da adolescência, particularmente naqueles que marcam a transição para a 7ª ou 8ª série, os adolescentes que têm dificuldade em se ajustar a um novo ambiente escolar (nos EUA, início do período de *middle* ou *junior high school*) podem usar a internet em uma tentativa de lidar com a tensão ou o humor deprimido. Portanto, é crucial identificar fatores de risco de períodos desenvolvimentais específicos e adaptar os programas de prevenção aos fatores de risco específicos de cada grupo de idade.

## Duração e dosagem significativas

Atualmente, a maioria das escolas adota programas de prevenção muito breves, de 8 a 12 sessões. O argumento é que as escolas não podem dedicar seus limitados recursos a programas mais longos e mais intensivos. Mas os achados de pesquisa sugerem que, para ter um bom efeito, a intervenção preventiva precisa ter uma duração e intensidade significativas (Weissberg e Elias, 1993). Por exemplo, a metanálise de Bangert-Drown (1988), examinando os efeitos da educação escolar sobre o abuso de substâncias, demonstrou que "de maneira geral, essa educação não conseguiu atingir seu objetivo primário, a prevenção do abuso de drogas e álcool" (p. 260). Dos 33 programas examinados por ele, 29 duravam menos de dez semanas. A duração breve e a baixa dosagem foram consideradas as duas principais razões dos resultados negativos. Uma revisão dos achados de programas de prevenção escolar focados na saúde também mostrou que eram necessárias de 40 a 50 horas para produzir efeitos comportamentais estáveis (Connell, Turner e Mason, 1985). Programas breves (i.e., menos de um ano) podem produzir ganhos comportamentais no curto prazo, mas é irrealista esperar que tenham um impacto duradouro. De modo geral, há um crescente corpo de literatura sugerindo que vários anos de intervenção produzem benefícios maiores e mais duradouros que apenas um ano (Connell, Turner e Mason, 1985; Hawkins, Catalano e Miller, 1992).

Embora os achados de pesquisa esclareçam a direção que os programas de prevenção devem seguir, o desenvolvimento e a implementação de programas de duração e intensidade significativas requerem comprometimento e apoio real por parte dos legisladores, administradores escolares e pesquisadores.

## Treinamento parental e utilização de voluntários

Considerando-se a limitação dos recursos escolares, para que sejam obtidos efeitos de longa duração é crucial que os programas em escolas sejam associados ao treinamento parental e ao apoio constante de voluntários. A maioria dos adolescentes usa a internet em casa. Portanto, a supervisão parental baseada em um relacionamento de reciprocidade e carinho é extremamente importante. O objetivo do treinamento parental é ensinar habilidades de comunicação e resolução de conflitos e apoiar o esforço dos pais de lidar efetivamente com os filhos adolescentes. Os pais precisam dessas habilidades para negociar as horas na internet, monitorar as atividades do adolescente sem invadir sua privacidade, e incentivar atividades extracurriculares fora da internet. Os voluntários também têm um papel importante e podem ajudar a ensinar os jovens a usar a internet de maneira construtiva. Na literatura sobre a prevenção, foi defendido o uso de agentes de mudança não profissionais, com base em considerações de eficiência e custo. Alunos que ainda não se formaram podem ser excelentes agentes de mudança, por várias razões. Primeiro, eles estão próximos dos adolescentes em termos desenvolvimentais. Segundo, podem ter tido muitas experiências pessoais de uso de internet. Terceiro, podem ser modelos de papel em muitas outras áreas que não a internet. Consequentemente, os pais e os estudantes voluntários são recursos importantes na prevenção da DI.

## Necessidade de pesquisa empírica

Todos os aspectos da prevenção devem estar fundamentados na pesquisa empírica. Coi e colaboradores (1993) concluíram que "em nenhuma parte do empreendimento de saúde mental a interação entre ciência e prática é mais crucial do que na esfera da prevenção". O maior obstáculo ao desenvolvimento da prevenção da DI é a falta de dados empíricos. Primeiro, os pesquisadores precisam especificar os processos causais fundamentais que a prevenção deve ter como alvo. Segundo, são necessários mais dados empíricos para ajudar a identificar os indivíduos em alto risco. Terceiro, após o desenvolvimento e a administração dos programas de prevenção, seus efeitos devem ser cuidadosamente avaliados. A responsabilidade por avaliar os resultados desses programas cai principalmente sobre os ombros dos pesquisadores, que devem empregar amostras, medidas e planejamentos adequados. Entretanto, boas pesquisas sobre prevenção não podem ser realizadas em laboratório. Tais pesquisas requerem uma colaboração constante entre pesquisadores, educadores e financiadores, e seus achados podem esclarecer como conceitualizar, planejar e implementar programas de prevenção.

# REFERÊNCIAS

Armstrong, L., Phillips, J. G., & Saling, L. L. (2000). Potential determinants of heavier Internet usage. *International Journal of Human-Computer Studies, 53*, 537-550.

Bangert-Drowns, R. L. (1988). The effects of school-based substance abuse education: A meta-analysis. *Journal of Drug Education, 18*, 243-264.

Baumeister. R. F. (1990). Suicide as escape from self. *Psychological Review*, 90-113.

Black, D., Belsare, G., & Schlosser, S. (1999). Clinical features, psychiatric comorbidity, and health-related quality of life in persons reporting compulsive computer use behavior. *Journal of Clinical Psychiatry, 60*, 839-843.

Block, J. J. (2008). Issues for *DSM-V*: Internet addiction. *American Journal of Psychiatry, 165*, 306-307.

Botvin, G., & Eng, A. (1982). The efficacy of a multicomponent approach to the prevention of cigarette smoking. *Preventive Medicine, 11*, 199-211.

Botvin, G., & Tortu, S. (1988). Preventing adolescent substance abuse through life skills training. In R. H. Price, E. L. Cowen, R. P. Lorion, & J. Ramos-McKay (Eds.), *14 ounces of prevention: A casebook for practitioners* (pp. 98-110). Washington, DC: American Psychological Association.

Coi, J. D., Watt, N. F., West, S. G., Hawkins, D., Asarnow, J. R., Markman, H. J., Ramey, S. L., Shure, M. B., & Long, B. (1993). The science of prevention: A conceptual framework and some directions for a national research program. *American Psychologist, 48*, 1013-1022.

Connell, D. B., Turner, R. P., & Mason, E. F. (1985). Summary of the findings of the school health education evaluation: Health promotion effectiveness, implementation, and costs. *Journal of School Health, 55,* 316-323.

Davis, R. (2001). A cognitive-behavioral model of pathological Internet use. *Computers in Human Behavior, 17,* 187-195.

DeFriese, G. H., Crossland, C. L., MacPhail-Wilcox, B., & Sowers, J. G. (1990). Implementing comprehensive school health programs: Prospects for change in American schools. *Journal of School Health, 60,* 182-187.

Dryfoos, J. G. (1990). *Adolescents at risk: Prevalence and prevention.* New York: Oxford University Press.

Elias, M. J., & Weissberg, R. P. (1989). School-based social competence promotion as a primary prevention strategy: A tale of two projects. *Prevention in Human Services, 7,* 177-200.

Goldberg, I. (1996). Internet addiction disorder. Retrieved March 11, 2002, from http://www.cog.brown.edu/brochures/people/duchon/humor/Internet.addiction.html

Griffiths, M. D. (1996). Behavioral addictions: An issue for everybody? *Journal of Workplace Learning, 8,* 19-25.

Griffiths, M. D. (2000). Does Internet and computer "addiction" exist? Some case study evidence. *CyberPsychology & Behavior, 3,* 211-218.

Ha, J. H., Yoo, H. J., Cho, I. H., Chin, B., Shin, D., & Kim, J. H. (2006). Psychiatric co-morbidity assessed in Korean children and adolescents who screen positive for Internet addiction. *Journal of Clinical Psychiatry, 67,* 821-826.

Hawkins, J. D., Catalano, R. F., & Miller, J. Y. (1992). Risk and protective factors for alcohol and other drug problems in adolescence and early adulthood: Implications for substance abuse prevention, *Psychological Bulletin, 112,* 64-105.

Jessor, R. (1993). Successful adolescent development among youth in high-risk settings. *American Psychologist, 48,* 117-126.

Johansson, A., & Götestam, K. G. (2004). Internet addiction: Characteristics of a questionnaire and prevalence in Norwegian youth (12-18 years). *Scandinavian Journal of Psychology, 45,* 223-229.

Kessler, R. C., Nelson, C. B., McGonagle, K. A., Edlund, M. J., Frank, R. G., & Leaf, P. J. (1996). The epidemiology of co-occurring addictive and mental disorders: Implications for prevention and service utilization. *American Journal of Orthopsychiatry, 66,* 17-31.

Kim, C. T., Park, C. K., Kim, D. I., & Lee, S. J. (2002). *Korean Internet Addiction Scale and preventive counseling program.* Seoul: Korean Agency for Digital Opportunity and Promotion.

Kim, H. S. (2001). Internet addiction treatment: The faster, the better. *Publication Ethics, 276,* 12-15.

Kim, K. H., Ryu, E. J., Chon, M. Y., Yeun, E. J., Choi, S. Y., & Seo, J. S. (2006). Internet addiction in Korean adolescents and its relation to depression and suicidal ideation: A questionnaire survey. *International Journal of Nursing Studies, 43,* 185-192.

Ko, C.-H., Chen, C.-C., Chen, S.-H., & Yen, C.-F. (2005). Proposed diagnostic criteria of Internet addiction for adolescents. *Journal of Nervous and Mental Disease, 193,* 728-733.

Ko, C.-H., Yen, J.-Y., Chen, C.-S., Chen, C.-C., & Yen, C.-F. (2008). Psychiatric comorbidity of Internet addiction in college students: An interview study. *CNS Spectrums, 13,* 147-153.

Korean Agency for Digital Opportunity and Promotion. (2008). *2008 report of the Internet Addiction Survey.* Seoul: Author.

Korean Ministry of Health and Welfare. (2009). *Report of the Internet Addiction Survey.* Seoul: Author.

Kraut, R., Patterson, M., Lundmark, V., Kiesler, S., Mukopadhyay, T., & Scherlis, W. (1998). Internet paradox: A social technology that reduces social involvement and psychological well-being? *American Psychologist, 53,* 1017-1031.

Kwon, H. K., & Kwon, J. H. (2002). The effect of the cognitive-behavioral group therapy for high-risk students of Internet addiction. *Korean Journal of Clinical Psychology, 21,* 503-514.

Kwon, J. H. (2005). The Internet game addiction of adolescents: Temporal changes and related psychological variables. *Korean Journal of Clinical Psychology, 24,* 267-280.

Kwon, J. H., Chung, C. S., & Lee, J. (2009). The effects of escape from self and interpersonal relationship on the pathological use of Internet games. *Community Mental Health Journal.* doi:10.1007/s10597-009-9236-1

Lee, H. C. (2001). A study on developing the Internet game addiction diagnostic scale and the effectiveness of cognitive-behavioral therapy for Internet game addiction (Doctoral dissertation, Korea University, Seoul).

Lee, S. Y., & Kwon, J. H. (2000). Effects of Internet game addiction on problem-solving and communication abilities. *Korean Journal of Clinical Psychology, 20,* 67-80.

Lee, Y. K. (2000). Psychological characteristics of drug abusing adolescents (Master's thesis, Korea University, Seoul).

Leon, D., & Rotunda, R. (2000). Contrasting case studies of frequent Internet use: Is it pathological or adaptive? *Journal of College Student Psychotherapy, 14,* 9-17.

Lin, S. J., & Tsai, C. C. (2002). Sensation seeking and Internet dependence of Taiwanese high school adolescents. *Computers in Human Behavior, 18,* 411-426.

Liu, T., & Potenza, M. N. (2007). Problematic Internet use: Clinical implications. *CNS Spectrums, 12,* 453-466.

Marlatt, G. A., Baer, J. S., Donovan, D. M., & Kivlahan, D. R. (1988). Addictive behaviors: Etiology and treatment. *Annual Review of Psychology, 39,* 223-252.

Ryu, E., Choi, K. S., Seo, J. S., & Nam, B. W. (2004). The relationships of Internet addiction, depression, and suicidal ideation in adolescents. *Journal of Korean Academy of Nursing, 34,* 102-110.

Shaffer, H. J., LaPlante, D. A., LaBrie, R. A., Kidman, R. C., Donato, A. N., & Stanton, M. V. (2004). Toward a syndrome model of addiction: Multiple expressions, common etiology. *Harvard Review of Psychiatry, 12,* 367-374.

Shapira, N. A., Lessig, M. C., Goldsmith, T. D., Szabo, S., Lazoritz, M., Gold, M. S., & Stein, D. J. (2003). Problematic Internet use: Proposed classification and diagnostic criteria. *Depression & Anxiety, 17,* 207-216.

Shin, M. S. (1992). An empirical study on the mechanism of suicide: Validity test of the escape from self scale (Doctoral dissertation, Yonsei University, Seoul, South Korea).

Siomos, K. E., Dafouli, E. D., Braimiotis, D. A., Mouzas, O. D., & Angelopoulos, N. V. (2008). Internet addiction among Greek adolescent students. *CyberPsychology & Behavior, 11*, 653-657.

Song, B. J., Kim, S. H., Koo, H. J., & Kwon, J. H. (2001). Effects of Internet addiction on daily functioning: Three case reports. *Psychological Testing & Counseling, 5*, 325-333.

Weissberg, R. P., Caplan, M., & Harwood, R. L. (1991). Promoting competent young people in competence-enhancing environments: A systems-based perspective on primary prevention. *Journal of Consulting & Clinical Psychology, 59*, 830-841.

Weissberg, R. P., & Elias, M. J. (1993). Enhancing young people's social competence and health behavior: An important challenge for educators, scientists, policymakers, and funders. *Applied & Preventive Psychology, 2*, 179-190.

Widyanto, L., & Griffiths, M. (2006). Internet addiction: A critical review. *International Journal of Mental Health and Addiction, 4*, 31-51.

Yang, C. K. (2001). Sociopsychiatric characteristics of adolescents who use computers to excess. *Acta Psychiatrica Scandinavica, 104*, 217-222.

Young, K. (1996). Addictive use of the Internet: A case that breaks the stereotype. Psychology of computer use: XL. *Psychological Reports, 79*, 899-902.

Young, K. (1998). Internet addiction: The emergence of a new clinical disorder. *CyberPsychology & Behavior, 3*, 237-244.

Yu, Z. F., & Zhao, Z. (2004). A report on treating Internet addiction disorder with cognitive behavior therapy. *International Journal of Psychology, 39*, 407.

# 14

# Dinâmica sistêmica com adolescentes dependentes de internet

**FRANZ EIDENBENZ**

Como aconteceu tantas vezes na história da humanidade, um novo avanço na tecnologia da comunicação está agora provocando mudanças em paradigmas sociais e econômicos. Basicamente, vemos que a internet nos abre uma maneira totalmente nova de olhar para o mundo. Atualmente, o tempo que temos para aprender a usar beneficamente a tecnologia de informação e comunicação (TIC, em inglês *information and communication technology, ICT*) é limitado. A TIC está avançando em um ritmo sem precedentes. Na última década, a realidade do nosso cotidiano foi modificada, de um modo fundamental, pelo que é possível fazer com a nova comunicação e pelo fluxo de informações que desencadeou. A geração internet se depara com uma situação totalmente diferente da situação que seus pais viveram. O ritmo dinâmico da mudança não permite mais modelos de papel, nem pontos de referência. Pais e educadores já não podem se perguntar: Como é mesmo que lidávamos com isso? Eles estão familiarizados com outros riscos no caminho para a idade adulta, mas de modo geral não tem nenhuma experiência pessoal com o ciberespaço. Eles são a primeira geração desafiada a estabelecer limites para os filhos em uma área que os filhos conhecem melhor do que eles. Mas essa nova situação não deve intimidá-los. Eles ainda podem se valer de sua experiência de vida para estabelecer limites. O acesso à internet e aos telefones celulares torna os jovens e as crianças mais independentes do mundo adulto, mas essa independência traz riscos, tanto quanto oportunidades.

## DEPENDÊNCIA E TERAPIA SISTÊMICA

As pesquisas sobre dependência mostram que as influências familiares desempenham um papel significativo na adolescência como fatores de risco para transtornos de abuso de substâncias e dependência (Andrews, Hops, Ary, Tildesley e Harris, 1993; Barker e Hung, 2006; Brook et al., 1998; Loeber, 1990; Sajida, Hamid e Syed, 2008; Yen, Yen, Chen, Chen e Ko, 2007).

O abuso de substâncias em pessoas jovens está associado a conflitos familiares, especialmente à falta de comunicação e à incapacidade da família de resolver problemas e conflitos. Problemas psicológicos e uma família que não funciona bem são fatores de risco cruciais para promover o comportamento de dependência em adultos jovens (Sajida, Hamid e Syed, 2008). Kuperman e colaboradores (2001) descreveram e examinaram em seu estudo os seguintes fatores de risco para o desenvolvimento da dependência de álcool em jovens: interação pais-filho negativa, dificuldades na escola e nas interações humanas, e experiências precoces com diferentes substâncias (Kuperman et al., 2001).

Liddle e colaboradores (2001) estudaram fatores de proteção que tornam menos provável o desenvolvimento da dependência de substâncias. Entre outros, citamos o bom desempenho acadêmico e habilidades familiares gerais. Em sua pesquisa, Resnick e colaboradores (1997) relatam fatores de proteção importantes que promovem o desenvolvimento sadio e favorável dos jovens. Uma influência comprovadamente positiva para o desenvolvimento é os filhos se sentirem próximos dos pais, os perceberem como carinhosos e manterem com eles um relacionamento positivo. Outra é os pais terem expectativas acadêmicas elevadas em relação aos filhos, serem presentes e interessados neles e em suas vidas.

Esses achados são considerados extremamente relevantes. Afinal de contas, o ambiente familiar de uma criança e, em especial, o apoio familiar percebido, os métodos e as atitudes dos pais, assim como o relacionamento pais-filhos, tudo isso foi descrito em pesquisas não só como fatores de proteção contra a dependência de drogas, mas também como preditores do sucesso do tratamento da dependência (Brown, Myers, Mott e Vik, 1994).

Esses resultados sugerem nitidamente que o ambiente familiar deve ser incluído no tratamento da dependência na adolescência. Para Schweitzer e Schlippe (2007), a terapia de escolha para jovens com problemas de dependência são as abordagens sistêmicas, tendo em vista o relacionamento estreito, mas ambivalente, que muitos dependentes têm com os pais. Várias pesquisas demonstraram que o trabalho planejado e contínuo com as famílias, em oposição à sua tradicional exclusão, é eficiente e funciona especialmente bem com adolescentes (Sydowe, Beher, Schweitzer e Retzlaff, 2006). Em diversos estudos, Liddle e sua equipe (Liddle, 2004a; Liddle et al., 2001) mostraram e provaram a eficiência da terapia familiar multidimensional (TFMD). Essa forma de terapia se mostrou eficaz para reduzir o abuso de substâncias e promover comportamentos pró-sociais, melhorar o desempenho acadêmico e o funcionamento da vida familiar. As intervenções que envolvem a família têm o efeito máximo no tratamento de jovens dependentes, de modo que muitos insistem no seu uso mais frequente. Quando comparada à terapia cognitivo-comportamental (TCC), a TFMD provou ser o método de tratamento mais duradouro (Liddle, Dakof, Turner, Henderson e Greenbaum, 2008).

Em uma metanálise de 47 experimentos randomizados controlados, foi demonstrada a efetividade da terapia familiar sistêmica para jovens com transtornos de substâncias e comorbidades psiquiátricas, e seu efeito permaneceu estável por períodos mais longos no seguimento (Sydowe, Beher, Schweitzer e Retzlaff, 2006).

Em conexão com o tratamento da dependência de internet, Barth e colaboradores (2009) mencionaram que os pais estão se tornando um ponto focal de interesse terapêutico. São múltiplas as intervenções que procuram fortalecer o monitoramento parental. A intenção é focalizar o comportamento problemático do jovem e, ao mesmo tempo, examinar seu papel na dinâmica familiar.

Em seu estudo, Yen e colaboradores (2007) compararam as dependências ligadas a substâncias com a dependência de internet e demonstraram que a dependência virtual e as dependências de substâncias em jovens adultos estão associadas aos mesmos fatores familiares negativos. Esse fato sugere que a terapia sistêmica é eficaz para a dependência de internet e para as dependências ligadas a substâncias, com efeitos comparáveis. Entretanto, são necessárias pesquisas mais rigorosas nessa área. Dada a necessidade real e crescente de tratamento, o campo não pode se dar ao luxo de esperar provas científicas dessa eficiência. O objetivo, no presente, deve ser o de acumular experiências da prática clínica para criar abordagens de tratamento e depois avaliá-las cientificamente.

## COMUNICAÇÃO PELA INTERNET

A internet e as aplicações a ela associadas são espaços virtuais que podem ser vistos como mundos separados, com condições e regras diferentes de interação social. O conhecimento dessas condições e regras é essencial para o entendimento e tratamento dos dependentes de internet.

A comunicação face a face, ou fora da internet, é mais pessoal e nela as identidades estão definidas. Fazer contato é algo complexo e envolve ansiedade; a separação às vezes é difícil. A percepção do *self* e dos outros é complexa, e todos os cinco sentidos estão envolvidos. Isso significa que, em geral, a comunicação na vida real é mais sensual e ligada a experiências físicas (Eidenbenz, 2004).

A comunicação virtual, torna possível a anonimidade ou a escolha de uma identidade. As pessoas "se sentem menos reprimidas e se expressam mais abertamente" (Suler, 2004). Suler chama esse fenômeno de efeito de desinibição virtual.

Estabelecer contato e separação é mais fácil e livre de ansiedade. As projeções de como imaginamos nossos parceiros de comunicação ou de jogo são mais intensas e a percepção é menos sensorial e física do que na comunicação face a face. No mundo virtual, as pessoas simplesmente se comportam de modo diferente: "Quando as pessoas têm a oportunidade de separar suas ações na internet de seu estilo de vida e identidade pessoal, elas se sentem menos vulneráveis com relação a se revelar e atuar (*act out*)" (Suler, 2004).

Criar e se divertir com identidades virtuais acomoda a busca de identidade pessoal tão típica da adolescência. A chance de usar uma máscara também tem certa fascinação para os adultos. Figuras anônimas na internet geralmente são mais jovens, mais bonitas, mais inteligentes e também mais ricas que na realidade. É muito tentador ser tudo isso, pelo menos durante um certo tempo. O problema começa quando você se olha no espelho e não consegue se aceitar mais do jeito que é, preferindo imergir em um mundo virtual. A incapacidade de aceitar a si mesmo e a realidade pode levar a um uso compensatório (Eidenbenz, 2008), como acontece tão frequentemente no caso dos dependentes.

Experiências repetidas em mundos virtuais deixam rastros no cérebro e resultam em efeitos de *priming*. Se estiverem associados estímulos prazerosos, a esses rastros se seguirão ações futuras (Spitzer, 2005). Os mundos virtuais podem desencadear o tipo de reação emocional intensa associada à liberação de dopamina. As pessoas jovens são especialmente vulneráveis a essas reações, uma vez que o córtex frontal do adolescente, a parte do cérebro responsável pela autodisciplina e pelo autocontrole, ainda não está totalmente maduro (Jancke, 2008; Small e Vorgan, 1008).

Se os pais conseguirem introduzir estruturas e limites suficientemente claros, o adolescente vai usar a internet de formas complementares que ampliarão ou enriquecerão a vida real.

## Difusão de papel e divergência de papel

O foto-jornalista Robbie Cooper fotografou pessoas com seus personagens virtuais, também conhecidos como avatares (Cooper, 2007).

A primeira fotografia (Figura 14.1) mostra um adolescente que passava 55 horas por semana jogando EverQuest, um jogo *online* de *role-playing game*. Ele diz: "*Eu só quero ser respeitado pelas pessoas do jogo, ser alguém no mundo EverQuest. Mas isso tem seu preço. Tudo o mais em minha vida começou a sofrer – minha vida social, meu desempenho escolar, até mesmo a minha saúde*" (Cooper, 2007). Considerando-se seu enorme investimento de tempo, ele obviamente está fazendo um uso compensatório do jogo.

O adolescente no segundo par de fotografias, Figura 14.2, dedica ainda mais tempo por semana ao jogo Star Wars Galaxy, 80 horas. Nesse exemplo, uma deficiência impede outras atividades de lazer, de modo que o mundo virtual enriquece a vida do menino sem substituir outras atividades: "*Online, a gente conhece a pessoa atrás do teclado antes de conhecer a pessoa física. A internet elimina a aparência que nós temos na vida real, de modo que passamos a conhecer as pessoas por sua mente e por sua personalidade*" (Cooper, 2007).

Esse é um caso de uso complementar e não constitui comportamento dependente.

**FIGURA 14.1**
Fotografia de Robbie Cooper.

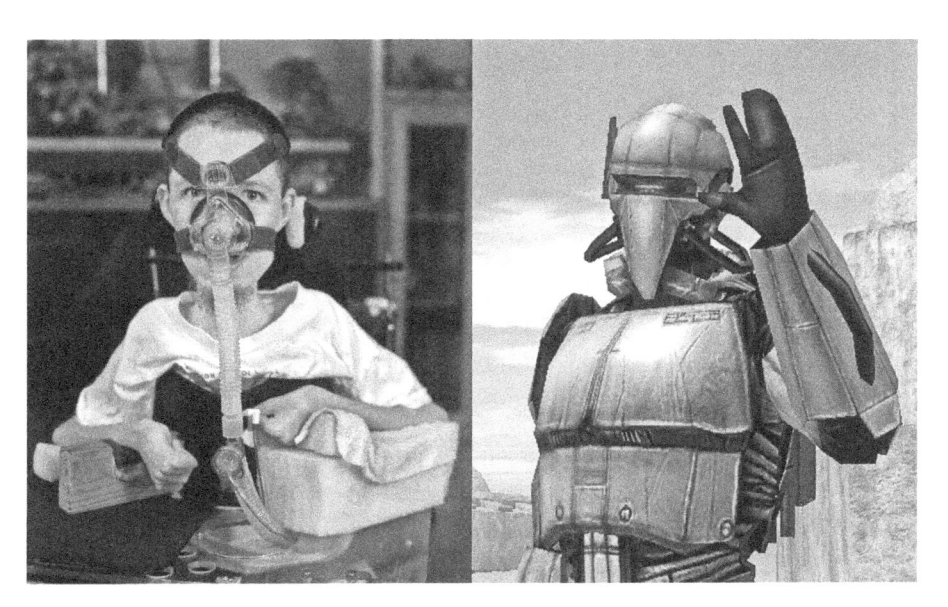

**FIGURA 14.2**
Fotografia de Robbie Cooper.

A própria ideia de uma dependência de internet ainda é motivo de discórdia hoje. A dependência, argumentam alguns, surge de padrões comportamentais, não do meio em si. Grohol (1999) e Kratzer (2006) afirmaram que a internet não é a causa do transtorno, observando que o transtorno é uma expressão e sintoma de problemas de personalidade ocultos ou de transtornos primários, tais como depressão. Mas Hahn e Jerusalem (2001) argumentam, com muita exatidão, que os critérios aplicados são características descritivas normativas da fenomenologia e não características etiológicas, como no caso da dependência de álcool.

Em vez de *dependência de internet*, a Swiss Addiction Professionals Association (2008) recomenda o termo *dependência online*, porque ele expressa um aspecto crucial da fascinação e da dependência envolvidas. Poderíamos dizer que *online* significa estar conectado a uma rede mundial no aqui e agora, sentir com o dedo o pulso do tempo, estar ligado à informação atual e a outras pessoas.

A expressão *dependência online* será empregada em referência a um espectro de comportamentos excessivos e de problemas de controle dos impulsos, com base em critérios de adição conhecidos, conforme citado por Young (1998) e por Hahn e Jerusalem (2001), dois pesquisadores da Humboldt University, Berlim.

## Dependência e comunicação

O aspecto comunicativo desempenha um papel importante para muitos dependentes *online*. Eles se comunicam pelo teclado ou fones de ouvido e microfones, não apenas em salas de bate-papo e sistemas de comunicação, mas também em jogos de computador *online*. O meio parece ser mais atraente quando outros indivíduos estão ativos virtualmente por trás dos monitores, mais do que quando do outro lado está um parceiro eletronicamente controlado. Jogos e outros tipos de uso em tempo real parecem ter maior potencial de dependência. Segundo Young (1998), descobriu-se que os dependentes de jogos apresentam uma razão entre tempo de jogo *online* e *offline* extraordinariamente alta se comparada a outros usuários (Rehbein, Kleimann e Mössle, 2009).

A disponibilidade de um grande círculo de contatos virtuais como no Facebook, por exemplo, e a tentadora oportunidade de regressar a um "sentimento oceânico", do tipo vivenciado em conexão com a internet, parecem satisfazer o desejo de estar conectado com outras pessoas (Bergmann e Hütter, 2006).

Para os indivíduos dependentes, os contatos que constroem em mundos virtuais acabam substituindo os laços que têm na vida real (Petry, 2010). Eles mal percebem que estão, simultaneamente, negligenciando e perdendo contatos sociais no mundo real. Uma hipótese é que a dependência da mídia interativa (i.e., dependência *online*) está ligada a um desejo de comunicação ou relacionada a problemas de comunicação. Por esse motivo, estabelecer e incentivar contatos humanos reais, e os conflitos associados a isso, é algo tão crucial no tratamento da dependência *online*.

Compreender e tratar a dependência *online* envolve mais do que uma análise cuidadosa das novas mídias, um assunto que trataremos com mais detalhes adiante. Segundo Schweitzer e Schlippe (2007), requer também o conhecimento dos transtornos de dependência relacionados a substâncias. Há paralelos importantes entre essas duas formas de dependência, apesar de muitas diferenças essenciais.

As seguintes semelhanças são dignas de nota e relevantes para o tratamento:

- A motivação para mudar ou buscar tratamento é mínima.
- A mudança só é buscada depois de muita pressão de outras pessoas.
- Há negação ou relativização do uso e de seus efeitos.

Os aspectos que diferem das dependências relacionadas a substâncias incluem:

- As tecnologias da informação e comunicação são vistas como positivas.
- Há grande disponibilidade e o uso é inconspícuo.
- Os custos são baixos e não dependem do tempo de utilização (taxas fixas).
- Há desconhecimento do risco da dependência e de suas consequências prejudiciais.
- Abster-se de novas mídias só é possível temporariamente, ou não é possível de forma alguma.

Além desses paralelos com dependências relacionadas a substâncias, outros aspectos precisam ser considerados no tratamento. Com base em sua própria pesquisa, Hahn e Jerusalem (2001) mencionaram o risco de uma grande expectativa em relação às novas mídias combinada a um controle mínimo do impulso de usá-las. A disponibilidade e o baixo custo serão ainda mais comuns no futuro, e viver sem conexão com a internet já está começando a parecer algo impossível.

Os dependentes *online* parecem ter dificuldade em usar as novas mídias de maneira autocontrolada, especialmente no setor ou área em que são dependentes.

# TRATAMENTO

Diferentes métodos de tratamento psicológico são sugeridos na literatura pertinente, mas ainda é impossível fazer recomendações terapêuticas baseadas em evidências (Petersen, Weymann, Schelb, Thiel e Thomasius, 2009).

A terapia cognitivo-comportamental (Schorr, 2009) é a abordagem mais frequentemente mencionada. Estratégias para lidar com o estresse e treinamento em habilidades sociais e de comunicação são dois outros métodos descritos como úteis, assim como a terapia familiar. Além da terapia cognitivo-comportamental individual, também estão sendo empregadas abordagens terapêuticas como as desenvolvidas por Orzack e colaboradores (2006), Wölfling e Muller (2008) e Schuler, Vogelgesand e Petry (2009). A vantagem dessas últimas abordagens é que os clientes interagem dentro de um grupo e mantêm uma comunicação real. O grupo é uma fonte de apoio, e eles têm a chance de aprender com as experiências dos outros membros do grupo. Depois de repetidas tentativas de formar um grupo em Zurique, percebemos que os dependentes não cumprem o compromisso de vir à sessão sem múltiplos lembretes ou pressão externa. Eles ficam em casa, sem conseguir se desprender dos seus monitores.

Muitas abordagens mencionaram que a inclusão da família na terapia de adolescentes é extremamente útil (Young, 2007), mas muito pouco foi publicado até o momento sobre o uso da terapia sistêmica no tratamento da dependência *online*. Barth e colaboradores (2009) observaram que os pais e as famílias estão se tornando o centro do interesse terapêutico, como uma maneira de compensar déficits de maturidade, controle emocional e falta de controle sobre as ações.

A fundação Phénix (Nielsen e Croquette-Krokar, 2008), no distrito suíço de Genebra, oferece terapia familiar a dependentes *online* como um de seus serviços. As sessões familiares são consideradas importantes para elaborar questões que dão origem a conflitos e para desenvolver as habilidades parentais e promover um clima emocional sadio.

Young (1999), também, recomendou a terapia familiar como uma maneira de desenvolver habilidades de comunicação e prevenir recriminações. Grüsser e Thalemann (2006) salientaram um outro aspecto em favor da terapia familiar: a família é um fator importante na origem e continuação das dependências.

A terapia sistêmica dá a devida consideração ao ambiente social do cliente e o incorpora diretamente ao tratamento. Essa abordagem ajuda o cliente a estabelecer um ponto de referência emocional e reconstruir seus contatos. Técnicas sistêmicas como perguntas sobre construtos de realidade ou o questionamento circular (Schweitzer e Schlippe, 2007) também ajudam a pessoa a esclarecer sua autoimagem e como ela é percebida pelos outros. A família deve ser incluída nas estratégias de tratamento. Em seu estudo sobre fatores familiares, Yen, Yen, Chen, Chen e Ko (2007) salientam que "no caso de adolescentes com fatores familiares negativos, deve ser introduzida uma abordagem familiar preventiva para a dependência de internet e o abuso de substâncias".

## O Center for Behavioral Addiction: experiências clínicas

Há aproximadamente dez anos, a clínica ambulatorial Open Door for Zurich recebeu as primeiras perguntas sobre dependência *online*, formuladas por dependentes e familiares. No ano 2000, a clínica organizou uma conferência internacional: "Online Between Fascination and Addiction". Entre os palestrantes estavam a professora Kimberly Young e o professor Mathias Jerusalem. E as pesquisas de 2001, juntamente com a Humboldt University, Berlim (Eidenbenz e Jerusalem, 2001), deixaram claro que a dependência *online* também é um problema na Suíça.

Hoje, o centro sucessor para dependência comportamental especializou--se no tratamento da dependência *online* e de jogos. Pessoas de todos os lugares procuram orientação e tratamento lá. Desde 2005 o centro trata entre 25 e 40 casos por ano, com 150 a 200 sessões. As pessoas que mais buscam tratamento são os pais de adolescentes ou jovens do sexo masculino de 13 a 25 anos, que se sentem completamente impotentes para lidar o uso excessivo que os filhos fazem do computador. Casos de jovens do sexo feminino tem sido muito raros até o momento. E raramente vemos adultos mantendo relações cibersexuais, consumindo pornografia de modo problemático, e assim por diante.

O Centro (Center for Behavioural Addiction, 2009) é conhecido por esse atendimento, de modo que as pessoas que o procuram têm classificados seus problemas com base em uma autoavaliação. Na solicitação de atendimento são descritos os seguintes sintomas:

- Declínio no desempenho (escola, trabalho)
- Desinteresse pelo ambiente social
- Declínio do interesse por atividades na vida real
- Fadiga (crônica, falta de sono)
- Agressividade e nervosismo se há obstáculos para o uso *online*

Em geral, o grupo de jovens dependentes *online* tem um problema básico de motivação. Essa é a principal razão para integrar a família ao tratamento, na maioria dos casos. Os pais que buscam orientação vêm de todas as classes sociais, variam de médicos a operários. Um número surpreendente deles está associado à indústria da tecnologia da informação (TI).

## O ambiente do cliente como um recurso

A incapacidade dos clientes de reconhecer sua doença e a sua falta de motivação trazem sérios obstáculos ao tratamento. Quanto mais avançada for a dependência, mais difícil é influenciar a pessoa. Os jovens, em especial, vivem no aqui e agora e procuram experiências emocionantes, estimulantes. Eles têm dificuldade em avaliar o impacto posterior de suas ações sobre as perspectivas de futuro (Jäncke, 2007). É por isso que os adolescentes em risco (cf. Eidenbenz, 2001, 2004; Hahn e Jerusalem, 2001) dependem da ação das pessoas que fazem parte de seu cotidiano. Isso supõe, evidentemente, pais dispostos a estabelecer limites quando necessário. Em muitos casos, essa tarefa é esmagadora para os pais, principalmente se eles têm opiniões divergentes ou desentendimentos. Isso vale especialmente para pais que estão separados.

Se os professores, empregadores ou outras pessoas importantes para os clientes em seu dia a dia conseguem detectar sinais precoces de problemas, aumentam a chance de responder ao tratamento ou iniciá-lo a tempo. Há muitos testes na internet que podem dar aos clientes e às pessoas de seu cotidiano uma ideia dos riscos de ser dependente. O teste desenvolvido em 2006 esclarece bem esses riscos (Eidenbenz, 2006). Também existe a necessidade de mais materiais informativos que possam ser compreendidos pelas pessoas do cotidiano do cliente, incluindo, evidentemente, a prevenção (Eidenbenz, 2008).

Além dos fatores pessoais e das influências ambientais, o uso de internet em si ou, nesse caso, o jogo *online*, é um fator central que precisa ser abrangido no tratamento. Por essa razão, apresentaremos aqui com mais detalhes os achados de um estudo representativo recente, realizado na Alemanha, sobre os riscos dos jogos de computador. Nesse estudo com uma amostra aleatória de jovens ($n = 44.129$) (Rehbein, Kleimann e Mössle, 2009), foi descoberto que 3% dos meninos apresentavam comportamento de jogar dependente; outros 4,7% foram classificados como estando em risco; em outras palavras, 7,7% eram dependentes ou corriam o risco de ser. Apenas 0,5% das meninas foram consideradas em risco e 0,3% dependentes. Esses números mostram como são minúsculas as chances de um jogador de World of Warcraft (WoW) dependente conhecer uma menina em seu tempo livre.

Dependentes de internet e jogadores ávidos têm notas piores na escola, até em educação física, o que é um sinal de falta de exercício. Os dependentes têm um índice mais alto de absenteísmo e maior ansiedade em relação à escola. Na escala desenvolvida pelos autores para medir a dependência de computador, o WoW foi, de longe, o jogo com o maior potencial de dependência, seguido pelo Guild Wars, Warcraft e Counterstrike. Um total de 36% dos usuários do WoW jogava mais de 4,5 horas por dia.

A regulação disfuncional do estresse, um fator comprovado em um estudo longitudinal em Berlim (Grüsser, Thalemann, Albrecht e Thalemann, 2005), também é importante na explicação dessa dependência. O termo se refere a uma técnica que as pessoas usam para escapar de problemas ou conflitos do mundo real. Outras variáveis-chave enfatizadas foram o papel da sensação de poder e controle, e o jogo como a única fonte de um senso de realização. Os jovens menos capazes de sentir empatia e se comunicar com os outros em situações de conflito também correm um risco maior. Ser o alvo de violência dos pais na infância também é um fator de risco. Outro achado desconcertante é que 12,5% de todos os dependentes responderam "Sim, frequentemente" quando questionados sobre se já tinham pensado em suicídio, em comparação com 2,4% no grupo normal.

Esse quadro coincide com a nossa experiência, em que oito de cada 10 jovens dependentes jogam o WoW. Portanto, esse jogo será explorado com mais detalhes nesse momento.

Trabalhar com esse tipo de dependência de internet requer um entendimento mínimo de jogos *online*. Para os adolescentes, é importante que o terapeuta demonstre interesse pelo mundo (o mundo virtual) em que eles passam uma parte tão grande de seu tempo livre. O terapeuta não precisa, necessariamente, ter grande conhecimento dos vários jogos *online*, mas é importante e ajuda a estabelecer confiança o profissional fazer as perguntas certas e usar termos-chave, tais como *avatar* (o visual do jogador no jogo que aparece na tela, também conhecido como personagem), *nível* (níveis de avanço conquistados pelo avatar), *raid* (ataque surpresa na batalha), e assim por diante.

Essa é a única maneira de o terapeuta criar um quadro diferenciado da identidade virtual do cliente e de suas conexões e *status* dentro da comunidade *online*. Essas perguntas poderiam incluir o seguinte: "Em que nível você joga? Que tipo de avatar você tem? Você tem múltiplos avatares? Você faz parte de uma guilda ou de um clã? Qual é o *status* do clã e quantos fazem parte dele? Quantos ataques surpresa você faz por semana e quando os faz?".

A seguinte entrevista foi realizada com um cliente no final da terapia e é incluída aqui para dar ao leitor um entendimento do ponto de vista de um jovem. O exemplo mostra a influência crucial do ambiente sobre a disposição do cliente de se submeter a tratamento.

Entrevista com Martin, 16 anos, estudante de Tecnologia da Informação (TI)

*Entrevistador*: Martin, você mora com seu irmão na casa de sua mãe e se tornou dependente do WoW. Como você começou a jogar?
*Martin*: Eu jogava Nintendo e Game Boy na pré-escola. Quando eu tinha 8 anos jogávamos no computador do meu pai. Ele é um especialista em computadores. Eu comecei com jogos *online* em 3-D quando tinha 12 anos. Então, o meu irmão me mostrou o jogo de estratégia Counterstrike e, depois disso, comecei a jogar o WoW, há mais ou menos um ano e meio.
*Entrevistador*: Como você descobriu esse jogo?
*Martin*: Eu fiz um curso introdutório de seis meses no departamento de TI. A metade dos meus colegas jogava WoW, alguns deles de forma realmente intensiva.
*Entrevistador*: E depois?
*Martin*: Eu entrei muito rápido no desempenho de papéis. Primeiro eu jogava uma hora por dia, mas o tempo que eu ficava jogando logo aumentou muito. O WoW é um jogo que te impulsiona para a frente. Você estabelece constantemente novos objetivos, quer conjuntos de armadura e armas cada vez melhores, e então joga cada vez mais.
*Entrevistador*: Quanto tempo você jogava no seu período mais intensivo?

*Martin*: Isso foi há seis meses. Eu jogava de cinco a seis horas todas as noites, depois do trabalho. No fim de semana, eu acordava à 1h da tarde e jogava até 1h ou 2h da manhã.
*Entrevistador*: Você nunca tinha a sensação de estar jogando demais?
*Martin*: Não. Eu sempre me comparava com meus amigos, que jogavam ainda mais do que eu.
*Entrevistador*: Alguma vez alguém tentou fazer você parar?
*Martin*: Claro! A minha mãe tentou todo tipo de coisa. Várias vezes ela escondeu meu monitor, e também o teclado. Nós brigávamos muito por causa do jogo; também porque eu não obedecia às regras dela. Ela queria inclusive me levar num psiquiatra, mas eu me recusei a ir. Isso parecia esquisito demais.
*Entrevistador*: O que fez com que você quisesse mudar seu comportamento de jogar?
*Martin*: Eu percebi que meus amigos tinham parado de me convidar para sair com eles. E acrescente a isso a grande pressão que a minha mãe fazia o tempo todo. Ela chegou a tirar meu PC por 14 dias.
*Entrevistador*: Como você reagiu a isso?
*Martin*: Eu fiquei furioso.
*Entrevistador*: Você ficou entediado sem o PC?
*Martin*: Eu assistia mais à televisão, comecei a desenhar de novo, e lia livros.
*Entrevistador*: Vocês dois tiveram uma sessão de terapia juntos. Por que você concordou com isso?
*Martin*: Uma outra coisa foi que a minha supervisora no trabalho falou comigo diretamente sobre eu estar jogando excessivamente e me incentivou a procurar terapia.
*Entrevistador*: O seu desempenho tinha piorado?
*Martin*: Não, mas ela sabia que eu frequentemente dormia demais de manhã. Às vezes eu também ligava e dizia que estava doente, quando isso acontecia. E a minha mãe tinha conversado com a supervisora.
*Entrevistador*: E hoje? Você ainda joga?
*Martin*: Sim, mas eu consegui diminuir o tempo de jogo com as regras que estabelecemos durante a terapia. Eu me abstenho de jogar um dia por semana e jogo só até às 10h da noite.

No início do tratamento, o terapeuta precisa criar um ambiente estável que permita ao paciente lidar com o problema até poder ser atingido um progresso duradouro e construtivo.

## Situação inicial

Como em outras formas de dependência, os pais, a família ou os parceiros sofrem com o comportamento excessivo do dependente *online*, ao passo que o próprio dependente mal reconhece que tem um transtorno. A situação inicial clássica é o pai ou a mãe procurar ajuda e se queixar que o filho está jogando excessivamente, mas este se recusar a vir à terapia, afirmando que não tem nenhum problema. Aqui está o primeiro desafio importante: como motivar o jovem a participar da terapia. A situação inicial deve ser explorada. Os pais têm um problema. Eles não estão conseguindo lidar com a situação e estão extremamente motivados a agir. A terapia pode começar bem se os pais conseguirem convencer o filho a participar de uma sessão inicial. Esse é um passo decisivo rumo à recuperação da posição hierárquica dos pais, que frequentemente se altera nas famílias que lutam com a dependência. Também se recomenda que os pais falem com o filho e deixem claro que o problema só poderá ser resolvido com a cooperação dele e dos irmãos que porventura tenha. O senso de solidariedade no sistema aumenta a chance de estabelecer um novo equilíbrio na família sem colocar toda a culpa no jovem.

Vários autores (Petersen, Weymann, Schelb, Thiel e Thomasius, 2009; Yen, Ko, Yen, Chen, Chung e Chen, 2008) salientaram transtornos comórbidos, como depressão e baixa autoconfiança, pouco empenho, desejo de reconhecimento e transtorno de déficit de atenção/hiperatividade (TDAH), assim como transtornos relacionados a substâncias. Além de perguntar quais transtornos subjacentes estão desempenhando um papel na dependência *online* da pessoa, o terapeuta deve considerar outros membros da família no diagnóstico (por exemplo, uma mãe superprotetora e a interação do sistema como um todo).

Os membros da família e talvez alguma outra pessoa da vida do cliente devem participar pelo menos das sessões iniciais. É mais fácil o adolescente concordar com a terapia se for essa a abordagem adotada, especialmente se ele sentir que seus problemas estão sendo levados a sério ou que as dificuldades que está enfrentando são compreendidas pelos outros.

É igualmente importante estabelecer as bases para permitir que a terapia continue por um período de tempo prolongado. Sem apoio e também sem a pressão dos pais e irmãos, os adolescentes em geral não conseguem se motivar para mais de duas ou três sessões, no máximo. Mesmo que queiram a terapia, é difícil para eles dar ao terapeuta prioridade em relação ao seu mundo virtual e comparecer às sessões. As sessões familiares eliminam o problema do não comparecimento. Os jovens participarão até de um tratamento prolongado se continuarem sentindo pressão e solidariedade por parte do sistema.

## O PROCESSO DA TERAPIA: MODELO DE FASES

A abordagem sistêmica sugerida aqui é orientada para a solução e os recursos, e adotada a partir do modelo de Carole Gammer de terapia familiar baseada em fases (Gammer, 2008). A abordagem também integra vários elementos da terapia cognitivo-comportamental, particularmente a terapia de autogerenciamento de Kanfer (Kanfer, Reinercker e Schmelzer, 2006). O processo da terapia se divide em quatro fases, que representam um curso ideal de tratamento. O processo completo geralmente leva de seis a dezoito meses.

### Fase de largada (uma a três sessões)

O objetivo, na fase de largada, é criar um relacionamento de trabalho cooperativo e obter informações para realizar uma análise individual e sistêmica do problema (diagnóstico) e para formular hipóteses.

O ideal é que toda a família participe da primeira sessão. Depois de fazer cada um se apresentar e de estabelecer um clima de respeito e sinceridade no grupo, o terapeuta pergunta a todos os presentes sobre seus recursos e sobre comportamentos imoderados – por exemplo, o pai que trabalha demais e volta muito tarde para casa.

Essa abordagem é uma maneira de colocar o problema em perspectiva (outras pessoas na família também podem estar apresentando tendências dependentes) e diminuir a pressão sobre o jovem. Depois, pergunta-se a cada um o que gostaria de mudar e que problemas gostaria de discutir como família. Para poupar o paciente identificado da pressão, ele não deve ser nem o primeiro nem o último a falar. Normalmente, ele não trará nenhuma questão no início, a não ser o desejo de menos restrições ao seu acesso à internet. Quando se pergunta se está satisfeito com os pais, tirando fora a questão do computador, se sua mesada é suficiente, e assim por diante, a maioria dos clientes avalia os pais positivamente. O objetivo é fazer o jogador trazer as questões que gostaria de mudar na vida real, especialmente em relação aos pais. Ele deve ter a oportunidade de expressar os problemas que os adolescentes em geral têm com os pais. O terapeuta pode estar disponível, nesse estágio, como um porta-voz e aliado do cliente. Às vezes, os jovens não querem falar nada no início, achando que única razão de estarem lá é terem sido obrigados pelos pais. Eles não devem ser criticados por isso. Se o cliente permanecer em silêncio, o terapeuta pode perguntar a outros membros da família por que ele não estaria dizendo nada. Na primeira sessão, o jovem deve receber o reforço positivo de ter mencionados também seus traços positivos. Os pais devem ser capazes de tolerar uma certa confrontação.

O comportamento dependente do cliente é discutido no decorrer da sessão. É importante que o terapeuta demonstre interesse pelo comportamento especificamente em sua relação com o jogo, focando fatores desencadeantes e aspectos de regulação do humor. Quando o cliente joga, em que situações, e que outras atividades de lazer ele tem? O papel e a função dos avatares no grupo também são importantes, juntamente com suas identidades – por exemplo, o conjunto de armadura e *status*. Essa informação permite que se pensem em hipóteses sobre a função do comportamento de dependência e sobre quaisquer déficits que o cliente possa ter na vida real.

As sessões iniciais, frequentemente, também servem como intervenção na crise, em que se esclarecem conflitos e se discutem opções de redução das atividades. São estabelecidas regras iniciais para o uso do computador, e os pais são incentivados a colocar limites claros. É bastante útil ajudar o cliente a estabelecer um cronograma semanal e registrar a frequência e o tempo de jogo, incluindo outras atividades virtuais às quais se dedica. O ato de registrar e como o cliente lida com a tarefa, isto é, se ele consegue fazer isso e de que maneira, transmite informações mais exatas para se pensar em outras hipóteses. Ao mesmo tempo, o jovem cliente deve ser incentivado a falar sobre outros problemas, fora das atividades do jogo, e justificá-los de modo claro.

Ao formular hipóteses, o terapeuta deve se valer de todo o sistema para chegar a um diagnóstico sistêmico. As hierarquias estão claramente definidas dentro da família? Em que situações os pais prevalecem e como fazem isso? Os irmãos cooperam? Como o sistema lida com o conflito? Os padrões comportamentais individuais do cliente também devem ser integrados às deliberações diagnósticas (por exemplo, estratégias para evitar conflito e estresse, impulsividade, tendência a se retrair, e eventos traumáticos). O terapeuta precisa desenvolver uma estratégia para trabalhar questões pertinentes na fase seguinte, e deve explicar essa estratégia em termos gerais para a família.

Recomendam-se duas a três sessões na fase de largada, seguidas por uma avaliação no ínterim.

Mudanças em sintomas, mesmo mudanças muito pequenas, já devem acontecer na fase de largada. Por exemplo, o tempo de uso de internet não dever ser determinado com base em suposições, mas registrado com exatidão em um diário. Uma boa abordagem é disfarçar esse diário como uma tarefa de casa. Entretanto, é muito importante que a família volte novamente com o cliente. Os irmãos e o cliente podem dar sua opinião sobre isso, mas quem deve decidir são os pais, com base nas sugestões do terapeuta. Eles devem prevalecer sobre os jovens nessa questão.

## Fase de motivação (três a cinco sessões)

A fase de motivação se concentra em entender as circunstâncias óbvias que causam e mantêm a dependência e em tratar tópicos relacionados, tais como reconhecimento, respeito e métodos para lidar com conflitos e estresses (Wölfling, 2008). Paralelamente a essas atividades, o cliente deve reduzir o uso de internet e ser solicitado a desenvolver um mínimo de autocontrole.

Os clientes têm dificuldade em admitir que estão com um problema. A admissão é essencial para que a mudança ocorra, e os membros da família podem ajudá-los muito nessa etapa. O cliente não estará disposto a agir concretamente se não perceber que o jogar excessivo está tendo efeitos negativos em sua vida e que ele já não tem controle sobre seu comportamento. É importante que os familiares adotem uma atitude firme com ele em termos dos limites ao jogar, mas interessada em termos do conteúdo do jogo. Falando na primeira pessoa, cada membro da família deve expressar como a dependência do seu filho ou irmão o afetou e que riscos vê para o cliente e para os relacionamentos familiares.

É importante descobrir exatamente o que fascina o cliente no jogo e como ele poderia ter experiências satisfatórias comparáveis na vida real. A extensão do jogo deve então ser reduzida gradualmente, em estágios, com base em regras e em objetivos estabelecidos conjuntamente pelo cliente e seus familiares. Podem ser discutidas possíveis consequências positivas e negativas da implementação dessas regras e objetivos.

Todos devem trabalhar juntos para descobrir as causas do comportamento dependente, passo a passo. Essas causas poderiam incluir, por exemplo:

- Falta de oportunidade para se manifestar: O cliente ou, por exemplo, sua irmã, têm o direito de se manifestar em que relação ao que acontece na família e, se têm, com relação à que?
- Falta de respeito: Os membros da família expressam respeito e reconhecimento uns em relação aos outros?
- Nenhum senso de realização: O cliente alguma vez teve a chance de ser um herói na família?

Quando o cliente critica ativamente as pessoas e situações em sua vida cotidiana, por exemplo, o pai, ele está dando um passo importante e necessário para demonstrar sua disposição a enfrentar conflitos.

Ao mesmo tempo, ele precisa encontrar atividades de lazer alternativas em sua vida. O terapeuta e os membros da família precisam apoiar essa renovação de interesse e incentivá-lo a agir nessa área.

## Fase exploratória (três a oito sessões)

Esta fase procura promover uma exploração profunda das causas da dependência *online*, discussões ativas e respeito dentro da família, e alianças em nível parental e fraternal. São esclarecidos e processados pontos de conflito com os pais e os irmãos.

Causas estruturais mais profundas a serem tratadas nesta fase poderiam ser, por exemplo, o conflito do cliente com o pai, sua incapacidade de elaborar a morte de algum membro da família, ou sua separação de um dos pais. Os jogadores, frequentemente, imergem em mundos virtuais para travar lutas heróicas porque praticamente não tem voz ativa na família. Talvez o pai, com frequência ausente e trabalhando longas horas, demonstre pouco respeito pelo filho, e menos ainda por suas vitórias duramente conquistadas no mundo virtual. O menino nunca teve a chance de assumir uma posição masculina dominante. Ele deve ser apoiado para poder expressar sua raiva e fúria, e também suas mágoas do presente ou inclusive de eventos que aconteceram há muitos anos.

Ambos os pais precisam participar do estabelecimento de regras para o uso do jogo, a fim de que o cliente sinta sua firmeza e consistência. Entretanto, ao trabalhar conflitos neste estágio o terapeuta deve impedir que o outro progenitor se intrometa ou interrompa ativamente. Isso garante um nível de igualdade no encontro face a face e uma chance para resolver conflitos pessoais com o pai ou a mãe. Resolver construtivamente o conflito serve como um modelo e incentiva o cliente a experimentar novos comportamentos e outros papéis na vida real, em casa e em todos os outros lugares.

Esta fase também trata do papel desempenhado pelos outros filhos, que sofrem com a ausência psicológica do seu irmão dependente, mas também querem se mostrar solidários com ele. Com frequência não se dá atenção adequada às suas questões suprimidas até que o problema agudo da dependência do irmão tenha sido resolvido.

Nesta fase o cliente pode ser convidado, normalmente de passagem, a vir sozinho da próxima vez, se quiser. Os irmãos não precisam participar de todas as sessões durante esta fase. Às vezes, irmãos mais velhos, já adultos, podem ser incluídos pela primeira vez nesta fase.

## Estabilização e fase final (uma a três sessões)

O cliente terá atingido um nível em que é possível uma mudança satisfatória quando conseguir controlar o tempo *online*, por exemplo, ou começar outras atividades recreativas, melhorar seu desempenho acadêmico, lidar com os conflitos mais construtivamente, e assim por diante. Neste estágio, é aconselhável marcar as sessões de terapia com intervalos mais longos ou incluir pelo menos uma sessão de controle. Essa abordagem ajuda prevenir a recaída e pode ser usada para estabilizar novas opções dentro da família e apoiar outras mudanças.

Mesmo que o cliente e os membros da família tenham tido muitas conversas e ele tenha reduzido seu jogar, ainda pode pensar de forma muito diferente da dos outros em relação a essas questões. Ele pode considerar o objetivo já atingido, ao passo que os pais continuando achando que é preciso mudar mais. É importante, nesse estágio, reconhecer as etapas nessas mudanças (por exemplo, estabilizar ou melhorar o desempenho escolar, a possibilidade de agora a família fazer junto as refeições da noite, ir para a cama numa hora decente, ou se encontrar com os amigos). Durante essa fase, o terapeuta deve recapitular conquistas, retrospectiva e prospectivamente, e orientar a familiar na definição de outros objetivos.

Em alguns casos, os filhos se queixam, com razão, de que os pais nunca ficam satisfeitos – parece que nunca se contentam com o que é atingido na terapia. Portanto, é extremamente importante enfatizar e elogiar as mudanças positivas, mesmo mínimas, que realmente foram conseguidas. Não podemos esquecer que esse trabalho envolve pessoas dependentes. Quando esse tipo de questão está envolvido, as pessoas quase nunca ficam plenamente satisfeitas.

## ABSTENÇÃO DO JOGO

Se o cliente não consegue controlar seu jogar excessivo, talvez seja necessário que pare de jogar completamente. A abstenção total do jogo ou de usos problemáticos, não do uso de internet (Petersen et al., 2009), pode ser a única solução em casos graves e com certos jogos, como o WoW, contrariamente a experiências clínicas no início do tratamento. Essa abordagem "de retirada abrupta e total da droga" para a dependência de jogos envolve certos riscos. O cliente, sem dúvida, terá uma reação extrema (por exemplo, comportamento furioso e agressivo, retraimento depressivo ou, no mínimo, perda de motivação). Os pais, às vezes, tentam sozinhos esse experimento. Depois de muita briga, muitos deles juram jamais tomar essa medida drástica novamente.

Mas os pais precisam saber como responder quando, em casos extremos, seu filho ou alguém mais está em perigo (por exemplo, por ameaças de violência, assassinato ou suicídio). Antes de chegar a esse ponto, os jovens dependentes já terão atravessado um longo período em que os pais ameaçam, impõem restrições, depois cedem e deixam o filho retomar o jogo – e o filho tende a não levá-los mais a sério. Recentemente, questionado sobre esse fato, um jovem cliente disse que acreditava ser de apenas 30% a chance de seus pais chamarem a polícia ou levá-lo à emergência psiquiátrica. Ele, sem dúvida, acertara – até aquele momento.

O terapeuta deve conversar com as pessoas envolvidas para saber como, exatamente, elas querem lidar com esse tipo de situação. O jovem deve estar ciente do tipo de ameaça que faria os pais agirem. Havendo necessidade, pode ser antecipadamente decidido onde o jovem seria hospitalizado se a situação começasse a escalar perigosamente. O terapeuta deve dar à família um número de telefone em que pode ser localizado se isso acontecer, assim como os telefones do atendimento de emergência. Na maioria dos casos, os clientes não são hospitalizados. O essencial é fazer com que os pais mostrem que levam a sério os limites estabelecidos.

## EXEMPLO DE CASO DE TRATAMENTO SISTÊMICO

Os pais de um adolescente de 15 anos procuraram a clínica por causa do filho. Ele passava mais de 30 horas por semana jogando World of Warcraft *online*, praticamente deixara de participar da vida familiar e das refeições com a família e estava indo muito mal na escola. Eles já tinham brigado muito com o filho por causa do jogo, e sua tentativa de diminuir o tempo de jogo para duas horas por dia tinha fracassado totalmente. Aos 11 anos, M. começara a economizar a mesada para comprar os componentes individuais para um computador, que ele próprio montara. Até aquele momento, ele sempre fora uma pessoa contente e amistosa.

A família combinara que ele e a irmã, dois anos mais jovem, também viriam à clínica. Na primeira sessão, M. se queixara de não ser compreendido, enquanto os pais diziam que o seu jogar estava tendo um efeito devastador sobre a família. Eu sugeri que continuássemos a terapia com toda a família, e todos concordaram. O tópico, até a terceira sessão, foram as brigas agressivas que o cliente tinha com os pais, especialmente quando eles tentavam restringir o tempo de jogo. Uma vez, M. pusera as mãos ao redor do pescoço da mãe quando ela tentara bloquear seu acesso à internet, mas não chegara a tentar estrangulá-la.

Pela quarta sessão, a família estava lidando com os conflitos de forma uma pouco mais construtiva. O cliente passara a monitorar suas atividades de jogo com listas que ele próprio fazia, e reduzira o tempo de jogo a dez horas por semana. Tanto o pai quanto o filho tinham dificuldade em controlar seus impulsos, mas todos queriam viver juntos harmoniosamente, como uma família unida. Em uma sessão, pai e filho desenharam um diagrama das emoções que sentiam durante as brigas, o que mostrou um ritmo de fases alternadas. O restante da família comentou o diagrama. Essa abordagem os ajudou a ter maior objetividade e entender os momentos dramáticos nas brigas.

A propósito, M. escolhera dois papéis no WoW: um monge curador, por um lado, e um guerreiro agressivo, por outro. Essa escolha pode ser interpretada como uma expressão de como ele queria se desenvolver emocionalmente.

E, ao lado do pai dominador, realmente parecia impossível para M. atingir essa situação no mundo real, isto é, ser um guerreiro heróico e vitorioso, e também alguém que cura ou, em outras palavras, ser reconhecido por suas realizações e ao mesmo tempo sentir respaldo, solidariedade e apoio na família.

Vários problemas familiares foram trazidos no curso da terapia. O filho começou a confrontar o pai mais ativamente, depois de ajudado pelo terapeuta a formular mais claramente suas preocupações, e conseguiu superar sua tendência ao retraimento.

Ele começou a ir melhor na escola e a participar frequentemente das refeições em família. Todos contribuíram de alguma forma: o pai parara de trabalhar tantas horas à noite, a mãe colocava um lembrete num Post-it no monitor de M. 30 minutos antes da hora do jantar, e M. desligava seu PC, ele mesmo, a tempo de participar da refeição com a família.

M. se deu conta de que passara a defender a terapia em conversas com os amigos, pois ela também o beneficiara como parte da família – mas, especialmente, porque agora as suas preocupações estavam sendo levadas a sério e ele já não era culpado por tudo.

## DISCUSSÃO E PERSPECTIVAS

O modelo de fases apresentado neste capítulo ainda não foi avaliado ou padronizado em um manual terapêutico. Ele deve ser visto como uma contribuição para a discussão geral e pretende ser uma orientação para o desenvolvimento de um processo terapêutico.

Entretanto, a literatura existente pressupõe que os seguintes fatores estão relacionados ao desenvolvimento de um comportamento de dependência *online* por parte do adolescente: a falta de possibilidade de influenciar diretamente alguma coisa em sua vida cotidiana, de obter um senso de realização, e de elaborar conflitos.

A família é o grupo nuclear que oferece modelos para padrões de ação e métodos construtivos de resolução de conflitos – mas nem sempre. Compaixão, empatia, solidariedade e responsabilidade pessoal podem ser aprendidas na família e servem como modelos e recursos para o jovem fazer mudanças no seu ambiente mais amplo. Integrar o sistema ao tratamento da dependência *online*, consequentemente, parece uma abordagem razoável e proveitosa. Para que possam ocorrer mudanças, como em qualquer tratamento de dependência, o terapeuta e os membros da família precisam ser perseverantes e amorosamente firmes. O objetivo é criar uma cultura que tenha maior conhecimento e consciência das oportunidades e riscos trazidos pelas novas mídias, de modo que os indivíduos possam determinar, por eles mesmos, como desejam usá-las.

O comprometimento compensa, pois a ajuda terapêutica pode favorecer e possibilitar um desenvolvimento construtivo no longo prazo, especialmente no caso dos adolescentes.

Mais pesquisas são necessárias para avaliar a efetividade de diferentes métodos de tratamento. Mas o que certamente já sabemos é que os jovens precisam de pessoas comprometidas em sua vida, seja na família e na escola, seja em círculo de amigos e conhecidos. No interesse da prevenção, o objetivo fundamental é criar um ambiente que ofereça oportunidades atraentes de desafios, encontros e participação, para que crianças e jovens se desenvolvam bem, na incomparável singularidade do experienciar genuinamente a vida real com todos os seus sentidos.

# REFERÊNCIAS

Andrews, J. A., Hops, H., Ary, D., Tildesley, E., & Harris, J. (1993). Parental influence on early adolescent substance use: Specific and nonspecific effects. *Journal of Early Adolescence, 13*(3), 285-310.

Barker, J. C., & Hung, G. (2006). Representations of family: A review of the alcohol and drug literature. *International Journal of Drug Policy 15,* 347-356.

Barth, G., Sieslack, S., Peukert, P., Kasmi, J. E., Schlipf, S., & Travers-Podmaniczky, G. (2009). Intemet- und Computerspielsucht bei Jugendlichen, 41. Retrieved September 3, 2009, from http://www.rosenfluh.ch/images/stories/publikationen/Psychiatrie/2009-02/07_PSY_Spielsucht_2.09.pdf.

Bergmann, W., & Hütter, G. (2006). *Computersüchtig, Kinder im Sog der modernen Medien.* Düsseldorf, Germany: Walterverlag.

Brook, J. S., Brook, D. W., De La Rosa, M., Dunque, L. F., Rodriguez, F., et al. (1998). Pathways to marijuana use among adolescents: Cultural/ ecological, family, peer, and personality influences. *Journal of the American Academy of Child and Adolescent Psychiatry, 37*(7), 759-766.

Brown, S. A., Myers, M. G., Mott, M. A., & Vik, P. W. (1994). Correlates of success following treatment for adolescent substance abuse. *Applied and Preventive Psychology, 3,* 61-73.

Cooper, R. (2007). *Alter ego: Avatars and their creators.* London: Cris Boot.

Eidenbenz, F. (2004). Online zwischen Faszination und Sucht. *Suchtmagazin, 30*(1), 3-12.

Eidenbenz, F. (2006). Online-Internet-Sucht-Test. Retrieved July 6, 2009, from http://suchtpraevention.sylon.net/angebote_5uchtpraevention/selbsttests/selbsttests_i_f.html

Eidenbenz, F. (2008). Onlinesucht, Schweizerische Fachstelle für Alkohol und andere Drogenprobleme. Retrieved July 6, 2009, from http://www.sfa-ispa.ch/DocUpload/di_onlinesucht.pdf.

Eidenbenz, F., & Jerusalem, M. (2001). *Wissenschaftliche Studie zu konstruktivem vs. Problematischem Internetgebrauch in der Schweiz.* Retrieved October 10, 2009, from www.verhaltenssucht.ch

Center for Behavioural Addiction. (2009). *Zentrum für Verhaltenssucht.* Retrieved April 28, 2010, from www.verhaltenssucht.ch

Gammer, C. (2008). *The child's voice in family therapy.* New York: W. W. Norton.

Grohol, J. M. (1999). Internet addiction guide. *Mental Health Net.* Retrieved November 1, 1999, from http://psychcentral.com/netaddiction/

Grüsser, S., & Thalemann, R. (2006). *Verhaltenssucht, Diagnostik, Therapie, Forschung.* Bern, Switzerland: Huber.

Grüsset, S., Thalemann, R., Albrecht, U., & Thalemann, C. (2005). Exzessive Computernutzung im Kindesalter: Ergebnisse einer psychometrischen Erhebung. *Wiener Klinische Wochenschrift, 117,* 173-175.

Hahn, A., & Jerusalem, M. (2001). Internetsucht: Jugendliche gefangen im Netz. Retrieved July 6, 2009, from http://www.onlinesucht.de/internetsucht_preprint.pdf

Jäncke, L. (2007). *Denn sie können Nichts dafür,* University of Zürich, Department of Neuropsychology. Retrieved July 6, 2009, from http://www.psychologie.uzh.ch/fachrichtungen/neuropsy/Publicrelations/Vortraege/Kinder_Frontahirn_1 Nov2007_reduced.pdf

Jäncke, L. (2008). Onlinesucht, Gesundheitsmagazin Puls. *Schweizer Fernsehen.* Retrieved February 18, 2008. www.sf.tv/sendungen/puls/merkblatt.php?docid=20080218-2

Kanfer, F., Reinercker, H., & Schmelzer, D. (2006). Selbst-management-Therapie. In *Lehrbuch für die klinische Praxis* (pp. 121-321). Heidelberg, Germany: Springer.

Kratzer, S. (2006). *Pathologische Internetnutzung eine Pilotstudie zum Störungsbild.* Lengerich, Germany: Pabst Science Publishers.

Kuperman, S., Schlosser, S. S., Kramer, J. R., Bucholz, K., Hesselbrock, V., Reich, T., et al. (2001). Risk domains associated with an adolescent alcohol dependence diagnosis. *Addiction, 96*(4), 629-636.

Liddle, H. A. (2004a). Family-based therapies for adolescent alcohol and drug use: Research contributions and future research needs. *Addiction, 99*(2), 76-92.

Liddle, H. A., Dakof, G. A., Parker, K., Diamond, G. S., Barett, K., & Tejeda, M. (2001). Multidimensional family therapy for adolescent drug abuse: Results of a randomized clinical trial. *American Journal of Drug and Alcohol Abuse, 27*(4), 651-688.

Liddle, H. A., Dakof, G. A., Turner, R. M., Henderson, C. E., & Greenbaum, P. E. (2008). Treating adolescent drug abuse: A randomized trial comparing multidimensional family therapy and cognitive behavior therapy. *Addiction, 103*(10), 1660-1670.

Loeber, R. (1990). Development and risk factors of juvenile antisocial behavior and delinquency. *Psychological Review, 10,* 1-41.

Nielsen, P., & Croquette-Krokar, M. (2008). Psychoscope 4. Retrieved July 6, 2009 1 from http://www.phenix.ch/IMG/pdf/article_psychoscope_final_cyberaddiction_a_l_adolescence_4_2008.pdf

Orzack, M., Voluse, A., Wolf, D., et al. (2006). An ongoing study of group treatment for men involved in problematic Internet-enabled sexual behavior. *CyberPsychology & Behavior, 9*(3), 348-360.

Petersen, K., Weymann, N. Schelb, Y., Thiel, R., & Thomasius, R. (2009). Pathologischer Internetgebrauch – Epidemiologie, Diagnostik, komorbide Störungen und Behandlungsansätze. *Fortschritte der Neurologie-Psychiatrie, 77*(5), 263-271.

Petry J. (2010). *Dysfunktionaler und pathologischer PC- und Internet-Gebrauch.* Göttingen, Germany: Hofgrefe.

Rehbein, F., Kleimann, M., & Mössle, T. (2009). *Computerspielabhängigkeit im Kindes- und Jugendalter: Empirische Befunde zu Ursachen, Diagnostik und Komorbiditäten unter besonderer Berücksichtigung spielimmanenter Abhängigkeitsmerkmale.* Forschungsbericht Nr. 108, Kriminologisches Forschungsinstitut Niedersachsen e. V.

Resnick, M. D., Bearman, P. S., Blum, R. W., Bauman, K. E., Harris, K. M., Jones, J., Tabor, J ., Beuhring, T., Sieving, R. E., Shew, M., Ireland, M., Bearinger, L. H. & Udry, J. R. (1997). Protecting adolescents from harm: Findings from the national longitudinal study on adolescent health. *The Journal of the American Medical Association, 278*, 823-831.

Sajida, A., Hamid, Z., & Syed, I. (2008). Psychological problems and family functioning as risk factors in addiction. *Journal of Ayub Medical College Abbottabad, 20*(3).

Schorr, A. (2009). *Jugendmedienforschung, Forschungsprogramme, Synopsen, Perspektiven, Neue Gefahren: Onlinesucht* (pp. 380-383). Wiesbaden, Germany: Verlag für Sozialwissenschaften.

Schuler, P., Vogelgesang, M., & Petry, J. (2009). Pathologischer PC/Internetgebrauch. *Psychotherapeut, 54,* 187-192.

Schweitzer, J., & Schlippe, A. (2007). *Lehrbuch der Systemischen Therapie, Therapie und Beratung II, Süchte: Von Kontrollversuchen zur Sehn-Sucht* (pp. 191-212). Göttingen, Germany: Vandenhoeck & Ruprecht.

Small, G., & Vorgan, G. (2008). *iBrain.* New York: Morrow/HarperCollins.

Spitzer, M. (2005). *Vorsicht Bildschirm! Elektronische Medien, Gehirnentwicklung, Gesundheit und Gesellschaft.* Stuttgart, Germany: Ernst Klett.

Suler, J. (2004). The online disinhibition effect. *CyberPsychology & Behavior, 7*(3), 321-326.

Swiss Addiction Professionals Association (2008), *Fachverband Sucht,* Retrieved April 28, 2010, from www.fachverbandsucht.ch

Sydowe, K., Beher, S., Schweitzer, J., & Retzlaff, R. (2006). Systemische Familientherapie bei Störungen des Kindes- und Jugendalters. *Psychotherapeut, 51,* 107-143.

Wölfling, K. (2008). Generation@-Jugend im Balanceakt zwischen Medienkompetenz und Computerspielsucht. *Sucht Magazin, 4*(8), 2-16.

Wölfling, K., & Müller, K. (2008). Phänomenologie, Forschung und erste therapeutische Implikationen zum Störungsbild Computerspielsucht. *Psychotherapeutenjournal,* 2.2008, 128-133.

Yen, J. Y., Ko, C. H., Yen, C. F. Chen, S. H., Chung, W. L. & Chen, C. C. (2008). Psychiatric symptoms in adolescents with Internet addiction: Comparison with substance use. *Psychiatry and Clinical Neurosciences, 62*: 9-16.

Yen, J. Y., Yen, C. F., Chen, C. C., Chen, S. H., & Ko, C. H. (2007). Family factors of Internet addiction and substance use experience in Taiwanese adolescents. *CyberPsychology & Behavior, 10*(3), 323-329.

Young, K. (1998). *Caught in the Net.* New York: John Wiley & Sons.

Young, K. (1999). Internet addiction: Symptoms, evaluation, and treatment. In L. VandeCreek & Jackson (Eds.), *Innovations in clinical practice: A source book* (Vol. *17*). Sarasota, FL: Professional Resource Press. Retrieved October 10, 2009, from http://www.netaddiction.com/articles/symptoms.pdf

Young, K. (2007). Cognitive behavior therapy with Internet addicts: Treatment outcomes and implications. *CyberPsychology & Behavior, 10*(5), 671-679.

# 15
# Pensamentos finais e futuras implicações

**KIMBERLY S. YOUNG e CRISTIANO NABUCO DE ABREU**

Como vivemos em mundo em que dependemos cada vez mais da tecnologia, é difícil determinar a diferença entre necessidade e dependência. Há momentos em que é necessário usar a tecnologia de forma significativa e produtiva. Além disso, vivemos em uma fase da história em que o conhecimento já não é passivamente absorvido pelo indivíduo; isto é, hoje em dia podemos agir e interagir com a informação, de modo a estabelecê-la como uma nova expressão da nossa realidade pessoal e social. Isso nos transforma em testemunhas de uma das maiores mudanças na história da ciência: a possibilidade de interagir em tempo real com pessoas e informações. Embora sejam muitas as descrições do impacto de internet na vida moderna, um dos maiores impactos que podem ser citados é a progressiva mudança dos *mores* (do latim, costumes) que regulam e governam o comportamento humano. Há menos de duas décadas, nenhum adolescente consideraria a possibilidade de compartilhar com alguém a experiência de seu mais recente encontro sexual, mas hoje detalhes dessas experiências são blogados de forma a permitir que milhões de pessoas tenham acesso a eles. Em vez de aproximar as pessoas da informação, a internet está contribuindo para a criação de novas formas de relacionamento (e existência), para dar apenas um exemplo. O conceito de intimidade, portanto, está ganhando novas dimensões. Mais do que nunca, então, as regras que governam os relacionamentos humanos estão sendo diretamente influenciadas pela vida virtual. A boa notícia é que avançamos a passos gigantescos rumo ao futuro. A má notícia é que talvez não estejamos bem preparados para lidar com isso.

Assim, o objetivo deste livro não é se concentrar nos aspectos negativos do uso de internet ou das tecnologias móveis. Talvez as novas tecnologias sejam apenas um novo estágio das nossas vulnerabilidades pessoais; portanto, o livro não está tentando demonizar a tecnologia. Ele está salientando que confiar demais na tecnologia para preencher necessidades emocionais, psicológicas e sociais é um sério perigo. Embora muitos dos transtornos mentais atualmente observados existam há muito tempo – por exemplo, os *vomitoria* romanos (lugares usados para vomitar depois de participar de banquetes) podem ter sido uma manifestação inicial de bulimia nervosa, assim como algumas religiosas da Idade Média que jejuavam para atingir a santidade (por exemplo, Sta. Catarina de Siena) podem, na verdade, ter encenado os primeiros atos do que seria considerado, no futuro, anorexia nervosa –, a dependência de internet e de novas tecnologias jamais esteve presente antes. Consequentemente, seu entendimento e análise ainda estão sob o escrutínio de pesquisadores e terapeutas.

Por exemplo, o *BlackBerry* é um *must-have*, uma invenção que somos quase obrigados a ter. Surgiu um jargão em torno desses aparelhos, e os usuários pesados chamam a si mesmos de "dependentes de *CrackBerry*", referindo-se à forma de cocaína altamente adictiva. O olhar subreptício para baixo, a cabeça inclinada, para verificar os *e-mails* durante uma reunião, isso é conhecido como a "prece *BlackBerry*".

Embora muitos usuários digam que possuir um *BlackBerry* os torna mais eficientes, alguns pesquisadores – e alguns cônjuges, também – dizem que os aparelhos *wireless* oferecem aos seus donos novas maneiras de se distraírem, o que frequentemente incomoda quem está por perto. O crescimento aparentemente exponencial da tecnologia portátil desperta o medo de que as pessoas estejam se tornando dependentes de ou sendo engolfadas por essas engenhocas e seu uso. Uma consequência importante desse fenômeno é que a linha que divide vida profissional e privada está bem mais tênue, agora que o *e-mail* e os telefones celulares permitem o contato entre o chefe e a equipe 24 horas. Isto é, a antiga vida privada perdeu a intimidade total de antes. Além disso, os especialistas acreditam que até mesmo o processo de tomada de decisão da pessoa comum pode ser adversamente influenciado. No entanto, outros pensam que o bombardeamento de várias comunicações pode aumentar a capacidade do cérebro de processar a informação.

Os pesquisadores estão preocupados com o potencial de dependência dos aparelhos móveis que levamos nas mãos e seu efeito sobre os processos de tomada de decisão. Eles temem que as pessoas percam seu julgamento espacial enquanto os usam, de modo que em vez de passar pela porta você entra de cabeça nela. Ficamos mais propensos a acidentes de carro quando estamos dirigindo. Devido a esse perigo, vários Estados estão criando leis proibindo as pessoas de escreverem textos enquanto dirigem. A realidade é que levamos conosco a tecnologia portátil para todos os lugares e, como em qualquer outra dependência, quanto mais tempo gastamos usando essa tecnologia, menos tempo passamos com amigos ou com a família.

Algumas pessoas temem a "sobrecarga de interrupções" e a "contínua atenção parcial" associadas ao uso do *BlackBerry*. A nossa capacidade de fazer múltiplas tarefas ao mesmo tempo nos impede de estar totalmente presentes na tarefa do momento. Ser forçado a desviar a atenção para mensagens que nos interrompem pode provocar perda de memória e diminuir a precisão da memória, além de contribuir para um estado de anestesia ou amortecimento emocional. A tecnologia dificulta a tomada de decisões, por causa dessa divisão mental da atenção e memória do nosso cérebro.

É fácil descartar a dependência de tecnologias móveis como algo inofensivo. Vivemos em um mundo que estimula intensamente o uso do telefone celular, especialmente entre adolescentes. Entretanto, novos estudos descobriram que os dependentes de telefone celular podem ser seriamente atingidos no nível psicológico – mas como eles não demonstram nenhum sintoma físico, sua dependência passa despercebida, contrariamente ao que se observa no uso abusivo do álcool ou outras substâncias. Cerca de 40% dos jovens adultos admitem usar seus celulares por mais de quatro horas por dia. A maioria deles diz que passa "várias horas por dia" ao telefone. Muitos ficam "profundamente chateados" se perdem chamadas ou mensagens, e alguns dizem que escutam o toque do telefone quando de fato não receberam nenhuma chamada. De modo geral, os dependentes de aparelhos móveis tendem a negligenciar atividades importantes (de trabalho ou estudo), se afastam dos amigos e da família mais próxima, negam o problema e pensam constantemente no aparelho quando não o têm em seu poder. A maioria dos dependentes de aparelhos móveis são pessoas com baixa autoestima, que têm dificuldade em desenvolver relacionamentos sociais e sentem uma urgência de estarem constantemente conectados e em contato com outros. Eles podem ficar extremamente perturbados quando privados dos aparelhos, e desligá-los pode provocar ansiedade, irritabilidade, transtornos do sono ou insônia, e inclusive tremores e problemas digestivos. É comum que os donos "humanizem" esses aparelhos com nomes e também se sintam seguros e apoiados quando estão com eles.

Para se livrar da dependência de tecnologia, seja qual for a sua forma – Facebook, mensagens de texto, *role-playing games*, pornografia virtual ou verificação de *e-mails* – o âmago da recuperação é o entendimento de novas maneiras de se relacionar com as outras pessoas.

Ao longo de todo este livro há um tema comum: a tecnologia facilitou novos meios para obtermos informações e nos conectarmos com os outros. Para aqueles que sofrem de depressão, ansiedade, fobia social ou síndrome de Asperger, as conexões fornecem maneiras diferentes de desenvolver e manter relacionamentos. Mídias sociais como o Facebook ou MySpace reproduzem o modelo de como as relações se formam no mundo real, e transmitem essa informação através de um conjunto de aplicações que permitem às pessoas compartilhar informações, fotos ou vídeos de eventos. Em vez de tentar criar uma comunidade, as redes sociais tentam criar novas conexões. Para quem tem dificuldade em se conectar no mundo real, a comunicação virtual certamente é uma alternativa. Isso é importante. Do princípio ao fim do livro, vários capítulos mostram como a interatividade da comunicação e das aplicações virtuais constitui uma fonte considerável de comportamento dependente. Crianças e adolescentes jogam a um ponto excessivo *role-playing games* com múltiplos usuários. Adultos participam de comunidades virtuais, como o Second Life, a um ponto excessivo. Esses são alguns exemplos ilustrados no texto. Isso mostra que a interatividade dos aplicativos da internet é extremamente compelidora.

E a dependência excessiva da tecnologia também cria novos problemas sociais, à medida que as pessoas se retraem socialmente, não gostam de encontrar pessoas na vida real, evitam trabalhar em equipes colaborativas e temem contatos face a face, preferindo a comunicação virtual. Talvez isso explique por que as redes sociais cresceram exponencialmente nos últimos anos. É possível que nesses espaços as pessoas se sintam mais escutadas ou expressem mais facilmente suas dificuldades e ansiedades pessoais.

Podemos ver como a internet mudou a nossa maneira de viver. Nós pesquisamos, reservamos hotéis, compramos passagens aéreas, fazemos compras, mantemos contato instantaneamente com a família e os amigos, desenvolvemos novas amizades e relacionamentos. É difícil diferenciar o uso saudável do não saudável devido à sua utilidade como ferramenta produtiva. Examinamos grande parte das pesquisas recentes que se concentram nas áreas mais problemáticas do uso de internet – que são as áreas de aplicações interativas, tais como jogos do tipo *role-playing games*, salas de bate-papo sexuais ou *sites* pornográficos interativos ou *sites* de jogos de azar para múltiplos apostadores – para ajudar os terapeutas a compreenderem as razões mais comuns que estão levando os indivíduos a buscar tratamento. Esses estudos nos fornecem conceitos teóricos para orientar o processo de avaliação e o planejamento do tratamento.

O livro examina várias estratégias de tratamento, que variam de acordo com a idade do cliente, o problema apresentado e a situação individual. Esse tipo de especificidade é extremamente relevante quando tratamos uma pessoa dependente de internet. Na prática clínica, um adolescente de 16 anos dependente de jogos do tipo *role-playing games* pode precisar de uma abordagem terapêutica diferente da indicada para um homem de 50 anos dependente de pornografia virtual. Essas variáveis foram detalhadas e explicadas ao longo do livro, permitindo que os terapeutas o utilizem como um guia de referência quando encontrarem clientes com uma ampla variedade de problemas e preocupações relacionados à internet. Mesmo se o cliente buscar tratamento para depressão ou ansiedade, quando a internet for um fator nessas outras condições psiquiátricas, o terapeuta poderá utilizar essas informações para facilitar o plano de tratamento.

Como em outras dependências, na de internet o tratamento frequentemente é necessário para que a pessoa se recupere totalmente, pois muitas vezes a "retirada abrupta e total da droga" (*go cold turkey*) simplesmente não é suficiente. Ter um profissional com quem conversar permite ao cliente explorar os problemas mais profundos que levaram ao comportamento virtual desadaptativo ou não saudável. A tecnologia e a internet podem ser sintomas de outros problemas que a pessoa está vivenciando. O terapeuta precisa ajudar o cliente a tratar esses problemas, a identificar novos objetivos e a aprender novos comportamentos e/ou respostas. Enquanto isso, nós, como clínicos, continuamos aprendendo a avaliar e tratar melhor os impactos do uso exagerado. Embora estejamos profundamente comprometidos como profissionais, o nosso conhecimento ainda é embrionário. Os terapeutas, fundamentalmente, precisam ajudar os clientes a compreender por que usam a tecnologia, e se ela é para eles uma maneira de evitar ou escapar de um problema real.

Os terapeutas variam muito em termos do seu nível de formação e treinamento, do tipo de educação e experiência que tiveram, e do conhecimento que possuem a respeito de internet e da tecnologia. Não é raro encontrarmos profissionais que afirmam ser totalmente ignorantes em relação a essas novas patologias, mas, lentamente, estão surgindo profissionais especializados e treinados nessa área. E é por essa razão que este livro apresenta um exame abrangente da dependência de internet, dependência de tecnologia e do impacto global que a tecnologia tem sobre o comportamento humano. As informações contidas no livro ajudam os terapeutas a conhecer e apreciar o papel da tecnologia na vida do cliente. O livro também abre uma discussão importante sobre como a tecnologia pode ter uma influência emocional e psicológica profunda.

Constatamos que a internet não é uma ferramenta benigna – ela é tecnologia. Seu uso inadequado tem consequências que podem requerer uma intervenção clínica. Também constatamos que em casos extremos pode ser necessário um atendimento de internação. Interessantemente, dependentes de todas as ocupações e posições sociais supõem, erroneamente, que basta parar o comportamento para dizer "estou recuperado". Uma recuperação completa envolve muito mais do que simplesmente se abster de internet. Recuperar-se completamente significa tratar os problemas subjacentes que levaram ao comportamento e resolvê-los de maneira sadia; de outra forma, provavelmente haverá uma recaída. Este livro descreve como o uso de internet compulsivo frequentemente tem origem em outros problemas emocionais ou situacionais, como depressão, transtorno de déficit de atenção/hiperatividade, ansiedade, estresse, problemas de relacionamento, dificuldades escolares, problema de controle dos impulsos ou abuso de substâncias. Apesar de a internet ser uma distração conveniente desses problemas, ela pouco faz para realmente ajudar a pessoa a lidar com as questões subjacentes que levaram ao comportamento compulsivo.

Enquanto escrevemos isso, novos centros de tratamento de internação estão abrindo no mundo todo e nos Estados Unidos, tais como o programa re-Start de Redmond, Washington. Esse é um centro de internação, por um período de 45 dias, completamente dedicado à recuperação da dependência de internet. Geralmente, os dependentes recusam tratamento até ficarem com grandes dívidas, estarem prestes a perder (ou terem perdido) o emprego, enfrentarem acusações legais, serem ameaçados de divórcio ou separação, ou estarem pensando em suicídio. Quando os problemas se tornam assim tão graves, é importante procurar ajuda profissional para uma avaliação. Alguns dependentes precisam de mais tempo, outros de menos, de modo que as recomendações serão feitas após uma avaliação inicial. Na maioria dos casos, um programa de tratamento ou centro de internação se ajustará especificamente às necessidades do cliente, podendo o tratamento ser individual, de grupos educacionais e de terapia familiar, para gerenciar e tratar da melhor maneira os sentimentos intensos presentes na dependência.

A necessidade de estar conectado pode ser tão poderosa que o tratamento talvez exija uma espécie de programa de desintoxicação. Da mesma maneira que um alcoolista passa por um programa de desintoxicação para largar totalmente a bebida (*dry out*), o uso de internet excessivo pode exigir programas de desintoxicação como o do Video Game Detox Center, nos Países Baixos. Embora o conceito de desintoxicação como parte da recuperação do alcoolismo seja bem compreendido, sua aplicação à internet ainda é uma intervenção relativamente nova, mas que precisa ser explorada em casos graves e intensivos.

Com a crescente popularidade de internet, a maior consciência no campo da saúde mental ajudará os terapeutas a fornecer um atendimento especializado para o cliente dependente de internet. Uma vez que esta é uma dependência nova e muitas vezes ridicularizada, os indivíduos podem ficar relutantes em buscar tratamento, temendo que o terapeuta não leve a sério suas queixas. Os centros de reabilitação para drogas e álcool, as clínicas comunitárias de saúde mental e os terapeutas com consultório particular devem estar cientes das ramificações negativas do uso de internet compulsivo e reconhecer seus sinais, que podem ser facilmente mascarados por condições comórbidas ou pelo uso legítimo de internet.

Embora este livro seja um dos primeiros recursos abrangentes para o exame empírico da dependência de internet, o campo ainda é muito novo e os pesquisadores devem continuar investigando seu impacto, fatores de risco e efeitos de tratamentos. As futuras pesquisas também devem comparar sistematicamente as modalidades de tratamento, tais como terapia cognitiva, modificação do comportamento, psicanálise, terapia da *Gestalt*, terapia interpessoal, aconselhamento de grupo ou aconselhamento *in vivo* dentro das comunidades virtuais, para determinar seu impacto e eficácia terapêutica para essa nova população de clientes. Os futuros estudos também precisam investigar as diferenças de tratamento para os vários tipos de abuso de internet nas diversas modalidades terapêuticas. Os estudos devem examinar se os resultados terapêuticos variam de acordo com cada subtipo. Metodologicamente, os resultados podem ser tendenciosos, já que muitos estudos dependem de dados autorrelatados para avaliar a mudança no comportamento virtual, no *status* de saúde psicológica e no funcionamento social. Uma vez que os relatos do cliente podem ser inexatos, os estudos precisam incluir o requerimento de que esses relatos sejam verificados por parentes ou amigos próximos e/ ou pelo monitoramento periódico, para garantir uma maior fidedignidade dos dados autorrelatados. Finalmente, na medida em que o campo da saúde mental dedicar mais recursos à recuperação da dependência de internet, as investigações futuras precisam avaliar o impacto de tratamentos específicos na recuperação de longo prazo. Sabemos que muitas formas de psicoterapia são comprovadamente efetivas a curto prazo, mas não são eficazes a longo prazo. Tradicionalmente, programas terapêuticos para o alcoolismo e o abuso de drogas oferecem aos pacientes um misto de abordagens de tratamento. Uma nova estratégia, muito promissora, é utilizar com cada paciente uma intervenção específica para as suas necessidades. Dessa mesma maneira, definir os tipos de dependência de internet que respondem melhor a cada tratamento pode aumentar a efetividade dos resultados, e essa "combinação" provavelmente aumentará a chance de uma recuperação duradoura.

Para desenvolver programas eficientes de recuperação temos de continuar pesquisando e entender melhor as motivações subjacentes da dependência de internet. Essas pesquisas também devem examinar o papel que doenças psiquiátricas como depressão ou transtorno obsessivo-compulsivo desempenham no estabelecimento do uso compulsivo de internet. Estudos longitudinais podem revelar como traços de personalidade, dinâmica familiar, aspectos culturais ou habilidades interpessoais influenciam a maneira de usar a internet. Por último, são necessários mais estudos de resultados que determinem a eficácia de abordagens terapêuticas específicas para a dependência de internet e comparem esses resultados com as modalidades tradicionais de recuperação. Isso vale especialmente para as várias populações que sofrem o impacto da dependência de internet – crianças *versus* adultos, por exemplo.

O principal tema enfatizado em todos os capítulos do livro e no nosso capítulo final é a prevenção. A prevenção da dependência de internet é o elemento-chave. Podemos ver como a prevenção está bem estabelecida na dependência de álcool e drogas. Sabemos que a conscientização ajuda na prevenção de muitos transtornos médicos. Compreendemos que a prevenção funciona. Prevenção e conscientização também desempenham um papel significativo nas condições relacionadas à internet. Se pudermos instituir mais programas de conscientização da dependência de internet, as pessoas deixariam de acreditar que ela é uma ferramenta inofensiva. Conforme os vários autores e colaboradores deste livro salientaram, a internet e a tecnologia em geral têm um impacto potencial. Esse impacto certamente pode ser positivo e, afirmamos novamente, este livro não pretende demonizar a internet e a tecnologia, mas, sem dúvida, ele adota a visão de que estabelecer programas de computação responsável para ajudar as pessoas a compreender os possíveis aspectos negativos melhorará as consequências.

A nossa esperança é que o livro ajude os terapeutas em seu trabalho neste campo, que ainda é novo e está em desenvolvimento. A dependência de internet aumentou tremendamente desde que foi identificada, em 1996, na American Psychological Association. Este é um campo com um impacto imenso. Quase todas as pessoas utilizam a internet, em todo o mundo, pelas mais variadas razões. Ainda engatinhando, a internet em si cria um grande impacto em nossas vidas. Estamos apenas começando a entender seu potencial completo. A jornada por essa estrada tem sido incrível. Com suas muitas aplicações, a internet tem facilitado a nossa vida de muitas maneiras. Ela também tem dificultado a nossa vida por seu potencial de dependência. Só podemos esperar que esse novo conhecimento estimule mais pesquisas, para compreendermos melhor o futuro da tecnologia e como ela continuará influenciando a nossa maneira de viver.

Antes de concluir, gostaríamos de agradecer a todas as pessoas, de países tão diferentes, que colaboraram com este livro e participaram dessa tarefa de equipe, com o objetivo comum de aumentar e aprimorar o conhecimento e as terapias para o tratamento da dependência de internet. Agradecemos também à John Wiley e Sons por acreditar em nosso projeto e nos dar todo o apoio necessário.

# Índice onomástico

Abbott, M. W., 119
Aboujaoude, E., 20-21, 50-51, 169, 177-178
Abreu, C. N., 191, 192-193n2, 195-197, 200-203, 207, 209, 317
Adlaf, E., 120-121
Afifi, W. A., 242-243
Ahia, C. E., 217-218
Albrecht, U., 302-303
Alexander, A., 80-81
Alexander, C., 58-59
Allen, A., 39-40, 193-194
Allgeier, E., 236-237
Allison, S. E., 109-110
Altamura, A. C., 39-40, 193-194
Amichai-Hamburger, Y., 60
Amos, C., 253
Anand, A., 21-22
Andrews, J. A., 292-293
Angelopoulos, N. V., 277-278
Arias-Carrión, O., 173-174
Armstrong, L., 275-276
Ary, D., 292-293
Atwood, J. D., 48-49

Bacaltchuk, J., 193-194
Baer, J. S., 90, 270-271
Bai, Y.-M., 20-21
Bandura, A., 81-84, 90
Bangert-Drowns, R. L., 286-287
Bargees, Z., 50-51
Bargh, J. A., 55-57, 66-67, 232
Barker, J. C., 292-293
Barnes, A., 120-123
Barossi, O., 200-201, 207, 209
Barrows, J. R., 57-58
Barth, G., 294-295, 299-300
Baumeister, R. F., 93-94, 274-277

Beard, K. W., 38-40, 105, 212-226
Beard, K., 192-193
Beck, A. T., 47-48
Becker-Blease, K. A., 103-104
Beher, S., 293-295
Belland, J. C., 169
Belsare, G., 267-268, 270-271, 273
Ben-Artzi, E., 60
Bergmann, W., 297-298
Besser, A., 55-57
Bessière, K., 103-104, 108-109
Betzelberger, E., 247
Bier, L., 247
Bilt, J. V., 202-203
Black, D. W., 169, 193-194
Black, D., 267-268, 270-271, 273
Blinka, L., 98-104, 109-113, 253
Block, J. J., 32-33, 39-40, 247, 254, 268, 270-271
Block, J., 172-173, 201-203
Boies, S., 177-178, 180-181, 182-183
Borzekowski, D. L. G., 92
Botvin, G., 270-271, 285-286
Brady, K. T., 170-171
Braimiotis, D. A., 277-278
Broda, A., 120-121
Brook, J. S., 292-293
Brown, S. A., 293-294
Brunet, P., 251-252
Brunsden, V., 223-224
Bryant, C. D., 235-236
Buchanan, J., 234-235
Buoli, M., 193-194
Burg, R., 144, 149-150, 176
Burgess, A. W., 213-214
Burgoon, J. K., 63-64
Buss, D. M., 233

Caci, B., 39-40, 256-257
Camacho, T., 247
Caplan, M., 285-286
Caplan, S. E., 22-23, 25-26, 29, 47-48, 55-63, 67-72, 91, 193-194, 223-224
Carmona, F. J., 195-197
Carnes, P. J., 149-150, 152-153, 155
Carr, A. N., 231-233, 243-244
Case, D., 63-64
Catalano, R. F., 286-287
Cavanaugh, D. J., 213-214
Cavanaugh, L., 236-237
Chak, K., 56-57, 202-203
Chang, G., 20-21
Chappell, D., 100-102
Charlton, J. P., 105
Charney, T. R., 81-83
Chen, 294-295
Chen, C. C., 218-219, 222-224, 293-294, 300-301, 305
Chen, C., 221-223
Chen, C.-C., 268, 270, 273
Chen, C.-S., 273
Chen, J.-Y., 20-21
Chen, S. H., 218-219, 222-224, 293-294, 300-301, 305
Chen, S., 221-223
Chen, S.-H., 268, 270
Cheng, 294-295
Chester, A., 67-68
Cheung, C. M. K., 86-87
Chih, 294-295
Chih-Hung, K., 173-174
Chiou,W. B., 195-197
Chiou,W.-B., 99, 103-104, 106-107, 109-110
Cho, C. B., 216-217
Choi, J. Y., 220
Choi, K. S., 273, 285-286
Chou, C., 169
Chou, T., 106-107
Chrismore, S., 247
Christie, B., 63-64
Christofides, E., 240-241
Chuan, S. L., 66-67
Chung, C. S., 274-277
Chung, W. L., 305
Chung, W., 221-223
Cincera, J., 50-51
Cloutier, M., 132-133
Coi, J. D., 287-288
Cole, H., 101-102, 107-108
Coleman, E., 149-150, 162-163
Condron, L., 169
Connell, D. B., 286-287

Constantine, R., 119
Cooper, 20-21
Cooper, A., 144, 148-150, 176-178, 180-183, 234-235
Cooper, G., 136-137
Cooper, R., 295-297
Croquette-Krokar, M., 299-300
Crossland, C. L., 285-286
Cui, L. J., 21-22
Culnan, M. J., 63-64
Currie, D. H., 213-214
Cutrona, C. E., 29

D'Amico, A., 39-40, 256-257
Dafouli, E. D., 277-278
Daft, R. L., 63-64
Dakof, G. A., 224-225, 293-294
Danforth, I. D. W., 105
Davies, M. N. O., 100-102
Davis, K. E., 58-59, 70-71
Davis, R. A., 22-26, 47-48, 55-57, 61-62, 67-71, 192-193, 200-201, 223-224
Davis, R., 274-276
de Zwaan, M., 193-194
Dedmon, J., 48-49
DeFriese, G. H., 285-286
Dell'Osso, B., 28, 39-40, 193-194, 200-201
Delmonico, D. L., 144, 149-153, 155-156, 158-160, 162-164, 176
Derevensky, J., 126-127
Desmarais, S., 240-241
Detenber, B. H., 66-67
Di Blasi, M., 39-40, 256-257
Di Chiara, G., 28
Dombrowski, S. C., 217-218
Donovan, D. M., 90, 270-271
Dowell, E. B., 213-214
Dowling, N. A., 38-39
Downing, L. L., 148-149
Dryfoos, J. G., 285-286
Dunham, P. J., 63-64
Dunthler, K.W., 66-69
Durkin, K. F., 235-236

Eastin, M. S., 25-26, 55, 78-79, 81-83, 85-90, 213-214, 221-222
Eidenbenz, F., 292-296, 300-302
Ekman, P., 66-67
Elias, M. J., 285-287
Ellison, N. B., 67-68
Eng, A., 270-271
Engels, R. C. M. E., 55, 181-182
Erens, B., 119-121, 137-138
Erwin, B. A., 60, 62-63, 67-68

Falato, W. L., 242-243
Fallows, D., 251-252
Farnsworth, W. F., 120-123
Ferraro, G., 39-40, 50-51, 256-257
Ferris, J., 48-49, 181-182
Ferster, C. B., 170-171, 180-181
Festinger, L., 159n4
Figlie, N. B., 192-193n3
Finkelhor, D., 60, 103-104, 162-163
Fitness, J., 233
Fitzsimmons, G. M., 66-67
Flanagin, A. J., 81-83
Fleming, M., 251-252
Flett, G. L., 55-57
Floyd, K., 231
Foehr, U. G., 162-163
Fresco, D. M., 60
Fries, M., 92
Friesen, W. V., 66-67

Gamel, N., 20-21, 50-51, 169
Gammer, C., 306-307
Garretsen, H. F. L., 88-89
Gavin, J., 231
Gibbs, J. L., 67-68
Gilding, M., 67-68
Gleason, M. E. J., 231
Góes, D. S., 191, 200-203, 207, 209
Goldberg, I., 268, 270
Goldsmith, T. D., 36
Gonçalves, O. F., 205-206
Gonggu. Y., 218-219, 222-223
Gordon, B., 182-183
Götestam, K. G., 277-278
Grant, J. E., 162-163
Green, A. S., 148-149, 231
Greenbaum, P. E., 224-225, 293-294
Greenberg, B. S., 81-83
Greenfield, D. N., 20-21, 23-24, 169, 171-184, 256-257
Greenfield, D., 37-38, 43-44
Greenfield, P., 214-215
Gregg, J., 55
Griffin, E. J., 144, 152-153, 155-156, 158-160, 162-164
Griffin-Shelley, E., 234-235
Griffiths, M. D., 100-105, 107-108, 110-112, 119-133, 135-139, 267-268, 270
Griffiths, M., 223-224, 277-278
Grohol, J. M., 296-297
Gross, E. F., 213-215, 221-223
Grüsser, S. M., 105
Grüsser, S., 300-303

Gupta, R., 126-127
Gurevitch, M., 78-80
Gwynne, G., 67-68

Ha, J. H., 273
Ha, J., 248-249
Haas, H., 78-80
Hahn, A., 296-302
Hall, A. S., 23-26, 48-49
Hall, M. N., 202-203
Hamid, Z., 293-294
Hampton, K., 232
Hancock, J. T., 63-64
Hantula, D. A., 60
Hao, X., 25-26
Harris, J., 292-293
Hartwell, K. J., 170-171
Harwood, R. L., 285-286
Hawkins, J. D., 286-287
Hay, P. P., 193-194
Hayer, T., 119
Heath, A. W., 221-222, 225-226
Heimberg, R. G., 60
Heino, R. D., 67-68
Henderson, C. E., 224-225, 293-294
Henderson, S., 67-68
Hennen, J., 149-150
Hertlein, K. M., 241-242
Hian, L. B., 66-67
Hiemstra, G., 69
High, A. C., 25-26, 29, 55
High, A., 67-68, 70-71
Hinduja, S., 214-215
Hirt, S. G., 86-87
Holahan, C., 50-51
Hollander, E., 39-40, 173-174, 193-194
Hong-Zhuan, T., 217-218
Hops, H., 292-293
Huang, Z., 197-199
Hung, G., 292-293
Hur, M. H., 50-51
Hütter, G., 297-298
Hwang, S. Y., 220

Ialomiteanu, A., 120-121

Jacobvitz, R., 80-81
Jäncke, L., 295-296, 301-302
Jang, K. S., 220, 222-223
Jason, L. A., 92
Jerusalem, M., 296-302
Jessor, R., 285-286
Jin, J., 212, 222-223
Jin, R. J., 197-199

Jin-cheng, M., 212, 222-223
Jin-Qing, Z., 217-218
Johansson, A., 277-278
Johnson, R. D., 148-149
Joinson, A. N., 240-241
Joinson, A., 126-127

Kafka, M. P., 149-150, 161-163
Kanfer, F., 306-307
Kaplan, S., 120-122
Karam, R. G., 201-203
Karim, R., 162-163
Kashyap, P., 193-194
Katz, E., 78-80
Keck, P. E., Jr., 36
Kelly, D. M., 213-214
Kendall, L., 98, 107-108
Kennedy, D., 236-237
Kessler, R. C., 270-271
Khazaal, Y., 39-40, 256-257
Khosla, U. M., 36
Kiesler, S., 63-64, 103-104, 108-109, 181-182
Kim, C. T., 270-271
Kim, D. I., 270-271
Kim, H. S., 285-286
Kim, H., 58-59, 70-71
Kim, J. H., 84, 87-89, 91-92
Kim, J. Y., 216-217
Kim, K. H., 273
Kim, S. H., 267-268
Kim, S. W., 162-163
Kimkiewicz, J., 181-182
Kivlahan, D. R., 90, 270-271
Kleimann, M., 297-298, 301-302
Klein, M., 233
Ko, C. H., 202-203, 218-219, 222-224, 293-294, 300-301, 305
Ko, C., 221-223
Ko, C.-H., 103-104, 268, 270, 273, 275-276, 286-287
Koo, H. J., 267-268
Koran, L. M., 20-21, 50-51, 169
Korgaonkar, P., 81-83
Kramer, N. C., 220
Krant, R., 30
Kratzer, S., 296-297
Kraut, R., 181-183, 273
Kubey, R., 80-81
Kubey, R.W., 57-58
Kuo, F. Y., 197-199
Kuperman, S., 293-294
Kwon, H. K., 280-281
Kwon, J. H., 267-268, 273-277, 280-281

LaBrie, R. A., 120-122
Ladd, G. T., 121-122
Ladouceur, R., 132-133
Lajunen, T., 212
Lam, L. T., 212, 222-223
Langer, E. J., 128-129
LaPlante, D. A., 121-122
Large, M. D., 20-21, 50-51, 169
LaRose, R., 25-26, 55, 77-94
Lavin, M. J., 57-58
Lea, M., 63-67
Ledabyl, O., 99-101, 110-113, 253
Lee, H. C., 281-282
Lee, J., 274-277
Lee, K., 20-21
Lee, M., 50-51
Lee, S. J., 270-271
Lee, S. Y., 273
Lee, Y. K., 276-277, 285-286
LeMasney, J. W., 217-218
Lengel, R. H., 63-64
Lenhart, A., 213-216
Leon, D., 267-268
Leung, L., 48-49, 56-57, 88-89, 181-182, 202-203
Li, Y., 217-218, 222-223
Liddle, H. A., 224-226, 293-294
Liese, B. S., 47-48
Limayem, M., 86-87
Lin, C. A., 55, 78-79, 86-90
Lin, C., 78-79
Lin, C.-C., 20-21
Lin, H.-C., 103-104
Lin, S. J., 273
Lin, X. H., 31-32
Liu, C. Y., 197-199
Liu, T., 277-278
Lo, 251-252
Loeber, R., 293-294

MacPhail-Wilcox, B., 285-286
Madden, M., 213-214
Maheu, M., 177-178, 180-181, 234-235
Mahoney, M. J., 205-206
Marazziti, D., 39-40, 193-194
Marín, D., 195-197
Markus, M. L., 63-64
Marlatt, G. A., 90, 223-224, 270-271
Mason, E. F., 286-287
Mastro, D., 25-26, 55, 81-83, 88-89
Matthews, N., 120-123
McCormick, J. W., 220
McCormick, N. B., 220
McDowell,W., 253

McElroy, S. L., 36
McGuire, T. W., 63-64
McIlwraith, R., 80-81
McKenna, K. Y. A., 55-57, 66-67, 148-149, 231-232
McMurran, M., 223-224
McMurren, M., 39-40, 256-257
Meerkerk, G. J., 88-89
Meerkerk, G., 55
Meerkerk, G.-J., 181-182
Meira, S., 200-201, 207, 209
Merten, M. J., 213-222
Mesch, G. S., 105
Metzger, M. J., 81-83
Meyer, G., 119
Mileham, B. L. A., 235-236
Miller, J. A., 151-153, 155
Miller, J. Y., 286-287
Miller,W. R., 43-44
Miner, M. H., 149-150
Mitchell, K. J., 58-60, 103-104, 162-163
Mitchell, L., 119
Mittal, V. A., 58-59
Morahan-Martin, J., 20-21, 29, 55-58, 60-63, 67-68, 220
Mössle, T., 297-298, 301-302
Mott, M. A., 293-294
Mottram, A., 251-252
Mouzas, O. D., 277-278
Mueller, A., 193-194
Muise, A., 239-241
Müller, K., 299-300
Munsch, S., 193-194
Myers, M. G., 293-294

Nalwa, K., 21-22
Nam, B. W., 273, 285-286
Nelson, S. E., 121-122
Newell, J., 87-88
Newman, C. F., 47-48
Ng, B. D., 99-101
Ngai, S. S., 56-57
Nielsen, P., 299-300

O'Mara, J., 234-235
O'Sullivan, P. B., 67-68
Oravec, J. A., 221-222
Orbell, S., 91
Orford, J., 119-121, 137-138
Orzack, M. H., 23-24, 37-38, 43-44, 176, 180-181
Orzack, M., 299-300

Palmgreen, P., 79-81

Papacharissi, Z., 78-83
Park, C. K., 270-271
Park, S. K., 216-218
Parke, A., 120-121, 123-124, 135-136, 138-139
Parke, J., 120-124, 126-127, 131-133, 135-136
Parker, T. S., 235-237, 242-243
Parks, M. R., 63-66, 231
Parsons, J., 23-26, 48-49
Patchin, J. W., 214-215
Payá, R., 192-193n3
Peele, S., 22-23, 32-33
Pelletier, M., 132-133
Peltoniemi, T., 181-182
Peng, S.-Y., 99, 106-107
Peng, W., 84, 87-89, 91-92
Peplau, L. A., 29
Peter, J., 56-57, 60
Petersen, K., 299-300, 305, 310-311
Petry, J., 297-300
Petry, N. M., 121-122
Phillips, J. G., 88-89, 275-276
Piercy, F. P., 241-242
Pigott, S., 119
Pomerantz, S., 213-214
Pöppel, E., 173-174
Postmes, T., 63-66
Potenza, M. N., 277-278

Quigley, L., 241-242
Quirk, K. L., 38-39

Rainie, L., 213-214
Ramirez,A., Jr., 63-64
Rau, P.-L. P., 99, 106-107
Raymond, N. C., 149-150, 162-163
Rehbein, F., 297-298, 301-302
Reicher, S. D., 63-64
Reinercker, H., 306-307
Resnick, M. D., 293-294
Retzlaff, R., 293-295
Rice, R. E., 63-64
Rideout, V. J., 162-163
Rigbye, J., 121-122
Roberts, D. F., 162-163
Robinson, T. N., 92
Rodgers, R., 248-249, 251-252
Rodriguez, L. J. S., 195-197
Rogers, R., 30, 55-57
Rollnick, S., 43-44
Roscoe, B., 236-237
Rosengren, K., 79-80
Rotunda, R., 267-268
Rubin, A. M., 78-83
Ruggerio, T. E., 78-79, 81-83

Russell, D., 29
Ryu, E., 273, 285-286

Safran, J., 202-203, 205-206
Sajida, A., 293-294
Saling, L. L., 88-89, 275-276
Schelb, Y., 299-300, 305
Scherer, C., 182-183
Scherer, K., 20-21, 55, 57-58
Scherer, P., 248-249, 251-253, 259-260
Schlippe, A., 293-294, 297-298, 300-301
Schlosser, S., 267-268, 270-271, 273
Schmeichel, B. J., 93-94
Schmelzer, D., 306-307
Schmidt, L., 251-252
Schneider, J. P., 149-150
Schorr, A., 299-300
Schouten, A., 60
Schuler, P., 299-300
Schumacher, P., 20-21, 29, 55-58, 60-63, 67-68
Schumann, A., 121-122
Schwartz, B., 170-171
Schwartz, H., 233
Schwartz, L., 48-49
Schweitzer, J., 293-295, 297-298, 300-301
Seay, F. A., 103-104, 108-109
Sensibaugh, C. C., 236-237
Seo, J. S., 273, 285-286
Serpe, R. T., 20-21, 50-51, 169
Sevcikova, A., 110-112
Sevigny, S., 132-133
Shackelford, T. K., 233
Shaffer, H. J., 121-122, 202-203, 270-271
Shapira, N. A., 70-71, 268, 270
Shapiro, N. A., 36, 38-39
Shaw, J., 234-235
Shaw, M. Y., 169
Shaw, M., 193-194
Shek, 251-252
Shin, M. S., 276-277, 285-286
Short, J., 63-64
Siegel, J., 63-64
Simkova, B., 50-51
Siomos, K. E., 277-278
Skinner, B. F., 127-128, 170-171, 180-181
Slovacek, C. L., 66-67
Smahel, D., 98-101, 103-104, 106-114, 214-215, 253
Small, G., 295-296
Smeaton, M., 121-122, 131-132
Song, B. J., 267-268
Song, I., 78-79, 81-83
Sowers, J. G., 285-286

Spears, R., 63-67
Spijkerman, R., 55, 181-182
Spitzer, M., 295-296
Spritzer, D. T., 201-203
Sproston, K., 119-121, 137-138
Stafford, M. R., 81-83
Stafford, T. F., 81-83
Stanton, M. D., 221-222, 225-226
Stefano, S., 193-194
Steffes-Hansen, S., 213-214
Stein, D. J., 193-194
Stone, D., 80-81
Stone, G., 80-81
Stravogiannis, A., 195-197
Subotnik, R., 234-235
Subrahmanyam, K., 214-215
Suhail, K., 50-51
Suler, J., 98, 147-148, 176-178, 180-181, 294-295
Sunnafrank, M., 63-64
Swaminath, G., 21-22
Sydowe, K., 293-295
Syed, I., 293-294

Tang, 251-252
Tao, H. K., 29, 31-32
Tao, R., 25-26, 31-32
Tessner, K. D., 58-59
Thalemann, C., 302-303
Thalemann, R., 105, 300-303
Thiel, R., 299-300, 305
Thomasius, R., 299-300, 305
Tidwell, L. C., 66-67, 232
Tildesley, E., 292-293
Ting, C., 106-107
Tolliver, B. K., 170-171
Toronto, E., 176
Tortu, S., 285-286
Tosun, L. P., 212
Trevino, L. K., 63-64
Trevor, T. M. K., 66-67
Tsai, C. C., 273
Tsao, J. C., 213-214
Turk, C. L., 60
Turkle, S., 98, 109-110, 114-115, 217-218
Turner, R. M., 224-225, 293-294
Turner, R. P., 286-287
Tynes, B. M., 217-218

Vaillant, G. E., 22-23
Valkenburg, P. M., 56-57, 60
van den Eijnden, R. J. J. M., 55, 57-59, 88-89, 181-182
Vermulst, A. A., 55, 88-89, 181-182

ÍNDICE ONOMÁSTICO  **331**

Verplanken, B., 86-87, 91-94
Vesela, M., 110-112
Vik, P.W., 293-294
Vogelgesang, M., 299-300
Vohs, K. D., 93-94
Vorgan, G., 295-296

W¨olfling, K., 299-300
Walker, E. F., 58-59
Wallace, P. M., 55, 57-58
Wallace, P., 147-148
Walsh, S. P., 181-182
Walther, J. B., 56-57, 63-69, 126-127, 232
Wampler, K. S., 235-237, 242-243
Wan, C. S., 195-197
Wan, C.-S., 99, 103-104, 106-107, 109-110
Wang, W., 227
Wardle, H., 119, 137-138
Wardle, J., 120-124
Weiner, J. L., 242-243
Weissberg, M., 176
Weissberg, R. P., 285-287
Wellman, B., 232
Wenner, L., 79-80
Weymann, N., 299-300, 305
Whang, L., 20-21
White, K. M., 181-182
Whitty, M. T., 231-238, 240-244
Whitty, M., 48-49
Widyanto, L., 39-40, 103-104, 223-224, 256-257, 277-278
Wieland, D. M., 192-193
Wiemer-Hastings, P., 99-101
Williams, A. L., 213-222
Williams, D., 57-58
Williams, E., 63-64
Williams, R. J., 120-123
Winter, S., 220
Wolak, J., 60, 162-163
Wolf, E. M., 38-40, 105, 216-220, 222-223
Wolin, L., 81-83
Wolvendale, J., 109-110
Wood, R. T. A., 120-124, 126-127, 131-132, 135-137
Wood,W., 86-87, 92-94
Wright, F. D., 47-48

Wright, K. B., 71-72
Wu, Z. M., 21-22

Xiang-Yang, Z., 217-218, 222-223
Xu, A. H., 21-22
Xuanhui, L., 218-219, 222-223

Yalom, I. D., 260-261
Yan, G. G., 31-32
Yang, C. K., 277-278, 286-287
Yang, C.-C., 99, 106-107
Yang, M.-J., 103-104
Yang, S., 20-21
Yarab, P. E., 236-237
Ybarra, M. L., 58-59, 162-163
Yee, N., 57-58, 99, 101-103, 111-114
Yen, 294-295
Yen, C. F., 223-224, 293-294, 300-301, 305
Yen, C. N., 218-219, 222-224
Yen, C., 221-223
Yen, C.-F., 103-104, 268, 270, 273
Yen, J. Y., 218-219, 222-224, 293-294, 300-301, 305
Yen, J., 221-223
Yen, J.-Y., 103-104, 273
Ying, L., 19, 25-26
Young, K. S., 19-21, 23-26, 30-33, 36-38, 42-43, 45-46, 48-51, 55-58, 148-149, 169, 171-175, 179-182, 192-201, 206-207, 216-226, 234-236
Young, K., 130-131, 248-249, 251-252, 256-257, 267-268, 270, 275-276, 297-301, 317
Young, R. M., 181-182
Yu, Z. F., 267-268
Yue, X. D., 19, 25-26

Zeigarnik, B. V., 178-179
Zhang, L., 253
Zhao, X., 21-22
Zhao, Z., 267-268
Zhong, X. M., 197-199
Zhu, T. M., 197-199
Zimbardo, P., 148-149
Zi-wen, P., 212, 222-223

# Índice remissivo

Abordagem de prevenção baseada no conhecimento, 277-279
Abordagem DREAM de prevenção, 281-282
Abstenção
  de aplicações problemáticas, 42-43, 194-195, 310-311
  no ciclo Parar-Começar da Recaída, 45-46
ACE Cybersexual Addiction Model, 197-200
Acessibilidade, como um fator de dependência de internet, 124-125, 176-179, 185-186
Adolescentes. *Ver também* Estudantes universitários
  afastamento dos relacionamentos de vida real, 216-219, 297-298
  atratividade da anonimidade para os, 212-214, 217-218, 220-222, 294-296
  avaliação clínica da dependência de internet, 218-219, 222-224, 268, 270-271
  bem-estar psicológico dos, 58-60, 220, 273
  benefícios de internet para os, 215-217
  *bullying*/importunação pelos, 213-215
  características dos adolescentes de alto risco, 273-275
  causas de pressão/situacionais de dependência de internet entre, 31-32, 279-281
  comportamentos virtuais, 213-216
  conflito intergeracional com, 105
  dependência de jogos, 100-102, 105, 107-108, 253, 279, 301-311
  desenvolvimento da identidade, 212-214, 220-222, 294-297
  fatores de risco no uso de internet, 220-223
  gen-D (Geração-Digital), 184-186

  identificando os de alto risco, 270-272, 279-281
  influência da dinâmica sistêmica (*ver* Dinâmica sistêmica familiar)
  jogos de azar, 123-124
  planejamento da prevenção de recaída, 263
  prevalência da dependência de internet, 20-22, 253-254, 267-275, 270-273
  prevenção da dependência de internet, 276-288
  problemas de sexo virtual que cercam os, 156, 158, 162-164, 217-218
  problemas de uso de internet, 216-223
  questões sociais no uso de internet, 216-223, 297-298
  relacionamentos pais-filhos/familiares, 105, 197-199, 207, 209, 216-218, 221-223, 287-288, 292-294, 306-313
  revelação de dados pessoais por, 214-215
  sinais de alerta e sintomas de UPI, 218-220
  terapia com, 200-201, 207-210, 222-227, 275-277, 280-284, 292-295, 299-313
  UPI e interação social *online*, 57-60
  uso de *blog* pelos, 215-216
Afirmações a partir do "eu", 199-201, 308-309
Al-Anon, 227, 250-251
Alcoólicos Anônimos, 250-251, 257-258
Alemanha, programa de computação saudável na, 184
Ambiente
  dependência de internet influenciada pelo, 280-281, 301-305
  do local de trabalho, 50-51, 131-133, 248-249, 263
  gerenciamento/modificação do, 158-159, 161, 223-224, 263

## ÍNDICE REMISSIVO

American Society of Addiction Medicine, 257-258
Anjos da guarda, 204
Anonimidade
   atração do adolescente pela, 212-214, 217-218, 220-222, 294-296
   atração pela, no cibersexo, 147-149, 199-200
   como fator na dependência de internet, 124-125, 176-178
   como fator na dependência de jogos de azar, 124-125
Ansiedade social
   comorbidade com dependência de internet, 60-63, 161, 259-260, 273
   comorbidade com dependência de sexo virtual, 149-150, 161
   comunicação virtual aliviando a, 67-68
   tendência ao UPI devido à, 60-64
   uso adolescente de internet e, 220, 273
Ansiedade
   comorbidade com dependência de cibersexo, 149-150, 161
   comorbidade com dependência de internet, 60-63, 149-150, 161, 259-260, 273
   comunicação virtual aliviando a, 67-68
   tendência ao UPI devido à, 60-64
   uso adolescente de internet e, 220, 273
Antidepressivos, 28-29
Aparelhos móveis
   conteúdo sexual em, 147-148
   dependência de, 319-320
   expectativa de disponibilidade imediata através dos, 182-183, 318-319
Ashley Madison Agency, 237-238
Associabilidade, como fator na dependência de jogos de azar pela internet, 128-131
Autoeficácia
   dependência de jogos influenciada pela, 103-104, 108-110
   usos e gratificações de internet e, 81-85, 93-94
Autoestima baixa
   dependência de jogos influenciada pela, 103-104, 108-110
   relação das interações sociais virtuais com, 60
   tendência do dependente à, 25-26, 29, 275-276, 305
Auto-observação, formação de hábitos devida à auto-observação deficiente, 84-88
Autorreação
   formação de hábitos devida à autorreação deficiente, 84-85, 87-88

   perdendo o controle da, 87-91
Autorregulação
   capacidade dos não dependentes de recorrer à, 91-92
   capacidade limitada em crianças e adolescentes, 286-287
   programas de prevenção focados na, 280-281, 283
   usos e gratificações influenciando a, 82-84, 91-95
Avaliação clínica
   avaliação de problemas sociais, 48-50, 105, 171-172
   conceitualização, 37-40, 170-172, 254-258, 268, 270-271
   Concerned Person Questionnaire, 256-257
   da dependência adolescente de internet, 218-219, 222-224, 268, 270-271
   da dependência de jogos, 103-105, 110-113
   da dependência de sexo virtual, 149-156, 158-163
   desafios na, 36
   entrevista motivacional na, 43-45, 192-193n3, 195-199
   Internet Addiction Diagnostic Questionnaire, 20-21, 37-39
   Internet Assessment Quickscreen, 152-156, 158
   Internet Sex Screening Test, 151-156
   Korean-Internet Addiction Scale-Adolescent, 270-273
   tendências futuras na, 50-52
   Teste de dependência de internet/IAT (Internet Addiction Test), 38-43
   Virtual Addiction Test, 256-257
Avatares, 98, 102-104, 108-114, 295-297

Bate-papo erótico, 235-236
Bem-estar psicológico
   correlação do uso de internet com o, 30, 60-63, 90, 149-150, 161, 248-249, 255, 259-260, 273-276, 296-297, 305, 321-322
   dependência de sexo virtual influenciada pelo, 149-150, 161
   interação social virtual e, 58-60, 62-63
   uso adolescente de internet e, 58-60, 220, 273
Bem-estar. *Ver* Bem-estar psicológico
*Blogs*, uso adolescente, 215-216
*Bullying*/importunação, 213-215
Busca de informação
   consequências negativas da, 216-217
   uso de internet para, 81-83, 215-217

Cartões-lembrete, 194-195
Causas da dependência de internet.
    *Ver* Fatores etiológicos
Center for Behavioural Addiction, 300-302
Center for Internet Addiction Prevention and Counseling, 283-284
China Youth Association for internet Development, 21-22
China Youth Association for Network Development (CYAND), 25-26
China
    estudos sobre fatores etiológicos na, 25-26, 29
    fatores de dependência situacionais, 31-32
    prevalência da dependência de Internet na, 21-22, 50-51, 184, 217-218
Ciclo de Parar-Começar da Recaída, 45-48
Comorbidades na dependência de internet.
    *Ver também* Dependências múltiplas
    ansiedade, 60-63, 149-150, 161, 259-260, 273
    dependências relacionadas a substâncias, 20-21, 31-32, 44-46, 52, 248-249, 254-255, 269-270, 285-286, 305
    depressão, 30, 58-59, 90, 149-150, 161, 220, 248-249, 255, 259-260, 273, 296-297, 305
    transtorno de déficit de atenção, 149-150, 161
    transtornos bipolares, 149-150, 248-249, 255
    transtornos obsessivo-compulsivos, 149-150
Compartilhamento de arquivos, conteúdo sexual no, 146-147
Computação consciente, 173-174. *Ver também* Moderação e uso controlado
Comunicação face a face
    UPI e preferência pela comunicação virtual em relação à, 55-64, 319-321
    teorias sobre a conversa mediada por computador *versus*, 63-71, 126-128, 232
Comunicação não verbal, 63-71, 232
Comunicação
    afirmações a partir do "eu" na, 199-201, 308-309
    desenvolvimento de habilidades na comunicação *offline*, 48-49
    face a face (*ver* Comunicação face a face)
    métodos de comunicação na terapia de casal, 199-201
    na unidade familiar, 197-199, 207, 209, 216-218, 221-223, 225-226 287-288, 292-294, 306-313
    não verbal, 63-71, 232

usos e gratificações de internet, 81-83
Concerned Person Questionnaire, 256-257
Conflito
    como medida de avaliação clínica, 105, 110-112, 268, 270
    dinâmica sistêmica e, 307-312
    intergeracional, 105
    uso adolescente de internet e, 218-219
Conteúdo
    como fator na dependência de internet, 174-176, 180-181
    problemas para os adolescentes, 216-217
Controle, perdendo o, 87-91
Conveniência, como fator de dependência de internet, 124-125, 177-179, 199-200
Coreia
    prevalência da dependência de internet na, 20-22, 50-51, 184, 267-268, 270-273
    programas de prevenção na, 279-281, 283-284, 286-287
Crianças. *Ver também* Adolescentes
    pornografia infantil, 156, 158
    programas de prevenção dirigidos aos mais jovens, 285-287
    questões de sexo virtual que cercam as, 156, 158, 162-164, 217-218
    relacionamentos pais-filhos/familiares, 105, 197-199, 207, 209, 216-218, 221-223, 287-288, 292-294, 306-313
Custeio, como fator na dependência de internet, 124-125, 177-178

Dados do consumidor, compilação dos, por parte das organizações de jogos de azar, 133-136
Dados pessoais
    organizações de jogos de azar que compilam, 133-136
    revelação dos, pelos adolescentes, 214-215
Demografia
    das populações especiais/vulneráveis, 131-132, 251-254
    dos adolescentes de alto risco, 270-272
    dos apostadores em jogos de azar, 119, 121-124
    dos dependentes de sexo virtual, 144
    dos jogadores, 98, 100-101, 253-254
Dependência de cibersexo
    ACE Cybersexual Addiction Model, 197-200
    acesso tecnológico a conteúdos sexuais pela internet, 145-148
    anonimidade do sexo virtual, 147-149, 199-200

ÍNDICE REMISSIVO **335**

avaliação clínica da, 149-156, 158-163
comorbidade com outros transtornos, 149-150, 161
comportamento sexual ilegal, 156, 158, 162-163, 217-218
compulsão sexual primária *versus* secundária, 180-181
demografia dos dependentes, 144
efeito de desinibição e, 147-149
gerenciamento do comportamento problemático, 156, 158-163
Infidelidade virtual
Internet Assessment Quickscreen, 152-156, 158
Internet Sex Screening Test, 151-156
questões de sexo virtual que cercam os adolescentes, 156, 158, 162-164, 217-218
terapia para, 197-201
Dependência de internet. *Ver também* Uso problemático de internet (UPI)
avaliação clínica da (*ver* Avaliação clínica)
comorbidade com outras dependências/transtornos (*ver* Comorbidades na dependência de internet)
de jogos (*ver* Jogos)
de jogos de azar (*ver* Dependência de jogos de azar)
demografia dos dependentes, 98, 100-101, 119, 121-124, 144, 251-254, 270-272
dependência, definida, 22-23
fatores etiológicos da, 22-33, 274-277, 279-281
impacto/implicações da, 32-34, 92-94, 248-250
pesquisa original sobre, 19
prevalência da, 20-23, 50-51, 184, 217-218, 267-268, 270-273
prevenção da (*ver* Prevenção)
propriedades de dependência de internet (*ver* Propriedades de dependência da internet)
recuperação de 12 passos para (*ver* programas dos 12 passos)
semelhanças com outras dependências/transtornos (*ver* Semelhanças da dependência de internet)
tratamento da (*ver* Terapia; Tratamento)
usos e gratificações da (*ver* Usos e gratificações)
Dependência de jogos de azar
ajuda/tratamento *online* para a, 136-138
caminhos para, 120-121
demografia dos apostadores, 119, 121-124
estudos empíricos sobre, 120-124

fatores que influenciam, 123-131
opções de jogos de azar multimídia, 138-139
operadores inescrupulosos influenciando a, 132-136
questões psicossociais na, 131-136
relação com a dependência de internet, 37-38, 130-132, 248-249, 268, 270
Dependência(s)
de internet (*ver* Dependência de internet)
definida(s), 22-23
múltiplas (*ver* Dependências múltiplas)
Dependência, avaliação clínica da, 42-43
Dependências múltiplas
avaliação clínica de, 44-49, 254-255
substituição de outras dependências pela dependência de internet, 31-32, 44-45, 48-49, 94-95
tendência à dependência de internet com, 20-21, 31-32, 44-49, 52, 248-251, 254-255, 269-271, 273, 285-286, 305
Dependências relacionadas a substâncias
ambiente familiar e, 52, 221-222, 292-294, 300-301
comorbidade com dependência de internet, 20-21, 31-32, 44-46, 52, 248-249, 254-255, 269-270, 285-286, 305
fatores etiológicos das, 22-23, 25-26, 28
programas multimodais de prevenção dirigidos a, 285-286
semelhança da dependência de internet com, 32-33, 170-174, 249-251, 257-258, 269-271, 294-295, 297-300, 321-323
substituição de, pela dependência de internet, 31-32, 44-45, 48-49, 94-95
tratamento/prevenção de, 248-251, 257-258, 285-287, 293-295, 300-301, 321-322
Depressão
comorbidade entre dependência de sexo virtual e, 149-150, 161
correlação com uso/dependência de internet, 30, 58-59, 90, 149-150, 161, 220, 248-249, 255, 259-260, 273, 296-297, 305
interação social virtual relacionada à, 58-59
uso adolescente de internet e, 220, 273
Desconstrução cognitiva, 275-276
Desequilíbrio de vida, 171-172, 180-181
Desindividuação
modelo de identidade social de efeitos de desindividuação, 65-67

sexo virtual e, 148-149
Desinibição, como fator na dependência de internet, 126-128, 147-149, 176-178
Diagnóstico. *Ver* Avaliação clínica
DIAR (desejo de parar, incapacidade de parar, tentativas de parar, recaída), 171-172
Diferenças de gênero
  na demografia do jogar, 100-102
  na prevalência da dependência de internet, 20-21, 100-102, 251-253, 271-272
  nas opiniões sobre infidelidade virtual, 242-243
  nos adolescentes de alto risco, 270-272
Dificuldades interpessoais. *Ver também* Solidão; Ansiedade social; Isolamento social
  como medida de avaliação clínica, 105, 110-112
  comunicação *online* aliviando as, 67-68, 319-320
  tendência ao UPI devido a, 60-64
Dinâmica sistêmica familiar
  ambiente e, 301-305, 313
  comunicação pela internet e, 294-300
  envolvimento na terapia familiar, 292-295, 299-301, 305-313
  exemplo de caso, 310-312
  modelo de terapia de fases, 306-312
  tratamento/terapia e, 292-295, 299-313
Disponibilidade. *Ver* Acessibilidade, como fator na dependência de internet
Dissociação, como fator na dependência de jogos de azar pela internet, 126-127
Divórcio, questões virtuais no, 186-187, 240-242
Dopamina, 28, 170-172, 173-174
Drogas
  abuso de (*ver* Dependências relacionadas a substâncias)
  prescrição de, 28-29, 161-163
  que ocorrem naturalmente, 25-28, 170-174
*DSM-V*, inclusão da dependência de internet no, 32-33, 39-40, 172-173

Eletroacupuntura, 197-199
Emoções Anônimas, 249-251
Empatia, foco da terapia de casal na, 200-201
Entretenimento, uso de internet para, 81-83
Entrevista motivacional, 43-45, 192-193n3, 195-199
Escape
  como fator de dependência de jogos de azar pela internet, 126-127

  como fator na dependência de internet, 126-127, 177-178, 199-200, 275-277, 302-303
  jogar como um meio de, 302-303
  sexo virtual como um meio de, 199-200
  teoria do escape do *self*, 275-277
Escitalopram, 28-29
Espanha, tratamento e prevenção da dependência de internet na, 184
Esquema de reforço de razão variável, 145-147
Estresse, como fator situacional na dependência de internet, 31-33, 48-49, 279-281
Estudantes universitários. *Ver também* Adolescentes
  como voluntários em programas de prevenção, 287-288
  planejamento da prevenção da recaída para, 263
  prevalência da dependência de internet entre, 20-23, 50-51
  UPI e interação social virtual de, 57-58, 61-63

Família
  Concerned Person Questionnaire completado pela, 256-257
  conflito intergeracional, 105
  desequilíbrio de poder tecnológico na, 184-186
  dinâmica sistêmica na (*ver* Dinâmica sistêmica familiar)
  envolvimento da família na terapia, 200-201, 207-210, 224-227, 263-265, 292-295, 299-301, 305-313
  envolvimento na recuperação, 49-50, 263-265
  grupos de apoio para a, 227, 250-252
  papel da, na prevenção da recaída, 263-265
  participação da, em programas de prevenção, 287-288
  relacionamentos pais-filhos/família, 105, 197-199, 207, 209, 216-218, 221-223, 287-288, 180-182, 306-313
Fatores etiológicos
  modelo cognitivo-comportamental, 22-26, 274-276
  modelo neuropsicológico, 25-29
  situacionais, 31-33, 48-49, 279-281
  teoria da compensação, 29-30
  teoria do escape do *self*, 275-277
Fatores neuroquímicos, da dependência de internet, 25-29, 170-174

Fatores situacionais, papel na dependência de internet, 31-33, 48-49, 279-281
Fenômeno de fluxo dos MMORPGs, 106-108
Financiamento/apoio governamental, para programas de prevenção, 281, 283-284
Finlândia, prevalência da dependência de internet na, 20-21
França
   divórcio devido a questões de tecnologia, 186-187
   uso do Teste de dependência de internet/IAT (Internet Addiction Test) na, 39-40, 256-257
Frequência do evento
   como fator de dependência de jogos de azar pela internet, 127-128
   como medida de avaliação clínica, 151-152

Gam-Aid, 136-138
Gen-D (Geração-Digital), 184-186
Gerenciamento
   do comportamento problemático de sexo virtual, 156, 158-163
   do uso de internet, 186-188
   estratégias de gerenciamento do tempo, 193-194
   gerenciamento/modificação do ambiente, 158-159, 161, 223-224, 263
Grupos de apoio
   para dependência adolescente de internet, 225-227
   para membros da família, 227, 250-252
   programas dos 30 passos, 33-34, 249-252, 257-259, 262, 264-265
Guidance Program for Parents and Internet-Addicted Adolescents, 207-210

Hábitos, usos e gratificações que formam, 78-88, 91-95
Homens/mulheres. *Ver* Diferenças de gênero

Identidade
   anonimidade da (*ver* Anonimidade)
   dados computadorizados sobre, 133-136, 214-215
   desenvolvimento da, na adolescência, 212-214, 220-222, 294-297
   virtual (*ver Personas* virtuais)
Illinois Institute for Addiction Recovery, 247-249
Imagens em círculo, 133-134

Imersão
   como fator na dependência de jogos de azar (apostas) pela internet, 123-124, 126-127, 130-131
   como fator na dependência de jogos pela internet, 101-103, 114-115
Inclusão da dependência de internet no *DSM-V* da American Psychiatric Association, 32-33, 39-40, 172-173
Índia, prevalência da dependência de internet na, 21-22
Indian Institutes of Technology, 21-22
Infidelidade virtual
   atos de infidelidade virtual, 235-238
   casos amorosos fora da internet iniciados por, 240-241
   definindo, 234-236
   divórcio como consequência da, 240-242
   infidelidade emocional, 236-238
   intimidade virtual, 231-232
   rápido crescimento da, 48-49
   relacionamentos virtuais idealizados, 232-238
   *sites* de namoro extraconjugal para, 237-239
   *sites* de redes sociais para, 239-241
   terapia para, 199-201, 241-244
Infidelidade. *Ver* Infidelidade virtual
Institute of Psychology of the Chinese Academy of Sciences, 29
Interatividade, como fator na dependência de jogos de azar pela internet, 127-129
Internet Addiction Diagnostic Questionnaire (IADQ), 20-21, 37-39
Internet Addiction Test (IAT), 39-43, 256-257
Internet Assessment Quickscreen, 152-156, 158
Internet Sex Screening Test, 151-156
Intimidade
   *online*, infidelidade virtual e, 231-232
   perspectiva hiperpessoal virtual, 66-69, 126-128, 232
Irmãos. *Ver* Família
Isolamento social, correlação entre uso de internet e, 30, 260-261. *Ver* Solidão
Isolamento. *Ver* Isolamento social
Itália
   prevalência da dependência de internet na, 50-51
   uso do Teste de dependência de internet/IAT (Internet Addiction Test) na, 39-40, 256-257

Jogos do tipo *role-playing game*. Ver Jogos: MMORPGs
Jogos do tipo *role-playing games* com múltiplos jogadores. Ver MMORPGs
Jogos do tipo *role-playing games*. Ver Jogos; MMORPGs
Jogos virtuais com múltiplos jogadores. Ver MMOs
Jogos. *Ver também* MMORPGs; MMOs
   abstenção de, 310-311
   aspectos sociais dos, 101-103, 107-108
   autopercepção de dependência, 111-114
   avaliação clínica da dependência de, 103-105, 110-113
   avatares em, 98, 102-104, 108-114, 295-297
   conteúdo sexual trocado durante, 147-148, 240-242
   demografia dos jogadores, 98, 100-101, 253-254
   dependência de, 103-114
   descrição dos MMORPGs, 99-101
   fatores de dependência do jogo, 106-109
   fatores de dependência dos jogadores, 108-112
   fenômeno de fluxo dos, 106-108
   infidelidade virtual através de, 240-242
   motivação para jogar MMORPGs, 101-104
   número de jogadores, 98
   opções de tratamento para a dependência de, 113-116, 301-312
   programa de controle de jogos, 281-282
   quantidade de tempo gasto em, 99-102, 106-107, 302-303
   questionário sobre comportamento de jogar dependente, 110-113
   recompensas por mudanças no comportamento de jogar, 195-197
Jovens. *Ver* Adolescentes; Estudantes universitários

Korean Agency for Digital Opportunity and Promotion, 281, 283
Korean-Internet Addiction Scale-Adolescent, 270-273

Linhas telefônicas de ajuda, relacionadas a jogos de azar, 137-138
Local de trabalho
   apostas em jogos de azar no, 131-133
   impacto da dependência de internet no, 50-51, 248-249
   prevenção de recaída no, 263

Mecanismo de Triplo A, 177-178
Medicação prescrita, 28-29, 161-163
Meninas/meninos. *Ver* Diferenças de gênero
Meninos/meninas. *Ver* Diferenças de gênero
Mensagens instantâneas
   conteúdo sexual das, 146-147
   preferência dos usuários problemáticos pelas, 57-58
Metas/objetivos
   abstenção como meta do tratamento, 42-43, 194-195, 310-311
   moderação/uso controlado como meta do tratamento, 42-43, 159-160, 173-174, 193-194, 201-203, 223-225
   na terapia cognitivo-comportamental 192-193n2, 194-195, 199-200, 225-226
*Microblogs*, conteúdo sexual em, 146-147
Mídia, paradigma dos usos e gratificações na seleção da, 78-81
MMORPGs
   abstenção de, 310-311
   aspectos sociais dos, 101-103, 107-108
   autopercepção da dependência de, 111-114
   avaliação clínica da dependência de, 103-105, 110-113
   avatares nos, 98, 102-104, 108-114, 295-297
   demografia dos jogadores, 98, 100-101, 253-254
   dependência de, 103-114
   descrição dos, 99-101
   fatores de dependência do jogo, 106-109
   fatores de dependência dos jogadores, 108-112
   fenômeno de fluxo dos, 106-108
   infidelidade virtual através dos, 240-242
   motivação para jogar, 101-104
   número de jogadores, 98
   opções de tratamento para a dependência de, 113-116, 301-305
   quantidade de tempo jogando, 99-102, 106-107, 302-303
   questionário sobre comportamento de dependência do jogar, 110-113
   recompensas por mudanças no comportamento de jogar, 195-197
MMOs, número de jogadores nos, 98.
   *Ver também* Second Life
Modelo Cognitivo-comportamental
   da interação social virtual, 61-64, 70-71
   dos fatores etiológicos da dependência de internet, 22-26, 274-276

Modelo de identidade social de efeitos de desindividuação, 65-67
Modelo de Terapia Familiar Multidimensional, 224-225, 293-294
Modelo neuropsicológico, 25-29
Modelo social cognitivo, 81-85
Modelos. *Ver também* Teorias
    ACE Cybersexual Addiction Model, 197-200
    modelo cognitivo-comportamental, 22-26, 61-64, 70-71, 274-276
    modelo de identidade social de efeitos de desindividuação (SIDE), 65-67
    modelo de terapia de fases, 306-312
    Modelo de Terapia Familiar Multidimensional, 224-225, 293-294
    modelo neuropsicológico, 25-29
    modelo social cognitivo dos usos e gratificações, 81-85
Moderação e uso controlado
    como meta do tratamento, 42-43, 159-160, 173-174, 193-194, 201-203, 223-225
    pelos adolescentes, 223-225
Motivação
    para jogar MMORPGs, 101-104
    para o tratamento, 42-45, 184, 277-278, 305, 321-322
    para usar a internet, 69, 307-309
Mulheres/homens. *Ver* Diferenças de gênero

Narcóticos Anônimos, 257-258
*Newsgroups*, conteúdo sexual nos, 145-147

Pais. *Ver* Família
Paquistão, prevalência da dependência de internet no, 50-51
Passar o tempo, uso de internet para, 81-83
Passar o tempo, uso de internet para, 81-83
Pensamento negativo/pessimismo, tendência dos dependentes ao, 25-26
Personas
    avaliação clínica de, 49-50
    avatares como, 98, 102-104, 108-114, 295-297
    desenvolvimento da identidade adolescente por meio de, 212-214, 220-222, 294-297
Pesquisa
    importância de continuar, 32-34, 322-323
    sobre programas de prevenção, 287-288
Pessimismo, tendência dos dependentes ao, 25-26

Políticas de uso aceitável, 159-160. *Ver também* Moderação e uso controlado
Populações vulneráveis, 131-132, 251-254. *Ver também* Adolescentes
*Pop-ups* (imagens de aparecimento súbito), 133-134
Pornografia
    infantil, 156, 158
    infidelidade virtual e, 235-237
    prevalência da dependência de internet, 20-21
Preocupação com a internet
    como medida de avaliação clínica, 38-39, 47-48, 103-105, 151-152, 269-270
    como sintoma de UPI, 69-71
Pressão cultural, 31-32, 182-183, 222-223
Pressão dos pares, 182-183
Pressão, como fator situacional na dependência de internet, 31-33, 182-183, 279-281
Prevalência da dependência de internet, 20-23, 50-51, 184, 217-218, 267-268, 270-273
Prevenção
    abordagem de, baseada no conhecimento/informação, 277-279
    abordagem DREAM, 281-282
    abordagens de, 277-281, 283
    crianças mais jovens como alvo da, 285-287
    da dependência adolescente de internet, 276-288
    da formação do hábito, 92-94
    de recaídas, 262-265
    direção futura da, 283-288, 322-324
    duração e dosagem dos programas, 286-287
    financiamento e apoio governamental para a, 281, 283-284
    identificação do alto risco e, 279-281
    implementação de programas de prevenção, 281, 283
    necessidade de pesquisas sobre, 287-288
    necessidade de programas multimodais para a, 285-286
    participação dos pais na, 287-288
    problemas causais fundamentais tratados na, 283-286
    programa de controle de jogos para a, 281-282
    Self-Management Training (Treinamento do Autogerenciamento) para a, 280-282

*softwares* para a prevenção do mau uso de internet, 33-34, 158-160
Privação de sono, dependência de internet levando à, 37-38, 42-43, 218-219
Problemas conjugais
  divórcio como, 186-187, 240-242
  infidelidade virtual como, 48-49, 199-201, 231-244
  terapia cognitivo-comportamental/de casal para, 197-201
Problemas da vida real
  como fatores situacionais na dependência de internet, 31-33, 48-49, 279-281
  escape percebido dos, 126-127, 177-178, 199-200, 275-277, 302-303
  uso adolescente de internet e, 220
Problemas pessoais. *Ver* Problemas da vida real
Problemas sexuais. *Ver* Dependência de sexo virtual; Infidelidade virtual; Pornografia
Problemas. *Ver* Problemas da vida real
Programas de 12 Passos
  Emoções Anônimas, 249-252, 262
  pesquisas sobre a efetividade dos, 33-34
  planejamento para internação e, 249-252, 257-259, 264-265
  prevenção da recaída por meio de, 262, 264-265
Programas de prevenção multidimensionais, 285-286
Propaganda, métodos inescrupulosos de, 133-134
Propriedades de dependência de internet
  fatores da Gen-D, 184-186
  fatores de conteúdo, 174-176, 180-181
  fatores de processo e acesso/disponibilidade, 176-179, 185-186
  fatores de reforço/recompensa, 170-171, 179-181
  fatores neuroquímicos, 170-174
  fatores sociais, 181-184
  tolerância e retraimento, 170-174
Psicoterapia. *Ver* Terapia

Questionários/testes
  Concerned Person Questionnaire, 256-257
  Internet Addiction Diagnostic Questionnaire, 20-21, 37-39
  Internet Addiction Test, 39-43, 256-257
  Internet Assessment Quickscreen, 152-156, 158
  Internet Sex Screening Test, 151-156
  Korean-Internet Addiction Scale-Adolescent, 270-273
  questionário de autorrelato para adolescentes, 280-281
  questionário sobre o comportamento de jogar dependente, 110-113
  Virtual Addiction Test, 256-257

Racionalização, no Ciclo de Parar-Começar da Recaída, 45-48
Recaídas
  como medida de avaliação clínica, 45-48, 105, 171-172, 268, 270
  DIAR (desejo de parar, incapacidade de parar, tentativas de parar, recaída), 171-172
  múltiplas dependências levando a, 45-46
  no Ciclo de Parar-Começar da Recaída, 45-48
  prevenção de, 262-265
Recuperação. *Ver também* Programas de 12 passos; Tratamento
  desenvolvimento do plano de recuperação, 264-265
  envolvendo as pessoas amadas na, 49-50, 263-265
Reforço e recompensas. *Ver também* Usos e gratificações
  como fator de dependência de internet, 170-171, 179-181, 274-275
  esquema de reforço de razão variável, 179-181
  terapia cognitivo-comportamental incluindo, 195-197
Regulação do humor, uso de internet para a
  como fator na dependência de internet, 177-178
  como medida de avaliação clínica, 105, 110-112, 171-172, 268, 270
  como sintoma de UPI, 69-72, 90-91
  escapismo no jogo de azar pela internet e, 126-127
Relacionamentos na vida real
  comunicação face a face nos (*ver* Comunicação face a face)
  conjugal, 48-49, 186-187, 197-201, 231-244
  desenvolvimento dos, na terapia de grupo, 260-262, 299-300
  deterioração dos, como motivação no tratamento, 184
  dificuldades interpessoais nos, 60-64, 67-68, 105, 110-112, 319-320
  divisão da atenção dos, 185-186, 318-319

divórcio nos, 186-187, 240-242
impacto da avaliação clínica do uso de internet sobre os, 48-50, 105, 171-172
infidelidade nos, 48-49, 199-201, 231-244
isolamento dos, 30, 260-261 (*ver também* Solidão)
relacionamento anjo da guarda/cliente, 204
relacionamentos pais-filhos/familiares, 105, 197-199, 207, 209, 216-218, 221-223, 287-288, 292-294, 306-313
retraimento adolescente dos, 216-219, 297-298
teoria da compensação sobre a dificuldade dos dependentes nos, 29-30
Relacionamentos pessoais. *Ver* Relacionamentos virtuais; Relacionamentos da vida real
Relacionamentos sociais virtuais. *Ver* Relacionamentos virtuais
Relacionamentos sociais. *Ver* Relacionamentos virtuais; Relacionamentos na vida real
Relacionamentos virtuais
aspecto social do jogar, 101-103, 107-108
associabilidade nos jogos de azar, 128-131
bem-estar psicológico e, 58-60, 62-63
dificuldades interpessoais e, 60-64, 67-68, 105, 110-112, 319-320
fatores de dependência nos, 181-184
hiperpessoais, 66-69, 126-128, 232
idealização nos, 232-235
infidelidade por meio de, 48-49, 199-201, 231-244
intimidade nos, 66-69, 126-128, 231-232
teorias do modelo cognitivo--comportamental sobre, 61-64
teorias sobre comunicação mediada por computador *versus* face a face, 63-71, 126-128, 232
UPI e interações sociais virtuais, 55-59
Remédios, 28-29, 161-163
*Remorso* no Ciclo de Parar-Começar da Recaída, 45-46
Repercussões negativas
como medida de avaliação clínica, 39-40, 151-152, 171-172, 268, 270-271
conhecimento das, como ferramenta de prevenção, 277-279
do uso adolescente de internet, 216-223
listas de cartões-lembrete, 194-195
modelo cognitivo-comportamental sobre, 61-63, 70-71

República Tcheca, prevalência da dependência de internet na, 50-51
reStart, 321-322
Retraimento
como medida de avaliação clínica, 39-40, 47-48, 105, 171-172, 268-270
propriedades de dependência de internet e, 170-174

Salas de bate-papo
bate-papo erótico, 235-236
conteúdo sexual em, 146-147, 235-236
preferência dos usuários problemáticos pelas, 57-58
Saliência, como medida de avaliação clínica, 103-105, 110-112, 268, 270
Second Life, 98, 240-242
Self-Management Training, 280-282
Semelhanças da dependência de internet
com a dependência de jogos de azar (apostas), 37-38, 130-132, 248-249, 268, 270
com dependências relacionadas a substâncias, 32-33, 170-174, 249-251, 257-258, 269-271, 294-295, 297-300, 321-323
com transtornos do comportamento compulsivo, 39-40, 70-71, 172-173, 193-194, 268, 270
SIDE (modelo de identidade social de efeitos de desindividuação), 65-67
Simulação de apostas *online*, 128-129, 132-133
Sinais de alerta/sintomas, de UPI em adolescentes, 218-220
Singapura, prevalência da dependência de internet em, 184
Site Marital Affair, 237-238
*Site* Meet2cheat, 237-238
*Sites* de namoro, 237-239
*Sites* de redes sociais
conteúdo sexual em, 146-147
infidelidade virtual via, 239-241
Situações de emprego. *Ver* Local de trabalho
*Software*
de rastreamento comportamental, 135-136
monitoramento da infidelidade virtual por, 242-243
para prevenção do mau uso de internet, 33-34, 158-160
*Softwares* de rastreamento comportamental, 135-136, 242-243
Solidão
relação do UPI com a, 60, 62-63

tendência dos dependentes à, 29-30, 273
uso adolescente de internet e, 220, 273
Spytech *online*, 242-243

Taiwan, prevalência da dependência de internet em, 50-51
TCC. *Ver* Terapia Cognitivo-comportamental (TCC)
Técnica da linha da vida, 205-206
Técnica de *external stoppers* (interrupções externas), 193-195
Telefones celulares.*Ver* Aparelhos móveis
Telefones, celulares. *Ver* Aparelhos móveis
Tempo *online*
  como medida de avaliação clínica, 37-38, 110-112
  estratégias de gerenciamento de tempo para, 193-194
  falta de marcadores de tempo como fator na dependência de internet, 178-179
  frequência do evento, 127-128, 151-152
  funções durante *versus* quantidade de, indicando dependência, 88-90
  relacionada a jogos de azar, 122-123, 127-128
  relacionada a jogos, 99-102, 106-107, 302-303
Teoria da clivagem, 233-235
Teoria da compensação, 29-30
Teoria da perspectiva hiperpessoal, 66-69, 126-128, 232
Teoria do processamento da informação social, 65-66
Teoria dos estímulos excluídos, 63-64
Teoria dos estímulos incluídos, 63-69
Teorias. *Ver também* Modelos
  da clivagem, 233-235
  da compensação, 29-30
  modelo de identidade social de efeitos de desindividuação (SIDE), 65-67
  sobre diferenças na comunicação mediada por computador e face a face, 63-71, 126-128, 232
  teoria da perspectiva hiperpessoal, 66-69, 126-128, 232
  teoria do escape do *self*, 275-277
  teoria do processamento da informação social, 65-66
  teoria dos estímulos excluídos, 63-64
  teoria dos estímulos incluídos, 63-69
Terapia cognitivo-comportamental (TCC)
  aliança terapêutica na, 202-203
  aplicação da, 23-26, 42-43, 192-207, 209, 275-276

eletroacupuntura combinada com, 197-199
estratégias de gerenciamento do tempo, 193-194
estruturada, 200-208, 210
estudos sobre relacionamentos pais-filhos, 197-199
índice de sucesso da, 194-197
intervenção de abstenção, 194-195
intervenções familiares, 200-201, 207-210, 224-227
inventário pessoal de atividades fora da internet, 193-194
metas/objetivos estabelecidos na, 192-193, 194-195, 199-200, 225-226
programas de prevenção baseados na, 280-284
recompensas usadas na, 195-197
registros diários na, 204
tarefa dos anjos da guarda na, 204
técnica da linha da vida, 205-206
técnica de *external stoppers* (interrupções externas), 193-195
terapia de adolescentes, 200-201, 207-210, 222-227, 280-284, 299-300
terapia de casal para problemas de sexo virtual, 197-201
uso de cartões-lembrete, 194-195
Terapia cognitivo-comportamental estruturada, 200-208, 210
Terapia de casal, 197-201
Terapia de grupo, 200-208, 210, 258-261, 280-282, 299-300
Terapia
  aliança terapêutica, desenvolvimento na, 202-203
  cognitivo-comportamental (*ver* Terapia cognitivo-comportamental)
  de casal, 197-201
  de grupo, 200-208, 210, 258-261, 280-282, 299-300
  desenvolvimento de habilidades de comunicação na, 48-49
  entrevista motivacional, 43-45, 192-193, 195-199
  envolvimento familiar na, 200-201, 207-210, 224-227, 263-265, 292-295, 299-301, 305-313
  estruturada, 200-208, 210
  inclusão de metas/objetivos na, 192-193, 194-195, 199-200, 225-226
  modelo de terapia de fases, 306-312
  natureza da, para a dependência de internet, 191-201, 320-322
  *online*, 136-138